ENCYCLOPÉDIE AGRICOLE

Publiée sous la direction de G. WERY

Robert Hommell

APICULTURE

ENCYCLOPÉDIE AGRICOLE

40 volumes in-18 de chacun 400 à 500 pages, illustrés de nombreuses figures.
Chaque volume : broché, **5** fr. ; cartonné, **6** fr.

ENCYCLOPÉDIE AGRICOLE

Publiée par une réunion d'Ingénieurs agronomes

SOUS LA DIRECTION DE G. WERY

APICULTURE

PAR

Robert HOMMELL

INGÉNIEUR AGRONOME

PROFESSEUR RÉGIONAL D'APICULTURE

Introduction par le Dr P. REGNARD

DIRECTEUR DE L'INSTITUT NATIONAL AGRONOMIQUE

Avec 178 figures intercalées dans le texte.

PARIS

LIBRAIRIE J.-B. BAILLIÈRE ET FILS

19, rue Hautefeuille, près du boulevard Saint-Germain

1906

INTRODUCTION

Si les choses se passaient en toute justice, ce n'est pas moi qui devrais signer cette préface.

L'honneur en reviendrait bien plus naturellement à l'un de mes deux éminents prédécesseurs :

A Eugène TISSERAND, que nous devons considérer comme le véritable créateur en France de l'enseignement supérieur de l'agriculture : n'est-ce pas lui qui, pendant de longues années, a pesé de toute sa valeur scientifique sur nos gouvernements et obtenu qu'il fût créé à Paris un Institut agronomique comparable à ceux dont nos voisins se montraient fiers depuis déjà longtemps ?

Eugène RISLER, lui aussi, aurait dû, plutôt que moi, présenter au public agricole ses anciens élèves devenus des maîtres. Près de douze cents ingénieurs agronomes, répandus sur le territoire français, ont été façonnés par lui : il est aujourd'hui notre vénéré doyen, et je me souviens toujours avec une douce reconnaissance du jour où j'ai débuté sous ses ordres et de celui,

proche encore, où il m'a désigné pour être son suc-
cesseur (1).

Mais, puisque les éditeurs de cette collection ont
voulu que ce fût le directeur en exercice de l'Institut
agronomique qui présentât aux lecteurs la nouvelle
Encyclopédie, je vais tâcher de dire brièvement dans
quel esprit elle a été conçue.

Des Ingénieurs agronomes, presque tous professeurs
d'agriculture, tous anciens élèves de l'Institut national
agronomique, se sont donné la mission de résumer,
dans une série de volumes, les connaissances pratiques
absolument nécessaires aujourd'hui pour la culture
rationnelle du sol. Ils ont choisi pour distribuer, régler
et diriger la besogne de chacun, Georges WÉRY, que
j'ai le plaisir et la chance d'avoir pour collaborateur
et pour ami.

L'idée directrice de l'œuvre commune a été celle-ci :
extraire de notre enseignement supérieur la partie
immédiatement utilisable par l'exploitant du domaine
rural et faire connaître du même coup à celui-ci les
données scientifiques définitivement acquises sur lesquelles la pratique actuelle est basée.

Ce ne sont donc pas de simples Manuels, des Formu-
laires irraisonnés que nous offrons aux cultivateurs;
ce sont de brefs Traités, dans lesquels les résultats
incontestables sont mis en évidence, à côté des bases
scientifiques qui ont permis de les assurer.

Je voudrais qu'on puisse dire qu'ils représentent le
véritable esprit de notre Institut, avec cette restriction
qu'ils ne doivent ni ne peuvent contenir les discus-

(1) Depuis que ces lignes ont été écrites, nous avons eu la douleur de perdre
notre éminent maître, M. Risler, décédé, le 6 août 1905, à Calèves (Suisse).
Nous tenons à exprimer ici les regrets profonds que nous cause cette perte.
M. Eugène Risler laisse dans la science agronomique une œuvre impérissable.

sions, les erreurs de route, les rectifications qui ont fini par établir la vérité telle qu'elle est, toutes choses que l'on développe longuement dans notre enseignement, puisque nous ne devons pas seulement faire des praticiens, mais former aussi des intelligences élevées, capables de faire avancer la science au laboratoire et sur le domaine.

Je conseille donc la lecture de ces petits volumes à nos anciens élèves, qui y retrouveront la trace de leur première éducation agricole.

Je la conseille aussi à leurs jeunes camarades actuels, qui trouveront là, condensées en un court espace, bien des notions qui pourront leur servir dans leurs études.

J'imagine que les élèves de nos Écoles nationales d'agriculture pourront y trouver quelque profit, et que ceux des Écoles pratiques devront aussi les consulter utilement.

Enfin, c'est au grand public agricole, aux cultivateurs, que je les offre avec confiance. Ils nous diront, après les avoir parcourus, si, comme on l'a quelquefois prétendu, l'enseignement supérieur agronomique est exclusif de tout esprit pratique. Cette critique, usée, disparaîtra définitivement, je l'espère. Elle n'a d'ailleurs jamais été accueillie par nos rivaux d'Allemagne et d'Angleterre, qui ont si magnifiquement développé chez eux l'enseignement supérieur de l'agriculture.

Successivement, nous mettons sous les yeux du lecteur des volumes qui traitent du sol et des façons qu'il doit subir, de sa nature chimique, de la manière de la corriger ou de la compléter, des plantes comestibles ou industrielles qu'on peut lui faire produire, des animaux qu'il peut nourrir, de ceux qui lui nuisent.

Nous étudions les manipulations et les transformations que subissent, par notre industrie, les produits
de la terre : la vinification, la distillerie, la panifica-
tion, la fabrication des sucres, des beurres, des fromages.

Nous terminons en nous occupant des lois sociales
qui régissent la possession et l'exploitation de la propriété rurale.

Nous avons le ferme espoir que les agriculteurs
feront un bon accueil à l'œuvre que nous leur offrons,

Dr PAUL REGNARD,

Membre de la Société nationale
d'Agriculture de France,
Directeur de l'Institut national
agronomique.

PRÉFACE

Je dois avouer qu'au moment de ma sortie de l'Institut National Agronomique, en 1885, je ne possédais, sur la pratique de l'élevage des abeilles, que des notions assez superficielles, et l'on m'eût fort étonné en m'annonçant que ma carrière dans l'enseignement agricole serait plus tard spécialisée dans l'apiculture.

Mon premier contact intime avec les ruches et les apiculteurs date de 1890. J'occupais depuis quatre ans la chaire d'agriculture de Riom, lorsque je fus chargé, par M. Tisserand, d'une mission en Suisse pour en visiter les ruchers, étudier les modes d'élevage en usage dans ce pays, et à mon retour propager, par un enseignement théorique et pratique, les méthodes perfectionnées de l'apiculture. C'est pour moi un devoir que d'adresser l'expression de ma profonde gratitude à notre vénéré directeur, M. Tisserand, dont la constante préoccupation de faire profiter l'agriculture française de tous les progrès réalisés à l'étranger m'a ainsi orienté vers des études nouvelles dont le charme et l'intérêt augmentent pour moi chaque jour.

Ce séjour en Suisse m'a laissé des souvenirs inoubliables; c'est là que j'ai connu le maître de l'apiculture française, le très regretté M. de Layens, dont les conseils m'ont été si précieux; M. Bertrand, directeur de la *Revue internationale d'Apiculture*, qui fut mon hôte et mon guide pendant plus d'une semaine; MM. de Blonay, Auberson, Descoullayes, Warnery, Woiblet, Gubler, Langel et tant d'autres. J'envoie à ces premiers initiateurs un souvenir affectueux et reconnaissant.

Il y a maintenant seize années que l'enseignement et l'étude de l'apiculture sont l'objet de mes constantes préoccupations; cet enseignement m'a mis en rapport avec beaucoup d'apiculteurs et m'a permis de familiariser de nombreux auditeurs et correspondants, de tous les points de la France, avec cette branche intéressante de l'industrie rurale. Aussi ai-je été très flatté que mon éminent Maître, M. le Dr Regnard, directeur de l'Institut National Agronomique, et mon ami M. Wery, sous-directeur, aient eu la pensée de me confier la rédaction d'un volume de cette collection, me permettant ainsi de présenter un exposé de mon enseignement. J'espère que ce livre sera de quelque utilité, non seulement à mes jeunes

camarades des Écoles d'Agriculture, mais aussi aux agriculteurs qui se livrent à l'élevage des abeilles.

Antérieurement (1898), j'avais publié un traité ayant
pour titre l'Apiculture par les méthodes simples; le présent
travail est conçu dans un esprit et sur un plan tout
différents. Au lieu de me placer au point de vue particulier de la conduite des ruches horizontales, j'envisage ici
la question sous un aspect plus général et plus complet,
en passant en revue les différentes opérations que l'on
peut effectuer sur les colonies et les procédés applicables
aux divers systèmes de ruches, depuis le panier vulgaire à
rayons fixes jusqu'aux ruches à hausses. Je me suis attaché
à rapporter les principales expériences réalisées par des
praticiens aussi habiles que savants, tels que MM. Gaston
Bonnier, G. de Layens, Léon Dufour, Marchal, etc., de
manière à montrer comment la méthode expérimentale
pouvait s'appliquer à l'étude des insectes mellifères.

Je pense qu'il n'est pas possible de faire de l'apiculture
réellement scientifique sans connaître d'une manière
complète l'anatomie et la physiologie de l'abeille. Aussi le
chapitre I est-il consacré, dans sa plus grande partie, à
la description des organes et de leur fonctionnement. Le
développement de l'œuf et les métamorphoses, questions
qui ne sont jamais traitées, ou du moins très incomplètement, dans les ouvrages similaires, l'ont été ici avec
une ampleur suffisante. J'ai utilisé pour la rédaction de
ce chapitre les mémoires de Leuckart, Dufour, Bordas,
Carlet, Brandt, Anglas, etc., les leçons de M. Bouvier,
professeur au Muséum, et aussi le magistral ouvrage de
M. Henneguy, professeur au Collège de France, sur les
Insectes, ainsi que les travaux de M. Maurice Girard,
ancien président de la Société entomologique de France.

M. Tempère, de Grez-sur-Loing (Seine-et-Marne) avait
donné, dans son journal le Micrographe préparateur, l'hospi-
talité à quelques notes rédigées par moi sur le même
sujet, et, après avoir accompagné mon travail de fort belles
planches, il m'a libéralement autorisé à en reproduire
les parties les plus intéressantes. Je tiens à l'en remercier.

Dans le chapitre II est examiné le rôle particulier
que remplissent dans la famille les différents individus
qui la composent. Les diverses races d'abeilles et d'insectes mellifères répandus dans l'Ancien et le Nouveau
Continent, depuis l'abeille commune de nos campagnes
jusqu'aux mélipones et aux trigones de l'Amérique et de
l'océan Indien, sont passées en revue.

La cire, son mode de sécrétion, l'établissement des rayons et la géométrie si précise des cellules forment l'objet du chapitre III qui se termine par des indications sur les avantages et la fabrication de la cire gaufrée, l'étude des cires autres que la cire d'abeilles et l'analyse qualitative pratique de ces produits. J'ai résumé les opinions des différents auteurs sur la production de cette matière grasse et son rapport avec le miel, en donnant notamment un état de la question après les vues originales émises récemment par un observateur des plus distingué qui signe Sylviac.

Le chapitre IV comprend l'étude du pollen, du nectar et de sa transformation en miel. C'est du beau travail de M. Bonnier, membre de l'Institut et professeur à l'Université de Paris, sur les Nectaires que datent nos connaissances les plus étendues et les plus précises sur la question. J'ai aussi donné un assez grand développement à la flore mellifère en réunissant, aux indications de la Flore de MM. Bonnier et de Layens, tous les renseignements épars dans les nombreuses années écoulées des journaux apicoles. Les relations des abeilles avec les plantes ont été traitées d'une manière remarquable par Darwin, sir John Lubbock, pour ne citer que ceux-là ; elles forment encore maintenant le sujet de mémoires et de conférences de M. Bonnier et de M. Bouvier.

J'ai indiqué dans le chapitre V, après quelques notions générales sur les habitations des abeilles, le mode de construction pratique de trois types de ruches choisis parmi ceux que la théorie et l'expérience permettent de considérer comme les meilleurs. Le fixiste y trouvera la description d'un modèle amélioré que je crois de nature à satisfaire à la fois aux exigences d'un grand développement des colonies et d'une forte récolte ; le mobiliste pourra choisir entre une ruche à hausses et une ruche horizontale. Les règles à suivre pour le choix de l'emplacement, la disposition et l'installation du rucher terminent cette partie.

Avec le chapitre VI commence la pratique de l'apiculture. Les opérations fondamentales de la conduite du rucher : maniement et peuplement des ruches, méthodes diverses de transvasement, travaux à effectuer dans les différentes saisons et sur les divers types de logement étudiés précédemment, la récolte, l'hivernage, l'apiculture pastorale ou transhumante, en forment l'objet avec quelques chiffres sur les frais d'établissement et le rendement à espérer d'une exploitation apicole.

A ces opérations fondamentales s'en rattachent d'autres que l'apiculteur n'a pas à exécuter d'une manière aussi fréquente et aussi nécessaire. J'ai rangé ces travaux, sous le titre d'*Opérations accessoires*, dans le chapitre VII; ce sont : l'essaimage artificiel, les réunions, le nourrissement d'approvisionnement et le nourrissement stimulant, l'élevage, le renouvellement et l'introduction des reines. L'étude de l'essaimage naturel a été classée dans le même chapitre parce que la division spontanée des colonies ne constitue plus, dans les ruchers de produit, un phénomène régulier ni désirable.

Les produits du rucher, miel et cire, nécessitent, pour leur extraction des rayons et leur mise en vente, certaines manipulations ; l'obtention du miel coulé et du miel en sections, la fusion et la purification de la cire composent le chapitre VIII.

En décrivant les instruments qui servent à effectuer les travaux agricoles, je me suis toujours efforcé de montrer comment l'apiculteur pouvait les construire lui-même économiquement, depuis les ruches à cadres mobiles faites avec de vieilles caisses, jusqu'au mêlo-extracteur centrifuge ou au cérificateur solaire, en passant par l'enfumoir réalisé avec une simple boîte en fer-blanc.

Le chapitre IX et dernier est consacré à la description des maladies, des accidents et des ennemis des ruches, aux précautions et aux modes de traitement qu'il convient d'employer pour s'en préserver ou les combattre.

Il n'a pas été parlé des dérivés du miel : hydromel, œnomel, vinaigre, eau-de-vie de miel, parce que l'étude de ces diverses préparations a pris place dans un volume spécial de cette collection dû à M. Eugène Boullanger et consacré aux *Industries agricoles de fermentation*. Il en est de même de la législation apicole, qui se trouve comprise dans le livre de *Législation rurale* de M. Jouzier, professeur à l'École nationale d'agriculture de Rennes.

En terminant cette préface, je dois exprimer mes remerciments aux éditeurs, qui ont bien voulu accorder à mon travail une grande étendue et l'enrichir des figures nécessaires à l'éclaircissement du texte.

ROBERT HOMMELL.

Clermont-Ferrand, le 24 avril 1906.

APICULTURE

INTRODUCTION

L'apiculture est cette branche de l'industrie agricole qui a pour but d'obtenir, de la manière la plus économique et en quantité maximum, tous les produits que les abeilles sont susceptibles de fournir.

Ces produits sont au nombre de trois :

1º Le *miel et ses dérivés* ;

2º La *cire* ;

3º Les *essaims* et les *reines*.

Presque toujours, l'obtention de fortes récoltes de miel est le but principal que se propose l'apiculteur ; par la force des choses ou par la nécessité d'accroître ou de maintenir le rucher, la cire et les essaims viennent s'y ajouter. Mais on peut imaginer aussi des entreprises apicoles dans lesquelles la production du miel n'est que secondaire et limitée volontairement au strict nécessaire pour l'alimentation des colonies ; dans ce cas, ce sera tantôt la cire, tantôt la production d'essaims ou de reines pour la vente qui prédomineront.

Il y a là quelque chose de tout à fait comparable à ce qui a lieu dans l'exploitation des bêtes bovines, par exemple, où, suivant les cas, c'est la production du lait, du beurre, du fromage, l'engraissement des adultes, la production et l'élevage des jeunes, qui forment le fond de l'entreprise.

R. Hommell. — *Apiculture*. 1

De même que dans toutes les branches de la zootechnie pratique, ce ne sont pas seulement des considérations personnelles qui doivent diriger l'exploitant dans le choix de l'un ou de l'autre des produits à rechercher ; les conditions de milieu sont le plus souvent prédominantes, et telle région, très propre à la multiplication des colonies pour l'obtention des essaims ou des reines, ne sera pas apte à fournir des miellées longues et abondantes.

En introduisant dans notre définition la notion d'économie, nous ne voulons pas dire que, forcément, l'exploitation devra être établie avec le moins de dépenses possibles, mais seulement que la somme engagée, pouvant être relativement considérable, devra produire un revenu élevé. Nous n'oublierons pas cependant que, si la culture des abeilles a sa place marquée dans toutes les exploitations agricoles, elle s'adresse d'une manière toute spéciale aux petits cultivateurs pour lesquels la question du minimum de frais de premier établissement est un point capital.

Les règles de l'exploitation rationnelle des abeilles n'ont pas été établies d'un seul coup ; leur découverte est le résultat de recherches longues et patientes dues soit à des praticiens vieillis dans le métier, soit à des savants comme Swammerdam, Réaumur, Huber, pour ne citer que les plus anciens.

L'apiculture est, en effet, une science d'observation ; c'est par l'expérience, basée sur une connaissance exacte de l'anatomie et de la physiologie de l'abeille, que toutes les découvertes importantes ont été faites. Nous aurons, par conséquent, à exposer au début de ce livre l'état de nos connaissances sur ces derniers points.

Au fur et à mesure que ces connaissances se précisaient, la forme et l'agencement des ruches se transformaient, de même que les méthodes d'exploitation. Ces méthodes, qui ont varié dans le temps, varient encore dans l'espace ; chaque région, ayant son climat et sa flore propres, présente aussi ses modes spéciaux d'opérer.

En même temps que les règles fondamentales applicables partout, il conviendra donc de jeter un coup d'œil sur ce que nous pourrions appeler la géographie et l'histoire de l'apiculture.

Comprise de cette manière, l'industrie apicole se fonde sur des bases scientifiques au même titre que les autres branches de l'exploitation du sol ou des animaux. Elle sera aussi différente de l'ensemble des pratiques irraisonnées, encore en usage dans beaucoup d'endroits, que l'agriculture des régions les plus avancées diffère elle-même, aujourd'hui, des procédés en usage il y a un siècle.

Tout le monde connaît l'influence favorable des abeilles sur la fécondation des fleurs et, par suite, sur la production des fleurs et des fruits. Les observations de Darwin ont montré que l'autofécondation, c'est-à-dire la fécondation d'une fleur par elle-même, n'était pas la règle générale pour la production des graines dans la plante. La fécondation croisée qui intervient le plus communément est nécessitée, soit par la séparation des sexes dans des fleurs ou même sur des pieds différents, soit, lorsque la fleur est hermaphrodite, par la non-coïncidence de la maturité dans le pollen et dans le stigmate ou par des dispositions diverses qui empêchent une fleur de se féconder elle-même. Il en résulte que bien souvent, si une cause étrangère n'intervient pas, nos plantes resteront sans fruits ou en donneront une quantité beaucoup moins considérable. L'insecte, attiré par l'éclat des pétales ou par le nectar sécrété à leur base, pénètre jusqu'au fond des enveloppes florales pour se repaître des sucs élaborés par les nectaires et s'y couvre de la poussière fécondante que les étamines laissent tomber sur lui. La première fleur épuisée, une seconde offre à l'infatigable ouvrière une nouvelle moisson ; le pollen qu'elle porte tombe sur le stigmate et la fécondation qui, sans elle, serait restée livrée au hasard des vents, s'opère d'une manière certaine. Poursuivant ainsi sans relâche sa course, l'insecte visite des milliers de corolles et mérite le nom poétique, que Michelet lui donne, de *pontife ailé de l'hymen des fleurs*.

Dans une de ses expériences, Darwin entoure d'une fine gaze cent capitules de trèfle dont pas un ne fournit une graine, tandis que cent autres livrés à l'action de leurs visiteurs ailés en produisirent plus de 3 000.

M. Lindemann (de Moscou) a fait en 1898, dans le gouvernement de Toula, une expérience probante : ayant enveloppé des branches fleuries, mais encore en boutons, de gaze très fine, n'interceptant ni l'air ni la lumière, il a vu la floraison se passer d'une façon normale ; mais, sur 828 fleurs, 742 avortèrent, 25 fruits étaient mal conformés ou d'un développement incomplet ; le reste avait été détruit par le charançon.

Dans une petite brochure, publiée par M. Jobard (de Dijon), cet observateur cite le fait suivant : en Normandie, une commune fut trois années sans abeilles et, pendant ce temps, quoique les pommiers fussent toujours chargés de fleurs, on ne récolta pas de pommes. Aussitôt qu'on eut rétabli les ruches, les pommiers recommencèrent à donner des fruits.

Il serait facile de multiplier de tels exemples prouvant sans conteste que les vergers voisins des ruches sont toujours le plus productifs ; on peut même essayer de chiffrer le bénéfice qui résulte pour eux de la présence des abeilles. Une colonie qui ne dispose que de 10 000 butineuses doit être considérée comme atteignant à peine la moyenne et une famille très forte logée en grande ruche en possède souvent 80 000. Supposons que 10 000 butineuses sortent chaque jour 4 fois ; en 100 jours cela fera 4 millions de sorties ; si chaque abeille, avant de revenir au logis, entre seulement dans 50 fleurs, les abeilles de cette ruche auront visité dans le cours d'une année 200 millions de fleurs. Il n'est pas exagéré de supposer que, sur 10 de ces fleurs, une seule au moins

soit fécondée par l'action des butineuses et que le gain
qui en résulte soit de 1 centime seulement par 1000 fé-
condations. Eh bien, malgré des évaluations si minimes,
il ressort un bénéfice de 200 francs par an produit par la
présence d'une seule ruche.

On admet assez facilement l'action fécondante des
abeilles, mais les producteurs de fruits, les viticulteurs
surtout, élèvent une objection, qui semble formidable et
qui, si elle était exacte, devrait faire établir les ruches
bien loin des vignobles. Les abeilles, disent-ils, font du
tort aux fruits et aux raisins! Et comme preuve de leur
affirmation, ils montrent l'insecte mellifère butinant sur
les grappes; mais, si l'on examine avec quelque attention
les grains où notre apiaire va pomper le jus sucré, on
s'aperçoit bien vite qu'elle délaisse les grains intacts pour
ne vider que ceux dont la pellicule a déjà été perforée
par les oiseaux ou les mandibules puissantes des guêpes.
Là encore le rôle de notre abeille est utile, puisqu'elle
recueille un suc qui, sans elle, se dessécherait en pure
perte.

Si l'abeille ne touche pas à nos fruits sains ni aux
grappes intactes de nos treilles, c'est qu'une raison im-
périeuse s'y oppose : les pièces masticatrices dont sa
bouche est armée ne sont pas assez puissantes pour lui
permettre de perforer la pellicule qui protège la pulpe
contre les influences extérieures. Il y a pour elle impossibilité absolue à commettre le vol dont on l'accuse trop
à la légère. Les Américains, gens pratiques, ont voulu en
avoir le cœur net, et M. Riley, entomologiste des plus
distingué et directeur des services entomologiques au
ministère de l'Agriculture à Washington, fit l'expérience
suivante : un certain nombre de ruches furent entourées
de toutes parts d'un enclos de fils de fer capable de retenir les abeilles prisonnières. Des plats de raisins, de
pêches, de prunes, de poires, furent exposés dans cet
enclos. Les abeilles, dépouillées de leurs provisions ordi-

naires, n'eurent pas d'autres ressources pour leur existence que les plats exposés devant elles. Après trente
jours de ce régime, ne furent vidés que les grains et les
fruits déjà entamés et nullement les autres.

M. Richard Rees, fleuriste et horticulteur des États-
Unis, eut pendant quatre ans la direction d'une serre et
d'un jardin de grande étendue. Dans la serre se trouvaient 14 variétés de vignes, dont le produit s'élevait à
3 000 kilos chaque saison. Tout près, un vaste rucher dont
les abeilles faisaient dans la serre et dans le jardin de
fréquentes visites. M. Rees affirme que le raisin n'a
jamais souffert et que la production des divers fruits y
gagnait beaucoup.

Malgré les avantages que présente l'industrie apicole,
elle ne présente certainement pas dans notre pays l'importance qu'elle devrait avoir.

Des hommes d'initiative ont créé des sociétés apicoles
dont beaucoup sont florissantes ; mais, si l'on parcourt les
listes des membres qui les composent, on est vite frappé
de ce fait, c'est que la plupart d'entre eux sont des habitants des villes ou des propriétaires instruits — et encore
ces derniers constituent-ils la minorité — cherchant dans
l'administration d'un rucher un délassement à leurs occupations habituelles ; ils installent quelques ruches dans un
jardin ou un coin de terre dont ils disposent ; quelques-uns,
prenant goût à cette étude nouvelle, augmentent leurs
ruches ; mais, en somme, cela se réduit à peu de chose et
ne compense même pas les pertes annuelles que sup-
porte l'industrie qui nous occupe. La masse des petits
propriétaires, des paysans qu'il serait si important de
convaincre, s'en désintéresse et, faute de soins, la saison
d'hiver est souvent désastreuse pour les colonies. Le
temps manque à ces cultivateurs pour lire la quantité
énorme d'ouvrages qui ont été écrits sur le sujet ; si
quelques-uns, alléchés par les bénéfices extraordinaires
que leur promettent des auteurs dont l'imagination est

aussi fertile que la pratique sujette à caution, se décident
à tenter l'aventure, ils sont bien vite dégoûtés de leurs
essais : on leur recommande un matériel encombrant et
coûteux, une foule de manipulations délicates ; tout cela
coûte énormément d'argent et prend beaucoup de temps,
pour aboutir finalement à des déceptions.

Chaque auteur a pour ainsi dire sa ruche et sa
méthode, sans compter que chaque débutant croit indispensable d'apporter, lui aussi, une modification, presque
toujours déplorable, au matériel qu'il adopte. Nous en
sommes arrivés de cette manière à posséder, pour le
malheur de l'apiculteur, plusieurs centaines de modèles
de ruches ; bien peu sont bons.

Le débutant se demande avec anxiété quelle ruche
choisir : sera-t-elle à rayons fixes ou à cadres mobiles ?
à hausses ou horizontale ?

Emploiera-t-il les abeilles italiennes, carnioliennes,
chypriotes ou autres exotiques que certains prônent à
grand fracas, ou se contentera-t-il simplement de la race
commune du pays ? Faudra-t-il faire des réunions, pratiquer le nourrissement, veiller au changement des reines,
ajouter à temps propice des cadres ou des hausses ?

Grave sujet de réflexions. Après avoir bien réfléchi, on
est effrayé de tout ce qu'il y a à faire, sans compter la
crainte des piqûres, et souvent, faute d'un praticien pour
guider les premiers essais, on s'en tient là et on laisse
tous les ans le nectar des fleurs se dessécher en pure
perte, faute de quelques milliers de butineuses pour le
recueillir.

En parcourant nos campagnes nous constatons que les
ruchers des paysans disparaissent de plus en plus ; tels
villages où l'on trouvait de nombreuses colonies sont
complètement dépeuplés après quelques années, à la
suite des ravages de la fausse teigne, de la famine pendant
l'hiver, ou de tout autre accident qu'il aurait, presque
toujours, été facile d'éviter.

C'est ainsi que le nombre de nos ruches a passé de
1 974 559 en 1882 à 1 623 278 en 1899 ; c'est une diminution de plus de 350 000 ruches et une perte annuelle en
argent de plus de 3 700 000 francs, pour la valeur du miel
et de la cire.

Cette situation de l'apiculture française était inquiétante
et tous les jours on pouvait voir s'amoindrir une importante source de revenus pour la petite culture.

Il est juste d'ajouter que, si notre industrie apicole *a*
diminué en *quantité*, elle a sérieusement progressé en
qualité : les ruches à cadres mobiles et les bonnes méthodes
se propagent de plus en plus, partout où des hommes
éclairés font des efforts pour les faire connaître. Aussi
notre production en miel et en cire, qui s'élevait
à 16 000 000 de francs en 1899, a-t-elle dépassé 19 000 000
en 1901, quoique le nombre des ruches soit resté à peu
près le même ; on peut dire que l'apiculture s'est indus-
trialisée et que, dans les ruchers modernes, on fait appel à
toutes les ressources de la science.

Depuis un certain temps, les apiculteurs se plaignent de
vendre difficilement leurs produits à des prix rémunéra-
teurs, et ils attribuent le mauvais écoulement des miels
indigènes à l'importation considérable des miels exotiques
et en particulier de ceux d'origine extra-européenne :
Chili, Floride, Californie, etc. Si, en effet, notre exportation
a augmenté, en même temps que notre production, pour
passer de 812 282 kilogrammes en 1894 à 1 527 300 kilogrammes en 1904, le chiffre de nos importations a suivi
une marche ascendante plus rapide encore, de 221 342 kilogrammes en 1894 à 948 800 kilogrammes en 1904, après
avoir atteint 1 839 100 kilogrammes en 1903. Il n'est pas
douteux que ces importations, avec des droits de douane
insuffisants, ne pèsent lourdement sur les cours, et il est
vivement désirable que la France, suivant en cela
l'exemple de l'Allemagne et de la Suisse, qui ont porté les
droits d'entrée à 50 francs par 100 kilogrammes de miel,

adopte à bref délai, et comme un minimum, la proposition de loi de MM. Rousset et Debussy tendant à relever les droits à l'entrée en France à 30 francs par 100 kilogrammes de miel au tarif général et à 25 francs au tarif minimum.

Je ne crois pas qu'il soit exact de dire que c'est l'abaissement du prix du sucre qui est la cause unique et prépondérante de la décadence de l'apiculture française. On remarque en effet que les pays où le sucre était, jusque dans ces dernières années, au plus bas prix, l'Angleterre, la Suisse, l'Allemagne, étaient aussi ceux qui consommaient le plus de miel.

D'autre part, il est certain que l'association, l'entente entre les producteurs, tant pour l'achat du matériel que pour la vente des produits, donnera des résultats excellents au point de vue de la diffusion d'un produit à la fois agréable, sain et d'une haute valeur nutritive, du maintien des prix à un taux rémunérateur et de la disparition des falsifications.

Si la consommation du miel n'est pas plus répandue, cela tient beaucoup plus à un manque d'habitude, à la difficulté de s'approvisionner de miel dont l'origine est certaine, qu'à un manque de goût pour un si excellent aliment.

L'expérience prouve qu'une organisation convenable, la présentation sous une forme appétissante, facilement transportable et d'une pureté absolument garantie augmentent immédiatement la consommation dans des proportions énormes.

Il y a quelques années, M. Yvan Binder, secrétaire de la Société hongroise d'apiculture, qui compte 2800 membres, m'écrivait pour me faire connaître l'organisation et le fonctionnement d'un comité spécialement chargé de la vente des miels des sociétaires. Ce comité centralise les miels du pays entier, en opère le classement et l'emballage et s'occupe de la vente, surtout à l'étranger.

Le comité, composé de 5 membres, dont les fonctions sont gratuites, a vendu la première année 10 000 kilogrammes de miel, la deuxième année 70 000 kilogrammes et 100 000 la troisième. Il y a certainement là un exemple intéressant à suivre.

Comme rapporteur des congrès internationaux de l'enseignement apicole et de l'apiculture, lors de l'Exposition universelle de 1900, j'ai été amené à faire une enquête sur la situation apicole dans les différents pays. Il n'est peut-être pas superflu d'en rappeler ici les principaux résultats.

En BELGIQUE, l'État s'occupe avec une très grande sollicitude de l'enseignement de l'apiculture et l'administration accorde pour cet objet des subventions élevées. Par les soins du ministère de l'Agriculture, des cours d'apiculture ont eu lieu en 1894 dans 33 communes, en 1896 dans 47 communes, et en 1900 dans 392 communes. Le gouvernement belge consacre, chaque année, une somme d'environ 20 000 francs pour les frais de ces conférences; en outre, les principales sociétés apicoles du pays organisent de nombreux cours; les ressources de ces sociétés, provenant en grande partie de subventions sur le Trésor public, dépassent 25 000 francs, d'après les renseignements qui m'ont été fournis par le ministère de l'Agriculture belge.

En SUISSE également, l'apiculture a pris un essor tout à fait remarquable, grâce au concours du département fédéral de l'Agriculture et aux efforts des deux grandes sociétés apicoles existant dans le pays. Il y a plus de 100 stations apicoles subventionnées par l'État; elles sont chargées de faire des conférences et des expériences. On comptait en Suisse 177 120 ruches en 1876, et 253 108 en 1896; certains cantons en possèdent près de 30 par kilomètre carré et plus de 350 par 1 000 habitants. On peut se rendre compte de l'éloquence de ces chiffres si l'on veut bien se rappeler qu'en France nous possédons seulement 3 ruches environ pour la même surface.

En ITALIE, l'enseignement nomade de l'apiculture est confié à des institutions créées et subventionnées par le ministère de l'Agriculture ; elles portent le nom d'*observatoires apicoles* et fonctionnent sur le modèle des observatoires séricicoles. Les observatoires apicoles sont au nombre de 7. En outre, l'enseignement de l'apiculture est donné d'une manière tout à fait complète dans les 27 écoles royales pratiques d'agriculture et dans les 4 écoles supérieures du royaume. Enfin, pour encourager plus encore cette industrie, l'État accorde des subventions aux écoles élémentaires, aux diverses institutions apicoles, et distribue gratuitement à des particuliers des ruches et des livres d'apiculture.

Le ministre de l'Agriculture d'ALSACE-LORRAINE a bien voulu me communiquer des documents intéressants, desquels il ressort que depuis 1883 le nombre des ruches a passé de 56 661 à 66 995 ; dans ce nombre les ruches à cadres mobiles se sont accrues de 13 098 à 34 815 ; l'augmentation totale du nombre des ruches est donc de 18,23 p. 100 et celui des ruches à cadres mobiles seules de 158 p. 100. C'est la Société d'apiculture d'Alsace-Lorraine, subventionnée par le gouvernement, qui est chargée de l'enseignement et de la propagation de l'apiculture. Cette société, qui compte 4 200 membres, envoie partout des conférenciers ; elle possède 85 sections où se tiennent des réunions fréquentes ; elle provoque des expositions, répand les ruches et les instruments apicoles des meilleurs modèles.

Il en est de même pour toute l'ALLEMAGNE, où on trouve plus de 200 sociétés, comptant chacune de 50 à 1 200 membres.

Le WURTEMBERG a depuis plus d'un demi-siècle des professeurs nomades nommés et payés par le gouvernement. Aussi, en dix ans, l'importance de l'apiculture allemande a-t-elle augmenté d'environ 40 p. 100.

C'est en Hongrie que l'enseignement de l'apiculture est le plus admirablement organisé ; il existe là depuis 1885 un inspecteur général de l'enseignement apicole ayant sous ses ordres six inspecteurs régionaux. Pour cette organisation et l'enseignement de l'apiculture, le ministre de l'Agriculture de Hongrie a bien voulu me faire connaître, par une lettre du 18 juin 1900, qu'une somme de 58 450 couronnes est inscrite tous les ans au budget de l'État. De tels efforts n'ont pas tardé à porter leurs fruits : la lettre officielle citée plus haut ajoute qu'en 1887 la Hongrie produisait pour 584 000 couronnes de miel et de cire ; en 1899 elle en produit pour plus de 2 400 000 couronnes. *C'est une augmentation de 310 p. 100 en douze ans.* Le mouvement ne s'est pas arrêté, puisque la statistique de 1900 indique une production en miel et en cire d'une valeur de 3 820 217 couronnes ; c'est une nouvelle augmentation de 1 420 000 couronnes d'une année à l'autre.

Enfin le ministère royal d'Agriculture hongrois a complété cet enseignement nomade par la création à Gödöllö d'une station apicole qui couvre une surface de 25 hectares, plantée de végétaux mellifères et où l'on entretient 360 ruches de différents systèmes ; trois maisons principales contiennent les logements des professeurs, les salles d'études et les dortoirs des élèves. Les cours de deux ans forment des maîtres apiculteurs et des conférenciers ; ceux de deux mois sont destinés aux pasteurs, instituteurs, amateurs. Pension, logement, tout est gratuit pour tous. Le ministère hongrois distribue d'ailleurs gratuitement des ruches, des colonies, des ustensiles aux apiculteurs pauvres qui en font la demande.

On voit par cette brève nomenclature que les principaux États se sont préoccupés de développer l'apiculture par un enseignement spécial richement doté et puissamment organisé.

Il n'en a malheureusement pas été de même en
FRANCE, et sous ce point de vue notre pays est resté
complètement en arrière ; aussi notre production en
miel et en cire a-t-elle diminué de 35 p. 100, alors
qu'elle augmentait partout ailleurs, ce qui constitue
pour notre apiculture française une perte d'environ
40 millions de francs pour la dernière période décennale.

Mais, contrairement à ce qui se passe ailleurs, en
France l'apiculture est considérée, par le plus grand
nombre, comme une chose si peu importante qu'il a
paru superflu de lui consacrer un enseignement particulier, et l'on a considéré jusqu'à présent comme tout à
fait hors de propos la création d'une inspection générale
de l'apiculture, chargée, comme en Hongrie, d'organiser
cet enseignement sur des bases uniformes dans nos écoles
de divers ordres et de répandre des conférences pratiques
sur toute la France.

C'est en 1899 seulement que M. Jean Dupuy, ministre
de l'Agriculture, institua la première et unique chaire
régionale d'apiculture officielle, dont l'action s'étend
sur les départements de la région du Centre. Il faut
espérer que ce n'est là qu'un commencement et que ce
nouveau service sera étendu et complété par la suite. On
répondra ainsi aux divers vœux adoptés à l'unanimité
par le Congrès international d'apiculture de 1900.

Ces vœux sont les suivants :

*Le Congrès, considérant que la culture des abeilles cons-
titue une ressource importante pour l'agriculture, tant au
point de vue de la production du miel, de la cire et de leurs
dérivés, qu'à celui de la production des fruits et des graines ;
considérant aussi que les pays où l'apiculture est le plus
prospère sont précisément ceux dans lesquels l'enseignement
apicole est le mieux organisé, émet les vœux :*

*1° Que l'apiculture soit encouragée par tous les moyens
possibles, et, en particulier :*

a. Par une organisation sérieuse de l'enseignement nomade

de l'apiculture, enseignement qui ne serait confié qu'à des praticiens expérimentés;

b. *Par des encouragements sous forme de récompenses et de subventions accordées aux sociétés apicoles.*

2° *En ce qui concerne plus spécialement l'enseignement, le Congrès est d'avis :*

a. *Que cet enseignement devra être essentiellement pratique;*

b. *Que si des conférences nomades et des démonstrations dans les campagnes ont une utilité incontestable, il est aussi nécessaire d'inculquer les bonnes méthodes aux jeunes gens pendant qu'ils sont encore dans les écoles. Par suite, le Congrès estime qu'il est extrêmement désirable que l'enseignement pratique de l'apiculture soit donné dans toutes les écoles d'agriculture, dans les fermes-écoles, dans les écoles normales d'instituteurs et, s'il est possible, dans les autres établissements d'instruction, et que dans chacun de ces établissements il soit créé un rucher expérimental.*

3° *Que les gouvernements introduisent l'enseignement apicole dans leurs colonies, distribuent des ruches perfectionnées et y créent des dépôts de matériel apicole.*

ANATOMIE ET PHYSIOLOGIE DE L'ABEILLE

Place de l'abeille dans la classification.

Avant d'entreprendre l'étude des modes d'exploitation de l'abeille domestique, il nous paraît indispensable de marquer sa place dans la série animale. Par un examen superficiel on peut en effet confondre l'abeille avec d'autres insectes assez semblables par les formes extérieures générales, par exemple avec quelques Diptères, qui en diffèrent cependant par la présence de deux ailes au lieu de quatre.

L'abeille est un insecte de l'ordre des Hyménoptères dont la place se trouve déterminée dans le tableau suivant :

Insectes.

1° Dépourvus d'ailes	*Aptérigotes.*
2° Possédant des ailes	*Ptérigotes.*
2 ailes seulement	*Diptères.*

Dissemblables; les deux supérieures, plus ou moins résistantes, sont cornées ou chitinisées, au moins à la base. — *Coléoptères* (hanneton). *Orthoptères* (blatte, sauterelle, grillon). *Hémiptères* (punaises).

Plus ou moins recouvertes d'écailles formant une poussière colorée . . . . . . — *Lépidoptères* (papillons).

Couvertes de fines et nombreuses réticulations . . . — *Névroptères* (libellule)

Présentant des nervures assez fortes, mais sans réticulations. Ailes antérieures plus longues que les postérieures . . . . — *Hyménoptères* (abeille, guêpe, bourdon, fourmi).

PTÉRIGOTES. · 4 ailes · Semblables, membraneuses.

Les Hyménoptères, issus probablement d'un rameau des Névroptères, apparaissent pour la première fois à l'époque jurassique, mais ne deviennent très nombreux que dans la période tertiaire. Parmi ceux qui nous intéressent, on a trouvé à Solenhofen : *Apiaria antiqua, lapidra, veterana.*

Cet ordre, qui constitue l'un des plus considérables de la classe des Insectes, présente au moins 80 000 espèces, offrant, il est vrai, d'assez grandes analogies dans leur charpente organique, mais différant énormément par la diversité des mœurs. Certaines d'entre elles se réunissent en famille, d'autres vivent isolées, mais toutes constituent un sujet d'admiration par leur intelligence, les procédés de leur industrie et méritent d'être placées au premier rang des animaux articulés.

On peut diviser les Hyménoptères en deux grands groupes : dans le premier, l'extrémité postérieure de l'abdomen est munie d'un aiguillon susceptible de sécréter un liquide venimeux, ce sont les *Hyménoptères porte-aiguillons*; dans le second groupe, l'aiguillon est remplacé par une tarière ou oviscapte, servant au dépôt des œufs, ce sont les *Hyménoptères téréb.ants*, qui ne présentent aucun intérêt pour notre étude spéciale.

Hyménoptères.

1o Extrémité postérieure de l'abdomen pourvue d'une tarière ou oviscapte pour le dépôt des œufs. Antennes de 3 à 11 articles...................... **H. térébrants.**

2o Extrémité postérieure de l'abdomen pourvue d'un aiguillon sécrétant du venin. Antennes de 13 à 14 articles.. **H. porte-aiguillons.**

Les *H. porte-aiguillons* se subdivisent ainsi :

a. Ailes supérieures pliées au repos dans le sens de leur longueur....... { *Eumenisidi* (solitaires). *Vespidi* (guêpes) (sociaux).

		Formicidi (fourmis).
b. Ailes supérieures étendues, non pliées en long pendant le repos.	Premier article des tarses postérieurs non dilaté..	*Mutillidi.* *Crabonidi.* *Scoliidi.* *Sphegidi.*
	Premier article des tarses postérieurs très grand comprimé, dilaté en palette carrée ou trianguliforme pour la récolte du pollen.. Abdomen jamais pédiculé........	*Apisidi* (Apiens).

La famille des *Apiens* ou *Apiaires* (*Apisidi*) comprend plusieurs genres : les uns composés d'individus vivant en familles plus ou moins nombreuses, les autres toujours solitaires, d'autres, enfin, parasites d'Apiaires voisins.

Tous les Apiens ont pour caractère commun de se nourrir de miel et d'en rapporter pour leur couvée; c'est pour cette raison que Latreille les avait réunis sous le nom de *Mellifères*. Mais, tandis que les Apiaires sociaux sécrètent, à l'aide de glandes spéciales, la cire nécessaire à l'édification du nid, à la conservation des provisions et au développement des jeunes, les solitaires n'en produisent pas et par suite leurs pattes postérieures ne présentent plus cette pince spéciale formée par l'insertion du premier article du tarse sur la jambe, pince qui sert aux Apiens sociaux à saisir sous le ventre les lamelles de cire au fur et à mesure de leur formation. Par contre, les Apiaires solitaires récoltent encore du pollen qu'ils fixent en pelotes sur divers points du corps pour nourrir leurs larves logées dans la terre ou le sable, les murs, les trous de rochers ou les arbres. Quant aux abeilles parasites, non seulement elles ne sécrètent pas de cire, mais encore on ne les voit jamais récolter de pollen ni édifier de nid; elles se bornent à déposer leurs œufs dans les cellules de l'hôte qu'elles ont choisi.

Apiens ou **Mellifères** (*Apisidi*).

Solitaires. — Ne sécrétant pas de cire. Premier article du tarse non articulé sur le tibia, en forme de pince.

Le pollen est ramassé sur les tibias et les tarses postérieurs (*Podilégides*)............

- Anthophores.
- Macrocères.
- Eucères.
- Xylocopes.

Le pollen est ramassé sur les cuisses, les hanches, les côtes du métathorax et le premier segment de l'abdomen (*Mérilégides*)..

- Dasypodes.
- Andrènes.
- Halyctes.
- Collètes.

Le pollen est récolté sur une palette garnie de poils et placée sous l'abdomen (*Gastrilégides*).................................

- Chalicodomes.
- Osmies.
- Mégachiles.

Ne ramassent jamais de pollen (*Parasites*)...

- Psityres.
- Nomades.
- Mélectes.
- Cœlioxys.

Sociaux. — Sécrétant de la cire. Premier article du tarse articulé sur le tibia en forme de pince.

Jambes postérieures ne portant pas d'épines terminales.

- Premier article du tarse postérieur portant une dent à sa base. Langue déployée plus courte que le corps........ → **Apites**.

- Premier article du tarse postérieur dépourvu de dent. Langue déployée aussi longue que le corps (*Mélipones*).......
  - Abdomen convexe en dessus, à peine caréné en dessous........ → **Méliponites**
  - Abdom. triangulaire court, caréné en dessous........ → **Trigonites**.

Jambes postérieures portant deux épines terminales.

- Premier article du tarse présentant, au lieu d'une dent à la base, une dilatation en forme d'auricule bien conformée. Langue déployée ayant au moins la longueur du corps. → **Bombites**.

Organisation des colonies d'abeilles.

On sait que les abeilles vivent en sociétés nombreuses comprenant trois sortes d'individus. Dans chaque société ou colonie on trouve en effet :

1° Une seule femelle complète et capable de pondre les œufs dont le développement assurera le maintien et l'accroissement de la famille ; c'est la *mère*, appelée aussi improprement la *reine* ;

2° Des femelles incomplètes, les *ouvrières*, en nombre souvent considérable (100 000 et plus dans les très grandes ruches) ; elles forment le fond de la population ;

3° Des *mâles* qui n'apparaissent normalement que pendant la saison des essaims et dont l'élevage cesse dès que la sécrétion du nectar est tarie dans les fleurs ; leur nombre est variable de quelques centaines à plusieurs milliers, suivant les ruches.

Les ouvrières, les mâles et la reine varient de taille et d'aspect. Voici leurs dimensions comparatives :

	MESURES EN MILLIMÈTRES.			POIDS en fractions de grammes.
	Longueur.	Largeur, les ailes ouvertes.	Diamètre du corselet.	
Reine	16 à 18	24	4,5	0,16 à 0,21
Ouvrière......	12 à 13	23	4,0	0,11
Mâle	15	28	5,5	0,23

ANATOMIE DE L'ABEILLE

Squelette externe. — Le corps de l'abeille est complètement recouvert d'une peau formée de deux couches :
l'une, intérieure ou *hypoderme*, est molle et se replie par
les ouvertures naturelles dans l'intérieur du corps dont
elle tapisse, sans solution de continuité, toutes les parties : tube digestif, appareil reproducteur, trachées, etc.
La couche externe ou *épiderme* est dure, cornée, formée
de chitine, et constitue le squelette externe ou tégumentaire, formé de segments réunis, fixes ou mobiles. La
couche chitineuse donne aussi naissance aux nervures
des ailes, à leur membrane et aux poils de structure et
de longueur variables, simples ou composés, qui recouvrent les différentes parties du corps.

Les poils sont surtout abondants chez les individus
jeunes ; peu à peu ils disparaissent et le corps, vers la
fin de la vie, devient luisant et poli ; leur couleur est
aussi variable, depuis le gris jusqu'au jaune et au brun
plus ou moins foncé, et cette coloration fournit un caractère qui permet de différencier les diverses races.

Divisions du corps.

Le corps de l'abeille (fig. 1 et 2) est formé de trois
parties : la *tête*, le *thorax* et l'*abdomen* ; la réunion de ces
deux dernières parties forme le *tronc*.

La tête et le thorax portent un certain nombre d'appendices : yeux, antennes, ailes, pattes, etc.

L'ensemble de ces diverses parties et des appendices
qui s'y attachent peut être groupé dans le tableau
suivant :

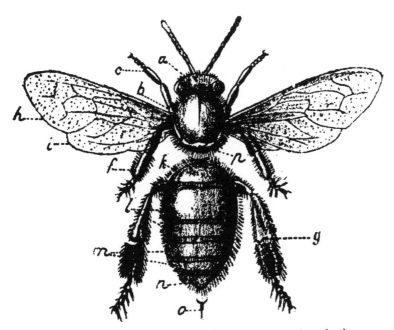

Fig. 1. — Divisions du corps de l'abeille. — *a*, tête ; *b*, thorax ;
p, bouclier ; *c*, pattes antérieures ; *f*, pattes médianes ;
g, pattes postérieures ; *h*, ailes antérieures ; *i*, ailes postérieures ; *k*, *l*, *m*, *n*, abdomen : *k*, partie antérieure ou promeros ; *l*, partie médiane ou mésomeros ; *m*, partie postérieure
ou métameros ; *n*, anneau anal ; *o*, pointe de l'aiguillon.

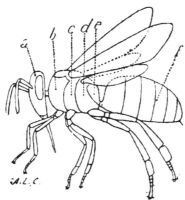

Fig. 2. — *a*, tête ; *b*, premier anneau du thorax (prothorax) ;
c, deuxième anneau du thorax (mésothorax) ; *d*, troisième
anneau du thorax (métathorax) ; *e*, segment médian ;
f, abdomen.

Tête, qui comprend d'arrière en avant :

A la partie postérieure : l'*occiput*.

Le *vertex*.

A la partie su- ⎰ Le *front* sur lequel s'in- ⎰ portant 3 yeux
périeure : ⎱ sèrent les *antennes* ⎱ simples (*ocelles*
⎱ ou *stemmates*).

De côté....... Les *joues*, portant latéralement deux *yeux composés*.

Le *chaperon, clypeus* ou *épistôme*.

A la partie
antérieure,
moyenne
et inférieure :

La
bouche
com-
prenant :

La *lèvre supérieure* ou *labre*.

2 *mandibules*.

2 *mâchoires* avec les *palpes maxil-laires*.

Le
sub-menton
ou *lora*
et le *menton*
qui porte :

La
*lèvre
inférieure*
com-
prenant :

La
langue
et les
*palpes
labiaux*.

Tronc, qui comprend d'avant en arrière :

THORAX OU COR-
SELET qui com-
prend 3 seg-
ments d'avant
en arrière...

Prothorax avec la 1re paire de pattes.

Mésothorax avec la 2e paire de pattes et la 1re paire d'ailes.

Métathorax avec la 3e paire de pattes et la 2e paire d'ailes.

ABDOMEN formé
de 9 *segments*
dont :

Six sont visibles chez l'ouvrière.

Sept chez le mâle.

L'*aiguillon*.

Tête.

La tête, qui porte les pièces buccales et les organes sensoriels, est de forme triangulaire, se terminant en pointe vers la bouche et couverte de poils serrés chez l'ouvrière, où elle mesure 3^{mm},5 de longueur ; celle du mâle (fig. 3) est arrondie et mesure 4 millimètres de diamètre ; la tête de la reine (fig. 4) ressemble, comme forme générale, à celle de l'ouvrière ; elle est plus cordiforme, plus petite, et n'a que 3 millimètres de longueur ; elle est couverte de poils gros et touffus.

On distingue dans la tête plusieurs régions (fig. 6) : en arrière, l'*occiput* ; au sommet, le *vertex* ; de chaque côté, les *joues* ; en dessous du vertex, le *front* ; plus bas, entre

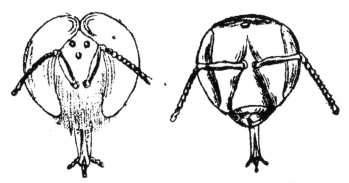

Fig. 3. — Tête du mâle.   Fig. 4. — Tête de la mère.

les joues, le·*clypeus* ou *chaperon*, limité par une ligne articulaire. La tête se termine par les pièces de la bouche.

Divers organes s'insèrent sur la partie supérieure de la tête : les *yeux composés*, un de chaque côté du front et des joues ; trois *yeux simples* ou *stemmates* sur le vertex et deux *antennes* fixées sur le front.

YEUX. — Les yeux que porte la tête de l'abeille sont de deux espèces : 1° les *yeux composés* ou *yeux à facettes*, au nombre de deux, occupant la place que nous venons d'indiquer. Leur dimension est considérable, surtout chez le mâle où ils sont plus convexes et se réunissent sur le vertex par leur sommet ; ils sont d'une couleur noir brunâtre et couverts de poils bruns. On a signalé, chez des individus mâles, des cas d'albinisme ; les yeux composés sont alors entièrement blancs et la tête prend un aspect tout à fait particulier; il paraît certain que les individus albinos sont aveugles.

Chaque élément de l'œil composé porte le nom d'*ommatidie* et se compose d'une *lentille* ou *cône cristallin* revêtu de cellules pigmentaires et, au-dessous, huit cellules allongées formant le rétinule, avec des cellules colorées. Les rétinules reçoivent des ramifications du nerf optique.

L'ensemble des ommatidies formant un œil composé

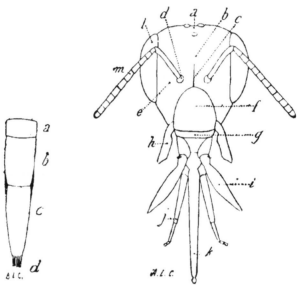

Fig. 5. — Une ommatidie vue en coupe. — *a*, cornéule ; *b*, cristallin;*c*, rétinule; *d*, nerf.

Fig. 6. — Tête de l'abeille ouvrière. — *a*, vertex avec les trois yeux simples; *b*, front; *c*, crête médiane; *d*, insertion des antennes; *e*, joues; *f*, clypeus; *g*, lèvre supérieure ou labre; *h*, mandibules; *i*, mâchoires; *j*, palpes labiaux; *k*, langue; *l*, yeux composés; *m*, antennes.

complet est recouvert par une couche chitineuse transparente, la cornée, qui porte de longs poils droits à la fois protecteurs et sensitifs.

La couche cornéenne est constituée par une multitude de petites facettes hexagonales ou *cornéules*, en forme de lentilles biconvexes de 2 à 3 millièmes de millimètre de

diamètre. Le nombre de ces facettes est énorme ; il
atteint, d'après Cheshire, 6300 chez l'ouvrière, près de
5000 chez la reine et plus de 13000 chez le faux bourdon.
C'est, du reste, un fait général que les mâles, qui ont à
rechercher des femelles, ont des organes visuels plus
développés et plus puissants. Les yeux composés n'existent pas chez les larves, ils n'apparaissent que dans la
suite du développement (fig. 7).

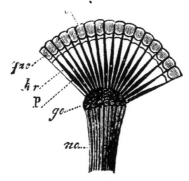

Fig. 7. — Schéma de l'œil composé. — c, cornée ; fac, cônes ;
  kr, bâtonnets ; P. gaines pigmentaires des bâtonnets ;
  go, ganglion du nerf optique ; no, nerf optique.

L'œil composé est constitué, en somme, par la réunion
d'un nombre immense d'yeux séparés, dirigés vers les
différents points de l'horizon, ce qui donne un champ
visuel très étendu.

Muller émit d'abord l'opinion que la vision se faisait,
pour ainsi dire, *en mosaïque*, et que l'image totale obtenue
par l'œil entier était formée par la réunion de chacun
des fragments d'objets perçu par chaque ommatidie en
particulier, agissant comme un œil simple par rapport à
la partie extrêmement petite de l'espace placée juste en
face de lui. Plus tard, Lowenhoeck, en observant l'image
d'une bougie à travers la tunique cornée d'un œil,
remarqua que chaque cornéule, et par suite chaque

ommatidie, donne de la bougie une image complète et
distincte ; toutes ces images se réunissent en une seule
impression par l'intermédiaire des ramifications du nerf
optique. Ce n'est plus la vision en mosaïque, mais la
vision panoramique.

Les yeux composés paraissent servir à la vue à longue
distance. Lucas a signalé une ouvrière chez laquelle les
deux yeux composés étaient réunis en un seul, constituant ainsi un cas de *cyclopie*.

En outre des yeux composés, on trouve chez les
abeilles des yeux appelés à tort *yeux simples*, au nombre
de trois. On les désigne aussi, plus exactement, sous le
nom de *stemmates*, *ocelles* ou *yeux lisses*. Leur constitution
est en effet analogue à celle des yeux composés, mais ici
il n'y a qu'une seule cornéule (fig. 8). Ils servent à la

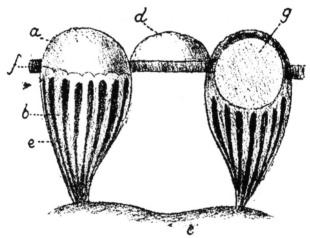

Fig. 8. — Yeux simples de l'ouvrière. — A. *a*, lentille ; *b*, faisceau de filets nerveux se réunissant avec les ganglions cérébroïdes *c* ; *e*, corpuscules colorés ; B, coupe suivant la direction de l'axe de l'œil ; *f*, section du squelette tégumentaire.

vision rapprochée et dans les endroits obscurs, comme
le prouvent la convexité très considérable de leur cornée

et la forme conique du cristallin. Les stemmates inter-
viendraient donc surtout, de concert avec les antennes,
pour diriger le travail dans l'intérieur de la ruche ou au
fond des corolles des fleurs. Les ocelles forment, chez
l'ouvrière, un triangle isocèle placé au sommet du
vertex; les deux du haut sont disposés pour la vision
latérale, celui du milieu pour la vision en avant; leur
couleur est brun foncé et ils sont entourés de poils; de
même que les yeux composés, ils sont fixes dans leurs
orbites. Chez le mâle, les yeux simples, par suite du
développement des yeux composés, sont rejetés sur le
front et très rapprochés les uns des autres. Chez la reine,
les stemmates sont également placés sur le sommet de la
tête, comme chez l'ouvrière, mais un peu plus bas.

L'expérience prouve que les abeilles perçoivent les couleurs; mais, malgré les observations de Lubbock, tendant
à montrer qu'elles se dirigent plus volontiers vers les
objets colorés en bleu, le fait que cette préférence est
réelle n'est pas absolument démontré. G. Bonnier a constaté que les fleurs les plus colorées ne sont pas toujours
les plus visitées; certaines fleurs, même parées de très
brillantes couleurs, ne sont pas visitées du tout si elles
ne sécrètent pas de nectar; il en est ainsi de beaucoup
de fleurs doubles parmi les plus belles de nos jardins.

Albinisme. — On a signalé aussi très souvent, et particulièrement chez les mâles, des cas d'albinisme. Les yeux
simples et aussi les gros yeux composés sont entièrement
blancs, ce qui donne à la face un aspect tout à fait singu-
lier. J'ai constaté à deux reprises différentes ce phénomène dans deux de mes ruches, qui du reste ne paraissaient présenter rien de particulier aux autres points de
vue : le rendement était normal, ainsi que la population
et la disposition du couvain. Les mâles albinos sont probablement aveugles et ne peuvent pas se diriger. Vogel,
qui les a étudiés, a trouvé les yeux transparents et entièrement dépourvus de pigment.

Le même auteur dit aussi avoir trouvé une fois une ouvrière complètement blanche.

ANTENNES. — Les antennes, dont la forme générale rappelle celle d'un fléau ou d'un fouet, sont au nombre de deux (fig. 9) et insérées au-dessus du bord du clypeus par un condyle hémisphérique ou *articulation frontale* (a), qui permet, par l'action de muscles spéciaux, des mouvements étendus dans tous les sens. Les antennes sont de couleur noirâtre, de forme à peu près cylindrique avec une légère dilatation vers l'extrémité.

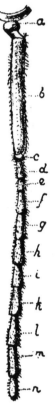

Fig. 9. — Antenne d'ouvrière. — *abc*, le tronc; *d... n*, fléau ; *a*, articulation frontale; *b*, scape; *n*, article terminal.

A l'articulation frontale fait suite un article allongé, le *scape* (b) ou *articulation basale*; l'ensemble de ces deux parties forme le *tronc* terminé par le *flagellum* ou *fouet*, formé de onze articles chez la reine et l'ouvrière et de douze chez le mâle (c...n). C'est le tronc qui forme la plus grande partie de l'antenne; sa longueur est du quart de la longueur totale chez la reine et l'ouvrière, du cinquième environ chez le mâle. L'antenne tout entière est couverte de poils, mais, tandis que le scape et les trois premiers articles du fouet ne portent que des poils ordinaires, les articles suivants en possèdent de formes variées, ainsi que d'autres organes dont le rôle n'est pas encore bien connu, malgré les nombreux travaux entrepris à leur sujet.

Il est hors de doute que les antennes sont des organes

tactiles, et le siège de cette sensation réside dans les poils, les uns petits et simples, les autres recourbés vers le bas, d'autres enfin conoïdes plus rares et plus grands; tous ces poils sont en communication avec des cellules nerveuses et sont surtout répartis sur l'article terminal.

C'est par le sens du tact que les abeilles d'une même ruche communiquent entre elles et avec la reine; c'est à l'aide des antennes également qu'elles dirigent en grande partie leurs travaux dans l'obscurité de la ruche.

Audition et odorat. — Certains auteurs considèrent en outre les antennes comme le siège de l'audition et de l'odorat.

Cheshire indique, comme organes de l'audition, de petites cavités de 2 à 3 millièmes de millimètre entourées chacune par un anneau rougeâtre brillant; au fond de chaque cavité se trouve un canal renfermant un cône chitineux terminé en fine pointe au-dessus de l'ouverture et une cellule nerveuse terminale nucléée. On les trouve surtout sur les six ou sept derniers articles du fouet; le dernier en porte plus que les autres : on en a compté jusqu'à 20 000 par antenne.

Les abeilles perçoivent à de grandes distances certaines odeurs; on sait qu'elles sentent de très loin le miel et que l'odeur du nectar les attire sur les fleurs non colorées; c'est par l'odorat également qu'elles se reconnaissent entre elles; par contre, elles désertent souvent les ruches fraîchement enduites de carbonyle.

On trouve entre les poils des antennes des cavités recouvertes d'une mince couche de chitine montrant sur sa surface extérieure une succession d'anneaux ovales, et dans la cavité est logée une cellule nerveuse. Ces organes sont considérés comme des organes de l'odorat; on en trouve environ 1 600 par antenne chez la reine, 2 400 chez l'ouvrière, et plus de 18 000 chez le mâle, qui se trouverait ainsi particulièrement bien pourvu pour la poursuite des femelles au moment du vol nuptial.

Il n'est pas du tout certain que les appareils décrits soient véritablement des organes de l'audition et de l'odorat ; il est peut-être plus sage de penser, avec Lubbock, que ces appareils représentent des organes destinés à fournir aux abeilles des sensations particulières qui nous sont inconnues et dont nous ne pouvons nous faire aucune idée.

Bouche. — La bouche de l'abeille se compose d'une lèvre supérieure avec une mandibule de chaque côté, deux mâchoires, une lèvre inférieure, dont la partie principale est la langue, munie de deux palpes labiaux. Elle s'ouvre dans un pharynx ou gosier qui donne accès dans l'œsophage.

A la partie supérieure et médiane de la partie buccale (fig. 10), directement au-dessous de la lèvre supérieure,

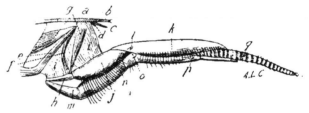

Fig. 10. — Pièces de la bouche, vue de côté. — *a*, clypeus ; *b*, labre ; *c*, épipharynx ; *d*, hypopharynx ; *e*, pilier de la charnière ; *f*, apophyse de la charnière ; *g*, muscles protracteurs ; *h*, levier ou fourche ; *i*, membrane plissée ; *j*, stipe ou partie basilaire de la mâchoire ; *k*, lame de la mâchoire ; *l*, palpe maxillaire ; *m*, sub-menton ; *n*, menton ; *o*, paraglosses ; *p*, palpes labiaux ; *q*, ligule.

se trouvent deux saillies juxtaposées, l'*épipharynx* et l'*hypopharynx*, qui servent à former, avec la langue, les palpes labiaux et les mâchoires, un canal conduisant le nectar absorbé dans le pharynx et de là dans l'œsophage.

Ces deux saillies montrent de nombreuses petites cupules chitineuses portant un poil sensoriel communiquant avec une cellule nerveuse et une cellule basilaire ; ce sont les organes de Wolf, dans lesquels réside le sens du goût. On en trouve également à la base de la langue.

La *lèvre supérieure*, *labrum* ou *labre*, est une pièce de forme oblongue, dont le bord libre est un peu cintré et couvert de poils sensoriels, plus touffus chez les mâles ; par le bord opposé, elle s'articule avec le clypeus et peut se relever ou s'abaisser de manière à retomber, à l'état de repos, pour recouvrir les organes sous-jacents et être recouverte elle-même par les mandibules.

Les *mandibules* s'articulent avec la face de chaque côté du labre et affectent la forme générale d'une cuillère à concavité tournée en dedans et portant deux bourrelets recouverts de poils, destinés à retenir les matières triturées par l'insecte. Cette concavité, très accusée chez l'ouvrière, est presque nulle chez la reine et le mâle : les mandibules servent, en effet, à l'ouvrière, à triturer les parcelles de cire, au moment de la construction des rayons, le pollen et la propolis. Le bord en est lisse et tranchant chez l'ouvrière, dentelé chez la reine et le mâle.

La *lèvre inférieure* se compose de plusieurs pièces ; d'abord le *sub-menton* ou *lora*, fixé à la partie inférieure et postérieure de la tête, et qui renferme les muscles rétracteurs de la langue ; sur lui s'articule une pièce cornée, courte et très petite, le *menton* (*n*), qui porte, en dedans de son bord intérieur, la *langue* ou *labium*.

La langue (*q*), appelée aussi *ligule*, est grêle et flexible, couverte de poils et entourée à sa base par deux petits appendices courts, les *paraglosses* (*o*), membraneux en dessous, fortement chitineux en avant, et couverts à l'intérieur de poils très fins ; son extrémité libre, appelée *bouton* ou *cuillère*, s'élargit et prend une forme circulaire et concave en se recouvrant de poils collecteurs et sensoriels (fig. 11).

La langue de l'ouvrière a une longueur moyenne de 4 à 6 millimètres ; celle de la reine est plus courte, avec un bouton plus petit, mais les poils tactiles sont plus développés ; la langue du mâle est plus courte encore, et

le bouton tout à fait rudimentaire. Une paire de *palpes labiaux* (p) forme une annexe de la lèvre inférieure ; ils s'insèrent sur le menton, de chaque côté de la base de la langue, et comprennent quatre articles : les deux premiers longs et aplatis, les deux derniers petits et couverts de poils tactiles.

Le mode de fonctionnement de la langue et le procédé d'absorption des liquides sucrés s'expliquent par un examen plus attentif de l'organe

Fig. 11. — Extrémité de la langue.

et des pièces qui l'entourent, au moment de l'accomplissement de cet acte.

La langue (fig. 12) est entourée d'une gaine qui s'arrête en dessous, pour laisser un sillon divisé en trois lobes, bordé de poils entre-croisés, dont l'organe est creusé, for-

Fig. 12. — Section de la langue au milieu de sa longueur.

Fig. 13. — Section de la langue au-dessus de la cuillère terminale.

mant une sorte de gouttière ou tube. Sous l'influence de muscles spéciaux, ce tube peut se dilater ou se contracter comme un véritable organe suceur. Le fond du sillon est parcouru par un bâtonnet, que l'on voit sur la figure 13, et que l'abeille peut faire saillir au dehors, en refoulant du sang dans la langue, de manière à dévaginer la paroi du sillon pour permettre son nettoyage.

En outre, la langue est enfermée dans une sorte de tube formé par le rapprochement des mâchoires et des palpes labiaux, dans l'intérieur duquel elle peut se mouvoir, d'arrière en avant, sous l'influence des muscles protracteurs et rétracteurs; le tube est complété en haut par l'abaissement de l'épipharynx.

A l'état de repos, la langue est repliée sur elle-même et son extrémité touche alors la partie inférieure de sa base. Lorsque l'organe entre en action, la langue s'allonge, est projetée au dehors, la partie creusée en cuillère de son extrémité balaye la surface, et les poils dont elle est munie se chargent de liquide, qui est ensuite recueilli dans le sillon. Le tube, hermétiquement clos, formé par la réunion des mâchoires et des palpes labiaux, se remplit ainsi; lorsqu'il est plein, les maxilles et les palpes se rétractent, aspirant le liquide vers l'œsophage; à ce moment, le menton se relève vers la bouche, de manière à en rapprocher la langue le plus possible, et l'épipharynx s'abaisse pour recouvrir les maxilles vers la base et compléter ainsi le canal.

On a beaucoup discuté sur la longueur de la langue dans les diverses races et même chez les différents individus d'une même race. Cette question a une assez grande importance si l'on considère que beaucoup de plantes, très riches en nectar, ont une corolle trop profonde pour que l'abeille commune puisse y atteindre le liquide sucré. Il en est ainsi par exemple du trèfle commun dont le tube a une profondeur de $6^{mm},5$ environ. Du reste, les appréciations sur la longueur de la langue varient beaucoup : on a dit que l'ouvrière italienne était mieux partagée sous ce rapport que l'ouvrière de race commune; cependant pour toutes deux Perez a trouvé une longueur de $3^{mm},65$ pour la languette et de $5^{mm},75$ pour la lèvre inférieure tout entière. D'après M. Charton-

Froissard, la plus grande longueur de la langue constatée par lui fut de 9ᵐᵐ,2 et la plus courte 7ᵐᵐ,1. Ces chiffres paraissent exagérés et en Amérique M. Root est arrivé, par la sélection, à obtenir des individus dont la langue atteignait 5ᵐᵐ,84. De nombreuses mensurations, faites par M. Kojewnikow sur des abeilles de diverses parties du monde, à l'aide du microscope, lui ont montré que la longueur de la langue variait de 5ᵐᵐ,9 à 6ᵐᵐ,5 et qu'elle était soumise à des variations individuelles. Il ne paraît pas, du reste, que la taille du corps ait une influence quelconque sur les dimensions de l'organe lécheur ; parfois à un corps très développé correspond une langue relativement petite, et inversement.

On a inventé des appareils appelés *glossomètres* pour mesurer la longueur de la langue des abeilles. Les modèles principaux sont le glossomètre de Cook, le glossomètre Legros et le glossomètre Charton.

Nous allons décrire ce dernier, qui est représenté par la figure 14 (1).

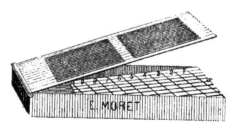

Fig. 14. — Glossomètre Charton.

Cet instrument se compose d'un parallélipipède métallique d'environ 12 centimètres de longueur sur 4 de largeur et 15 millimètres de hauteur, dans l'intérieur duquel on a soudé un fond en pente affleurant d'un bout l'arête supérieure de la boîte et placé de l'autre à 12 millimètres en dessous. On a ainsi une boîte pro-

(1) *L'Apiculteur*, 1894, p. 366.

fonde de 12 millimètres d'un bout et rien de l'autre ;
cette boîte est munie d'un couvercle à charnière
encadrant une toile métallique dont les fils sont écartés
de 2 millimètres. Le fond incliné est divisé, sur une
longueur de 10 centimètres, par dix lignes transversales
distantes entre elles de 1 centimètre (ces divisions
commencent à la partie qui affleure le dessus) et sur la
largeur par dix autres longitudinales. En outre, chaque
ligne transversale est reliéeà la suivante par une ligne
oblique qui coupe chaque ligne longitudinale, et ces
points d'intersection forment les divisions par millimètres. Ce fond de boîte ressemble assez à une échelle
de proportion comme celles dont se servent les géomètres
pour la confection de leurs plans.

Comme ce fond est incliné de 1 centimètre sur une
longueur de 10 centimètres, il s'ensuit que chaque
division de 1 millimètre marquée sur le fond se trouve
descendre de 1 dixième de millimètre. Pour se servir
de cet instrument, on commence, à l'aide d'un niveau
à bulle, par mettre bien de niveau le plancher de la
ruche à éprouver, on remplit de liquide sucré et coloré
la boîte à divisions en versant ce liquide sur la boîte
métallique, puis on place l'instrument dans la ruche. Les
abeilles, attirées par le liquide sucré, viennent le sucer
à travers la toile métallique et, quand elles s'arrètent,
la division à laquelle le liquide est descendu indique la
longueur de la langue des abeilles considérées.

Des essais ont été tentés pour obtenir par sélection
l'allongement de la langue, permettant de butiner utilement dans des fleurs à corolle profonde. Le procédé
consiste à réserver pour la reproduction les ruchées qui
atteignent la division la plus éloignée du glossomètre.
Divers résultats intéressants ont déjà été publiés dans
cette voie ; la station expérimentale du Michigan, par
exemple, a fait connaître qu'elle possédait une colonie
italienne dont les abeilles avaient la langue d'un tiers

plus longue que celle des abeilles communes et d'un cinquième plus longue que celle des abeilles noires.

Glandes de la bouche (fig. 15). — Deux systèmes de glandes sont annexés à la bouche :

1° Un système *supra-maxillaire*, situé dans la tête et dont le conduit débouche par deux ouvertures sur l'hypo-

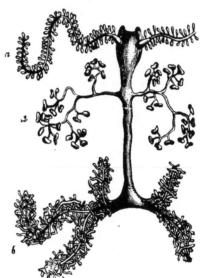

Fig. 15. — Glandes salivaires de l'abeille. — *a*, glandes salivaires céphaliques; *b*, glandes salivaires thoraciques.

pharynx. Les glandes qui le constituent sont surtout développées chez les jeunes abeilles nourrices; elles sont au contraire atrophiées chez les vieilles, nulles chez les reines et les mâles. Leur issue est ouverte lorsque, la langue étant retirée en arrière, la nourrice dégorge du chyle destiné à l'alimentation des larves. Ces glandes entrent donc en action dans l'élaboration de la bouillie alimentaire des jeunes.

2° Un système *sub-lingual* qui débouche à la racine de la langue, près du point d'attache du menton, juste entre les mâchoires ; il reçoit les sécrétions de deux sortes de glandes situées les unes dans la tête, les autres dans le thorax. L'ouverture de ce système, fermée lorsque la langue est tirée en arrière, s'ouvre au moment de l'allongement de cet organe, dans l'acte de la récolte du nectar, qui se trouve par suite mélangé au liquide sécrété. Ce liquide salivaire, riche en invertine, transforme le sucre de canne du nectar en glucose.

SQUELETTE INTERNE DE LA TÊTE. — La tête est consolidée par un squelette interne formé de pièces chitineuses. Le clypeus porte à son bord postérieur une forte arête transversale et, aux angles postérieurs, d'épaisses excroissances, desquelles descendent deux *piliers méso-céphaliques* qui viennent se réunir à la partie inférieure, de chaque côté du trou occipital. De ce dernier point et tout près de la base des piliers partent deux tiges dirigées en avant vers le devant de la tête et bifurquées à leur extrémité.

Thorax.

Le thorax ou corselet, qui fait immédiatement suite à la tête, à laquelle il est relié par un cou musculaire, est presque sphérique et d'un diamètre de 4^{mm},5 chez la reine, de 4 millimètres chez l'ouvrière et de 5^{mm},5 chez le mâle.

Il est formé de trois segments : en avant le *prothorax*, réduit à un anneau étroit, appelé aussi *collier*, reliant les autres pièces à la tête ; le second segment est le *méso-thorax*, renflé, convexe et très développé, offrant à sa région postérieure l'*écusson* en forme de croissant ; le troisième segment est le *métathorax*. Les deux derniers portent chacun un stigmate.

Le thorax est couvert de poils, plus longs sur les flancs et en dessous que sur le dos ; il y en a relativement moins chez la reine que chez l'ouvrière où leur structure barbelée leur permet de jouer le rôle d'appareils

R. HOMMELL. — *Apiculture.* 3

récolteurs du pollen; chez le mâle les poils de la face inférieure du thorax sont courts et raides, ce qui donne une attache plus forte au moment de l'accouplement.

Les trois segments du thorax portent chacun une paire de pattes attachée sur les arceaux ventraux ou inférieurs; les deux derniers, mésothorax et métathorax, portent en outre chacun une paire d'ailes qui s'insère sur les arceaux supérieurs ou dorsaux.

Pattes. — Les pattes de l'abeille sont au nombre de trois paires, comme nous venons de le dire; chacun de ces organes est composé de cinq pièces, plus ou moins modifiées suivant l'individu et le rôle que chaque paire est appelée à remplir.

La *hanche* ou *coxa* (*a*) s'articule avec le thorax par son emboîtement dans une cavité articulaire, puis le *trochanter* (*b*), petit article conique réunissant la hanche à la *cuisse* ou *fémur* (*c*), la *jambe* ou *tibia* (*d*) et enfin le *pied* ou *tarse* à cinq articles (*e*) terminé par deux crochets entre lesquels se trouve un organe de fixation spécial, le *pulvillus*.

Ce sont les pattes de la troisième paire (fig. 16) qui sont les plus différenciées et qui jouent le rôle le plus important pour la récolte et le transport du pollen et de la propolis. La hanche, le trochanter et la cuisse ne présentent rien de particulier, sinon qu'ils sont recouverts de longs poils récolteurs. Chez l'ouvrière, le tibia, d'environ 3 millimètres de long, a la forme d'une pièce élargie et aplatie en forme de triangle dont le sommet s'insère à la cuisse et la partie inférieure et large au premier article du tarse. La face externe de cette palette triangulaire se creuse d'une cavité longitudinale, lisse, plus profonde du côté du tarse et dont les bords couverts de longs poils recourbés retiennent tout ce qui est placé dans la cavité ou *corbeille*. Sur le bord inférieur et élargi du tibia se trouve une rangée de poils raides formant le *peigne*.

L'article supérieur du tarse, le *métatarse* (*e*), est une pièce très développée, presque quadrangulaire, de 2 millimètres de côté ; sa face interne, légèrement convexe, est couverte de 8 à 11 rangées transversales de

Fig. 16. — Patte postérieure de l'ouvrière. — *a*, hanche ou coxa ; *b*, trochanter ; *c*, cuisse ou fémur ; *d*, jambe ou tibia ; *e*, métatarse avec la brosse.

poils raides, bruns ou jaunes, dont l'ensemble forme la *brosse*. Le métatarse, dont le bord supérieur est échancré et se prolonge au dehors par une saillie en forme de dent, est articulé par son angle interne seulement avec l'angle antérieur du tibia. Il résulte de cette disposition une sorte de pince tibio-métatarsienne, hérissée de poils sur le tibia, lisse et déprimée sur le métatarse, dont le rôle est de saisir les minces écailles de cire qui exsudent sous les anneaux de l'abdomen, pour les porter à la bouche où elles sont triturées et insalivées.

Le pollen est récolté sur les fleurs, principalement à l'aide de la langue, mais parfois aussi par les mandibules, les pattes de devant et celles du milieu ; les brosses de la dernière paire de pattes s'en chargent aussi et le ramassent sur les poils du corps. La poussière ainsi recueillie est toujours transmise à la bouche où elle est mélangée de salive, puis retirée de là par le bout des pattes de devant qui la transfèrent à celui des pattes du milieu et celles-ci placent leur fardeau entre les brosses, à leur extrémité inférieure. Là, le pollen insalivé est pétri et poussé à travers la pince, divisé en petites pelotes et accumulé dans la corbeille. Dans ce travail les pattes se croisent et c'est le tarse de droite qui pousse le pollen à travers la pince de gauche et réciproquement.

Les pattes du milieu ne servent jamais à porter le pollen préparé dans les corbeilles ; de temps en temps, leur extrémité, où le tact est très développé, touche, il est vrai, la masse accumulée, mais c'est uniquement pour s'assurer de sa position et de son état d'avancement.

On reconnaît qu'une abeille récolte du pollen lorsqu'en volant d'une fleur à l'autre elle a les pattes postérieures accolées, c'est-à-dire les brosses unies pour la trituration ; c'est pendant le vol en effet qu'elle effectue ce travail avec le plus de facilité. Une abeille qui ne récolte pas de pollen vole les pattes postérieures bien écartées.

Lorsque la pelote est jugée suffisamment considérable, l'insecte rentre dans sa ruche et, se cramponnant sur les bords d'une cellule avec ses pattes de devant, il y décharge les petites boulettes au moyen des pattes du milieu.

Chez la reine et chez le mâle, qui ne récoltent pas de pollen, les pattes postérieures ne possèdent pas ces organes de récolte : la reine n'a pas de brosses, à peine un rudiment de corbeille est-il indiqué ; chez le mâle, qui a les pattes plus courtes, il n'y a plus même de pince, mais les articles du tarse sont couverts de poils abondants et fortement pennés.

Les trois premiers articles de la première paire sont couverts de poils récolteurs plumeux; le premier article du tarse allongé, arrondi et entièrement velu, porte, à la face interne de son extrémité supérieure, une encoche bordée de poils chitineux raides ; sur l'encoche peut se rabattre une sorte de petit appendice ou *velum*, mobile sur l'extrémité inférieure du tibia. Cet appareil, qui a reçu le nom de *peigne à antennes*, sert au nettoyage de ces organes et fonctionne de la manière suivante : l'insecte saisit l'antenne dans l'encoche, rabat le velum par-dessus et, faisant glisser à plusieurs reprises l'antenne à travers l'orifice ainsi formé, il la frotte sur les poils chitineux et la débarrasse ainsi de toutes les impuretés qui la recouvrent. C'est le peigne de la patte gauche qui nettoie l'antenne droite et réciproquement.

Le bord antérieur du premier article du tarse porte aussi une rangée d'épines dressées qui servent au nettoyage des yeux composés.

Dans la deuxième paire de pattes le premier article du tarse, aplati et oblong, est muni d'une brosse imparfaite en dessous ; l'encoche du peigne à antennes n'existe plus et le velum est remplacé par une épine dont le rôle n'est pas exactement connu ; on a prétendu qu'elle servait au nettoyage des ailes, à la préhension des écailles de cire sous les anneaux de l'abdomen et à l'enlèvement des pelotes de pollen déposées dans les corbeilles des pattes postérieures ; mais les reines et les mâles, qui ne sécrètent pas de cire et ne récoltent pas de pollen, possèdent aussi cette épine dont le rôle reste problématique.

L'examen de l'extrémité du dernier article du tarse des trois paires de pattes permet de comprendre comment l'abeille se maintient et se déplace sur les surfaces lisses ou rugueuses. A l'extrémité de ce dernier article, on trouve en effet (fig. 17) deux ongles robustes, recourbés en crochets et munis en dedans d'un petit éperon; entre eux il existe un lobule charnu, le *pulvillus*, presque lisse à sa surface inférieure qui émet une sécrétion huileuse et adhésive. Lorsque l'insecte se déplace sur une surface verticale rugueuse ou molle comme la cire, il se sert de ses ongles; c'est par les crochets également que les abeilles s'accrochent très solidement les unes aux autres pour former la grappe, lorsqu'elles sont en essaim ou lors de la construction des rayons,

Fig. 17. — Les troisième, quatrième et cinquième articles du tarse; les ongles et le pulvillus.

dans une ruche vide. Dans ce mode de fonctionnement le pulvillus est replié en gouttière et caché entre les poils qui sont à sa base; lorsque l'abeille veut au contraire se déplacer sur une surface lisse, les ongles s'écartent, le pulvillus est projeté en avant, étalé sur la surface et, grâce à la sécrétion adhésive qui en provient, la marche est possible, pourvu que la surface lisse ne soit ni humide, ni poussiéreuse, ce qui empêcherait l'adhérence due à la sécrétion agglutinante; les pulvillus sont nettoyés fréquemment par le frottement contre les tarses.

Ailes. — Les ailes sont au nombre de deux paires; elles ne diffèrent, chez les trois espèces d'individus, que par leur taille relative. C'est chez les mâles qu'elles acquièrent le développement relativement le plus considérable : elles sont, au repos, plus longues que l'abdomen; chez l'ouvrière

elles n'en atteignent pas tout à fait l'extrémité, et chez
la reine elles sont notablement plus courtes et légèrement
croisées sur le dos ; chez le mâle et l'ouvrière, au contraire,
elles sont, à l'état de repos, étendues horizontalement
sur l'abdomen, les antérieures dessus, et les postérieures
dessous.

Dans le cours du développement l'aile apparaît, chez
la nymphe, sous la forme d'une vésicul· soutenue à
l'intérieur par des tubes chitineux ; peu à peu le liquide
intérieur de la vésicule se résorbe, et, au moment de
l'éclosion, les ailes s'allongent, les deux membranes du
sac alaire s'accolent et se soudent en une membrane
transparente, le *disque*, couvert de poils très petits et
parcouru par des *nervures* qui proviennent de la transformation des tubes chitineux de la vésicule primitive.

Les nervures sont des tubes creux de couleur brunâtre
parcourus par des vaisseaux sanguins et des trachées, qui
se remplissent d'air au moment du vol ; elles sont plus
grosses et plus fortes vers la racine de l'aile.

Les ailes s'adaptent aux arceaux dorsaux du thorax
par une base rétrécie, les antérieures sur le mésothorax,
avec deux écailles au point d'insertion, les postérieures
sur le métathorax.

L'aile antérieure (fig. 18) est plus grande que l'aile
postérieure, et sa structure plus compliquée.

De forme à peu près triangulaire, le côté opposé à la
base forme le *bord postérieur*, la ligne qui joint la base au
sommet ou angle externe est le *bord antérieur* ou externe,
tandis que le *bord interne* va de l'*angle interne* à la base.

Quatre nervures principales partent de cette base : la
nervure costale le long du bord externe, la *nervure sous-
costale* ou *post-costale* très voisine et presque parallèle à
la précédente ; la *nervure anale* le long du bord interne
et, dans le milieu, la *nervure médiane*. Les nervures costale
et sous-costale se réunissent le long du bord externe, et de
ce point part la *nervure radiale* qui monte vers le sommet.

Une grande *nervure transverso-médiane* traverse l'aile en joignant la nervure médiane à l'anale ; il en part les *nervures cubitales* qui se dirigent vers le milieu du bord pos-

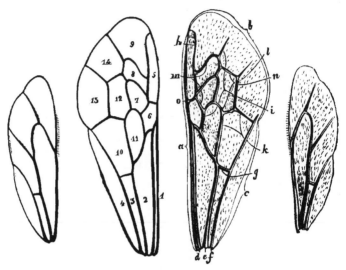

Fig. 18. — Ailes de l'abeille, nervures et cellules.

Cellules des ailes de l'abeille aile supérieure). — 1, cellule costale ; 2, cellule externo-médiane ; 4, cellule anale ; 5, cellule radiale ; 6, cellule cubitale ; 7, deuxième cellule ; 8, troisième cellule ; 9, quatrième cellule cubitale (incomplète) ; 10, première cellule discoïdale ; 11, deuxième cellule discoïdale ; 12, troisième cellule discoïdale ; 13, première cellule postérieure ; 14, deuxième cellule postérieure.

Nervures et contour des ailes de l'abeille (aile supérieure). — *a*, nervure costale ; *b*, bord apical ; *c*, bord postérieur ; *d*, nervure post-costale ; *e*, nervure médiane ; *f*, nervure anale ; *g*, nervure transverso-médiane ; *h*, nervure radiale ; *i*, nervure cubitale ; *k*, nervure discoïdale ; *l*, nervure sub-discoïdale ; *m*, nervures transverso-médianes ; *n*, nervures récurrentes ; *o*, place du stigma s'il existait.

térieur, et la *nervure discoïdale* qui se recourbe en arc de cercle à la hauteur de l'angle interne. Du point de courbure se détache, allant vers le bord postérieur, la *nervure sub-discoïdale*. Deux *nervures récurrentes* réunissent les nervures cubitales à la discoïdale et à la sub-discoïdale, tandis que trois *nervures transverso-médianes* vont de la nervure radiale aux nervures cubitales.

L'ensemble de ces nervures marque, sur le disque de l'aile, quatorze cellules dont la disposition joue un grand rôle dans la classification des Hyménoptères. Quatre cellules basilaires sont délimitées par les nervures partant de la base de l'aile; ce sont : la *cellule costale* entre la nervure costale et la sous-costale ; la *cellule externo-médiane* entre la nervure sous-costale et la médiane ; la *cellule interno-médiane* entre la nervure médiane et l'anale, et enfin la *cellule anale* entre la nervure anale et le bord interne de l'aile.

La *cellule radiale* ou *marginale* est limitée par la nervure radiale et la terminaison de la nervure costale le long du bord externe ; quatre *cellules cubitales* ou *sub-marginales* sont découpées par les trois nervures transverso-médianes ; trois *cellules discoïdales* au milieu de l'aile et près du bord externe ; enfin deux *cellules postérieures* ou *apicales* dans l'angle interne et le long du bord postérieur.

L'aile inférieure, plus petite que la supérieure et qui en répète la nervation d'une manière réduite, porte le long de son bord extérieur une série de crochets recourbés (fig. 19), au nombre de 23 en général chez l'ouvrière, de 15 au minimum chez la reine et de 25 au maximum chez le mâle. Ces crochets peuvent s'adapter dans un repli formant une sorte de gouttière sur le bord inférieur de l'aile antérieure. Les deux ailes ainsi unies ensemble offrent une plus grande surface et une plus grande résistance à l'air pour le vol.

Fig. 19. — Bord externe de l'aile inférieure avec les crochets d'attache.

Les ailes sont mues par des muscles thoraciques puissants qui agissent principalement sur la nervure costale. Marey, qui a fait des études importantes sur le vol des insectes, estime à 190 le nombre des vibrations des ailes de l'abeille pendant une seconde.

L'abeille ne peut prendre son vol que lorsque ses sacs trachéens sont remplis d'air pour alléger son poids; cela explique pourquoi les jeunes abeilles, dont les trachées ne peuvent pas encore se remplir d'air, ne volent pas, non plus que les butineuses surprises par la fumée avant d'avoir pu gonfler leurs sacs aériens.

On a estimé la rapidité du vol de l'abeille à 50 kilomètres à l'heure; pour que cette vitesse soit atteinte, si toutefois elle est possible, il est nécessaire que l'insecte ne soit pas chargé; si le jabot est rempli de miel ou les pattes chargées de pollen, la rapidité est bien moindre.

Les abeilles s'éloignent souvent beaucoup de leur ruche; lorsque le miel manque à proximité, on en a observé à 10 kilomètres de leur habitation; les mâles franchissent facilement cette distance pour chercher des reines à féconder. Il n'en est pas moins vrai qu'elles butinent le plus ordinairement dans un rayon de 3 kilomètres autour du rucher.

Abeilles aptères. — M. A. Giard, professeur à la Faculté des sciences de Paris, a publié dans *l'Apiculteur* de 1902 une note rappelant que divers observateurs ont signalé l'existence, parfois en grand nombre dans les ruches, d'abeilles dont les ailes sont imparfaitement développées, recroquevillées ou même complètement atrophiées. D'après M. Marboux, ces abeilles mal conformées se trouvent souvent à terre devant les ruches, d'où elles sont impitoyablement exclues par les ouvrières. Quant à la cause déterminante de l'avortement des ailes, M. Marboux pense qu'il faut la chercher dans le refroidissement des alvéoles contenant le couvain; aussi les abeilles aptères seraient-elles plus nombreuses pour les ruches dont la

population est insuffisante. M. Ovize dit avoir observé
que ces abeilles à ailes atrophiées naissent dans le voisinage des galeries de fausse teigne. Plus d'une fois il a
vu des jeunes abeilles se traîner à terre avec de petites
parcelles soyeuses attachées au corps de ces individus
incomplets.

Abdomen.

L'abdomen, plus long que la tête et le thorax réunis,
est relié au thorax par un pédicule membraneux, très
court, le *pétiole*, renforcé d'une baguette chitineuse. Il
se compose de neuf segments imbriqués chitineux et
diminuant de grandeur 'depuis le premier jusqu'au dernier, qui porte le nom de' *pygidium* ; cela donne à l'ensemble une forme pyramidale
(fig. 20).

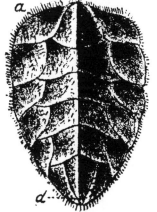

Chaque segment est formé
de deux plaques, une supérieure ou *tergite*, plus grande
et recouvrant partiellement
l'inférieure ou *sternite*.

Les tergites et les sternites,
de même que les segments,
sont reliés ensemble par une
mince membrane chitineuse
flexible qui assure à l'abdomen une grande mobilité et
la faculté de se contracter et
de s'étendre à volonté.

Les neuf segments abdomi-
naux ne sont pas tous visibles;

Fig. 20. — Abdomen de
l'ouvrière vu du côté ventral. — *a*, promeros ; *d*,
pygidium.

quelques-uns sont rentrés dans le cloaque et cachés sous
les deux valves du dernier anneau visible ; ils concourent
à la formation de l'appareil génital. Chez l'ouvrière et la
reine on en aperçoit six, chez le mâle sept. Les plaques
dorsales sont bordées de poils.

Le premier segment abdominal ou *promeros* a sa plaque ventrale en forme de cône tronqué, déployé, et sa largeur est de un demi-millimètre ; les quatre segments suivants ont 2 millimètres de large, avec des plaques ventrales polygonales. Le second et le troisième portent le nom de *mésomeros*, le quatrième et le cinquième celui de *méta-meros*. Le dernier segment visible est le *segment anal*, d'un millimètre et demi de large et dont la plaque ventrale est cordiforme.

Le premier demi-segment dorsal recouvre le second d'environ un demi-millimètre ; ce qui fait que le second demi-segment paraît deux fois plus large que le troisième.

Chez la reine, le segment anal est beaucoup plus long et les autres segments plus larges que chez l'ouvrière ; la couleur de l'abdomen est aussi plus claire.

Les anneaux de l'abdomen portent des ouvertures ou *stigmates* destinées à l'introduction de l'air. Comme dépendances de l'abdomen, on trouve encore les *aires cirières* (Voy. *Respiration* et *Sécrétion de la cire*).

Organe de Nassonoff. — Un naturaliste russe, M. Nasso-noff, a décrit, vers 1883, un organe spécial dont le rôle n'est pas encore bien connu. Il est situé à la base du sixième segment et est constitué par une dépression longue et étroite dans le bord du demi-anneau dorsal, surmontée par le bord du demi-anneau précédent. Cette dépression débouche à l'extérieur par une ouverture que l'on aperçoit sur la partie postérieure de la raie blanche découverte par l'écartement du cinquième et du sixième anneau lorsque l'abeille dilate son abdomen. Au fond de la dépression aboutissent une multitude de petites glandes dont chacune a une cellule ovale avec un noyau très net ; de chaque cellule part un mince conduit qui débouche dans le fond de la dépression.

M. Nassonoff estime que cet organe joue un rôle dans la transpiration ; Zoubareff pense au contraire qu'il est destiné à expulser rapidement l'eau contenue en excès

dans le nectar ou les substances liquides absorbés par
l'abeille. On voit en effet les butineuses, au retour de la
récolte, rejeter souvent, pendant le vol, de très fines
gouttelettes d'eau. En 1903 (1), M. Sladen émit l'idée que
l'organe de Nassonoff produit une matière odorante qui
a pour but de permettre aux abeilles de se reconnaître
entre elles. Lorsque les ouvrières pratiquent le bourdonnement de rappel, elles prennent une attitude particulière en redressant leur abdomen de manière à distendre
la membrane qui réunit le cinquième et le sixième anneau
et à mettre à nu l'ouverture de la dépression. Il émane
alors de là une odeur assez pénétrante tenant le milieu
entre celle de l'acide formique et celle de l'iode, odeur
destinée à être perçue à une grande distance, de façon à
avertir les abeilles hors de la ruche ; les vibrations qui
produisent le bourdonnement pourraient dans ce cas
favoriser la dissémination des particules odorantes.

Tube digestif.

Le tube digestif de l'abeille, ou intestin, comprend les
parties suivantes (fig. 21) :

Intestin ....
  Antérieur.. { Bouche.
              { Œsophage.
              { Jabot ou gésier.
  Moyen..... Estomac ou ventricule chylifique.
  Terminal.. { Intestin grêle.
             { Gros intestin ou côlon.
             { Intestin anal.

Chez l'ouvrière de taille moyenne, l'ensemble de ce
tube a une longueur de $34^{mm},5$; son diamètre varie, dans
ses différentes parties, depuis 1/4 de millimètre jusqu'à
$2^{mm},5$. Il est près de trois fois aussi long que le corps ; sept
fois recourbé et replié sur lui-même, l'intestin est attaché
par des muscles aux parois du squelette, vers le milieu

(1) *Feuille des jeunes naturalistes.* 1903.

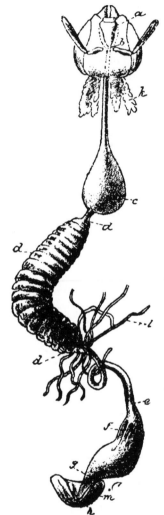

Fig. 21. — Disposition générale de l'appareil digestif. — *c*, jabot ; *d*, estomac
ou ventricule chylifique;
de, intestin grêle: *eg*, gros
intestin; *f*, glandes rectales; *l*, tubes de Malpighi.

du corps, au-dessus de la
chaîne ventrale et au-dessous
du vaisseau dorsal.

A la bouche, dont la structure et le fonctionnement ont
été décrits précédemment, fait
suite un *œsophage* ou *gosier*,
qui traverse tout le corselet et
le pétiole, en conservant un
diamètre uniforme, presque
capillaire, de 1/4 de millimètre
de diamètre environ, sur une
longueur de 5 millimètres.
A son entrée dans l'abdomen,
entre le promeros et le mésomeros, l'œsophage se dilate
graduellement pour former
une vésicule piriforme, à parois transparentes, à reflets
argentés, longue de 4 millimètres et large de 2^{mm},5 lorsqu'elle est pleine. C'est le
jabot ou *gésier*, appelé aussi
poche à miel, à cause de sa
fonction spéciale, qui est de
recevoir en dépôt le nectar recueilli sur les fleurs ou le miel
emmagasiné comme provi-
sions.

La texture de ce renflement
est musculo-membraneuse :
à l'extérieur, il est recouvert
d'une mince couche de chitine
enveloppant le tissu cellulaire
et des fibres longitudinales et
transversales; il est par suite

dilatable au fur et à mesure que le liquide sucré s'y accumule et peut ensuite se contracter sous la volonté de l'insecte lorsque la butineuse désire dégorger dans les cellules du rayon la récolte qu'elle a effectuée.

Au fond du jabot se trouve un appareil de couleur brunâtre, qualifié de *gésier* par L. Dufour et considéré par lui comme une déchéance de l'organe analogue des Névroptères et destiné, chez ces insectes, à broyer et à triturer les substances nutritives. Burmeister a été plus près de la vérité en l'appelant la *bouche de l'estomac* (fig. 22); c'est en effet une véritable bouche, un appareil

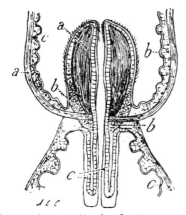

Fig. 22. — Coupe longitudinale de la bouche de l'estomac. — *a*, muscles longitudinaux; *b*, muscles transversaux; *c*, couche chitineuse.

valvulaire d'occlusion destiné à empêcher, volontairement, le passage de la nourriture ou du nectar dans le reste de l'intestin. Extérieurement et en avant sa forme est celle d'un bouton ou d'un petit pois en saillie dans le fond du jabot et présentant à son extrémité antérieure une ouverture cruciale qui constitue une valvule à quatre lèvres susceptibles de s'écarter ou de se réunir pour ouvrir ou fermer l'orifice. Ces lèvres sont chitineuses et munies de poils raides dirigés en arrière; elles sont mues par des muscles longitudinaux, transversaux et circulaires, ces derniers formant un sphincter autour de l'orifice.

On comprend que, la butineuse récoltant le nectar, les abeilles d'un essaim partant à la recherche d'une nouvelle demeure puissent ainsi remplir leur jabot sans crainte de le voir se vider dans l'estomac proprement dit; elles peuvent, en entr'ouvrant plus ou moins cette bouche de l'estomac, laisser filtrer la nourriture au fur et à mesure des besoins. Les grains de pollen réunis au fond du jabot passent dans l'ouverture et continuent à progresser, la présence des poils empêchant leur retour vers le jabot.

En arrière, la bouche de l'estomac se continue par un tube d'un blanc jaunâtre formant un *col* grêle et court, de même diamètre que l'œsophage et reliant le jabot à un deuxième renflement, le *ventricule chylifique* ou *estomac proprement dit*, qui constitue l'intestin moyen.

La largeur de l'estomac est de $2^{mm},5$ sur 10 millimètres de longueur; extérieurement il présente 23 étranglements qui sillonnent profondément sa surface; sa couleur est brunâtre à cause de l'abondance des grains de pollen qui s'y trouvent généralement; à l'intérieur, il est revêtu d'une membrane mamelonnée, à la fois absorbante et sécrétrice du suc gastrique.

Le ventricule chylifique forme une circonvolution complète sur lui-même : à partir du col, il se dirige d'abord vers l'arrière du corps, au tiers de sa longueur, se recourbe à droite, revient ensuite en avant où il se recourbe à gauche au-dessus du milieu du jabot, puis se replie vers l'arrière en recouvrant ainsi sa partie antérieure et une partie du gésier, et enfin il se recourbe de nouveau en arrière et s'étend plus loin que la première fois. A son extrémité, il débouche dans l'intestin grêle.

Le ventricule chylifique est le véritable estomac: c'est là que, sous l'influence des sucs sécrétés par les glandes gastriques, la nourriture est digérée et transformée en *chyme*; elle traverse sous cet état les trous dont la couche chitineuse externe est criblée, passe dans l'abdomen et forme le sang. C'est là aussi que la bouillie alimentaire des larves est élaborée et à demi digérée; lorsque l'abeille nourrice veut alimenter les larves, les muscles de l'estomac se contractent, poussent l'organe en avant, la bouche de l'estomac est portée jusqu'à la base de l'œsophage par l'allongement du col qui, à l'état de repos, est invaginé dans la partie supérieure du ventricule chylifique, le chyme est dégorgé directement à travers l'œsophage et se mélange avec la sécrétion des glandes du système supra-maxillaire dont il a été parlé précédemment.

Au point où le ventricule chylifique se réunit à la portion grêle de l'intestin terminal, il se rétrécit en un *pylore*, dont un sphincter puissant, formant bourrelet vers l'intérieur, peut fermer l'ouverture. Là débouchent treize paires de tubes aveugles, longs et minces, de couleur blanc jaunâtre, les *tubes de Malpighi*, s'enchevêtrant en nombreuses spirales autour de l'estomac et que l'on considère comme produisant une sécrétion urinaire ou biliaire.

L'intestin grêle, par lequel débute l'intestin terminal, a un diamètre régulier, partout égal à un demi-millimètre et parcourt une longueur de 6 millimètres; il a la forme d'un pas d'hélice et est placé verticalement par rapport à l'axe du corps. Sa membrane interne est fortement plissée et épaissie de manière à former des sillons longitudinaux résistants, garnis de poils rigides dirigés vers le bas et qui disparaissent graduellement vers l'extrémité; cette disposition est utile pour le broyage des grains de pollen qui auraient échappé à une première digestion. A la partie externe se trouvent des muscles en anneau fortement développés. L'absorption se continue dans l'intestin grêle où la couleur du contenu est beaucoup plus foncée que dans le ventricule chylifique.

L'intestin grêle se renfle ensuite brusquement et prend un diamètre de 1 millimètre qui va en augmentant jusqu'à 1ᵐᵐ,5 de manière à prendre la forme d'une vessie allongée de 8 millimètres de long ; c'est le *gros intestin* ou *côlon* placé sous le métameros ; sa couleur, comme celle de l'intestin anal qui le termine, est d'un brun sale par suite des excréments à odeur désagréable qui les remplissent et qui se voient à travers les parois. La digestion est ici terminée et nous ne rencontrons plus que des résidus qui seront expulsés au dehors.

La surface extérieure de ce renflement présente six plaques oblongues, proéminentes en dedans ; ce sont les *glandes rectales* formées par une invagination de la paroi ; elles renferment des muscles, reçoivent un nerf et des trachées très ramifiées et jouent un grand rôle dans l'expulsion des excréments qui, pour les ouvrières et les mâles, a lieu pendant le vol.

Le gros intestin se rétrécit ensuite pour former l'*intestin anal*, placé sous le segment anal, jusqu'à l'orifice de l'anus ; sa longueur est de 1ᵐᵐ,5 et son diamètre de un quart de millimètre.

L'état et la couleur des excréments, ainsi que leur abondance, varient avec la qualité de l'alimentation ; ils sont bruns chez les ouvrières, grisâtres chez les mâles, liquides et jaune pâle pour la reine qui les expulse dans la ruche où les ouvrières les absorbent pour les transporter au dehors.

Circulation.

L'appareil circulatoire de l'abeille est extrêmement simple et comprend une cavité allongée ou *cœur* terminée par une courte *aorte* ; le sang s'écoule directement de l'aorte dans la cavité générale et se meut dans un système de lacunes suivant une direction déterminée en baignant les organes. On voit que le conduit central est le seul organe où le liquide soit véritablement endigué ; il n'y a point d'autre conduit sanguin fermé, les vaisseaux lymphatiques et chylifères manquent, de même que chez tous les autres articulés.

Le *cœur*, appelé aussi *vaisseau dorsal*, est placé au-dessus du tube digestif, immédiatement sous le tégument externe et dans la direction de l'axe du corps (fig. 23). Il a la forme d'un petit sac allongé, rectiligne, d'un diamètre de un demi-millimètre dans sa plus grande largeur ; fermé en cul-de-sac en arrière, il se prolonge en avant par un vaisseau sanguin, l'*aorte*, petit tube étroit d'un huitième de millimètre de diamètre, qui n'est pas nette-ment limité, traverse le thorax et s'ouvre dans la tête en se bifurquant.

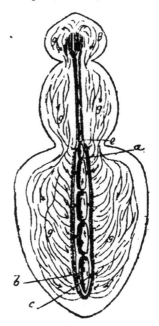

Intérieurement le vaisseau dorsal est formé de cinq *chambres* ou *ventricules*, placées les unes derrière les autres ; cha-cune d'elles est séparée de la suivante par un repli ou val-vule formant couvercle et pou-vant se fermer et s'ouvrir sui-vant que l'organe se contracte (*systole*) ou se dilate (*diastole*) ; de cette manière le reflux du sang en arrière est empêché.

Fig. 23. — Schéma de la circulation. — *a.* val-vules : *b.* ventricules ; *c.* ostioles ; *e.* aorte ; *g.* cours du sang.

A la partie postérieure de chaque chambre et de chaque côté des valvules se trouve une ouverture latérale ou *ostiole* communiquant avec la cavité générale ; les bords en sont recourbés vers l'intérieur et se relèvent pour fermer l'ori-fice lorsque l'organe se contracte ; par suite de cette disposition, le sang peut entrer par là dans le cœur, mais non en sortir.

Au moment de la diastole, le vaisseau dorsal se dilatant, les valvules et les ostioles s'ouvrent, le sang venant de la cavité générale et de la chambre précédente pénètre à la fois par ces orifices. Puis la systole survient, l'organe se contracte, valvule et ostioles se ferment et le sang se trouve poussé dans la chambre suivante sans pouvoir retourner ni en arrière ni dans la cavité générale. Les chambres, en effet, ne se contractent pas toutes à la fois, mais successivement, de manière que, quand la chambre postérieure commence à se dilater, l'antérieure commence à se rétrécir; le mouvement s'étend progressivement d'arrière en avant et le sang est ainsi poussé depuis la chambre postérieure jusqu'à la chambre antérieure et de là dans l'aorte.

L'*aorte* occupe toute la longueur du thorax, s'accole au tube digestif, se bifurque dans la tète et, sous le cerveau, débouche par deux orifices béants dans une lacune d'où le sang s'écoule dans la cavité générale; après s'y être revivifié, il rentre dans le cœur par les ostioles et le cycle recommence.

Le vaisseau dorsal est maintenu en place par un système de fibres musculaires qui se rattachent aux régions et aux organes voisins. Les plus importants sont les *muscles aliformes* (fig. 24), de forme triangulaire, disposés par paires en nombre égal à celui des chambres et qui s'insèrent par leur base sur le cœur et par leur sommet sur la paroi dorso-latérale du corps. Ils forment ainsi, au-dessous du cœur, une cloison continue, sorte de diaphragme, tendu au-dessus du tube digestif et qui limite, en haut de la cavité générale, un espace clos, le *sinus péricardique*, beaucoup plus petit que la partie laissée en dessous et que l'on pourrait qualifier de *sinus ventral ou viscéral*.

La paroi du cœur est formée de trois couches; l'interne

ou *endocarde* est une fine cuticule tapissant une couche de fibres musculaires striées; extérieurement se trouve une tunique de tissu conjonctif.

La circulation est assurée par l'activité même des muscles intrinsèques du cœur, mais elle est de plus aidée par les mouvements du diaphragme. Cette cloison, légèrement convexe du côté du cœur, s'aplatit au moment de la contraction des muscles aliformes qui la constituent; il en résulte que le sinus viscéral diminue de volume en même temps que celui du sinus péricardique augmente; ce mouvement a pour effet de chasser le sang, à travers les muscles aliformes, dans le sinus péricardique et dans le cœur où il pénètre par les ostioles latérales pour se diriger de nouveau vers l'aorte.

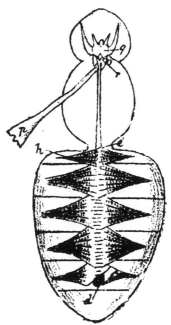

Fig. 24. — Appareil circulatoire. — *eo*, aorte; *ed*, vaisseau dorsal ou cœur; *h*, muscles aliformes; *p*, tube digestif; *g*, cerveau.

Malgré l'absence de canaux de retour nettement constitués, le courant sanguin est remarquablement rapide et régulier ; les pulsations du cœur, de même que la vitesse de la circulation, varient avec la température et sont d'autant plus élevées que la chaleur est plus forte ; les pulsations s'arrêtent vers 6°.

Le sinus péricardique renferme en outre d'autres éléments qui entourent le cœur et présentent un grand intérêt au point de vue de la revivification du sang. Ce sont d'abord des cellules nucléées de couleur jaune, dites *cellules péricardiques*, formant une sorte de coussin sur lequel repose le cœur et envoyant des ramifications vers la tunique du cœur et le diaphragme ; en outre, des corps graisseux renfermant des *cellules enclavées* de couleur jaune, à un seul noyau. Entre ces éléments s'insinuent des filets nerveux et de nombreuses ramifications trachéennes, les plus fines, qui viennent recouvrir le vaisseau dorsal. Grâce à ces ramifications, le sang se trouve enrichi en oxygène et revivifié au voisinage même du cœur, où il pénètre richement hématosé.

Le sang est un liquide incolore renfermant en suspension des globules assez volumineux, transparents, protoplasmiques, avec un gros noyau entouré de granulations ; ces globules sont animés de mouvements amiboïdes qui en modifient incessamment la forme ; leur présence donne au sang un aspect opalescent. Le plasma sanguin où siègent ces globules contient en dissolution de la fibrine qui se précipite quand on abandonne le sang à l'air et entraîne la coagulation.

Respiration.

L'absence dans le système circulatoire d'un appareil approprié où le sang va, par des voies spéciales bien endiguées, chercher l'air dont il a besoin, l'expansion, au contraire, de ce liquide dans la cavité générale, au voisinage de tous les organes, nécessitent, pour que l'hématose puisse se faire d'une manière convenable, un appareil respiratoire disposé de telle sorte que l'air soit amené partout lui aussi, s'insinue entre tous les organes et détermine, sur place et en tous lieux, l'oxygénation du sang.

En principe, l'appareil respiratoire est formé (fig. 25) par deux gros canaux aérifères, les *trachées*, logés dans l'abdomen et communiquant avec l'extérieur par des orifices pairs disposés dans les segments ; ce sont les *stigmates*.

Les trachées se ramifient à l'infini dans l'intérieur du
corps, envoyant partout leurs branches dans le moindre

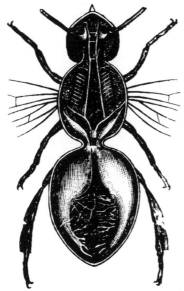

Fig. 25. — Appareil respiratoire de l'abeille.

espace interorganique comme les racines chevelues d'une
plante pénètrent dans le sol. On trouve de ces branches
jusque dans les antennes, les ailes, les pattes, la substance
du cerveau et des nerfs.

Léon Dufour a parfaitement décrit la disposition d'ensemble de ces organes. De chaque côté de la cavité abdominale règne un vaste sac trachéen, membraneux,
allongé, d'un blanc mat, variable pour sa configuration
et son ampleur suivant l'abondance de l'air dont il est
pénétré ; ce sac, par son côté externe, s'abouche directement, au moyen de cols tubuleux, aux stigmates abdominaux, ou, si l'on veut, les troncs trachéens qui
naissent de ces orifices respiratoires se dilatent pour former un vaste sinus aérifère. En avant, c'est-à-dire à la
base de l'abdomen, ce sac se dilate en un utricule con-

sidérable qui se termine en avant par un cul-de-sac plus
ou moins arrondi ; à sa paroi supérieure s'implante brusquement le tronc d'une trachée élastique, au moyen
duquel le système respiratoire abdominal communique
avec le thoracique. En arrière, c'est-à-dire au bout de
l'abdomen, ce sac s'atténue en un conduit tubuleux qui
forme avec celui du côté opposé une grande arcade anas-
tomotique.

De sa partie inférieure partent des canaux transversaux
grands, simples, dilatés à leur point de départ et atténués
vers le milieu du corps, où ils s'abouchent ou plutôt se
continuent avec ceux du côté opposé. Outre ces con-
nexions de l'appareil respiratoire abdominal, les unes
avec les trachées thoraciques, les autres entre les deux
moitiés symétriques de cet appareil séparées par la ligne
médiane fictive du corps, le sac trachéen émet, des divers
points de sa périphérie, des vaisseaux aérifères se rami-
fiant aux organes circonvoisins. En outre, des stigmates
de cette région partent de puissantes trachées qui vont
vivifier les viscères.

Cette disposition de l'appareil respiratoire est générale
chez la plupart des insectes ; on voit que, chez ces animaux, suivant la belle expression de Cuvier, ce n'est pas
le sang qui va à la recherche de l'air atmosphérique
comme dans les types supérieurs, c'est l'air qui vient le
chercher ; autrement dit, c'est la circulation aérienne qui
supplée à la circulation sanguine.

Mais les extrémités des trachées sont toujours aveugles,
et c'est par suite d'une erreur d'observation que mon
regretté maître, le professeur Em. Blanchard, avait cru
voir une communication directe entre l'appareil respiratoire et l'appareil circulatoire. C'est à travers la membrane
trachéenne, très fine, qu'ont lieu les échanges gazeux,
oxygénation du sang, rejet d'acide carbonique et d'eau.

Les *stigmates* par lesquels l'air pénètre dans les trachées
sont au nombre de 18, aussi bien chez les femelles que

chez le mâle ; il y en a une paire sur chacun des deux derniers segments du thorax ; la première paire abdominale
s'ouvre sur le bord antérieur du premier segment à découvert, les dix suivantes sont cachées dans les sternites et
la dernière paire s'ouvre, chez l'adulte, dans la chambre
cloacale.

La structure des trachées est à peu près toujours la
même, soit que l'on considère un des gros troncs ou l'une
des branches les plus étroites. L'intérieur de la trachée
est tapissé par une couche chitineuse qui n'est que le pro-
longement de la couche chitineuse du corps ; cette cuticule présente à sa surface (fig. 26) des lignes spiralées
qui sont en réalité des épaississe-
ments de cette membrane interne ;
ils sont destinés à servir de squelette
au tube trachéen, à le maintenir
béant et à résister à la pression de
l'air que l'insecte y introduit. Dans
les deux gros canaux aérifères, les
épaississements sont très atténués,
et la structure spiralée à peine perceptible. Cette couche interne est
entourée par une sorte d'épithélium

Fig. 26. — Struc-
ture d'un tube
trachéen.

à cellules mal délimitées qui n'est que la continuation de
l'hypoderme. La cuticule interne, avec la spirale, est
rejetée, en même temps que la peau externe, au moment
de la mue de la larve, et est de nouveau reproduite par
un véritable phénomène de sécrétion émanant de la zone
extérieure.

L'orifice stigmatique (fig. 27) est limité par un cadre
rigide chitineux, de forme ovalaire, le *péritrème* ; l'ouverture en est bordée de poils courts formant une sorte de
crible qui arrête les poussières ou les particules étrangères qui pourraient pénétrer dans la trachée. A l'intérieur du stigmate et à l'origine de chacun des gros troncs
trachéens qui en émanent se trouve un appareil obtura-

teur nommé *épiglotte* où aboutissent des nerfs spéciaux et dont l'action détermine, à la volonté de l'insecte, la fermeture des trachées.

L'appareil obturateur se compose essentiellement d'une lame chitineuse ou *ligament obturateur* en forme de croissant, appliquée contre la trachée d'origine et articulée, par ses deux extrémités, à la base de deux leviers en forme de lamelles coniques, chitineuses, de grandeurs inégales, sur lesquelles s'insère un muscle transversal qui les réunit.

Fig. 27. — Stigmate avec le péritrème *b*.

Lorsque ce muscle se contracte, il fait basculer les leviers et les abaisse, ainsi que la lamelle obturatrice, sur la fente du stigmate et provoque le rapprochement des deux lèvres de cette dernière. Quand le muscle se relâche, la seule élasticité de la chitine rouvre l'orifice trachéen ; le muscle n'est donc actif que pendant l'occlusion de cet orifice.

Au repos, les stigmates restent béants, mais le volume considérable des sacs aérifères et l'occlusion de l'ouverture stigmatique sous l'influence de la volonté de l'animal, pour empêcher l'entrée ou la sortie de l'air, permettent de comprendre la résistance extraordinaire des insectes à l'asphyxie. Leur submersion dans l'eau ou leur introduction dans un milieu renfermant en abondance des gaz ou des vapeurs toxiques n'a raison qu'au bout d'un temps très long de leur vitalité ; ils sont au contraire rapidement tués lorsque, les gaz ou les vapeurs toxiques étant très dilués, la fermeture des orifices respiratoires n'est pas immédiatement provoquée. En dehors de l'oxygénation du sang, le principal rôle des deux grands sacs trachéens est d'emmagasiner de l'air, pour permettre à l'insecte de modifier à volonté sa pesanteur spécifique en augmentant son volume, et d'être ainsi mieux en état de soutenir le vol avec la moindre fatigue musculaire. Chez les reines qui volent peu, ces sacs sont très réduits et l'espace qu'ils laissent libre est occupé par les ovaires.

En outre, chez le mâle, les ampoules aériennes jouent un rôle important dans l'acte de la reproduction : c'est par leur gonflement seulement que l'exsertion du pénis est possible, fait qui explique pourquoi l'accouplement ne peut avoir lieu que pendant le vol. Enfin, ces vésicules aériennes augmentent, par résonance, l'intensité du bourdonnement.

C'est grâce aux mouvements de contraction et de dilatation de l'abdomen, sous l'influence des muscles dorso-ventraux, que se font la sortie et l'entrée de l'air par les stigmates et sa circulation dans les trachées. En effet, quand l'abdomen se contracte (expiration), les trachées sont, elles aussi, comprimées, et l'air sort par ces stigmates, ou bien, quand les stigmates sont fermés, pénètre dans le système trachéen du thorax, de la tête et des appendices. Quand, au contraire, l'abdomen se dilate (inspiration), l'air entre par les stigmates et pénètre dans les trachées qui sont ouvertes, grâce à l'élasticité de la spirale chitineuse qui revêt intérieurement leur paroi.

Ces mouvements respiratoires se produisent de 20 à 50 fois par minute à l'état normal; ils se ralentissent et s'affaiblissent par le froid, pour se multiplier et devenir plus amples avec l'élévation de la température.

Bourdonnement et production du son. — L'étude des sons produits par les abeilles se rattache étroitement à la description de l'appareil respiratoire ; le bourdonnement, dans ses différentes tonalités, n'est en effet pas uniquement dû au mouvement plus ou moins rapide des ailes, mais il est surtout produit par un appareil particulier, situé au voisinage des stigmates. On peut s'en rendre compte en fermant ceux-ci avec de la cire ; le bourdonnement devient alors très faible et à peine perceptible ;

inversement, si on enlève les ailes de l'insecte, le bourdonnement continue à se faire entendre.

À l'entrée de la trachée, immédiatement derrière, se
trouve une dilatation du tube aérien constituant une
chambre ou *restibule stigmatique* ; entre les bords du stigmate, un repli de la membrane interne forme deux
lèvres ou rideaux plus ou moins plissés ou frangés ; le
passage plus ou moins rapide de l'air à travers l'orifice
fait vibrer ces lèvres et produit un son d'une tonalité
variable suivant leur tension. La chambre stigmatique
agit comme une boîte de résonance et renforce le son.

Enfin, un bruit plus aigu que les précédents est produit par la vibration des anneaux de l'abdomen.

Système musculaire.

Le système musculaire de l'abeille est très bien développé et comprend des muscles qui servent, les uns aux
mouvements des segments, les autres à ceux des membres et des divers organes du corps (fig. 28).

Les muscles qui mettent en mouvement les segments
ou les articles des membres s'insèrent à la face interne
de l'exosquelette et sont tendus entre deux segments ou
entre deux articles, ceux-ci étant réunis entre eux par un
tissu articulaire mou et flexible. On trouve un système
pair dorsal et un autre ventral de muscles intersegmen-
taires. Lorsque le système dorsal se contracte, les surfaces articulaires dorsales se plissent et les surfaces articulaires ventrales se tendent ; dans l'action contraire, les
surfaces articulaires dorsales s'étendent et l'organe se
recourbe en dessous en plissant les articulations de la
face ventrale.

La musculature du thorax est particulièrement puissante, parce que c'est cette région qui porte les organes
locomoteurs, pattes et ailes. Chacun de ces appendices
présente des muscles extenseurs et fléchisseurs ; on trouve,

s'étendant sur toute la partie médiane thoracique, une ligne de replis calcifiés ou *apodèmes*, formés par la dupli-

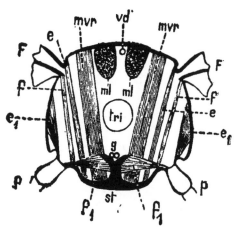

Fig. 28. — Coupe schématique à travers le thorax pour montrer le système musculaire. — F, partie basilaire des ailes; *st*, sternum avec son apodème fourchu supportant le système nerveux *g*; *vd*, vaisseau dorsal; *tri*, intestin; *mvr*, muscles indirects du vol, longitudinaux; *e*, extenseur des ailes; *f*, fléchisseur des ailes; *p*, partie basilaire des pattes; *e₁*, extenseur des pattes; *f₁*, fléchisseur des pattes (d'après Graber).

cature de la lame de jonction des anneaux du thorax et servant de points d'attache aux muscles moteurs des pattes.

Dans presque tous les muscles, chaque faisceau musculaire est constitué par un cylindre de fibrilles contractiles, striées transversalement et entourant un canal central rempli de protoplasma plus ou moins granuleux, renfermant des noyaux, le tout enveloppé d'une membrane extérieure, transparente et élastique, le *sarcolemme*, à la surface duquel se ramifient des trachées. Dans les muscles des ailes, le sarcolemme n'existe pas et les fibrilles extrêmement fines se groupent en petits faisceaux entre lesquels pénètrent les trachées et séparés les uns des autres par de très fines granulations réfrin-

gentes plongées dans une substance interstitielle homo-
gène.

Système nerveux.

Le système nerveux de l'abeille est construit sur le
plan général de celui de tous les arthropodes et consiste
en un certain nombre de petits amas formés par le groupement des cellules nerveuses; ce sont les *ganglions*, réunis entre eux par de doubles filets longitudinaux nommés
connectifs.

Dans son ensemble (fig. 29), il comprend un *ganglion*

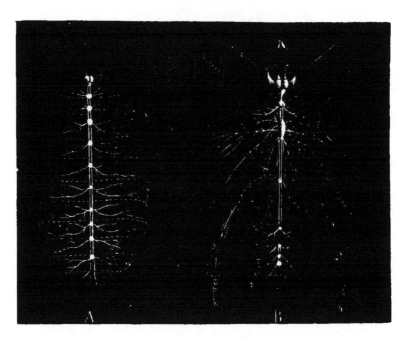

Fig. 29. — Système nerveux de l'abeille ouvrière. — A, larve
développée; B. adulte.

cérébroïde ou *sus-œsophagien*, appelé aussi *cerveau*, par
comparaison avec les vertébrés, un *ganglion sous-œsopha-*

gien, des *ganglions thoraciques* et des *ganglions abdominaux*. Tous ces ganglions sont réunis entre eux par des filets nerveux connectifs formant une double chaîne nerveuse ventrale dont les articles correspondent à la segmentation même du corps.

De chacun des ganglions de la chaîne partent des nerfs moteurs et sensitifs allant aux organes des sens, aux muscles du tronc contenus dans le segment correspondant, ainsi qu'aux muscles de la paire de membres que possède le segment.

Ces cordons transmettent aux organes la force nerveuse issue des ganglions et ramènent d'autre part à ces centres médullaires les impressions perçues au dehors par les organes des sens.

Il existe dans la tête deux ganglions : au-dessus de l'œsophage, le *cerveau* (ganglion cérébroïde ou sus-œsophagien), relié par un double filet connectif à un *ganglion sous-œsophagien*, de telle sorte qu'il existe, autour de l'œsophage, un collier nerveux qu'on nomme *collier œsophagien* ; ce collier réunit la chaîne nerveuse, située tout entière à la face ventrale, sous l'œsophage, au ganglion cérébroïde, seul placé au-dessus du tube digestif.

En raison du développement des facultés intellectuelles, dont le siège est le ganglion cérébroïde, ce dernier présente chez l'abeille un développement et une complication remarquables. Le cerveau montre des circonvolutions qui le divisent en plusieurs parties : la portion supérieure présente, de chaque côté, deux sortes de calices (fig. 30) réunis à leur base par les forts pédoncules qui les supportent et qui sont issus de la substance même du cerveau; ce sont les *corps pédonculés* qui semblent être le siège des fonctions psychiques et qu'on a comparés aux circonvolutions cérébrales. Entre les corps pédonculés, à la partie supérieure et médiane du cerveau, sous les ocelles, naissent les *nerfs ocellaires* qui, au nombre de trois, se rendent aux yeux simples.

Latéralement, il naît du cerveau, et de chaque côté, un renflement ganglionnaire très développé; ce sont les *ganglions optiques* d'où partent les *nerfs optiques* allant

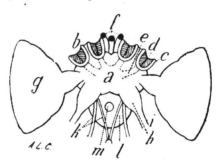

Fig. 30. — Cerveau de l'abeille. — *a*, protocérébron; *b*, corps pédonculé: *c*, leur calice extérieur; *d*, leur calice intérieur; *e*, leurs prolongements internes; *f*, ocelles avec leurs ganglions: *g*, ganglions optiques; *h*, ganglion olfactif; *i*, nerf antennaire; *k*, grand sympathique; *l*, ganglion sub-œsophagien; *m*, œsophage.

aux yeux composés; enfin, à la partie inférieure, se trouvent des *ganglions olfactifs*, où prennent naissance les *nerfs antennaires*.

Dujardin avait remarqué que le volume du cerveau est proportionnel au développement de l'intelligence : chez l'abeille il est le 1/174ᵉ du corps, chez la fourmi le 1/286ᵉ et chez le hanneton le 1/3920ᵉ; le développement plus ou moins grand des corps pédonculés indiquerait la prédominance de l'intelligence sur l'instinct; chez l'abeille domestique ils formeraient le 1/3 du volume du cerveau et le 1/940ᵉ du volume du corps, chez la fourmi la moitié du volume du cerveau et la 1/286ᵉ partie du corps; chez le hanneton, les corps pédonculés n'atteindraient pas le 1/33000ᵉ du volume du corps.

Brandt a constaté qu'il en est de même pour les différents sexes d'une même espèce; ainsi, chez les ouvrières de l'abeille commune, les corps pédonculés ont une étendue considérable, tandis qu'ils sont peu développés chez la reine et chez les mâles, malgré le fort volume de leur corps. Quelle que soit l'importance du cerveau, sa présence n'est cependant pas indispensable au maintien de la vie, pendant un certain temps ; mais alors les mouvements sont purement mécaniques et ont lieu sous l'action des ganglions. C'est ainsi qu'une ouvrière décapitée peut encore piquer, un mâle privé de sa tête court, essaye de voler, repousse les obstacles qu'on lui présente, et ces manifestations peuvent durer assez longtemps.

Le ganglion sous-œsophagien est très petit et complètement couvert par le ganglion sus-œsophagien auquel il est uni par de très courts cordons. Il est formé d'une paire de noyaux et donne naissance à trois paires de nerfs buccaux se rendant aux mâchoires, au labium et aux palpes. Ce ganglion paraît présider à la coordination des mouvements, et Faivre l'a comparé au cervelet et à la moelle allongée des vertébrés.

Il y a deux ganglions thoraciques, qui innervent les membres. Le premier, situé dans le prothorax, fournit les nerfs des deux pattes antérieures ; le second présente toujours dans son milieu une échancrure, indice de la fusion de plusieurs ganglions ; en réalité, il résulte de la fusion de quatre ganglions qui existaient à une période antérieure du développement, savoir : les deux derniers thoraciques et les deux premiers abdominaux de la larve. La première portion du second ganglion thoracique de l'adulte innerve les ailes antérieures et les pattes du milieu, la portion inférieure envoie ses filets nerveux vers la dernière paire d'ailes et la dernière paire de pattes.

Les ganglions abdominaux sont au nombre de cinq chez les ouvrières et de quatre seulement chez les mâles et la reine ; les premiers innervent les muscles de l'abdomen, tandis que le dernier est en rapport avec l'appareil génital et ses dépendances.

A côté du système nerveux général que nous venons

de décrire et qui constitue le *système de la vie animale*, s'en trouve un autre, spécial à la *vie végétative* : c'est le *système viscéral* que l'on peut diviser en *système stomato-gastrique* et en *système sympathique*.

Le système stomato-gastrique préside spécialement à l'accomplissement du travail digestif et envoie des filets nerveux aux organes de la digestion, de la circulation et de la respiration. Il se compose : 1° de deux nerfs pairs, symétriques, partant de chaque côté de la face postérieure du cerveau et présentant chacun deux ganglions très volumineux : l'un antérieur, le *ganglion cardiaque*, donne des nerfs au vaisseau dorsal ; le postérieur, ou *ganglion trachéen*, innerve les trachées antérieures ; 2° d'un nerf impair qui naît sur la face antérieure du cerveau par deux racines portant à leur point de réunion le *ganglion frontal*, triangulaire, placé en avant du cerveau et qui paraît être le siège des mouvements de déglutition. Ce nerf impair continue son trajet tout le long de la face dorsale de l'œsophage ; il forme un plexus très fin dans la membrane musculaire de cet organe et présente, sur son trajet, deux autres ganglions distribuant des nerfs à l'œsophage et à l'estomac. Il existe, en outre, des filets anastomotiques qui réunissent ce nerf impair aux nerfs pairs et le ganglion cérébroïde au ganglion frontal et aux ganglions cardiaques.

Le système sympathique est destiné à l'innervation de l'appareil respiratoire ; il se compose d'un cordon médian accompagnant la chaîne nerveuse, placé au-dessus d'elle et se renflant dans chaque anneau du corps, en un très petit ganglion triangulaire, émettant des prolongements qui s'anastomosent avec ceux de la chaîne ventrale.

Appareil génital.

Les organes génitaux mâles et femelles sont toujours répartis sur des individus différents et la reproduction de l'espèce nécessite un accouplement avec intromission. Les parties qui composent ces organes se correspondent entre elles dans les deux sexes, affectent la même position et viennent s'ouvrir à la face ventrale du corps, près de l'extrémité de l'abdomen.

La première apparition des organes génitaux a lieu pendant la période embryonnaire, alors que l'insecte est encore enfermé dans les enveloppes de l'œuf. Mais leur développement complet ne s'effectue que pendant la période nymphale. Dans les deux sexes, il existe une paire de glandes génitales (*ovaires* ou *testicules*), se continuant chacune par un canal excréteur (*oviducte* ou *canal déférent*) ; au bout d'un certain trajet, ces deux canaux se réunissent en un seul (vagin ou *canal éjaculateur*); à ces parties principales se trouvent jointes des glandes et des pièces accessoires.

En outre des mâles et des femelles complètes ou reines, on trouve encore chez les abeilles des individus spéciaux, de beaucoup les plus nombreux et qui, dans les conditions normales d'existence de la colonie, sont incapables d'exercer les fonctions de reproduction ; ce sont les *ouvrières*. Elles sont chargées des travaux journaliers de la ruche : industrie, approvisionnement, élevage. Les ouvrières ne sont pas des individus sans sexe, des *neutres*, comme on les qualifie quelquefois ; ce sont des femelles chez lesquelles un mode de nutrition particulier, pendant la phase larvaire, a causé l'arrêt du développement des organes génitaux.

Appareil génital mâle. — L'appareil génital mâle comprend les parties suivantes (fig. 31) :

1° Deux *testicules*, qui sont de petites glandes allongées, quadrangulaires, légèrement aplaties, à surface supérieure convexe et à parois intérieures planes ou faiblement incurvées au dehors ; ils sont situés dans la partie dorsale de l'abdomen, de chaque côté du tube digestif.

C'est chez les nymphes nouvellement formées que ces

organes atteignent leur développement le plus considérable et égalent presque en dimensions les ovaires de la
reine ; à ce moment, les canaux spermatiques sont remplis de vésicules spermatogènes mûres et de spermato-

Fig. 31. — Appareil génital de l'abeille mâle. — *a, a*, testicules,
vésicules séminales et canaux déférents ; *b, b*, glandes muqueuses ; *c*, conduit séminal ; *d*, partie où se forme le spermatophore ; *e, e*, pneumophyses ; *f*, spermatozoïdes.

zoïdes sans cesse animés d'un vif mouvement serpentin.
Les testicules sont encore assez grands chez les faux bourdons jeunes, mais, chez l'adulte, leurs dimensions deviennent presque deux fois plus petites ; ils sont rétractés et
aplatis par suite du passage des spermatozoïdes dans les
vésicules séminales.

Ces glandes sont de couleur blanche et entourées, à
leur face inférieure, par les tubes de Malpighi qui y
forment un lacis très compact ; elles sont maintenues
en place par des faisceaux trachéens provenant de trois

ou quatre canaux issus de deux gros troncs latéraux.

Chaque testicule est enveloppé par une tunique adipo-membraneuse, mince et transparente, parcourue à sa surface par une infinité de brillantes trachées dont les fines ramifications sont enchevêtrées dans son épaisseur et vont se distribuer aux canaux séminifères ; cette tunique présente également des cellules graisseuses et de gros amas de très petits cristaux de sels uriques, très visibles à l'œil nu, paraissant noirs au microscope et formant des masses luisantes, irrégulières et opaques.

Chaque glande mâle se montre constituée par de nombreux petits tubes en forme de doigt de gant ; ce sont les *canalicules séminifères*, courts, étroits, cylindriques dans leur région moyenne, coniques vers leur sommet et légèrement sinueux. Leur nombre varie de 280 à 300. Ils vont s'ouvrir, par leur extrémité inférieure amincie, dans un *réservoir collecteur cordiforme* qui se continue par le canal *déférent*.

Les spermatozoïdes sont formés par une cellule nucléée pourvue d'une longue queue filiforme, contractile, par les mouvements de laquelle ils progressent.

2° Les *canaux déférents* prennent naissance sur le côté externe et dans le tiers postérieur du testicule. Chacun d'eux est constitué par un tube étroit, cylindrique, contourné plusieurs fois en spirale et paraissant très court, bien que, complètement déroulé, il ait de 7 à 10 millimètres de longueur. Il présente, sur son parcours, deux petits renflements fusiformes, puis il s'élargit brusquement pour former un sac obtus et oblong, la *vésicule séminale*, plus grand que le testicule lui-même, et renfermant habituellement un sperme blanc et compact.

Les deux vésicules séminales se réunissent pour donner naissance au *conduit séminal commun* ou *canal éjaculateur*.

Tandis que le canal déférent et le canal éjaculateur sont dépourvus de muscles, les vésicules séminales ont deux couches musculaires, longitudinale à l'extérieur et annulaire à l'intérieur.

Au point où les vésicules séminales se réunissent pour former le canal éjaculateur, se déverse la sécrétion de deux glandes muqueuses situées immédiatement au-dessous des canaux déférents, et dont le diamètre est deux fois plus large que celui de la portion renflée de ces canaux. Chacune de ces glandes se continue par un conduit court et bosselé qui s'unit à celui du côté opposé, sur la ligne médiane du corps; les deux conduits paraissent se confondre, seule une faible échancrure médiane indique leur point de contact.

Ces glandes accessoires sont tapissées à l'intérieur de grosses cellules sécrétant, en grande quantité, un liquide gluant et durcissant destiné à réunir les spermatozoïdes en une seule masse, le *spermatophore*, ayant l'aspect d'une poire, qui distend la partie supérieure du pénis en forme de bulbe; c'est à l'état de spermatophore que l'élément fécondant entre dans le réceptacle de la femelle pendant l'accouplement.

3° Le *canal éjaculateur* est formé par un tube long, filiforme et sinueux qui se dirige en avant et va déboucher dans l'appareil copulateur.

4° L'*appareil copulateur* ou *appendice pénial* comprend un *renflement pénial* appelé par Dufour *gaine copulatrice*, une partie antérieure, le pénis, avec son armure et des appendices glandulaires, les *pneumophyses*.

A l'état de repos, tout cet ensemble est renfermé dans l'abdomen; il fait saillie au dehors au moment de l'accouplement et se montre alors entouré de pièces couvertes de poils raides, spécialement destinés à fixer le mâle et la femelle l'un contre l'autre.

Le *renflement pénial* ou *gaine copulatrice* n'est qu'une dilatation brusque du canal éjaculateur, formant une sorte de tube allongé entouré d'une enveloppe épaisse, chitineuse et diaphane. Cette gaine se dirige dans un sens opposé à celui du canal éjaculateur, c'est-à-dire qu'elle se porte de la base de l'abdomen à l'extrémité antérieure de celui-ci.

Intérieurement, elle porte deux paires de plaques chitineuses. Les plaques supérieures sont allongées et falciformes ; les deux inférieures, quadrangulaires et déchiquetées sur leur bord postérieur, sont dépourvues de piquants ; à la partie inférieure du renflement, on trouve un appendice aplati, large à la base et bifide au sommet.

Dans l'état ordinaire, le pénis est invaginé dans cette gaine, à la base de la cavité abdominale ; la gaine elle-même est fixée aux derniers segments de l'abdomen par des muscles forts et nombreux qui lui permettent de se porter, au besoin, hors du corps.

Le *pénis* ou *verge* est un tube musculo-membraneux allongé, cylindroïde et droit tant qu'il est enfermé dans la gaine copulatrice ; sa pointe libre est alors en avant et sa base en arrière. Il occupe la moitié postérieure de cette gaine où il gît lâchement, en n'adhérant au corps qu'au bord de l'orifice sexuel ; il a ainsi l'aspect d'un doigt de gant à moitié retourné et retroussé. C'est à sa base que vient se placer le spermatophore.

Le pénis porte sept bandes noirâtres, transverses, qui ne sont pas dues à des plaques ou à des tubercules, mais à des éminences demi-circulaires, recouvertes à l'intérieur de piquants courts et à racine bifide. Il existe encore, à la partie inférieure de l'organe, une plage cordiforme couverte de longues soies chitineuses serrées, recourbées et diversement enchevêtrées ; en outre, une autre plage dorsale, de forme trapézoïdale, recouvre les trois quarts de l'extrémité du pénis, et doit sa coloration jaune sombre et son aspect à une grande quantité de piquants chitineux transparents, creux au sommet et remplis à leur base d'un contenu hyalin. Ces piquants, unis à la racine, ont leur extrémité terminée en S ou en crochet.

A la suite de cette plage, existe de même un autre champ rectangulaire recouvert intérieurement de longs piquants. Toutes ces soies chitineuses sont recourbées vers l'orifice du pénis qui est très apparent et de forme ovale. L'ensemble de toutes ces bandes et de ces plages poilues constitue ce que Dufour a appelé *l'armure copulatrice*.

Tout à fait en arrière et au-dessous des parties précédentes de l'appareil copulateur, on voit deux boyaux membraneux, plus ou moins boursouflés par de l'air, et d'une teinte jaune safrané dont l'intensité varie ; leur ouverture particulière communique avec l'air extérieur. Dufour leur a donné le nom de *pneumophyses* ou *vessies aérifères*. Dans l'état d'affaissement, elles sont plus ou moins coudées sur elles-mêmes et déprimées ; mais, quand elles sont enflées et bien développées, elles deviennent rénitentes et prennent la forme de cornes divergentes, droites ou courbes, dont la pointe, dirigée en arrière, présente divers degrés d'inflexion.

L'enveloppe de ces pneumophyses est formée par une double membrane pellucide qui, en se desséchant, conserve la forme de l'organe et prend une consistance papyracée. D'après Bordas, ces pneumophyses seraient des appendices glandulaires sécrétant un liquide gluant et jaune foncé.

Le bout de l'abdomen de l'abeille mâle est très obtus et un peu courbé en dessous, de manière que son ouverture est inférieure ; celle-ci est ronde, assez grande, fermée par deux panneaux latéraux obtus, velus en dehors, et, en avant, par une lame transversale dépendant du dernier segment ventral de l'abdomen.

Les deux premiers ganglions abdominaux innervent l'appareil génital.

Il faut étudier maintenant le mode de fonctionnement et le rôle des diverses parties de l'appareil copulateur dans l'acte de l'accouplement.

Comme il est pour ainsi dire impossible d'observer

directement le mode d'accouplement de l'abeille mâle
avec la reine, on peut, pour se rendre compte de la
manière dont les choses doivent se passer, provoquer
artificiellement la saillie hors de l'abdomen des parties
de l'appareil copulateur. Il suffit pour cela d'exercer sur
l'abdomen de l'insecte une compression expulsive
graduelle et ménagée ; il apparaît d'abord, à l'orifice
génital, une sorte de tête vésiculeuse, arrondie, toute
velue extérieurement et grisâtre, que Réaumur appelle
le *masque* (fig. 32). Les pneumophyses ou vessies aérifères
se présentent ensuite ; on les
voit se dérouler et s'enfler par
l'introduction de l'air, et la tête
vésiculeuse se trouve placée en
avant de leur base. La verge se
montre alors à nu, mais, au lieu
d'être droite et dirigée en avant,
comme elle était dans la gaine
copulatrice, elle a éprouvé une

Fig. 32. — Ex'rémité
de l'organe mâle dévaginé.

inversion qui dirige son bout en arrière et la courbe en
arc. Tout le sac génital chitineux, sur lequel se trouvent
les pièces décrites plus haut, s'est dévaginé.

Que l'on imagine le doigt d'un gant dont le bout serait
retourné et repoussé à l'intérieur : si l'on enfle d'air la
base de ce doigt, et puis qu'on la comprime, le bout du
doigt sera chassé graduellement et projeté en avant.
L'opération est à peu près semblable dans le cas du faux
bourdon.

Les mêmes phénomènes se produisent lors de la
copulation.

Le volume de l'organe mâle dévaginé est considérable,
et, à cet état, son introduction dans l'orifice génital
femelle serait impossible ; il est donc probable que
l'appareil avec ses annexes n'est pas extravasé librement
avant le coït, mais seulement après que le bout de
l'abdomen du faux bourdon est inséré dans la cavité

vaginale de la reine, de sorte que le renversement successif se produit dans cette cavité, en même temps qu'une turgescence considérable. Les portions internes suivent le renversement de l'organe et le conduit éjaculatoire s'y prête par son élasticité qui lui permet un grand allongement.

On comprend que, pour que l'expulsion de l'organe génital au dehors se produise, une pression interne assez considérable sur le fond de la gaine copulatrice est nécessaire.

À l'état de repos et dans l'intérieur de la ruche, outre que le retroussement obligé de l'organe rend son introduction impossible à des insectes posés à plat, cette pression ne se produit jamais et l'accouplement ne peut pas avoir lieu ; mais, au vol, les muscles abdominaux se contractent énergiquement, les trachées sont gonflées d'air, le pénis est projeté et renversé et le spermatophore est expulsé. Plus l'abdomen est plein et distendu, plus l'appareil sexuel est chassé facilement et complètement renversé.

On voit aussi l'utilité des poils raides et recourbés que nous avons décrits comme disposés en bandes ou en plages sur le pénis ; l'accouplement ayant lieu pendant le vol, il était indispensable, pour la réussite certaine d'un acte aussi important, que la fixation des parties fût assez solide pour ne pas se rompre malgré les efforts des deux insectes ; ce sont les poils qui empêchent la sortie du pénis en érection dans le vagin et aident à sa rupture après le coït.

Aussitôt après l'expulsion du spermatophore, la femelle maintenant fécondée se débarrasse du faux bourdon fixé sur son dos, l'organe sexuel se rompt, le mâle meurt aussitôt et la reine, rentrant dans la ruche, emporte, comme signe extérieur de la fécondation, un fragment du canal éjaculateur qui pend hors du vagin, sous la forme d'un filament blanc.

La nature a montré, par toutes ces combinaisons, une admirable prévoyance ; l'union des sexes n'étant possible que pendant le vol, c'est le mâle le plus agile et le plus vigoureux qui est appelé à l'accomplir ; malgré les chances d'insuccès que pouvait présenter la fécondation dans de telles conditions, sa réussite est assurée par le remplissage et l'occlusion complète et prolongée du réceptacle génital de la femelle par l'appareil copulateur du faux bourdon.

Appareil génital femelle. — L'appareil génital de la femelle complète comprend (fig. 33) :

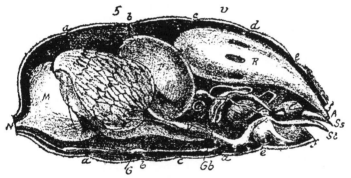

Fig. 33. — Section de l'abdomen de la reine. — *a, b, c, d, e,* anneaux de l'abdomen ; N, chaîne nerveuse ; M, jabot ; E, ovaires ; D, estomac ; R, rectum ; G, ganglions ; A, anus ; Ss, gaine de l'aiguillon ou gorgeret ; Sf, aiguillon ; P, muscles ; H, glande ; S, réservoir à venin.

1° *Deux ovaires latéraux*, pyriformes, placés sous le second et le troisième anneau abdominal, de chaque côté du jabot et du ventricule chylifique ; chacun d'eux est composé de 180 à 200 tubes aveugles entremêlés de fins conduits trachéens qui réunissent ces tubes en faisceaux. Ces longs tubes sont effilés à leur extrémité et contiennent des œufs de plus en plus gros à mesure qu'on se rapproche de leur orifice.

Les extrémités effilées des tubes d'un même côté se

réunissent en un filament unique qui va s'attacher sur le côté du vaisseau dorsal, vers la partie antérieure de l'abdomen.

Dans chaque tube ovarien, on distingue trois régions (fig. 34) : 1° le *filament terminal* qui joue le rôle d'une sorte de ligament suspenseur et s'insère sur le vaisseau dorsal; 2° la *chambre terminale* dont les cellules se différencient soit en œufs, soit en cellules nutritives fournissant à l'œuf, en voie de développement, les matériaux nécessaires; 3° enfin, la *région ovarienne* proprement dite, divisée en chambres ou poches successives par des étranglements, sauf chez les reines encore vierges où les œufs ne sont pas encore développés. C'est là que se trouvent les œufs en voie de maturation ; les plus jeunes, les moins gros par conséquent, sont les plus rapprochés de la chambre terminale; les plus gros sont à l'extrémité opposée. Les tubes ovariens ont ainsi l'aspect d'un chapelet ; les étranglements successifs renferment des cellules nutritives ; ce sont les

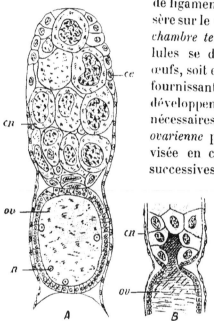

Fig. 34. — Fragments de coupes longitudinales de gaines ovariques de l'abeille reine. — A, chambre à cellules vitellogènes *cn*, suivie d'une chambre ovulaire; *ce*, cellules épithéliales se transformant en cellules vitellogènes; *ov*, ovule; *n*, noyau de Blochmann; B, figure montrant le pédicule de l'œuf *ov* pénétrant au milieu des cellules vitellogènes. (D'après Henneguy, *Les Insectes*.)

chambres vitellines, qui alternent régulièrement avec les *chambres ovariennes* contenant chacune un œuf. Les chambres ovariennes sont tapissées par un épithélium cylindrique qui semble, dans les chambres encore jeunes, concourir à l'accroissement de l'œuf en lui fournissant des matériaux nutritifs ; dans les chambres plus âgées, quand la membrane vitelline commence à se développer, aux dépens du protoplasma de l'œuf, il dépose autour de cette membrane une enveloppe cuticulaire épaisse et résistante, le *chorion*.

Quand l'œuf, qui est de couleur blanc jaunâtre, arrivé à maturité, passe dans l'oviducte, la chambre ovarienne qui le contient paraît non seulement se ratatiner, mais même s'atrophier et le reste de l'épithélium semble fournir le revêtement muqueux au chorion. Le reste des cellules nutritives, réduit à une petite masse jaune, le *corps jaune*, est expulsé avec l'œuf ou reste adhérent à la tunique péritonéale.

D'après Leuckart, l'apparition des œufs a lieu, chez les reines, plus tard que celle des spermatozoïdes chez les faux bourdons ; il n'en a jamais trouvé dans les pupes maternelles près d'éclore. A ce stade, il n'existerait dans les tubes ovariens, encore grêles et déliés, que des glo-bules transparents précisément semblables aux globules qui précèdent l'apparition des filaments séminaux dans les testicules des faux bourdons.

Pendant la saison de la grande ponte, les tubes ova-riens sont remplis d'œufs à divers états de développement : quelques-uns mûrs à la partie inférieure et une douzaine d'autres qui les suivent, de telle sorte que Leuckart éva-lue à 4 000 au moins le nombre total d'œufs ou de germes d'œufs contenus à la fois dans les deux ovaires d'une reine. Ce nombre ne semblera pas exagéré si l'on consi-dère que l'expérience a prouvé aux apiculteurs qu'une mère féconde arrive à pondre 3 500 œufs et plus par vingt-quatre heures. En hiver, le nombre des œufs est réduit de moitié et il n'y a presque jamais d'œufs mûrs dans les ovaires qui diminuent de volume.

2° A leur extrémité inférieure (fig. 35), qui s'atrophie au

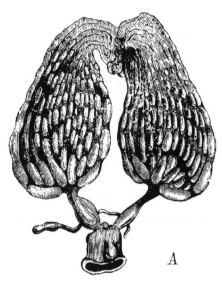

A

Fig. 35. — Appareil génital de la femelle féconde de l'abeille.

moment de la ponte, les tubes ovariens se renflent en forme de calices et débouchent dans la portion élargie de la *trompe* qui se réunit avec la trompe du côté opposé, de manière à former un *oviducte commun* à parois plus épaisses et plus fortes que celles des ovaires et pourvues de fibres musculaires longitudinales et transversales.

3° L'extrémité inférieure de l'oviducte commun constitue le *vagin* ou *vestibule génital*, conique, large et vaste, à parois nettement musculeuses ; intérieurement, il offre de chaque côté et postérieurement deux poches ovoïdes que Leuckart croit faites pour recevoir les cornes du sac génital, au moment de l'accouplement. L'orifice extérieur du vagin ressemble à une incision à travers la pointe du dernier anneau de l'abdomen.

Outre les glandes, il existe encore, latéralement au vagin, un petit sac globulaire de la grosseur d'un grain de millet, dont la surface est tendue d'un tissu réticulé de vaisseaux aériens qui lui donnent un aspect d'un blanc argenté. C'est la *spermathèque* ou *réceptacle séminal*, destinée à recevoir, sous forme de spermatophore, la semence émise par le mâle pendant l'accouplement et à la conserver, pendant des années, avec sa propriété fécondante, grâce probablement à la sécrétion · de glandes nutritives accessoires. Chez les reines vierges, la spermathèque ne renferme qu'un liquide clair, tandis que chez les reines fécondées cet organe est rempli par une matière opaque et laiteuse formée d'un nombre immense de filaments séminaux mobiles.

Leuckart estime que la capacité de cette vésicule est suffisante pour contenir 25 millions de spermatozoïdes. Elle débouche vers l'origine de l'oviducte commun par un petit tube pouvant s'ouvrir ou se fermer par le moyen d'un système de muscles puissants et compliqués, formant comme une sorte de sphincter à l'orifice du réceptacle ; la paroi de la spermathèque elle-même est formée d'un tissu musculaire délicat, par la contraction duquel s'opère une compression qui oblige les spermatozoïdes à jaillir dans l'oviducte.

Enfin, près de l'orifice génital, le vagin reçoit les canaux sécréteurs de deux glandes sébifiques situées de chaque côté et dont le produit sert à fixer les œufs au fond des cellules au moment de la ponte.

On sait que la reine ne s'accouple qu'une fois dans sa vie et toujours au dehors pendant le vol, jamais à l'intérieur de la ruche ; nous avons expliqué pourquoi en décrivant, plus haut, l'appendice pénial du mâle. Au moment de l'union, le spermatophore est projeté dans l'oviducte commun dont les contractions chassent ensuite les spermatozoïdes dans le réceptacle séminal. Pendant que ces phénomènes se produisent, il est nécessaire que l'orifice du vagin soit parfaitement clos, comme il l'est, en effet, par la pénétration intime des organes du mâle dans ceux de la femelle.

La mère peut ensuite pondre des œufs fécondés pendant quatre ou cinq ans, avec la seule provision de spermatozoïdes qu'elle possède : quand un œuf passe dans l'oviducte, un filament mâle peut sortir du réceptacle séminal par la contraction des parois de celui-ci, l'ouverture du sphincter de son conduit, et peut-être aussi par les mouvements propres des spermatozoïdes. On conçoit, dès lors, que la fécondité d'une mère sera d'autant moins prolongée que sa ponte sera plus abondante ; à un certain moment même, elle deviendra impropre à remplir ses fonctions, lorsque la spermathèque sera entièrement vidée.

Fig. 36. — Appareil génital de l'abeille. — B, de l'ouvrière fertile ; C, de l'ouvrière ordinaire, inféconde.

Organes génitaux des ouvrières. — On retrouve chez les ouvrières, qui sont des femelles avortées, tous les organes que nous venons de décrire pour la reine, mais leur état de développement est rudimentaire et incomplet (fig. 36).

Les ovaires, dont la section transversale est à peine plus large que celle des oviductes bilatéraux, n'ont qu'un petit nombre de tubes grêles, variant de 2 à 12 et ne renfermant, à leur état normal, ni œufs, ni germes d'œufs. Ce sont simplement des canaux étroits dont le contenu se compose de petits globules pâles. Le vagin, toujours très étroit, souvent imperforé, est privé des poches latérales et incapable de recevoir l'organe mâle, même chez les ouvrières pondeuses. La spermathèque surtout est extrêmement petite et à peine visible à l'œil nu, purement rudimentaire et incapable de recevoir le spermatophore. Sa cavité est presque entièrement oblitérée et les vestiges rudimentaires des appendices glandulaires sont insérés sur son haut légèrement bulbeux.

Parfois, comme nous le verrons plus loin, certaines ouvrières acquièrent l'aptitude de pondre des œufs. Chez ces individus, qualifiés d'*ouvrières pondeuses*, les ovaires, de même que les autres organes, sont plus développés que chez l'ouvrière ordinaire, mais sans arriver jamais aux proportions qu'ils atteignent chez les femelles fécondes. Les tubes ovariens, en particulier, contiennent des œufs en nombre restreint et disposés très irrégulièrement, ce qui explique pourquoi la ponte de ces individus est toujours faible, lente et irrégulière.

Abeilles hermaphrodites (1). — Un maître d'école de Saxe, Lucas, au commencement du xixe siècle, signale pour la première fois des abeilles hermaphrodites auxquelles il donnait le nom de *bourdons à aiguillon*.

Cette découverte fut à cette époque traitée de fable, mais par la suite de nombreux observateurs : Hamet en 1853 et en 1861, Dönhoff en 1860, Menzel en 1862, Siebold en 1865, Leuckart, Berlepsch, Assmuss en 1866 et d'autres encore constatent qu'il existe des abeilles qui présentent à la fois les caractères de l'un et de l'autre sexe.

Dans l'un des cas signalés par Hamet, un mâle possédait un aiguillon et dans l'autre l'insecte possédait la tête triangulaire, la trompe, les antennes et une partie du corselet de l'ouvrière, mais l'abdomen et les organes sexuels du faux bourdon.

Siebold, qui en a disséqué un très grand nombre, a toujours trouvé dans les abeilles hermaphrodites un mélange, non seulement des organes génitaux mâle et femelle, plus ou moins atrophiés, qui dans aucun cas ne

(1) *Ann. des sc. nat., Zool.*, 5e série ; tome III. p. 197-206.

peuvent fonctionner, mais encore des yeux, des antennes, des mandibules, des autres pièces de la bouche, de la lèvre supérieure, des jambes et des segments de l'abdomen qui diffèrent beaucoup chez le faux bourdon et chez l'ouvrière. Certains individus présentent les caractères d'un bourdon en avant, d'une ouvrière en arrière, ou, ce qui est plus curieux encore, de l'un des sexes sur une moitié latérale et de l'autre sur l'autre moitié.

L'hermaphrodisme est du reste plus ou moins accusé et présente tous les degrés : tantôt il est très net, d'autres fois il ne s'accuse que par de faibles différences, et l'insecte, suivant les cas, se rapproche plus soit du faux bourdon soit de l'ouvrière.

La ruche qui présentait ces hermaphrodites en produisait en grande quantité; elle avait pour mère une vieille reine fécondée par un bourdon allemand. Les hermaphrodites naissaient dans des cellules en tout semblables à des cellules d'ouvrières; sitôt après leur éclosion, les abeilles les rejetaient au dehors où ils ne tardaient pas à périr. Des rayons contenant de ce couvain, placés dans une ruche normale, évoluèrent en produisant des hermaphrodites.

Siebold ne pense pas que la production de ces êtres anormaux infirme en rien la théorie de Dzierzon qui permet au contraire d'en donner une explication.

Il se peut que l'œuf, ayant reçu une quantité insuffisante de semence mâle pour produire une femelle, en ait cependant reçu assez pour troubler le développement parthénogénétique d'un pur bourdon et produire, par suite d'une fécondation plus ou moins complète, tous les degrés de l'hermaphrodisme. Siebold ne cherche du reste pas à expliquer comment il se fait qu'une reine féconde incomplètement des œufs destinés à fournir des ouvrières.

La production de ces individus à double sexe permet de combattre la théorie de certains naturalistes mettant en doute la parthénogenèse, chez les insectes en général et

chez les abeilles en particulier, et prétendant que la reine
dans chaque ruche n'était qu'une hermaphrodite. En
effet, les dissections les plus attentives n'ont jamais fait
voir d'hermaphrodisme ni de spermatozoïdes chez les
reines productrices de faux bourdons. Du reste, la conduite
des ouvrières qui chassent les hermaphrodites de la ruche
dès leur éclosion les empêcherait absolument de produire
des œufs, dans le cas même où leurs ovaires atrophiés
deviendraient capables de fonctionner par la suite.

Berlepsch trouve aussi la cause de la production des
hermaphrodites dans la fécondation imparfaite de l'œuf,
soit par un défaut dans le micropyle, soit par une maladie
des spermatozoïdes, soit parce que ceux-ci ne sont pas
capables de pénétrer complètement dans le vitellus ou
parce qu'ils ne sont pas complètement développés et n'ont
pas le pouvoir de former complètement le sexe.

Cowan croit que la nutrition est en grande partie
cause de ces anomalies : les abeilles variant la nourriture
de la larve suivant les fonctions que l'adulte aura à
remplir, il est possible, d'après lui, qu'une mauvaise
dispensation de cette nourriture puisse amener des différences anormales de sexes.

Petites noires. — Je crois que c'est l'abbé Baffert qui,
le premier, dans une communication à la Fédération des
Sociétés françaises d'apiculture, a signalé, en 1894, des
individus anormaux qu'il qualifie d'*abeilles petites noires.*

Ces types ont été retrouvés depuis dans beaucoup de
ruches ; ils ne semblent même pas rares et paraissent se
produire sous des influences encore mal connues.

Les abeilles petites noires sont en effet, du moins dans les
colonies de race commune, en général plus petites et
plus noires que les autres, avec l'abdomen plus effilé ;
elles sont, d'après MM. Sautter et Odier, grosses comme
des mouches à viande, dès leur naissance, et ensuite elles
ne se développent plus pour ainsi dire. Chez les italiennes
elles gardent les deux anneaux jaunes avec le reste du

corps noir. Tantôt elles sont brillantes et sans poils, d'autres fois semblables aux abeilles ordinaires par la couleur, la forme et le poil, mais excessivement petites, ou bien elles ont la taille ordinaire mais un abdomen noir et très long. Leur nombre varie, suivant les colonies, depuis quelques-unes seulement jusqu'à plusieurs milliers. D'après M. Baffert, on les trouve aussi bien dans les colonies les meilleures que dans celles qui sont orphelines, mais il semble que les ruchées désorganisées en contiennent plus que les autres.

Elles existent pendant toute la belle saison et apparaissent avant les mâles, dans les premières ruches qui en ont; les ouvrières les tolèrent pendant la miellée et les chassent lorsque la récolte baisse; leur expulsion a lieu tantôt avant celle des mâles, tantôt après. Très tard en automne il ne paraît plus y en avoir.

Les petites noires diffèrent aussi des ouvrières ordinaires par leurs mœurs : elles ne rapportent jamais ni eau, ni pollen, ni miel et ne se livrent à aucun travail. J'en ai trouvé deux fois dans des ruches en paille qui paraissaient en bon état et j'ai constaté qu'on pouvait les saisir sans qu'elles cherchassent à piquer; d'autres apiculteurs disent qu'elles sont très vives et agressives.

Les colonies qui en possèdent peuvent être réunies sans difficulté à d'autres colonies qui n'en ont pas, et alors elles disparaissent généralement.

J'avais émis, dans une publication antérieure, l'idée que ces individus, d'une nature particulière et que les abeilles savent très bien distinguer, jouent peut-être, dans la ruche, un rôle encore inconnu et qui appelle des recherches anatomiques et physiologiques capables de jeter un jour nouveau sur la biologie des abeilles. Il n'est pas à ma connaissance que des abeilles petites noires aient été disséquées et étudiées au point de vue de l'anatomie de leurs organes internes; on s'est borné à émettre à leur sujet diverses suppositions.

M. Volpellier, qui a observé de ces abeilles dans une de ses ruches, en 1902, a détruit la vieille mère de cette ruche en la remplaçant par une jeune fécondée, et, quelque temps après, toutes les petites noires avaient disparu et n'ont pas reparu.

M. Volpellier partage l'opinion de Cheshire qui attribue leur état à la présence du bacille appelé *Bacillus gaytoni* ; la reine des colonies à petites noires contiendrait en abondance de ces bacilles et son remplacement par une reine saine ferait souvent, mais pas toujours, disparaître les individus en question. Dans cette manière de voir, la présence des petites noires serait donc due à un état maladif de la reine.

Appareil vulnérant.

L'appareil vulnérant est une dépendance de l'organe génital femelle ; il n'existe que chez les reines et les ouvrières, et manque au contraire totalement chez les mâles. Chez les femelles complètes, il est construit sur le même plan que chez les ouvrières ; la seule différence consiste dans la forme de l'aiguillon qui est courbe et un peu plus long chez les reines et muni seulement de 3 à 5 barbelures très petites ; le réservoir à venin ne contient qu'une substance laiteuse, épaisse, très différente du liquide transparent et très fluide fourni par les ouvrières. La reine, sauf de très rares exceptions, ne se sert jamais de son aiguillon contre l'homme, mais seulement dans ses luttes contre ses rivales ; chez ces individus, il paraît surtout servir au moment de la ponte en dirigeant l'œuf.

L'étude complète de l'appareil vulnérant a été faite en 1890 par le Dr Carlet, professeur à la Faculté des sciences de Grenoble (1) ; depuis, le Dr Langer (de Prague)

(1) *Ann. des sc. nat., Zool.,* 7e série; tome IX, 1890.

et M. Phisalix ont poursuivi des recherches sur le venin et ses effets.

L'appareil venimeux se compose de deux parties bien distinctes (fig. 37) :

1° L'*appareil producteur du venin*;
2° l'*aiguillon* destiné à perforer les tissus pour y déposer le liquide sécrété par le système précédent.

Deux glandes concourent à la production du venin : la *glande acide* (fig. 38) qui sécrète un liquide, considéré par Carlet comme étant de l'acide formique; elle a la forme d'un long tube contourné sur lui-même et qui, bifurqué à son extrémité libre, s'élargit de l'autre en une vésicule venant déboucher dans la partie supérieure de l'aiguillon. Cette vésicule ne possède pas de muscles propres ; elle n'est donc pas contractile comme chez la guêpe, qui peut lancer le venin dans la plaie en contractant les fibres qui, chez elle, entourent l'organe. La *glande alcaline*, ainsi nommée parce qu'elle sécrète un liquide légèrement alcalin,

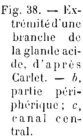

Fig. 37. — Vue générale de l'appareil venimeux, d'après Carlet.— *ac*, glande acide; *b, b,* ses deux chambres : V, sa vésicule : *e*, son canal excréteur; *al*, glande alcaline; G, gorgeret.

Fig. 38. — Extrémité d'une branche de la glande acide, d'après Carlet. — *b*, partie périphérique ; *c*, canal central.

est beaucoup moins développée que la précédente ; elle a la forme d'un simple tube, un peu plus large

que celui de la glande acide, en avant de laquelle elle
vient également déboucher à la base du gorgeret. L'alca-
linité du liquide sécrété
par la glande alcaline
étant moins grande que
l'acidité de celui de la
glande acide, il en résulte
que le mélange qui cons-
titue le venin définitif est
toujours acide. Pour que
le venin exerce son action
complète sur l'organisme,
il est nécessaire que les
deux sécrétions soient en
présence ; chacune d'elles
séparément n'amène pas
les accidents ordinaires
du venin.

La glande alcaline avait
été découverte par Léon
Dufour, appelée par lui
glande sébifique et considérée, jusqu'aux travaux
de Carlet, comme four-
nissant une matière hui-
leuse, sébacée, propre à
enduire les œufs et à les
fixer au fond de la cellule.
En 1899, M. Kojewnikow
a découvert une glande
qui pourrait remplir cet
office et lubrifier les parties dures de l'appareil
à venin ; elle est située

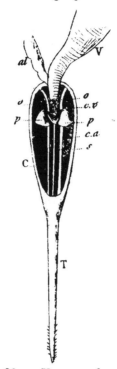

Fig. 39. — Vue par derrière de
l'intérieur du gorgeret, d'après
Carlet. — *al*, glande alcaline
et son ouverture *o'* dans la
chambre à venin C ; V, glande
acide avec son canal excréteur
et son orifice *o* dans la chambre à venin ; C, corps du gorgeret ; T, sa tige ; *s*, stylet.
Entre les deux stylets on voit
la fente par laquelle l'air peut
pénétrer dans la chambre à
air, *ca*.

entre la plaque carrée de l'aiguillon et le septième
segment rudimentaire de l'abdomen, et se compose d'une

grande quantité de cellules sécrétantes dont chacune est munie d'un canal chitineux extrêmement mince, canaux qui s'ouvrent par groupes sur une membrane chitineuse, qui rattache la plaque carrée de l'aiguillon au septième segment rudimentaire.

L'aiguillon est constitué par une enveloppe ou *gor-geret* (fig. 39), *deux stylets*, ou aiguilles chitineuses, très acérés, munis de dents, et un organe, le piston, qui est une dépendance de la tige du stylet et dont le rôle, comme l'indique le nom que lui donne le Dr Carlet, est d'aspirer le liquide venimeux pour le projeter ensuite dans la blessure.

A la partie inférieure, la tige du stylet (fig. 40) est

pourvue de neuf à dix dents, se diri-geant en haut et en dehors ; près de la pointe de chacune des cinq dents terminales, s'ouvre un canal latéral par lequel le venin pénètre directe-ment au fond de la blessure. Dans toute sa longueur la tige est creusée, du côté extérieur, d'une gouttière dans laquelle vient s'encastrer une sorte de rail destiné à la diriger dans ses mou-vements. Vers la partie supérieure, la tige se recourbe (fig. 41) pour prendre la forme d'une hache dont le manche, ou *arc de stylet*, pourvu sur son côté extérieur d'une aile, serait recourbé en bas et en dehors et muni d'un fer triangulaire ou *écaille du stylet*. La

Fig. 40. — Extré-mité grossie de l'aiguillon de l'ouvrière.

gouttière se prolonge inférieurement dans l'arc du stylet pour aboutir dans les deux pointes qui terminent cette partie. Les deux stylets, cachés au repos dans l'intérieur du gorgeret, sont placés parallèle-ment et tangents l'un à l'autre, les dents tournées vers l'extérieur et animées de mouvements de va-et-vient qui font saillir les pointes à l'extérieur ; leur tige est creusée d'un canal central, ce qui leur donne, sans augmentation de poids, plus de solidité et de surface. Les arcs des stylets jouent le rôle de leviers pour les mouvements de ces organes ; ils sont recourbés en bas, en arrière et en dehors, de telle sorte que les deux arcs divergent à la façon des cornes d'une chèvre. Sur eux s'attachent des muscles, les uns protracteurs, les autres rétracteurs, qui impriment aux stylets de rapides mouvements en avant et en arrière, mouvements réflexes qui persistent encore après la mort de l'animal par décapitation ou même lorsque l'organe, arraché du corps, est resté dans la plaie.

Près du point où la tige du stylet se recourbe pour donner naissance à son arc, on observe, en arrière, une apophyse, qui s'épanouit en forme de *calotte*, et dont la face interne porte sur chacun de ses bords deux touffes de fils chitineux et ramifiés formant comme des balayettes : c'est le *piston*.

Le gorgeret présente un corps, une tige et de chaque côté une

Fig. 41. — Un stylet de l'aiguillon, d'après Carlet. — T, tige sur laquelle on voit la gouttière *g* et les dents *d* du stylet ; P, piston montrant sa calotte et ses deux balayettes ; *a*, arc, et *a'*, aile de la branche du stylet se terminant par l'écaille E.*s*.

branche avec une écaille. Le corps a la forme d'un cornet d'oublie, fendu en avant, prolongé par une tige terminée par un tranchant en biseau, convexe au sommet et muni à la partie inférieure de trois à cinq paires de dents recourbées vers le haut comme les pointes d'une flèche, de telle sorte que l'abeille, après avoir piqué, ne peut plus retirer son organe de la plaie. L'organe tout entier est arraché du corps, entraînant souvent avec lui les intestins, et l'insecte meurt plus ou moins rapidement.

Le corps du gorgeret est creux (fig. 42) et sa partie anté-

Fig. 42. — Section transversale de la tige du gorgeret, munie de ses deux stylets. — G, gorgeret, montrant sa cavité intérieure c'' et les deux rails r qui s'encastrent dans la gouttière des stylets : c, cavité par laquelle s'écoule le venin. (D'après Carlet.)

rieure, contre laquelle viennent s'appuyer les stylets, est munie d'une sorte de rail dont la section est en forme de queue d'aronde, et qui s'encastre exactement dans la concavité de la gouttière dont les stylets sont creusés. Il résulte de ce dispositif que les stylets ne peuvent se mouvoir que de haut en bas et de bas en haut, sans jamais dévier de leur route.

A la partie supérieure (fig. 43), le gorgeret se recourbe de chaque côté en deux branches, dirigées en arrière et en dehors ; ces branches correspondent à celles des stylets, et sont formées également d'un arc sur lequel se prolonge le rail conducteur, avec une aile et une écaille. En dehors de la naissance des deux branches, et à peu près au même niveau, il existe, de chaque côté de l'échancrure du gorgeret, une apophyse recourbée, la corne du gorgeret, dirigée en haut, en arrière et en dehors pour se terminer par une pointe. A sa base, chaque aile se recourbe brusquement et présente sur son bord antérieur une petite cavité à rebords saillants, sorte de cavité glénoïde dans laquelle s'enfonce la pointe de la corne du gorgeret. C'est autour de ces deux cavités glénoïdes que s'effectuent les mouvements de balancement du gorgeret, sous l'influence de muscles puissants attachés aux segments postérieurs de l'abdomen, muscles dont la contraction a pour effet de projeter le gorgeret en avant et de le faire pénétrer là où l'abeille veut piquer.

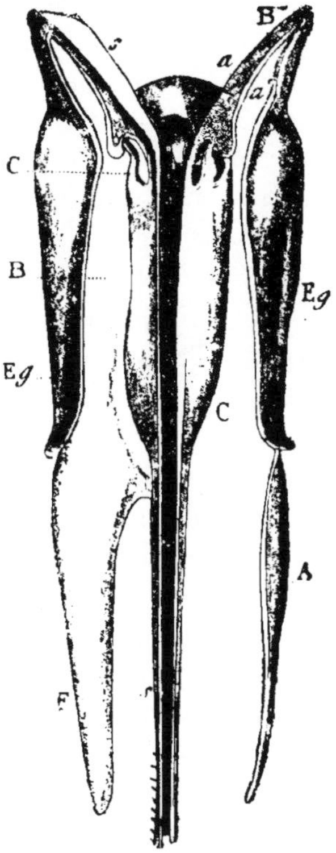

L'écaille du gorgeret, qui correspond à l'écaille du stylet, offre vers le tiers supérieur de son côté postérieur une petite cavité articulaire pour le sommet inférieur de l'écaille du stylet. Elle se termine en bas par un appendice chitino-membraneux qui paraît au dehors, quand l'abeille sort son aiguillon. On donne à cet appendice le nom de *fourreau*; il forme, en effet, avec son congénère une véritable gaine, dans laquelle l'aiguillon se loge pendant le repos.

Tout à fait en haut du corps du gorgeret, un espace clos, limité à la partie inférieure

Fig. 43. — Le gorgeret vu de face, muni à droite du stylet *s* ; ce dernier organe a été enlevé à gauche, ainsi que la partie membraneuse du fourreau F ; C, corps du gorgeret ; T, sa tige ; B, sa branche ; *a*, arc, et *a'*, aile du gorgeret ; C, corne du gorgeret ; E*g*, écaille du gorgeret. (D'après Carlet.)

par les deux calottes et leurs fils entre-croisés, reçoit les sécrétions de la glande acide et de la glande alcaline qui s'y mélangent; c'est la *chambre à venin* entièrement close, et dans laquelle le liquide venimeux est maintenu à l'abri de l'action altérante de l'air. La partie du gorgeret qui est située au-dessous des pistons est en communication avec l'air extérieur par la fente antérieure du gorgeret; c'est la *chambre à air*.

Ceci posé, voici comment fonctionne cet ensemble : lorsque l'abeille veut piquer, elle explore la partie où le dard devra s'enfoncer, à l'aide de palpes garnis de poils sensoriels et de fines terminaisons nerveuses, qui servent de fourreau à l'aiguillon; l'appareil vulnérant est porté en avant sous l'influence des muscles protracteurs qui le meuvent, le bord tranchant de la tige du gorgeret perfore les tissus, comme le ferait une gouge, et les dents dont elle est munie maintiennent l'aiguillon dans la plaie; en même temps, un des pistons s'abaisse, et une partie du liquide de la chambre à venin s'écoule dans la chambre à air, et de là jusqu'à l'extrémité du stylet; l'entrée de l'air dans la chambre à venin est empêchée par la concavité de la calotte et les filaments rameux de la balayette. Dans son mouvement de descente, le piston fait le vide au-dessus de lui et, sous l'influence de cette aspiration, les liquides des deux glandes viennent de nouveau remplir la chambre à venin. Les deux stylets se meuvent en général l'un après l'autre.

Dans le cours du développement, l'aiguillon n'apparaît que vers la fin de la vie larvaire, sous forme de mamelons situés au fond de fossettes creusées sur la face ventrale de l'avant-dernier anneau; à ce moment il est donc extérieur. Pendant la vie nymphale, il continue à se développer et devient interne par l'invagination de la région anale dans les anneaux précédents.

L'aiguillon ne pénètre dans la blessure qu'à une profondeur très faible, de 1^{mm},5 environ; l'effet de cette piqûre serait donc insignifiant si, en même temps, le venin ne se déversait dans la plaie. Il n'est donc pas étonnant que des expérimentateurs se soient préoccupés de rechercher la composition de ce liquide et d'analyser ses effets par des expériences précises.

Le Dr Langer (1), en faisant piquer une abeille sur du papier à filtrer préalablement bien séché et pesé, s'est rendu compte de la quantité de venin que ces insectes pouvaient fournir : cette quantité serait de 0^{gr},00015 pour l'abeille couveuse, et de 0^{gr},00025 à 0^{gr},00035 chez l'abeille de vol. Le venin de l'abeille n'est pas de l'acide formique ; la constitution du venin est moins simple. Le venin pur est un liquide clair, de couleur jaune, à réaction acide, de goût amer et d'une odeur finement aromatique ; sous le microscope, on y observe des flocons flottant dans le liquide, réfractant fortement la lumière et d'un aspect gras. A l'évaporation il reste un résidu pareil à un vernis collant qui sèche à une chaleur de 100°, se fend et s'écaille. Le venin pur est aisément soluble dans l'eau ; il laisse environ 30 p. 100 de résidu sec, lequel est soluble et possède toutes les propriétés du venin ; le principe actif est très probablement constitué par des alcaloïdes.

Toût récemment, M. Phisalix (2) a repris cette étude en analysant les effets de la sécrétion sur l'organisme. L'inoculation du venin sur un moineau produit d'abord une action locale, qui se manifeste par la rigidité et la paralysie du membre, puis des phénomènes convulsifs, enfin tardivement on voit survenir de la somnolence, de la stupeur, et les troubles respiratoires qui sont la cause immédiate de la mort. Ces trois phases de l'envenimation sont produites par des poisons distincts, et on peut le démontrer d'une manière indirecte en modifiant le venin de telle sorte que les accidents dus à l'un de ces poisons soient supprimés, alors que tous les autres symptômes persistent. C'est ainsi que le chauffage à la

(1) L'Apiculture. 1903. — Praktischer Wegweiser f. Bien., 1898. — Congrès international d'apiculture. C. R., 1900.
(2) C. R. Ac. des sc., 1904. tome CXXXIX. p. 326.

R. Hommell. — Apiculture 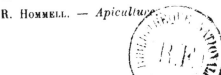   6

température de 100° pendant quinze minutes fait perdre
à la solution du venin son action locale ; quant aux phénomènes généraux, ils se manifestent encore, mais un
peu atténués, et n'entraînent plus la mort. Si le
chauffage à 100° a duré une demi-heure, le venin perd
ses propriétés convulsivantes, tout en conservant partiellement son pouvoir stupéfiant. Maintenu en tube clos
pendant quinze minutes à la température de 150°, le
venin devient complètement inactif.

Par le vieillissement au contact de l'air, la solution
perd ses propriétés convulsivantes, mais elle détermine
encore une légère action locale, de la somnolence et des
troubles respiratoires. Enfin, si l'on filtre la solution de
venin à travers une bougie Berkefeld, à parois très
poreuses, seules les substances stupéfiantes passent
encore en quantités relativement faibles.

Il résulte des faits précédents que le venin de l'abeille,
tel qu'il est inoculé par l'insecte, contient trois principes
actifs distincts : 1° une substance phlogogène qui est
détruite à 100° ; 2° un poison convulsivant qui ne résiste
pas à l'action prolongée de la chaleur ; 3° un poison
stupéfiant qui n'est complètement détruit qu'à 150°.

L'existence, dans la sécrétion venimeuse d'un insecte,
de deux poisons à effets absolument contraires est un
fait nouveau et intéressant.

Le venin tel qu'il sort de l'aiguillon étant un mélange
de deux liquides sécrétés par deux glandes différentes,
M. Phisalix a recherché en outre si ces poisons sont
sécrétés par une ou par les deux glandes, ou bien si,
comme le pensait Carlet, ils résulteraient d'une réaction
chimique par le mélange des deux liquides.

Si on extrait le liquide contenu dans le réservoir de la
glande acide, qu'on le dessèche et qu'on en inocule au
moineau la solution dosée, les résultats sont démons-
tratifs : l'oiseau succombe avec les symptômes déterminés par le poison stupéfiant ; en outre, l'action locale

est très énergique. Il est donc évident que le poison stupéfiant et la substance phlogogène sont sécrétés par la glande acide. Quant au poison convulsivant, il provient vraisemblablement de la glande alcaline, mais il reste encore à le démontrer par une expérience directe.

Chez l'homme, l'effet de la piqûre se borne le plus souvent à des manifestations extérieures que le Dr Langer classe en trois périodes : 1° la *période progressive* : à partir du moment de la piqûre, pendant une heure et demie à deux heures, on remarque les symptômes suivants : douleurs, apparence d'une tache de sang à l'endroit piqué, éruption et enflure de la peau ; 2° la *période stationnaire*, étroitement reliée avec la première, est caractérisée par une plus ou moins grande étendue de l'enflure ; durée : un jour à un jour et demi ; 3° la *période régressive* qui est aussi étroitement reliée à la deuxième et qui dure souvent huit à quatorze jours : l'enflure et l'irritation diminuent, la place de l'aiguillon devient plus visible et disparaît lentement. Chez les individus plus ou moins immunisés, ces divers stades peuvent disparaître ou s'atténuer, en particulier le deuxième, et leur durée est de beaucoup diminuée.

On a parfois signalé des cas de mort causés par des piqûres d'abeilles chez l'homme ou les animaux. Il est bien évident que plusieurs milliers de piqûres doivent presque fatalement amener une issue mortelle ; mais, dans certains cas, excessivement rares, on a constaté mort d'homme après très peu, ou même une seule piqûre. Chaque fois que ces cas ont été étudiés de très près, et notamment que les antécédents de la victime étaient connus, ou que l'autopsie fut faite, on se trouva en présence d'individus présentant des lésions du cœur.

Il paraît probable que le venin agit comme beaucoup de toxines sur les centres nerveux et, dans les cas cités plus haut, détermine des arrêts du cœur.

Appareil cirier.

Les abeilles édifient dans l'intérieur de leur habitation des rayons formés par des alvéoles qui servent à la fois de récipients pour les provisions, miel et pollen, et de berceaux pour les jeunes pendant le cours de leur développement.

Ces rayons sont construits avec une substance spéciale, molle et plastique à la température ordinaire, la *cire*.

On croyait autrefois que la butineuse récoltait la cire toute formée sur les plantes ; c'était l'opinion d'Aristote et de Pline ; Réaumur affirme encore que le pollen, qualifié par lui de *cire brute* ou de *matière à cire*, est la seule et unique matière dont la cire est faite ; d'après lui, cette cire brute serait transformée en véritable cire par son passage dans l'estomac de l'abeille.

C'est seulement depuis les expériences d'Huber que nous savons que les abeilles maintenues prisonnières

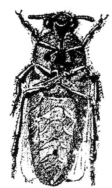

Fig. 44. — Sécrétion des écailles de cire sous les anneaux de l'abdomen.

pendant un temps assez long, et nourries exclusivement de miel ou de sucre, fabriquent de la cire et construisent des rayons. Elles ne trouvent donc pas cette substance au dehors, mais la produisent elles-mêmes par un phénomène de sécrétion que l'on a quelquefois comparé à celui qui produit la graisse chez les animaux supérieurs.

Il suffit, au moment où il y a beaucoup de nectar dans les fleurs et lorsque, par un temps beau et chaud, les abeilles sont très actives, de saisir une butineuse et de l'examiner sur la face ventrale ; on verra apparaître la cire, sous forme de très petites écailles blanches et minces, sous certains anneaux de l'abdomen (fig. 44).

En 1890, le Dr Carlet (1) a fourni des renseignements
sur la constitution de l'appareil cirier. La cire n'est pas
produite par la cuticule du tégument des arceaux ventraux
ou par des glandes intra-abdominales et cette production
n'est pas fournie par tous les arceaux ventraux, à l'exception du premier et du dernier.

Le Dr Carlet a constaté, au contraire, que les deux premiers arceaux ventraux seuls ne fournissent pas de cire
et que le dernier, qu'on supposait dépourvu de cette sécrétion, était, au contraire, celui qui en fournit le plus.

Ce sont les quatre derniers anneaux visibles qui
méritent le nom d'*arceaux ciriers*.

Un arceau cirier est divisé en deux étages, le supérieur
glabre, l'inférieur velu, séparés par un sillon, l'abeille
étant supposée orientée la tête
en haut et la face ventrale en
avant. L'étage inférieur n'intervient en rien dans la sécrétion
de la cire, qui est produite par
l'étage supérieur seulement. Ce
dernier est formé par deux plaques irrégulièrement pentagonales, l'une à droite, l'autre à
gauche de la ligne médiane du
corps sur laquelle elles se touchent. Chacune de ces plaques,
qualifiée par Carlet de *plaque
cirière*, est entourée d'un cadre
chitineux, et se compose de trois
couches superposées ; la plus interne (*membrane interne*) (fig. 45)
n'est qu'une partie du revête-

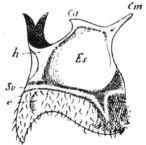

Fig. 45. — Face externe du
troisième arceau ventral
grossi de l'abdomen de
l'abeille ; *ca, cm,* cornes
antérieure et moyenne ;
Es, Ei, écailles supé-
rieure et inférieure ; *e,*
écusson ; *h,* bande ster-
nale (hyperbole) de l'ar-
ceau ; *Sv,* sillon ventral.
(D'après Carlet.)

ment interne du squelette cutané et ne joue qu'un rôle
protecteur ; la couche externe, ou *écaille supérieure*, est

(1) *Le Naturaliste*, juillet 1890. — *C. R., Ac. des sc.,* tome CX.
— *Journal de micrographie,* tome XIV.

très mince et très légèrement excavée extérieurement ;
elle ne joue non plus aucun rôle dans la production de la
cire, mais est seulement traversée par elle. La fonction
sécrétante est entièrement localisée dans la couche médiane, ou *membrane cirière* (fig. 46), appliquée directe-

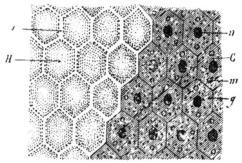

Fig. 46. — La membrane cirière, déchirée à gauche pour laisser
voir la face profonde de l'écaille supérieure, contre laquelle
elle est appliquée. — C, cellule cirière présentant son noyau *n*,
ses nucléoles *m'*, *n'*, et des granulations de cire *g*, *g* dans le
protoplasma ; H, un hexagone pointillé, formé par un dépôt
de granulations de cire avec une partie centrale claire simulant un noyau. Les divers hexagones sont séparés les uns
des autres par le réseau hexagonal *r*. (D'après Carlet.)

ment contre l'écaille, de nature épithéliale, formée par
une simple couche de cellules molles et plates, pour la
plupart hexagonales, pourvues d'un noyau et de nucléoles
et dans lesquelles on remarque, au milieu du protoplasma, de très nombreuses granulations. Ces granulations disparaissent si on plonge l'arceau cirier pendant
un certain temps dans l'essence de térébenthine, puis
dans la benzine ; elles sont donc constituées par de la cire
formée par le protoplasma même de la cellule. Ces fines
granulations sortent de la cellule et viennent s'accumuler
en une couche mince à la face interne de l'écaille supérieure sous forme d'un réseau hexagonal dont les mailles,
peu apparentes, correspondent exactement aux cellules

de la membrane cirière qui leur donne naissance. Ce réseau disparaît et l'écaille supérieure de la plaque reprend son aspect cuticulaire, anhyste et hyalin si on traite l'arceau par l'essence de térébenthine et la benzine. Au bout de quelques heures, les globules cireux viennent sourdre au dehors sous forme de fines gouttelettes, en traversant l'écaille supérieure, et s'accumulent dans l'excavation dont sa face externe est creusée ; ainsi sont constituées de petites lamelles de cire recouvertes par l'arceau ventral précédent.

Il est donc prouvé, par les travaux de Carlet, que nous venons de résumer, que la cire s'accumule sur les parties latérales de la moitié supérieure des quatre derniers anneaux ciriers ventraux de l'abdomen après avoir traversé la couche cuticulaire externe de chacun de ces anneaux ; cette substance est sécrétée non par des glandes intra-abdominales ou par la cuticule du tégument des arceaux, mais par des cellules glandulaires étalées en surface, formant une membrane épithéliale située entre deux feuillets de protection, l'un interne, l'autre externe.

Les reines et les mâles sont totalement dépourvus de cellules cirières et ces organes fonctionnent mieux chez les jeunes abeilles que chez celles qui sont vieilles.

LA PONTE.

Vol nuptial.

Nous avons déjà parlé de l'accouplement de l'abeille mère en décrivant les organes génitaux et nous avons dit que cet acte n'avait jamais lieu dans l'intérieur de la ruche, mais toujours dans l'air et en plein vol. Il est toujours unique pour un même individu, mâle ou femelle.

La jeune reine, partant pour le vol nuptial, prend de minutieuses précautions pour retrouver sa ruche au

retour ; c'est en effet souvent la première et la dernière
fois qu'elle en sort : elle sait qu'une erreur de domicile
lui coûterait la vie ; aussi, avant de prendre l'essor et
après quelques pas sur la planchette d'entrée, elle vole
d'abord à une faible distance, la tête tournée vers l'habitation, puis s'éloigne peu à peu en décrivant des cercles
de plus en plus grands ; ce n'est que lorsque la disposition des lieux s'est bien gravée dans son cerveau qu'elle
s'élance dans l'espace poursuivie par la troupe bourdon-
nante des mâles.

La reine sort habituellement de la ruche pour se faire
féconder entre le 3ᵉ et le 5ᵉ jour après sa naissance ; cependant, si le temps est défavorable, la fécondation peut
avoir lieu après le 5ᵉ jour ; mais, d'après Huber, une reine
qui s'accouple après le 21ᵉ jour ne pond plus que des
œufs de mâles. Toutefois, Berlepsch et Dzierzon ont constaté que parfois des exceptions se présentent et qu'en
pareil cas une reine peut encore être convenablement
fécondée au bout de 30 jours ; une fois même une reine
a été imprégnée au bout de 47 jours.

Généralement le vol nuptial a lieu pendant les plus
belles heures de la journée, entre midi et 4 heures
de l'après-midi ; rarement plus tard et encore plus rarement plus tôt. Cowan dit qu'avant le vol nuptial les
abeilles ne tiennent aucun compte de la reine et ne la
nourrissent même pas ; de son côté, la reine ne fait pas
attention aux ouvrières, elle semble une étrangère et
elle n'est entourée de soins qu'après son retour, lorsqu'elle porte les signes évidents de la fécondation.

La durée de la sortie de la reine varie de trois à
dix minutes, mais elle est quelquefois réduite à une seule
minute et peut aller jusqu'à quarante-cinq minutes.

Le mâle n'est apte à la fécondation qu'une huitaine de
jours au plus tôt après sa naissance.

Dès que la reine rentre à la ruche, elle se débarrasse,
avec l'aide des ouvrières, des fragments de l'organe mâle

encore pendants hors du vagin et, après une période de
repos de quarante-huit heures, la ponte commence.

La ponte et le couvain.

Pour l'effectuer, la mère explore d'abord la cellule en y
enfonçant sa tête pour s'assurer que l'alvéole est en état
de recevoir l'œuf, puis y introduit son abdomen et l'en
retire, en faisant un demi-tour sur elle-même en laissant
l'œuf attaché au fond par le petit bout opposé au micropyle.

L'époque à laquelle les reines fécondées les années
précédentes commencent à pondre au printemps est variable suivant que les froids de l'hiver se prolongent
pendant plus ou moins longtemps. Dans nos climats tempérés, la ponte reprend souvent dès la fin du mois de
janvier, d'autres fois au mois de mars seulement lorsque
la température reste particulièrement inclémente. On a
constaté assez souvent que les reines commencent parfois leur ponte au printemps par des œufs de mâles, pour
la continuer ensuite normalement par des œufs d'ouvrières; cela peut faire croire que la reine est bourdonneuse, ce qui n'est pas vrai. Mais le cas inverse est le plus
général, et, tout à fait au début du printemps, la reine
pond d'abord en petites cellules, mais alors, dans le courant d'avril — un peu plus tôt ou un peu plus tard, suivant les climats — elle pond un certain nombre d'œufs
de mâles pour assurer la fécondation des jeunes femelles
qui vont naître pendant la saison prochaine de l'essaimage; si les grandes cellules font défaut, elle pondra
dans les petites que les ouvrières agrandissent à la taille
nécessaire. Cette production des faux bourdons n'a lieu
normalement que lorsque l'abondance du miel dans les
fleurs fait prévoir de nouveaux essaims; elle est corréla-
tive de la miellée, s'interrompant et reprenant avec elle.
On peut ainsi observer, dans le cours d'une seule saison,

un grand nombre de pontes successives de mâles.

Dans les premiers jours qui suivent sa fécondation, au contraire, la reine ne pond souvent que des œufs de mâles; cela provient sans doute de ce qu'elle ne sait pas encore contracter, au moment voulu, sa spermathèque pour en faire sortir le spermatozoïde qui doit féconder l'œuf au passage et le transformer en œuf d'ouvrière.

D'après Collin, la mère en cheminant sur les gâteaux pond à peine chaque jour dans deux cellules royales quand il y en a, et souvent même laisse un intervalle de deux ou trois jours sans y pondre. Il en résulte que l'on trouve dans la ruche des alvéoles royaux renfermant des reines de tout âge, en œufs, vers ou nymphes, de telle sorte que les naissances des mères sont successives et pourront donner lieu à plusieurs essaims.

Les jeunes reines, surtout celles nées en juillet et en août, pondent plus tard en automne, mais, par contre, elles recommencent aussi leur ponte plus tard au printemps suivant. Cette ponte tardive des jeunes reines en automne est importante, parce que, même avec un élevage royal tardif en juillet et août, on est assuré encore de voir naître une population suffisante pour l'hivernage.

Faible au commencement de la saison, la ponte croît en quantité au fur et à mesure que la température s'élève, pour atteindre dans la belle saison une moyenne de 3 000 à 3 500 œufs par vingt-quatre heures; ce chiffre semblera élevé lorsqu'on le comparera à celui (200 à 1 200) indiqué par les anciens auteurs qui n'employaient que de petites ruches. Il est cependant facile de le vérifier en intercalant un rayon construit et vide au milieu du nid à couvain et en comptant les œufs déposés dans un temps déterminé. Ch. Dadant a vu dans des ruches d'expériences des reines pondre 6 œufs à la minute, soit 8 740 en vingt-quatre heures; en comptant un dépôt de 2 œufs par minute, on arrive à 2 880 par vingt-quatre heures. Le poids de ces œufs pondus en une seule jour-

née est d'environ 0ᵍʳ,50 et le poids de la reine est de 0ᵍʳ,20 ;
on voit que celle-ci dépose, en un seul jour, 2 fois 1/2
son propre poids sous forme d'œufs ; cette prolificité
extraordinaire est incomparablement plus forte que celle
d'une poule de 1 500 grammes qui, pondant chaque jour
un œuf de 42 grammes, ne donne que la 0,028 partie de
son propre poids.

Dès que la température se rafraîchit, la ponte se ralentit d'abord, puis cesse complètement, d'autant plus vite
que le temps se rafraîchit plus tôt, que l'année a été plus
pauvre en miel et que les reines sont plus âgées ; dans
nos pays il n'y a, en général, plus de ponte vers la fin
de septembre et plus de couvain vers la mi-octobre. L'influence de la saison est prédominante sur l'importance
de la ponte à cette époque, et M. de Layens a montré
qu'elle se ralentit de plus en plus malgré la persistance
de miellées tardives ou le nourrissement artificiel. Il
semble donc que, dans l'évolution de cette ponte, il y a
en automne une diminution naturelle et régulière d'intensité, les mères étant amenées à se reposer, quelles
que soient les circonstances extérieures. On conçoit dès
lors qu'il est parfaitement inutile de tenter, comme on
le conseille quelquefois, un nourrissement stimulant
d'automne dans le but d'obtenir des populations plus
fortes pour la saison de l'hivernage.

M. Devauchelle dit que si l'élevage du couvain cesse à
l'arrière-saison, ce n'est pas toujours parce que la reine
arrête sa ponte, mais parce que les ouvrières, prévoyant
la mauvaise saison, cessent l'élevage et détruisent les
œufs pondus.

Il arrive parfois que la ponte commence en plein hiver
et par les froids très vifs, au centre du groupe, parce qu'à
cet endroit la colonie se trouve obligée d'élever beaucoup
sa température ; c'est pour la même raison que la ponte
commence souvent plus tôt dans les colonies faibles.

Un apiculteur américain, Doolittle a trouvé que le

degré de chaleur dans le nid à couvain avait été, au
minimum, de 33° 1/3 pendant une suite de gelées
extrèmement froides et, au maximum, de 36° 2/3 pendant
une journée très chaude où la température extérieure
s'était élevée entre 32° et 35° C. entre midi et 3 heures.
Il en conclut que, pour un bon élevage, la température
de la ruche doit être comprise entre 33° 1/3 et 36° 2/3 C.
Toute disposition de ruche qui maintiendra le plus possible la température dans ces limites avec la moindre
dépense d'efforts de la part des abeilles sera la meilleure ;
il recommande donc la ruche à parois doubles. Pendant
les printemps froids, les abeilles maintiennent la température voulue en consommant du miel et pendant les étés
chauds par la ventilation.

D'après les expériences de Sylviac (1), tant que la ruche
ne peut assurer une chaleur intérieure constante de 20° C.,
la ponte en grand ne s'y produira pas. Au commencement
de l'année, vers le mois de janvier, lorsque la température extérieure est en moyenne voisine de zéro ou au-
dessus, pendant quelques jours non pluvieux, et que la
température intérieure de la ruche est d'environ 12° à 14°
le jour et 8° à 10° la nuit, la reine ne pond que quelques
œufs au centre de la ruche; plus tard, les ouvrières commencent à expulser les cadavres d'abeilles mortes, à aller
chercher de l'eau, la température intérieure diurne
s'élève à 20°, celle nocturne à 15°, et la ponte prend
plus d'extension; elle bat son plein lorsque, les abeilles
ayant pu sortir et butiner, la chaleur diurne du nid
monte à 25° ou 30° vers le soir, et ne s'abaisse pas au-
dessous de 24° pendant la nuit. La température optimum de la ponte est du reste variable de 27° à 39°, suivant le degré d'intensité de celle-ci et celle de la chaleur
extérieure; pendant toute la durée de la période de
grande activité, la température des intervalles entre les

(1) *L'Apiculteur amateur*, 1902.

rayons occupés par le couvain ou par les abeilles est toujours de 34° à 35° au moins. Quand l'animation commence
à se ralentir — à partir du 15 juillet au 15 août — la
température baisse et, pour la durée de toute l'année
apicole, les oscillations de la chaleur pour le nid à couvain sont comprises entre 18° et 40°. La température suffisante à l'éclosion des larves est de 27°.

De ce qui précède, on doit conclure que l'apiculteur
mobiliste ne doit, en principe, retirer les cadres de la
ruche pour les examiner que lorsque la température
ambiante est de 27° à 30° au moins.

Il ne faudrait pas croire cependant que le couvain, surtout lorsqu'il est operculé, est excessivement sensible au
froid et rapidement tué si on l'y expose. M. de Rauschenfels
dit que le couvain, à tous les degrés de son développement, même non couvert d'abeilles, peut être tenu hors
de la ruche à une température non inférieure à + 2° C.
pendant une heure sans périr; dans une caissette de
transport on peut tenir le couvain hors de la ruche à
une température de 8° à 14° C. pendant six heures, sans
avoir à redouter qu'il souffre du froid. Au point de vue
de l'alimentation des larves, cet isolement du couvain
ne paraît pas avoir d'inconvénients pour celles qui ne
sont âgées que de un à trois jours; il n'en est probablement plus de même pour les larves âgées de quatre à cinq
jours. Les larves dont l'operculation est commencée et les
nymphes peuvent rester dehors beaucoup plus longtemps sans danger pour leur vie.

Il est cependant facile de comprendre que de pareilles
manipulations doivent être évitées parce que, en dehors
des perturbations ultérieures qu'elles peuvent apporter
dans la bonne marche de l'incubation, il faut aux abeilles
une grosse dépense de nourriture et des efforts considérables pour réchauffer ensuite les rayons à la température convenable.

La fécondité de la reine est maximum à la deuxième

année de son âge: elle décroît ensuite et la femelle meurt
de vieillesse vers quatre ou cinq ans. On a calculé
que, pendant ce laps de temps, elle déposait environ
2 millions d'œufs, représentant environ 330 grammes,
soit 1 650 fois son propre poids. La reine n'arrive à
suffire à une telle production que grâce à l'alimentation
très riche et bien digérée qu'elle reçoit.

On a remarqué également que cette fécondité était
d'autant plus grande que la ruche était plus vaste, jusque
vers 80 ou 100 litres : elle reste au contraire faible dans
les petites ruches de 15 à 20 litres. Cela provient certainement de ce que dans ces dernières les butineuses se
hâtent de déposer leur récolte dans les alvéoles libres et
la mère, faute de place, se trouve obligée de restreindre
et même de suspendre sa ponte. Il n'est pas douteux que
ce manque d'exercice, souvent répété, ne rende les organes paresseux et les femelles moins prolifiques.

On a une preuve de l'exactitude de cette observation
dans ce fait que les reines élevées par des colonies puissantes et dans de grandes ruches voient leur fécondité
s'accroître rapidement, et, à la suite d'un transvasement,
on remarque que, dès le renouvellement naturel de la
mère, la ponte prend une extension incomparablement
plus forte qu'auparavant.

L'origine des reines, leur sélection, leur mode d'élevage et leur âge doivent donc être pris en très sérieuse
considération lorsqu'on en fait l'achat au dehors. Toutes
choses égales d'ailleurs, et dans le cours de la belle saison,
l'intensité de la ponte dépend de la quantité de nourriture que les ouvrières départissent à la pondeuse, celles-ci
se laissant guider par l'état de la végétation et l'abondance du nectar dans les fleurs. La reine, loin de com-
mander, est, on le voit, entièrement soumise au bon
plaisir de ses prétendues sujettes pour la seule fonction
qu'elle soit capable de remplir.

La ponte commence d'habitude sur les rayons situés

dans l'endroit le plus aéré de la ruche, c'est-à-dire en
face du trou de vol et vers le centre du gâteau ; elle
s'étend sur le même rayon en cercles réguliers et concentriques, et normalement le plus grand diamètre des cercles
de ponte pour une reine prolifique paraît être de 30 à
35 centimètres. Cette remarque est importante pour la détermination de la dimension la plus convenable à donner
aux cadres des ruches à rayons mobiles. Les gâteaux se
remplissent ainsi successivement et l'ensemble de ceux
qui portent les produits de la ponte à différents états de
développement porte le nom de *nid à couvain*.

D'après Devauchelle, jamais au printemps on ne voit
de couvain sur une face du rayon sans que l'autre face,
au même endroit, n'en soit également garnie. Grâce à
cette disposition, les larves, logées les unes contre les
autres et bout à bout, se chauffent réciproquement et le
couvain conserve mieux la température qui lui est nécessaire. La présence du couvain sur une seule face peut se
constater en été, ce qui est rare encore, quand la chaleur
n'est plus un facteur important pour le développement
du couvain et que la reine se trouve gênée dans sa ponte
par les apports de nectar.

*Étude des variations de la ponte. — Méthode graphique
de Léon Dufour.* — M. Léon Dufour s'est livré en 1900 à
des expériences sur la ponte de la reine et sur l'influence
que pouvaient avoir sur elle diverses opérations, telles
que l'essaimage artificiel, le changement de la reine au
cours de l'année, etc. ; nous reviendrons plus tard sur
les résultats ainsi acquis. Pour le moment, nous voulons
seulement décrire le mode graphique très ingénieux imaginé par cet observateur pour suivre les variations de la
ponte dans les diverses circonstances qui peuvent se produire dans l'existence d'une colonie et de sa mère. Une
telle étude est du plus grand intérêt dans la pratique
parce que, quand des données précises auront été
acquises à cet égard, dans une localité et dans des con-

ditions d'exploitation bien déterminées, on pourra choisir avec plus de précision les ruches sur lesquelles il sera préférable d'opérer pour faire des essaims artificiels, celles dont il sera utile de remplacer les reines, prévoir avec plus de certitude quelles sont les colonies qui produiront les plus fortes populations et donneront les meilleures récoltes.

Le matériel suivant est nécessaire pour arriver à la détermination de la ponte avec une approximation suffisamment exacte : 1° dans un cadre, vide, de la même dimension que ceux soumis aux recherches, on tend une série de fils respectivement parallèles aux côtés horizontaux et aux côtés verticaux du cadre, et cela de centimètre en centimètre. Pour faciliter le repérage, dont il est question plus loin, les fils sont rouges de cinq en cinq, noirs ailleurs ; 2° ce cadre est reproduit à une échelle de 1/2 sur diverses feuilles d'un cahier quadrillé en demi-centimètres, cahier courant dans le commerce ; 3° pour l'examen, le cadre est placé sur une sorte de pupitre ou chevalet.

Un jour où le temps est beau, on ouvre la ruche à examiner et tous les cadres contenant du couvain, débarrassés d'abeilles, sont apportés dans le laboratoire. Chaque cadre de couvain, placé verticalement, est recouvert par le cadre garni de fils ; les fils de ce cadre constituent ainsi à la surface du couvain un réseau à mailles carrées, ce qui permet de reporter très facilement sur le cahier quadrillé la reproduction de l'espace occupé par le couvain d'une manière suffisamment exacte. Une des faces faite, on retourne le cadre et l'on dessine de la même manière la seconde face. Avec un peu d'habitude et un éclairage convenable, on voit très bien les limites des régions occupées par les très jeunes larves et par les œufs.

On opère aussi rapidement que possible et, tous les cadres étant reproduits successivement, on les replace dans la ruche.

Le dessin effectué, il faut évaluer les surfaces occupées par le couvain sur les cadres : on peut pour cela compter le nombre de carrés recouverts par le dessin. L'opération marche assez vite, étant donné que, de cinq en cinq, dans l'un et l'autre sens, il y a des traits rouges qui limitent entre eux 25 petits carrés. Or, quand un cadre a beaucoup de couvain, il présente un grand nombre de ces carrés de 25 et le reste n'est pas très long à évaluer. Lorsque la ligne du dessin divise un certain nombre de carrés, on les compte en les évaluant à l'œil aussi exactement que possible, en réunissant, suivant les cas, deux. trois, quatre parties, pour faire un carré complet. On pourrait encore évaluer la surface occupée par le couvain par la méthode des pesées, en découpant le dessin et en comparant son poids à celui d'une surface connue de 100 ou 500 carrés du même papier. Ce procédé est moins recommandable que le précédent, parce que le découpage est long quand le couvain ne forme pas un bloc bien compact et à contours simples ; de plus, le poids des diverses feuilles d'un même cahier n'est pas identique. La surface du couvain obtenue, il est facile de calculer le nombre approximatif de cellules qu'il occupe ; on sait, en effet, qu'un décimètre carré renferme sur une seule face 425 cellules d'ouvrières ; comme tous les nombres obtenus plus haut pour les surfaces expriment des centimètres carrés, on multipliera ces nombres par 4,25 et le produit représentera le nombre total des cellules de couvain. Ce nombre donne la totalité de la ponte effectuée par la reine en vingt et un jours, car, la durée du développement d'une ouvrière étant de vingt et un jours, on a sous les yeux, dans l'ensemble du dessin, tout ce qui a été pondu dans cet intervalle de temps.

Avec la cire gaufrée, la surface occupée par le couvain de mâle est très restreinte, relativement à sa surface totale ; aussi on peut, sans diminuer sensiblement la précision de la méthode, traiter la petite surface de couvain de mâles comme si c'était du couvain d'ouvrières. Cependant, si la surface occupée par le couvain de mâles était considérable, il faudrait l'évaluer à part et tenir compte de deux faits : 1° par décimètre carré, il n'y a plus 425 cellules, mais 265 seulement ; 2° la durée du développement d'un faux bourdon est non pas vingt et un jours seulement, mais vingt-quatre.

Connaissant la ponte totale de vingt et un jours, on n'a, pour obtenir la ponte moyenne quotidienne, qu'à diviser par 21 le nombre total des cellules de couvain. En recommençant tous les vingt et un jours l'évaluation du couvain, on fait l'évaluation complète de la ponte durant toute la saison et l'on obtient les pontes totales et les pontes moyennes quotidiennes correspondant à des périodes nécessaires de trois semaines. On connaît dès lors la marche progressive du phénomène dans le cours de toute une année ; on se rend compte de la rapidité avec laquelle cette ponte augmente quand la saison s'avance et aussi de la rapidité avec laquelle elle baisse à l'automne. S'il y a des irrégularités, on peut parfois en trouver la raison, reconnaître par exemple que la cause a été un temps froid, ou bien que l'influence d'une miellée s'est fait sentir, etc. En opérant ainsi plusieurs années de suite, en prenant une jeune reine fécondée et en l'étudiant depuis le début de sa ponte jusqu'à sa mort, on voit comment varie la fécondité dans les années successives.

On peut représenter la répartition du couvain sur les divers cadres de la ruche d'une façon qui fait image. Il suffit pour cela de représenter sur un dessin la coupe longitudinale d'une ruche et des cadres qui y sont suspendus en traçant sur les faces de chacun d'eux une surface ombrée proportionnelle à l'étendue occupée par le couvain. La succession des dessins de ce genre relatifs à chaque comptage fait voir, d'un seul coup d'œil et d'une manière frappante, les variations de la ponte pendant toute une année.

On peut encore figurer ces variations au moyen d'une courbe dont la valeur des ordonnées successives serait fournie par la ponte moyenne calculée à chaque comptage.

Détermination du sexe. — Parthénogenèse. — Théorie de Dzierzon. — Il se produit, relativement à la production des sexes chez les abeilles, un phénomène très particulier et rare dans la nature, celui de l'évolution d'un œuf n'ayant pas reçu l'imprégnation de l'élément mâle. Au cours de ses expériences, Huber ayant retenu, pendant trois semaines, des reines vierges prisonnières dans leur ruche, pour les laisser libres ensuite, constata que la fécondation n'avait plus lieu, mais que néanmoins ces reines pondaient des œufs qui tous évoluaient de manière à ne produire que des mâles.

Plus tard, l'apiculteur allemand Dzierzon, curé de Carlsmark, en Silésie, émit sa fameuse théorie qui consiste à dire que : tout œuf ayant reçu l'imprégnation de l'élément mâle se développera en femelle (ouvrière ou reine), et que tout œuf non fécondé donnera, au contraire, un mâle.

Dzierzon fut conduit à l'énonciation de cette théorie, publiée pour la première fois, en 1845, dans les *Mémoires de la Société d'apiculture d'Eichstadt*, par l'observation, dans ses ruches, de reines à ailes mal conformées, n'ayant par suite pas pu se faire féconder et pondant indistinctement dans toutes les cellules des œufs qui ne donnaient que des mâles.

C'est là un phénomène de parthénogenèse d'autant plus extraordinaire que c'est précisément l'individu producteur de spermatozoïdes qui provient d'un élément où cet organisme n'intervient pas. Sanson exprime l'idée que cette reproduction qualifiée de *parthénogénétique* n'implique pas que l'œuf peut donner naissance à l'embryon sans avoir été fécondé, mais peut établir tout aussi bien que nous ne connaissons pas encore tous les modes de fécondation.

Quoi qu'il en soit, la théorie de Dzierzon, universelle-
ment admise aujourd'hui, ne s'établit pas sans beaucoup
de luttes et de discussions; elle finit pourtant par s'im-
poser grâce aux expériences répétées de son auteur et
aux travaux de praticiens et de naturalistes éminents tels
que Berlepsch, Leuckart, von Siebold, poursuivis de
1845 à 1856.

Leuckart et Siebold, en examinant avec soin des œufs
fraîchement pondus par la reine, n'ont jamais trouvé de
spermatozoïdes dans les œufs déposés dans les grandes
cellules hexagonales où se développent les mâles, tandis
qu'ils en ont vus dans les œufs pondus dans les cellules
d'où sortiront les reines et les ouvrières. Leuckart donnait aux mères ne pondant que des mâles le nom de
reines arénotoques et il qualifiait le phénomène d'*aréno-
tokie*.

Berlepsch a pu rendre artificiellement arénotoques des
reines normales en les maintenant pendant trente-six
heures dans une glacière, à une température assez basse
pour tuer les spermatozoïdes tout en laissant vivre l'insecte.

A la fin de leur vie, après avoir beaucoup pondu, la
spermathèque se vide ou les germes fécondateurs perdent
leur vitalité et les mères ne peuvent plus produire que
des mâles ; les apiculteurs les appellent alors *reines bour-
donneuses* et les familles qui les renferment *colonies bour-
donneuses* ; celles-ci ne tardent pas à s'éteindre parce qu'il
n'y naît plus que des faux bourdons.

Une colonie peut aussi devenir bourdonneuse si la
jeune reine vierge qu'elle possède est mal conformée
pour le vol ou si, par suite de circonstances défavorables,
elle n'a pu effectuer fructueusement le vol nuptial dans
le délai habituel de trois semaines après sa naissance ; ou
bien encore si elle est saisie par un froid trop vif. Certaines reines sont arénotoques, quoique pourvues de
spermatozoïdes, par suite d'une paralysie des muscles de

la spermathèque, d'une lésion du conduit lui-même ou du dernier ganglion.

Il résulte de la théorie de Dzierzon que le faux bourdon ne participe en rien de l'influence héréditaire paternelle, et que dans le croisement de différentes races d'abeilles les mâles sont toujours de la même race que la reine. Ainsi, dans le croisement d'un mâle noir français avec une femelle jaune italienne, les reines et les ouvrières sont des métisses présentant à la fois les caractères de la race française et de la race italienne, tandis que les mâles sont de race italienne pure.

C'est donc avec raison que l'on a pu résumer de la manière humoristique suivante la parenté du faux bourdon : « Le faux bourdon est toujours la moitié d'un orphelin, car son père, qui n'est pas en réalité son père, est toujours mort avant que lui-même soit né. Il n'a jamais de vraie sœur, puisque le père des enfants femelles de sa mère n'est pas son père ; d'ailleurs, il n'a qu'un grand-père et il ne pourra jamais connaître ses enfants ».

Dans les croisements, dont nous venons de parler, Vogel a observé que c'est le père surtout qui transmet le caractère aux ouvrières ; par conséquent, les métisses dont le père est italien doivent être plus douces que celles dont la mère italienne a été fécondée par un mâle de race commune.

Dans un mémoire publié en 1878, M. Perez, professeur à la Faculté des sciences de Bordeaux, a critiqué de nouveau la théorie de Dzierzon ; tout en admettant qu'une mère non fécondée ou des ouvrières pondeuses ne pondent que des mâles et tous de leur race, il pense que les faux bourdons proviennent parfois aussi d'œufs fécondés et que, dans ce dernier cas, les caractères paternels peuvent se transmettre aux descendants mâles. L'expérience sur laquelle il s'appuie est la suivante : au printemps de 1878, M. Perez introduisit dans trois ruches de jeunes reines, filles d'une reine féconde venue d'Italie ; ces trois reines furent fécondées par des mâles français et la population qui en est issue s'est montrée composée d'ouvrières, les unes jaunes comme des italiennes, les autres noires comme les françaises, les autres enfin présentant dans des proportions diverses des caractères des deux races. Une seule des ruches métisses donna des mâles la première année ; 300 d'entre eux se répartissent ainsi qu'il suit : 151 italiens, 66 métis à des degrés divers et 83 français.

L'ensemble de ces mâles étant métis, M. Perez en conclut que la théorie de Dzierzon est fausse et que les œufs des faux bourdons, comme les œufs des femelles, reçoivent le contact du sperme déposé par le mâle dans les organes de la reine.

M. Girard attribue les faits observés par M. Perez à la présence d'ouvrières pondeuses dans la ruche. Comme, en effet, dans la ruche de M. Perez il y avait un mélange d'ouvrières jaunes, noires et métisses, M. Girard en conclut que la fertilité de certaines ouvrières des deux dernières sortes suffit pour expliquer le mélange de faux bourdons jaunes, noirs et métis.

Sanson révoque en doute la pureté de la reine employée par M. Perez ; pour lui, le cas observé par le professeur de Bordeaux est un simple phénomène d'atavisme ; la mère italienne, de la reine introduite dans la ruche observée, ayant pu être fécondée par un mâle français, cette dernière ne serait qu'une métisse ou bien la mère elle-même pourrait être la fille d'une métisse accouplée avec un mâle pur, d'où il résulte que des phénomènes de réversion se seraient manifestés à des degrés divers. Sanson n'admet pas non plus l'explication fournie par M. Girard, basée sur la présence des ouvrières pondeuses, la coexistence de celles-ci avec la mère dans une même ruche n'étant pas prouvée.

Si la théorie de Dzierzon n'est pas exempte de toute critique, elle repose cependant sur un ensemble d'observations tellement précises et tellement nombreuses, donne seule l'explication de faits incompréhensibles sans son concours, et doit être tenue pour exacte et conforme à la vérité.

Presque toujours les œufs qui donneront des mâles ne sont pondus que dans les grandes cellules à faux bourdons et les œufs d'ouvrières dans les petits alvéoles.

Quelques auteurs, et Dzierzon en particulier, sont partis de cette remarque pour affirmer que la reine savait d'avance quelle espèce d'œuf elle allait pondre et qu'elle produisait à volonté l'un ou l'autre sexe. Le sexe de l'œuf serait dû, suivant d'autres, à des causes toutes mécaniques : soit que les parois de l'alvéole d'ouvrière, par suite de son étroitesse, compriment les muscles constricteurs de la spermathèque, de manière à en expulser un peu de liqueur fécondante, tandis que cette compression ne se produit pas dans le large alvéole de faux bourdon ; soit, comme le pense Dadant, que l'écartement des jambes de la reine, lorsqu'elle se cramponne sur une cellule de mâle pour y pondre, empêche précisément ces muscles constricteurs de remplir leur office.

Mais ces explications perdent beaucoup de leur valeur en présence des exceptions assez fréquentes qui montrent des œufs se développant en faux bourdons dans des cellules d'ouvrières et inversement des ouvrières naissant dans de grandes cellules. Le fait a été signalé par beaucoup d'observateurs. Dadant affirme, il est vrai, que si les reines pondent des œufs fécondés dans les grandes cellules, cela provient de ce que les ouvrières rétrécissent l'ouverture de l'alvéole ; en tenant cette raison pour exacte, elle n'explique pas comment l'imprégnation de l'œuf n'a pas lieu quand c'est un mâle qui évolue dans une cellule d'ouvrière, et nous sommes encore réduits à des conjectures sur les causes de l'habituelle régularité de la ponte des mâles ou des ouvrières dans leurs cellules respectives. L'opinion la plus exacte sans doute est celle de

Perez qui pense que la production des œufs de l'un ou l'autre sexe paraît être une nécessité physiologique étroitement liée à des conditions particulières de température et d'alimentation et sans aucun rapport avec la volonté de l'abeille.

Pour expliquer la détermination du sexe suivant la cellule où l'œuf est déposé, Landois, en 1868, avait émis l'opinion que les œufs pondus n'étaient ni mâles ni femelles et que seule la nourriture reçue par la larve dans sa cellule influait sur le sexe ; que par suite il suffisait de transporter un œuf, pondu dans une cellule de mâle, dans une cellule d'ouvrière pour le voir évoluer en ouvrière au lieu d'évoluer en faux bourdon comme il aurait dû le faire. Sanson, en effectuant ce transport avec toutes les précautions possibles, a montré que l'assertion de Landois était complètement erronée et que le sexe ne dépend nullement de la dimension de la cellule ni de la nourriture reçue par la larve dans son alvéole.

Ouvrières pondeuses. — Nous avons déjà étudié les ouvrières pondeuses au point de vue anatomique et nous savons que ce sont des femelles intermédiaires, au point de vue du développement des organes génitaux, entre les reines et les ouvrières ordinaires. Elles sont toujours incapables de s'accoupler et ne reçoivent jamais de liquide séminal.

Dans des conditions particulières cependant, ces femelles incomplètes peuvent se mettre à pondre des œufs, qui, forcément non imprégnés, ne donneront que des mâles ; elles sont devenues des *ouvrières arénotoques* ou, comme on dit communément, des *ouvrières pondeuses.* On les rencontre le plus souvent dans les colonies orphelines incapables d'élever une nouvelle reine ; une semblable colonie, acceptant difficilement une reine étrangère que l'on tente d'y introduire, est le plus souvent une colonie perdue.

Aristote avait déjà signalé l'existence des ouvrières pondeuses dans les colonies sans mère, mais c'est Riem le premier qui, vers la fin du xviiie siècle, les a étudiées d'une manière un peu précise; ses expériences furent vérifiées par Huber et par Mlle Jurine qui en fit la dissection.

Divers observateurs, parmi lesquels M. Perez, ayant révoqué en doute leur existence, M. le Dr Marchal, chef des travaux à la Station d'entomologie agricole de l'Institut agronomique, a repris l'étude de ce point (1).

Le 8 juin 1894, il recevait de M. Huillon une ruchette, considérée par cet apiculteur distingué comme orpheline à ouvrières pondeuses; le 14 juin, un examen attentif montre que la colonie est bien orpheline et ne possède que quatre ou cinq œufs de mâles. Le rayon qui les contient est enlevé et remplacé par un autre vide. Le 27 juin, la ruchette est ouverte de nouveau et le Dr Marchal constate la présence d'œufs extrêmement nombreux, pondus d'une manière très irrégulière et souvent en grand nombre dans la même cellule, ce qui est caractéristique, en même temps qu'une certaine quantité de larves et de cellules operculées. Il fallut en conclure que les ouvrières avaient abondamment pondu et que leurs œufs étaient fertiles. L'examen anatomique des larves, des nymphes ou des adultes nouvellement éclos, montra qu'ils étaient tous du sexe mâle. L'existence d'ouvrières fécondes, produisant parthénogénétiquement des œufs mâles, dans les ruches orphelines, était donc expérimentalement démontrée.

Dans la ruchette examinée, le nombre des ouvrières pondeuses s'élevait environ à 20 p. 100; cette forte proportion, dans une même ruche, exclut la théorie émise par Brehm d'après laquelle une ouvrière spéciale serait choisie par les autres, choyée et nourrie plus abondamment pour être transformée en pondeuse.

La sagacité des observateurs s'est exercée pour savoir

(1) *L'Apiculteur*, 1894, p. 393.

comment se produisent ces individus intermédiaires.
Dadant pense que leur apparition est due à ce que certaines larves d'ouvrières reçoivent, surtout au moment
de la grande récolte de miel, une proportion de bouillie
plus forte qu'il n'est nécessaire pour leur premier développement. Cowan admet également que, si le sevrage
de la larve d'ouvrière n'a pas lieu au moment voulu,
c'est-à-dire quand elle est âgée de trois jours, elle se
développe plus complètement en ouvrière pondeuse. Si
petite que soit l'augmentation de nourriture, elle n'en
exerce pas moins une influence réelle sur les organes de
reproduction des larves qui ont été favorisées; leurs
ovaires commencent à se développer et deviennent
capables de produire un plus ou moins grand nombre
d'œufs; néanmoins, ce surcroît est insuffisant pour permettre l'accouplement, l'accroissement de leurs organes
de reproduction s'étant borné aux ovaires. Ce qui tendrait à prouver l'exactitude de ce qui précède, c'est l'observation de Donhoff qui, ayant nourri artificiellement
une petite colonie pendant quatorze jours avec un
mélange d'œuf de poule et de miel, obtint des ouvrières
qui, presque toutes, avaient les ovaires considérablement
développés.

On avait pensé aussi que cet excès de nourriture n'était
donné que par hasard aux larves incluses dans des cellules contiguës aux alvéoles royaux, mais il est prouvé
aujourd'hui qu'il peut naître des ouvrières pondeuses
dans des ruches qui n'ont jamais élevé de reines.

Il est probable qu'il existe des ouvrières arénotoques
dans beaucoup de ruches même complètement constituées; mais, tant que la reine est présente et remplit normalement sa fonction, elles ne pondent pas; elles ne
produisent des œufs qu'un certain temps après l'orphelinage, lorsque la ruchée, après de vaines tentatives pour
refaire une reine, a perdu tout espoir de réparer sa perte.
L'apparition de leur progéniture a lieu parfois une ou

deux semaines après l'orphelinage, d'autres fois seulement au bout de quatre à cinq semaines et même davantage. Dadant dit qu'elles se produisent plus vite dans les colonies d'abeilles communes que chez les italiennes.

Leur nombre est variable, depuis une seule, qui reçoit alors tous les soins réservés d'habitude à une véritable reine, jusqu'à un très grand nombre. Leur ponte est facile à reconnaître à son irrégularité : au lieu d'œufs pondus successivement dans des cellules consécutives, comme dans le cas d'une reine, on voit un œuf dans une cellule, une larve operculée dans la suivante, une larve moins avancée dans celle après, et ainsi de suite; en outre, la plupart du temps il y a plusieurs œufs dans la même cellule; ces œufs sont souvent mal placés, les uns étant au fond des cellules, les autres sur les parois.

Transport d'œufs. — Les journaux apicoles ont signalé à diverses reprises des observations tendant à prouver que les ouvrières peuvent, dans certaines circonstances spéciales, prendre des œufs ou même des larves dans leur ruche ou dans une ruche voisine et les transporter dans des cellules mieux à leur convenance.

C'est ainsi que M. Rouley-Lacroix rapporte le fait suivant constaté par lui en 1894 : Une colonie de race chypriote, devenue orpheline avec ouvrières pondeuses, à la suite de l'extraction d'un essaim artificiel, fut laissée dans cet état et quatre mois après on constata la présence d'une reine chypriote dans la colonie. M. Rouley-Lacroix en conclut que les ouvrières de la colonie orpheline sont allées chercher dans une ruche voisine un œuf pour le transformer en reine.

Des faits de cette nature sont relativement nombreux, mais beaucoup d'auteurs n'admettent pas le transport des œufs pour expliquer l'apparition d'une reine dans une colonie précédemment orpheline et sans éléments pour en établir une; ils pensent que cette apparition peut se produire d'une manière beaucoup plus naturelle. On sait

en effet que les colonies qui sont dans l'intention d'élever
de nouvelles reines, soit pour l'essaimage, soit pour
toute autre cause, mettent toujours en incubation un
nombre de larves maternelles de beaucoup supérieur à
celui qui sera nécessaire : chez certaines races méridionales on compte jusqu'à 300 cellules royales dans la
même ruche. Les mères inutiles sont, après leur éclosion,
mises à mort ou chassées ; elles cherchent alors à se
réfugier dans les ruches voisines et parfois elles y sont
acceptées lorsque ces ruches sont orphelines.

Voici cependant une nouvelle remarque de M. Vuibert
qu'il semble impossible d'expliquer si l'on n'admet pas le
transport des œufs par les ouvrières d'une cellule dans
une autre. Le 19 juin 1895, une ruche est reconnue nettement orpheline ; elle est très populeuse et l'examen attentif
ne permet de découvrir ni mère ni couvain. Elle reçoit
aussitôt un cadre de couvain de tout âge pris dans une
autre ruche, entièrement bâti en cellules d'ouvrières et
renfermant des œufs ; ce cadre est placé le sixième dans
l'habitation qui en renfermait dix. Dix jours après on
constate que la colonie est toujours orpheline et présente
des alvéoles royaux siégeant non pas sur le cadre introduit, comme cela eût été normal, mais sur un coin bâti en
cellules de mâles du dernier rayon, le dixième, qui précédemment ne renfermait rien. La jeune reine naquit
quelques jours après. Il faut en conclure que les abeilles
ont transporté des larves ou des œufs fécondés, à quatre
rayons de distance, dans des alvéoles de mâles afin d'y
édifier des cellules maternelles.

M. Harrault a signalé à la réunion de 1903 de la Fédération des Sociétés françaises d'apiculture un cas tout à fait
analogue. Ce transport serait motivé par le fait que l'emplacement où le cadre introduit est placé ne convient pas
aux abeilles pour l'élevage royal et qu'elles en préfèrent
un autre situé dans un endroit plus chaud ou sur un
rayon où l'édification de la cellule royale est plus facile.

Expulsion de couvain. — On sait qu'au moment de la destruction des mâles, à la fin de la miellée, les abeilles expulsent de la ruche non seulement les faux bourdons, mais aussi leur couvain. On remarque que dans certains cas elles sortent, de la même manière, le couvain d'ouvrières, de même celui des reines.

Le rejet du couvain des mâles est non seulement la règle quand les fleurs ne donnent plus de nectar, mais il se produit également lorsque, par suite de la·disparition des butineuses, il ne se produit plus d'apports de récolte, comme c'est le cas de la ruche permutée dans l'essaimage artificiel. Il a également lieu dans une colonie dont la mère bourdonneuse vient d'être remplacée par une jeune mère féconde naturellement ou artificiellement. Cette expulsion peut encore se produire, d'après Oettl, quand les butineuses manquent d'alvéoles pour loger le miel résultant d'une récolte particulièrement intensive.

Il y a rejet des larves royales quand il arrive un empêchement à l'essaimage et que l'espoir de voir la famille se diviser utilement a disparu.

Pour le couvain d'ouvrières, il est de règle qu'il est jeté dehors lorsqu'il a cessé de vivre ou est blessé, sauf dans le cas de loque avancée. Ainsi donc, si, par suite des ravages des larves de la fausse teigne, qui creuse ses galeries dans leurs rayons ou dans les opercules, des larves ou des nymphes sont atteintes, celles-ci sont expulsées ; il en est de même lorsqu'un brusque retour de froid provoque une contraction du groupe et que le couvain abandonné périt. Le cas peut encore se produire quand les vivres manquent, mais alors les abeilles ne sortent pas le couvain operculé ; enfin Oettl dit que les ruchées qui ont pris l'habitude du pillage finissent par négliger leur couvain et l'expulsent pour s'adonner plus librement à leur occupation favorite.

L'ŒUF ET SON DÉVELOPPEMENT. — MÉTAMORPHOSES.

L'abeille est un insecte à métamorphoses complètes, c'est-à-dire que, dans le cours de son développement, elle passe successivement par les trois phases de larve, de nymphe et d'insecte parfait (fig. 47). Le corps des

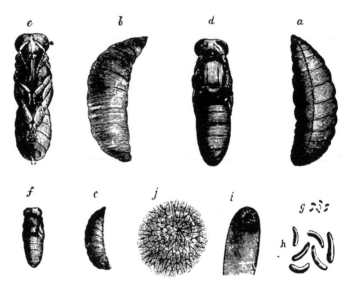

Fig. 47. — Les métamorphoses de l'abeille. — g, œufs de grandeur naturelle; h, œufs vus à la loupe; i, œuf grossi montrant le pôle à micropyle; j, micropyle très amplifié; a et b, larve grossie, en dessous et en dessus; c, larve de grandeur naturelle; e et d, nymphe grossie en dessous et en dessus; f, nymphe en dessus de grandeur naturelle.

embryons est recouvert d'une cuticule chitineuse assez épaisse qui s'opposerait à l'amplification ultérieure du corps; l'embryon est donc obligé de la quitter pour grandir et en reproduit une nouvelle aussitôt après la chute de la première; ce phénomène, qui se répète un certain nombre de fois périodiquement, séparant les phases les unes des autres, a reçu le nom de *mue*. Pendant toute la durée du développement, les modifications extérieures s'accompagnent de transformations internes profondes, desquelles résultent la formation des organes et leur établissement sur le plan définitif qui caractérise l'adulte (1).

Œuf. — Extérieurement, l'œuf se présente sous la forme d'une petite masse allongée, légèrement courbe, d'une couleur blanc-perle un peu bleuâtre, d'environ 1ᵐᵐ,5 de long et 0ᵐᵐ,5 de diamètre. D'après Reidenbach, le poids d'un œuf mâle ou femelle est de 1/6 de milligramme (fig. 47 et 48).

Sur une coupe longitudinale, l'œuf se montre constitué par une masse interne protoplasmique contenant un abondant *vitellus nutritif* et entourée d'une *membrane vitelline* en dehors de laquelle se trouve un *chorion* plus ou moins épais, ayant son origine dans les cellules épithéliales des gaines ovariques. Le vitellus est formé de globules graisseux et protéiques qui seront

 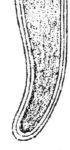

Fig. 48. — Œuf de l'abeille.   Fig. 49. — Coupe longitudinale de l'œuf.

absorbés plus tard pour le développement de l'embryon. Dans son intérieur et vers le centre, existe la *vésicule germinative* entourée d'une membrane propre.

L'œuf, dont les extrémités sont arrondies, est plus gros à l'un des bouts, et c'est là que se formera plus tard la tête de la larve ; à cette même extrémité le chorion est percé d'un trou, le *micropyle*, par lequel pénétrera le spermatozoïde fécondateur.

(1) HENNEGUY, *Les Insectes*, Paris, 1904.

Sur la face convexe de l'œuf se développera la partie abdominale et sur la face concave la partie dorsale de l'embryon.

De suite après la ponte, l'œuf, attaché au fond de la cellule par la partie opposée au micropyle, est dressé presque verticalement ; le deuxième jour il s'incline, le troisième il est couché tout à fait horizontalement et le quatrième jour l'éclosion a lieu. Par des temps froids il peut arriver que l'éclosion de l'œuf soit retardée d'un jour et même plus.

On a signalé quelquefois des pontes d'œufs qui ne se développent pas ; le dépôt est généralement régulier, presque toujours d'une abondance normale, mais il ne se produit ni larves ni nymphes, quoique les cellules soient parfois operculées. Les reines qui présentent cette particularité ne paraissent pas traitées autrement que les autres dans les ruches ; elles ne présentent extérieurement rien de particulier. Le manque d'évolution de l'œuf est inhérent à l'état sexuel de la reine, et ne dépend nullement de la colonie ; en effet, un rayon en contenant, placé dans le nid à couvain d'une ruchée où le couvain se développe bien, ne donne rien non plus et les abeilles rejettent ces œufs. D'après une observation, cet état pourrait être transitoire et, au bout d'un temps plus ou moins long, la même reine donnerait de nouveau des œufs évoluant normalement.

Formation de l'embryon. — Pendant que l'œuf modifie sa position dans l'intérieur de la cellule, il éprouve des modifications intimes qui amènent le développement de l'embryon et dont le terme est l'apparition d'une larve d'un blanc-perle couchée en cercle au fond de la cellule, reposant sur sa face latérale. Lorsque l'œuf est mûr et apte à être fécondé, la vésicule germinative a disparu et, par deux divisions successives, elle a donné naissance à quatre noyaux, dont l'un devient le *noyau de l'œuf* ou *pronucleus femelle* et les trois autres sont les *globules polaires* qui se fusionnent plus tard en une masse polaire unique qui reste dans la couche protoplasmique au milieu d'une vacuole. Les globules polaires n'apparaissent générale- ment qu'après la pénétration des spermatozoïdes et après la ponte.

Un seul spermatozoïde prend part à la fécondation, mais très souvent il en pénètre plusieurs dans le vitellus à tra- vers le micropyle et ceux-ci se dissolvent alors dans la couche protoplasmique périphérique. Celui 'qui reste présente au point d'union de la tête avec la queue, qui se recourbent l'une vers l'autre, une zone plus claire qua- lifiée par Henking d'*arrhénoïde* ; puis la tête augmente de volume, s'arrondit, se rapproche du pronucleus femelle et finit par s'unir à lui pour donner le premier *noyau de seg- mentation* entouré d'une petite quantité de protoplasma.

Peu après, le premier noyau de segmentation et le pro- toplasma mélangé au vitellus nutritif se divisent et forment, vers le pôle antérieur d'abord, un certain nombre de cellules nucléées qui continuent à se multi- plier à l'intérieur du vitellus, puis gagnent isolément la périphérie où elles se disposent en une couche unique, continue, le *blastoderme*. L'ensemble constitue une *blas- tula*, remplie de vitellus, dans laquelle il reste des cellules *vitellines* ou *vitel'ophages* qui jouent plus tard un rôle important.

Bientôt, le blastoderme divise ses éléments tangentiel- lement à sa surface et il se produit des cellules éparses, munies de pseudopodes, qui émigrent à l'intérieur du vitellus dont elles se nourrissent. Un certain nombre d'entre elles se rassemblent en deux files régulières, dont l'une est située à droite et l'autre à gauche de la ligne médiane ventrale. Ces deux rangées s'enfoncent dans le vitellus, vont à la rencontre l'une de l'autre, puis se réunissent et se soudent de manière à délimiter un espace clos, rempli d'abord de vitellus qui peu après se résorbe, laissant une cavité vide formant l'intestin moyen

ou ventricule chylifique. Le tissu ainsi constitué autour
de la partie médiane du tube digestif est la première
ébauche de l'*endoderme*.

L'*ectoderme* se forme par l'apparition d'une gouttière
dans le blastoderme, gouttière qui produit par invagination
une seconde couche de cellules au-dessous du blastoderme (fig. 50).

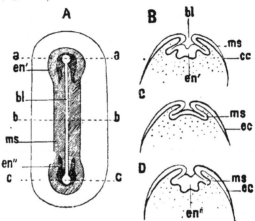

Fig. 50. — Schéma de la formation des feuillets blastoder-
miques. — A, vue en surface de l'ébauche embryonnaire ;
B, coupe transversale de l'extrémité antérieure de la bandelette germinative, au niveau de la ligne *aa* ; C, coupe transversale au milieu de la bandelette germinative, au niveau
de la ligne *bb* ; D, coupe à travers l'extrémité postérieure de la bandelette germinative, au niveau de la ligne *cc* ;
bl, blastopore ; *ec*, ectoderme ; *en'*, extrémité antérieure de
l'ébauche endodermique en forme d'U ; *en''*, extrémité postérieure de la même ébauche ; *ms*, mésoderme. (Henneguy,
d'après Wheeler.)

Le *mésoderme* naît d'une large gouttière aplatie dont
le plancher se sépare de l'ectoderme, dans la région
moyenne de l'embryon ; l'ectoderme se referme ensuite
au-dessus de cette plaque mésodermique qui s'en libère
complètement plus tard. Ainsi se trouvent formés, par
un processus analogue à celui que l'on constate chez les

vertébrés, les trois feuillets desquels vont résulter la plupart des organes.

Le blastoderme persiste lui-même comme enveloppe extérieure de l'embryon.

En même temps que se produisent les feuillets, le blastoderme s'épaissit sur la ligne médiane longitudinale de la face ventrale, constituant ainsi la *ligne germinative* ou *plaque ventrale*; cette ligne se creuse en une gouttière, formée par deux replis de la région superficielle du corps qui se reploient au-dessous de la plaque ventrale, puis se soudent comme un pont au-dessous de la face inférieure de l'embryon pour constituer l'*enveloppe amniotique*. Primitivement simple, elle se double ensuite, par un nouveau repli blastodermique, la *séreuse* ou *examios*, et entre ces deux assises est une bande de vitellus nutritif, qui peu après se résorbe.

L'enveloppe amniotique présente des bourrelets céphalique, ventral, caudal et dorsal; ce dernier se soude comme le repli ventral, et les lames qui le constituent viennent se rejoindre sur le dos pour former la paroi dorsale de l'embryon. Les formations amniotiques doublent par conséquent le chorion en dedans, contribuent à assurer la protection du corps et finissent par envelopper complètement l'intestin primitif et les feuillets.

L'embryon se forme ainsi sur la face ventrale de l'œuf, dont la région dorsale est occupée par le vitellus.

A la surface de la ligne germinative, à ses deux extrémités d'abord, puis latéralement, apparaissent des replis, des sillons transversaux délimitant les premiers segments du corps et de petites protubérances qui sont les rudiments des appendices (fig. 51).

Les premiers segments du corps sont au nombre de 18 : une plaque céphalique portant la bouche, un segment mandibulaire, deux segments maxillaires, trois segments thoraciques, dix segments abdominaux et un segment terminal portant l'anus. Successivement apparaît la bouche comme un enfoncement ectodermique situé immédiatement en avant du segment mandibulaire et portant

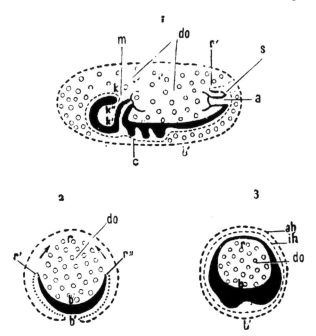

Fig. 51. — Schéma du développement des membranes embryonnaires chez les Hyménoptères. — 1, coupe longitudinale de l'œuf ; 2 et 3, coupes transversales : *a*, anus ; *ah*, séreuse ; *b*, face ventrale de l'œuf ou de l'embryon ; *b'*, ombilic amniotique ; *c*, pattes ; *do*, vitellus ; *ih*, amnios ; *k*, *k'*, *k''*, tête et repli céphalique ; *m*, bouche ; *r*, région dorsale ; *s*, région caudale (Henneguy, *Les Insectes.*)

de chaque côté deux mamelons qui sont l'origine des antennes ; puis naissent, d'avant en arrière, le labre, les mandibules, les mâchoires, les pattes thoraciques et abdominales. Ces derniers appendices s'atrophient rapidement et disparaissent.

Les différents organes se forment aux dépens de l'ectoderme et du mésoderme. De l'ectoderme dérivent la peau, le système nerveux et les organes des sens, le système trachéen, le revêtement épithélial du tube digestif, les glandes salivaires, les tubes de Malpighi, les cellules génitales et une partie des conduits génitaux.

La peau ou *hypoderme* résulte de la transformation sur place de l'ectoderme qui s'accroît peu à peu en entourant l'œuf tout entier et sécrète un revêtement chitineux qui constitue la cuticule.

Les différents appendices du corps : antennes, labre, pièces buccales, membres, sont constitués primitivement par des protubérances de l'ectoderme dans lesquelles pénètrent bientôt des expansions mésodermiques pour constituer les muscles. C'est vers le troisième jour que croissent les antennes et que se montrent les pièces buccales ; à la même époque les pattes formées antérieurement disparaissent. Le système nerveux provient d'un épaississement ectodermique longitudinal, ou *plaque nerveuse*, de chaque côté de la ligne médiane ventrale, laissant entre eux une *gouttière nerveuse* ; la partie profonde des plaques constitue les deux cordons nerveux, origine de la chaîne ganglionnaire ventrale, qui se renfle dans la partie céphalique.

L'embryon de l'abeille possède 17 ganglions, dont 1 sus-œsophagien, 3 petits ganglions sous-œsophagiens, 3 thoraciques et 10 abdominaux.

Des invaginations ectodermiques, placées symétriquement de chaque côté du corps, excepté sur les deux derniers anneaux abdominaux, forment les trachées, avant l'apparition de la première ébauche des membres. Les invaginations céphaliques disparaissent toujours dans la suite du développement embryonnaire ; les autres, primitivement distinctes, s'unissent ensuite pour constituer deux troncs communs longitudinaux d'où partent les différentes trachées qui se rendent aux organes. Pendant toute la durée du développement, elles sont remplies de liquide et ne contiennent de l'air qu'après l'éclosion.

Les tubes de Malpighi se forment par des invaginations
en forme de fossettes, sur les deux derniers segments
abdominaux : ces fossettes se réunissent pour former
deux tubes de chaque côté, entraînés plus tard à l'intérieur par l'invagination de l'intestin postérieur. Ces tubes
remplaceraient les trachées absentes, sur les deux derniers anneaux, et joueraient le rôle d'organes excréteurs
internes et permanents.

À la partie antérieure du corps, à la base du labium,
des invaginations ectodermiques, indépendantes du tube
digestif, sont l'origine des glandes salivaires qui finissent
par s'unir en un canal commun qui s'ouvre dans la
bouche. Les filières des larves ne sont autres que des
glandes salivaires adaptées à un usage spécial, et elles
naissent de la même manière, comme aussi les glandes
cutanées.

Nous avons déjà assisté à l'apparition, sous forme d'un
tube aveugle, de l'intestin moyen. Ce tube, d'origine endodermique, s'étend de plus en plus de manière à occuper la
plus grande partie de la longueur du corps. Ensuite se produit, à chaque extrémité de l'embryon, et dans sa paroi
ectodermique, une dépression qui s'invagine de plus en
plus dans l'intérieur de l'embryon en se rapprochant
ainsi de la vésicule entérique centrale ; c'est la dépression antérieure ou buccale qui se met la première en
communication avec l'intestin moyen ; la communication
avec l'invagination anale ne se produit qu'au commencement de la nymphose. L'ouverture tardive de la partie
anale permet de comprendre pourquoi les larves ne
rejettent aucune déjection ; celles-ci, qui eussent été un
embarras pour le couvain, inerte dans les cellules, ne
sont expulsées qu'au moment de la mue nymphale, en
même temps que la dépouille du corps.

Le mésoderme, divisé par les plaques nerveuses en deux
bandes longitudinales, s'épaissit et se creuse de *cavités
cœlomiques* au niveau de chaque segment du corps, sauf

dans le segment oral et dans le segment caudal ; les deux
cavités d'un même segment sont réunies par une couche
de cellules mésodermiques qui plus tard se désagrégeront
pour devenir les globules sanguins. Les cellules des
parois de ces cavités cœlomiques se transforment les
unes en muscles des appendices, de l'intestin et du tronc,
les autres en corps graisseux ; elles donnent aussi naissance aux cordons génitaux et aux cardioblastes qui
prendront part à la formation du vaisseau dorsal ainsi
qu'aux cellules paracardiales et au septum péricardique
d'où proviendra la lacune péricardique. A un stade plus
avancé, les sacs cœlomiques se réunissent par résorption
de leurs parois, et forment de chaque côté du corps un
long tube qui n'est autre chose que la moitié de la cavité
définitive du corps.

Les cardioblastes, cellules nées du mésoderme, réparties sous forme de deux cordons longitudinaux s'étendant
dans toute la longueur de l'embryon, donnent naissance
au cœur.

Les ébauches des glandes sexuelles sont d'origine
mésodermique et se montrent hâtivement dès l'instant
de la délimitation des feuillets. Ces ébauches sont au
nombre de deux, placées symétriquement de part et
d'autre du tube digestif et du cœur, du quatrième au huitième segment abdominal ; elles sont constituées par
des éléments non différenciés, qui se tassent les uns contre
les autres et se multiplient activement pour donner, suivant les cas, des ovoblastes ou des spermoblastes. Au
contraire, le conduit éjaculateur, le réceptacle séminal,
le vagin avec leurs glandes annexes sont d'origine ectodermique et dérivent d'invaginations tégumentaires.

Stade larvaire. — L'embryon sorti de l'œuf le quatrième jour, aussi bien pour les femelles, ouvrières ou
reines, que pour les mâles, se présente sous la forme
d'une larve à tête légèrement colorée, apode et aveugle,
mais présentant seulement deux points oculiformes et

pourvue déjà des organes essentiels de l'adulte. Cette
larve est molle, délicate et difficile à extraire de l'alvéole
sans la déchirer; son immobilité est presque complète.

Il s'opère peu de transformations pendant le stade larvaire et l'organisation embryonnaire conserve son caractère général, sauf pour l'appareil génital des femelles et
le système nerveux. L'intestin postérieur est toujours
sans communication avec l'intestin moyen et le rectum
très réduit ne fonctionne que pour expulser les produits
de sécrétion des tubes de Malpighi. La masse des cellules
adipeuses est très développée et remplit presque entièrement la cavité du corps. La larve augmente peu à peu
de volume.

Le système nerveux, qui comprenait chez l'embryon
dix-huit ganglions, n'en compte plus que treize chez la
larve, dont huit abdominaux; les trois sous-œsophagiens
se soudent en un seul et les trois derniers abdominaux de
l'embryon se rapprochent pour former le dernier ganglion abdominal de la larve.

Le stade larvaire se prolonge pendant huit jours pour
les reines, dix jours pour les ouvrières et treize jours
pour les mâles; pendant une partie de ce temps les
larves sont nourries par les ouvrières, puis la cellule est
fermée par un couvercle de cire ou opercule, la larve file
son cocon et, après une période de repos, se transforme en
nymphe. Le tableau suivant résume les diverses phases
du stade larvaire.

	REINE.	OUVRIÈRE.	MALE.
Nourrissement de la larve...	5	5	6
Operculation de la cellule et filage du cocon............	1	2	3
Période de repos............	2	3	4
Durée totale du stade larvaire.	8	10	13

Les durées ci-dessus constituent les moyennes les plus
généralement constatées, mais elles peuvent varier quelquefois, en plus ou en moins, suivant la température et
les conditions ambiantes; la durée est plus longue en
automne que par les temps chauds de mai ou de juin.

Les larves, durant leur période d'accroissement,
changent plusieurs fois de peau, elles *muent* et la vieille
enveloppe appelée *exuvie*, qui s'opposait par sa résistance
à l'augmentation de volume du corps, reste au fond de la
cellule. Les abeilles muent au moins huit fois avant d'arriver à l'état adulte. Le phénomène n'intéresse pas seulement le tégument externe, mais toute la membrane interne
du tube digestif, de la bouche, du gosier, des mandibules
et des trachées est expulsée en même temps.

Pendant la durée de la vie larvaire, c'est l'appareil
génital femelle qui subit les modifications les plus intéressantes, sous l'influence de la nourriture, qui varie en
qualité et en quantité, suivant que les ouvrières ont
affaire à une larve de mâle, d'ouvrière ou de reine.

Aussitôt en effet que, par ses mouvements de contraction, la larve s'est débarrassée de l'enveloppe de l'œuf,
les ouvrières lui distribuent une bouillie alimentaire
qu'elles élaborent dans leur estomac avec un mélange
d'eau, de miel et de pollen, et qui est absorbée non seulement par la bouche, mais aussi à travers la portion des
téguments qui sont en contact avec elle; l'assimilation en
est tellement complète qu'il ne se produit pas de déjections. La bouillie alimentaire a une composition bien
différente suivant le jour où elle est fournie et surtout
suivant l'individu qui doit la recevoir. Le Dr von Planta
s'est attaché à en faire l'analyse, et voici les résultats
obtenus par lui (1) :

(1) *Revue internat. d'Apic.*, 1887 et 1890.

		REINE	MALES.			OUVRIÈRES.		
		Moyenne des analyses.	Larves au-dessous de 4 jours.	Larves au-dessus de 4 jours.	Moyenne totale.	Larves au-dessous de 4 jours.	Larves au-dessus de 4 jours.	Moyenne totale.
		p. 100.	p. 100.	p. 100.	p. 100.	p. 100.	p. 100.	p. 100.
Dans la substance sèche.	Albuminates.	45,14	55,91	31,67	43,79	53,38	27,87	40,62
	Graisse......	13,55	11,90	4,74	8,32	8,58	3,69	6,03
	Sucre........	20,39	9,57	38,49	24,03	18,09	44,93	31,51
Eau		67,83	»	»	72,75	»	»	71,09

On voit d'abord que la bouillie royale contient beaucoup moins d'eau et de miel que celle des ouvrières et des mâles, mais plus de graisse et de matière azotée; non seulement elle est plus riche, mais elle est aussi départie en bien plus grande abondance, l'alvéole étant beaucoup plus grand et la larve toujours entourée d'un superflu de nourriture inutilisée; sa composition reste la même pendant toute la durée du nourrissement; pendant tout ce temps aussi, elle n'est donnée que complètement élaborée, digérée en quelque sorte au préalable dans l'estomac de la nourrice, sans présenter jamais aucune trace d'enveloppe de pollen. Pour les ouvrières, au contraire, la bouillie est toujours distribuée parcimonieusement et en quantité juste suffisante ; si elle est entièrement élaborée du premier au dernier jour, à partir du quatrième, la proportion de miel y devient forte, en même temps que la teneur en graisse et en matière azotée diminue, de même que la quantité distribuée. L'alimentation des mâles, au contraire, n'est parfaitement préparée que pendant les quatre premiers jours; depuis ce moment jusqu'à la fin du nourrissement, elle ne l'est plus qu'en partie et l'examen microscopique y montre des grains de pollen intacts et du miel en nature.

Sous l'influence de cette nourriture surabondante, la
larve royale, qui est au début tout à fait analogue à la
larve d'ouvrière, se développe complètement et fournit
une femelle à organes génitaux complets et capables de
fonctionner, tandis que ceux des ouvrières restent
atrophiés et sans possibilité de remplir aucun rôle, sauf
dans le cas exceptionnel des ouvrières pondeuses.

Théorie de Schirach. — En 1771, un apiculteur allemand,
Schirach, reconnut que les ouvrières sont capables de
faire une reine avec une larve d'ouvrière, pourvu que
cette larve soit âgée de moins de trois jours. Les analyses
du Dr von Planta expliquent comment cette transformation est possible ; elles montrent en effet que pendant
la première période du nourrissement il y a peu de
différence entre la bouillie royale et celle reçue par les
ouvrières ; si, dans cette dernière, la proportion de sucre
et de graisse est un peu moins forte, par contre celle de
matière azotée est beaucoup plus élevée ; la différence ne
s'accentue qu'à partir du quatrième jour. A la suite de
ses analyses, von Planta va même plus loin que Schirach
et pense qu'une larve d'ouvrière de moins de quatre jours
peut encore fournir une reine.

L'observation de Schirach est de la plus haute importance dans la pratique ; elle explique le rétablissement à
l'état normal des colonies orphelines par l'introduction
d'un rayon de couvain assez jeune et la production des
essaims artificiels.

Les reines ainsi faites sont dites *reines de sauveté* et les
cellules qui les renferment *cellules royales de sauveté*.
Nous décrirons plus loin leur mode d'établissement.

Dès la fin du nourrissement, la larve, qui a atteint sa
taille à peu près complète, est enfermée dans la cellule à
l'aide d'un couvercle de cire ou *opercule*, à peu près plat
pour les ouvrières, très bombé pour les mâles, ce qui,
en plus de la dimension de l'alvéole, rend très facile la
distinction des deux sortes de couvain.

La larve, après avoir évacué le contenu de son tube digestif, sécrète alors, à l'aide de ses glandes séricigènes, le cocon dont elle s'entoure et dans l'intérieur duquel elle se transformera en nymphe après une période de repos et subira les divers processus évolutifs qui l'amèneront à l'état d'adulte ou d'*imago*. La durée de la filature du cocon est généralement de trente-six heures pour l'ouvrière et de vingt-quatre heures pour la reine.

On donne parfois à cette dernière phase de la vie larvaire le nom de *stade pronymphe* ou *pseudonymphe*.

Dadant dit avoir vu du couvain se développer très bien sans avoir été operculé ; il attribue ce fait exceptionnel à un manque de place dû à des rayons trop serrés.

Stade nymphal (1). — C'est pendant le stade nymphal que se produisent les changements les plus considérables, plus grands qu'aucun de ceux offerts dans la partie précédente de la vie embryonnaire. Les larves sont en effet privées d'ailes, d'yeux et de membres ; aussi présentent-elles dans les régions de leur corps qui doivent servir à la genèse de ces appareils, propres à l'adulte, des zones épaissies, dont les tissus sont en prolifération active, des sortes de vésicules, les *histoblastes* ou *disques imaginaux* dans lesquels on distingue une partie centrale plus épaisse destinée à produire l'appendice et une partie périphérique plus mince, en rapport avec l'hypoderme et de laquelle dérive la partie attenante du ligament.

En même temps il se manifeste des changements internes profonds qui ne consistent pas seulement dans la simple transformation ou le développement des parties préexistantes. Une refonte complète intervient, les organes larvaires se détruisent complètement par une sorte de dégénérescence graisseuse, se résolvent et se dissocient en leurs cellules constitutives.

(1) Z. ANGLAS, *Observations sur les métamorphoses internes de la Guêpe et de l'Abeille*. Thèse, 1900.

Cette désagrégation est l'*histolyse*. Les produits qui en résultent se mêlent au sang, dont les éléments dégénèrent également et constituent une sorte de bouillie. A un stade plus avancé apparaissent des globules granuleux désignés sous le nom de *Körnchenkugeln* et qui constituent les matériaux aux dépens desquels se formeront les tissus et les organes nouveaux. Ce dernier phénomène constitue l'*histogenèse* qui est concomitante avec l'histolyse et le développement des disques imaginaux; de telle sorte que l'on voit s'édifier peu à peu les organes de l'adulte en même temps que ceux de la larve dégénèrent et s'atrophient.

Pendant que l'insecte en est à cette période de son évolution, il lui est impossible de se nourrir ni de se déplacer, puisque son tube digestif et ses muscles se détruisent en partie; il est cependant le siège de phénomènes actifs d'organisation et se nourrit aux dépens de ses propres tissus ou des substances de réserve accumulées sous forme de cellules adipeuses pendant la vie larvaire et qui constituent un tissu assez compact remplissant la presque totalité du corps à l'exception de la tête et des derniers segments. Il y a donc une diminution de poids et de volume pendant la nymphose, diminution augmentée encore par l'expulsion des matières contenues dans le tube digestif au moment de la transformation de la larve en nymphe et la filature du cocon. L'immobilité et la torpeur dans laquelle les nymphes sont plongées sont dues non seulement à la désagrégation de la plupart des appareils de mouvement, mais encore à ce fait que toutes les forces vitales de l'organisme sont appliquées à la production des nouveaux appareils.

L'hypoderme de la larve est constitué par une seule couche de grosses cellules sécrétant par leur surface externe le revêtement chitineux du corps. Chez la nymphe les cellules s'allongent, se multiplient en diminuant de volume, et l'hypoderme est transformé en une assise cellulaire stratifiée qui forme à chaque anneau de

l'abdomen des replis simples produisant un épaississement, qui s'étend progressivement d'arrière en avant,
jusqu'à rejoindre celui qui le précède; en même temps
il gagne sur les côtés pour former une ceinture complète.

Les disques imaginaux, qui naissent par des invaginations de l'hypoderme, sous forme de petits corps blancs
placés dans la cavité interne de la larve, en dedans de
l'ectoderme, apparaissent avant que l'histolyse ne
commence et pendant qu'elle s'effectue. Ils sont régulièrement disposés par paires et s'attachent à la face interne
du corps par un petit pédicule creux et en rapport avec
les segments futurs de la nymphe et de l'adulte. A l'état
de développement complet, les disques imaginaux ont
l'aspect d'un sac pyriforme, à paroi épaissie par plusieurs
couches de cellules d'origine ectodermique, renfermant
une cavité doublée intérieurement d'une couche de
cellules mésodermiques. Lorsque l'histolyse est terminée
et au moment où les éléments embryonnaires qui les
entourent entrent dans la période d'histogenèse, les
disques à leur tour grandissent et prolifient, ils s'allongent
de plus en plus et se divisent à mesure en articles par
des étranglements annulaires; l'ectoderme se recouvre
d'une cuticule et le mésoderme se transforme en fibres
musculaires en se creusant de cavités qui, communiquant
avec le système circulatoire du corps, servent au sang
pour pénétrer et se déplacer dans le membre. Au moment
de la nymphose, les appendices se dévaginent en dehors
de la cavité dans laquelle ils se sont formés.

C'est de cette manière que se forment les pattes, les
pièces buccales, les antennes et les ailes ; ces dernières,
d'abord à peine visibles, sont pliées autour du thorax dans
la direction des pattes.

La tête et le cou de l'adulte sont formés par la tête de
la larve; le thorax est constitué par les trois segments
thoraciques larvaires et le premier segment abdominal,
les neuf derniers segments du corps formant l'abdomen.

La tête subit une rotation dans le plan médian, rotation qui amène la bouche, qui était terminale dans la larve. à être ventrale dans l'adulte. Le corps commence à se colorer, ainsi que les organes, les segments anaux rentrent dans les précédents, de telle sorte que l'aiguillon, qui était primitivement à l'extérieur, se trouve désormais à l'intérieur.

Le cœur ne subit pas de modification par histolyse pendant la métamorphose ; cet organe ne fait que se développer en prenant sa forme définitive.

L'appareil respiratoire de l'adulte n'est aussi que le développement de celui de la larve ; les troncs trachéens longitudinaux, qui sont chez elle fort grêles, se dilatent considérablement et les terminaisons trachéennes se mettent à proliférer très activement ; les branches de l'appareil respiratoire se ramifient en envoyant en tous sens, et en particulier vers l'intestin, des tubes chitineux capillaires. Il n'y a point d'histolyse pour l'appareil trachéen qui ne fait que se développer et s'étendre, sans destruction ni histogenèse d'aucune de ses parties.

Le tube digestif, au contraire, disparaît totalement pendant la nymphose et il est remplacé chez l'adulte par un autre tout différent. Déjà chez la larve âgée il apparaît, dans le voisinage du mince revêtement musculaire péri-intestinal de l'intestin moyen, des cellules spéciales de remplacement incolores et provenant du sang, qui s'insinuent entre les cellules de l'épithélium intestinal ; là elles se divisent et lorsque, au moment de la nymphose, les cellules de l'épithélium intestinal primitif entrent en voie de régression et disparaissent, ces cellules de remplacement prolifèrent activement, s'allongent dans le sens radial, aux dépens des éléments larvaires dont elles se nourrissent.

Bientôt les ilots de remplacement, s'étendant dans tous les sens, se rejoignent et se fusionnent en un véritable anneau continu qui forme le tissu embryonnaire de l'épithélium définitif. En même temps, et à mesure qu'il se forme, l'intestin moyen se replie sur lui-même et s'allonge. Cette métamorphose, quoique préparée de bonne heure, ne s'accomplit qu'au moment où la larve, enfermée sous l'opercule, cesse d'être nourrie de l'extérieur et arrive à la phase pronymphe. A ce moment aussi le même travail de résorption, sous l'influence digérante des cellules de remplacement, ouvre le fond de l'intestin moyen qui, de la sorte, est mis en communication avec le rectum.

Le processus de développement de l'intestin antérieur et de l'intestin postérieur est différent. Pour l'intestin antérieur, l'œsophage se contracte, comme le reste du tube digestif, et, au voisinage du point où cet organe rejoint l'intestin moyen, il se forme une zone où les cellules prolifèrent activement, au point de fermer pour un temps très court la lumière du tube digestif. La zone de prolifération s'étend en avant et en arrière, envahit et enveloppe l'épithélium primitif dont les éléments sont rejetés dans le canal et disparaissent. Par suite même de ce mode de développement, l'œsophage s'allonge progressivement et considérablement, en sorte que chez l'adulte, et déjà chez une nymphe âgée, il s'avance presque dans l'abdomen où il forme un jabot volumineux.

La même description s'applique à l'intestin postérieur; mais ici la zone de prolifération se trouve près du cul-de-sac formé par l'intestin moyen. Lorsque tout l'épithélium est ainsi renouvelé jusqu'à l'anus, le rectum s'allonge et se renfle, il s'incurve, puis son épithélium se replie pour former six glandes rectales à hautes cellules cylindriques et régulières, disposées en plaques allongées.

Au même moment et au même endroit où apparaît la zone de prolifération de l'intestin postérieur, naissent les nouveaux tubes de Malpighi. Chez les larves ils sont au nombre de quatre, volumineux et situés dorsalement par rapport au tube digestif. L'endroit où ils débouchent dans l'intestin postérieur est envahi par la prolifération de l'épithélium larvaire; dès leur obturation ils entrent en régression, se brisent en tronçons volumineux et disparaissent par dégénérescence des cellules qui les constituent.

Les nouveaux tubes de Malpighi prennent naissance, sous forme de très nombreux bourgeons, de la prolifération même de la première partie de l'intestin postérieur; ils se développent par invagination, repoussant devant eux le tissu musculo-conjonctif peu différencié qui entoure cette région.

Pendant le cours de la transformation des tubes de Malpighi, alors que les anciens tubes ne fonctionnent plus et que les nouveaux ne fonctionnent pas encore, la fonction excrétrice est assurée par l'apparition transitoire de cellules excrétrices remplies de très petits granules réfringents; ces cellules, qui disparaissent chez l'adulte, digèrent en même temps les cellules adipeuses avec lesquelles elles sont en contact.

Les glandes de la soie, qui se présentent chez la larve sous forme de fins canalicules contournés et enchevêtrés, sont nées d'invaginations ectodermiques. Leurs tubes sécréteurs sont, au moment de la sécrétion, remplis d'un liquide salivaire albumineux et se renflent en deux réservoirs à minces parois qui, par un canal unique, se déversent sur le labium, entre les rudiments des palpes. Aussitôt que le cocon est terminé, après l'operculation, elles disparaissent par histolyse de la même manière que les tubes primitifs de Malpighi.

Les glandes salivaires proprement dites disparaissent aussi par dégénérescence graisseuse, puis se reforment de nouveau.

Les muscles de la larve se modifient à la fois dans leur disposition anatomique et dans leur structure histologique. Tandis que la fibre musculaire larvaire est volumineuse, formée de plusieurs fibrilles bien nettes, à striation très visible et à gros noyau, les éléments du muscle définitif sont toujours de taille beaucoup moindre. Certains muscles de la larve (pharynx, partie antérieure du thorax, partie postérieure de l'abdomen, sphincter rectal, muscles transverses) disparaissent totalement par histolyse et destruction sous l'influence des *leucocytes* ou cellules migratrices du sang, phénomène qualifié par Anglas de *lyocytose*. D'autres muscles (intestin moyen, muscles du thorax qui donneront les muscles du vol) subissent aussi l'histolyse, puis sont remplacés par de nouveaux provenant de la multiplication de noyaux larvaires qui ont résisté à l'histolyse. Les muscles de l'abdomen persistent pendant la nymphose jusqu'à l'état adulte; ils ne subissent ni histolyse ni lyocytose et modifient simplement leur aspect primitif pour prendre celui de la fibre adulte.

Enfin les muscles des appendices céphaliques et thoraciques n'existent pas chez la larve et se développent par des myoblastes spéciaux qui se montrent à la base des bourgeons des appendices, sous forme d'amas de cellules mésodermiques. Lorsque le bourgeon grandit, les myoblastes pénètrent dans sa cavité, s'allongent et augmentent de volume, pour constituer la fibre musculaire définitive.

Le système nerveux, ganglions cérébroïdes et chaine ventrale, passe de la larve à l'adulte sans subir ni régression ni histolyse; il est uniquement le siège d'un développement considérable. Les ganglions cérébroïdes et les sous-œsophagiens, très petits chez la larve, augmentent de volume, les premiers surtout, non seulement par l'accroissement en volume des éléments cellulaires, mais aussi par leur augmentation numérique. En même temps le cerveau envoie vers le sommet de la tête trois bourgeons, origine des nerfs ocellaires, et forme deux énormes ganglions optiques pour l'innervation des yeux composés.

La chaine nerveuse, dont nous avons déjà constaté le raccourcissement dans le passage de l'état embryonnaire à l'état larvaire, continue à se concentrer de la chrysa-

lide à l'adulte : le premier ganglion thoracique de la
larve persiste isolé, le deuxième et le troisième thoraciques se rapprochent et se réunissent, les deux premiers
abdominaux viennent également se confondre avec eux,
de telle sorte que le deuxième ganglion thoracique de
l'adulte résulte de la fusion de quatre noyaux. L'avant-
dernier ganglion abdominal se confond avec le dernier, ce
qui réduit à cinq, chez l'ouvrière adulte, les huit ganglions
abdominaux de la larve ; chez les reines et les mâles, qui
n'ont que quatre ganglions abdominaux, ce sont les deux
avant-derniers qui se réunissent avec le dernier.

La première ébauche des yeux simples ou ocelles se
montre dans les très jeunes nymphes encore contenues
dans la peau de la larve. L'ocelle médian, d'abord
double, ainsi que son nerf, devient unique par la suite.
Chacun des yeux simples apparaît sous la forme d'un
épaississement local de l'hypoderme dont les cellules, en
se multipliant, se disposent en deux couches, l'une distale
correspondant au corps vitré, l'autre proximale à la
couche rétinienne. Bientôt, par suite du raccourcissement
du nerf ocellaire, la couche hypodermique s'invagine,
l'ocelle rentre dans la cavité céphalique et se sépare de
l'hypoderme qui se montre percé de trois trous correspondant à l'emplacement primitif de ces organes. A un stade
ultérieur, chaque ocelle émigre à la périphérie et reprend
sa place dans le trou hypodermique. Les cellules hypo-
dermiques qui bordent le trou se soudent au corps vitré
et, en s'allongeant, constituent l'iris de l'ocelle. La lentille
cristallinienne n'apparaît que plus tard et résulte d'un
épaississement de la cuticule.

Les yeux composés se montrent vers la fin de la vie
larvaire, au moment de la dernière métamorphose ; ils
dérivent de disques imaginaux reliés aux ganglions
optiques par une tige et dont la couche interne,
constituée par plusieurs rangées superposées de cellules
ectodermiques, dont les plus profondes se rattachent aux

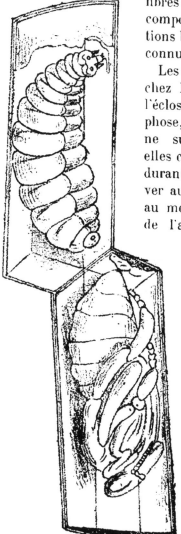

fibres nerveuses, donnera l'œil composé à la suite de modifications histogénétiques encore peu connues.

Les glandes génitales existent chez les larves au moment de l'éclosion ; pendant la métamorphose, les ébauches de ces organes ne subissent pas l'histolyse ; elles continuent à se développer durant la nymphose pour arriver au terme de leur évolution au moment de la reproduction de l'adulte.

La durée du stade nymphal est de quatre jours pour la reine, huit jours pour les ouvrières et les mâles ; ce qui donne quinze jours pour la durée totale du développement des reines, vingt et un jours pour celui des ouvrières et vingt-quatre jours pour celui des mâles depuis la ponte de l'œuf jusqu'à l'apparition de l'insecte adulte.

On a signalé des ouvrières effectuant leur développement complet en vingt jours seulement, par des temps extrêmement chauds, et

Fig. 52. — Larve et nymphe grossies dans leurs cellules.

des reines en quatorze jours et demi. Cette dernière observation a de l'importance lorsqu'on oriente l'industrie apicole vers l'élevage des mères; il faut en tenir compte, sous peine de trouver des cellules royales détruites par une reine née avant le temps habituel.

Par contre, dans les temps froids de l'automne et chez

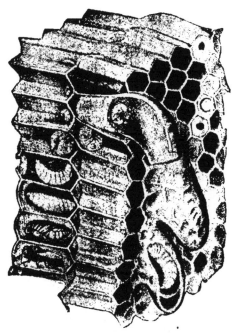

Fig. 53. — Rayon avec cellules royales et couvain à différents états de développement.

des colonies faibles, on a vu du couvain d'ouvrières rester vingt-quatre jours en incubation.

Lorsque la nymphe est arrivée au terme de son évolution, l'insecte dépouille la pellicule très mince qui l'enveloppe et la refoule, à l'aide de ses pattes, au fond de la cellule; puis il ronge le couvercle de cire qui le retenait captif et sort sous la forme d'une jeune abeille encore faible, d'un gris argenté, avec les poils encore humides adhérents à son corps; de suite elle est soignée et nettoyée par d'autres et, vingt-quatre heures environ après, elle est prête à commencer son travail dans la ruche.

Les apiculteurs donnent à l'ensemble des œufs, des larves et des nymphes le nom de *couvain* (fig. 52 et 53).

On peut résumer dans le tableau suivant, établi d'après Cowan et Th. Marri, les différentes phases de la ponte, du développement de l'abeille et leur durée :

Nombre de jours que la reine passe :

Avant d'atteindre la maturité parfaite.	{ A partir de la naissance......	1 à 2
	{ A partir de la ponte de l'œuf.	17 à 18
Avant de sortir pour se faire féconder.	Au prin- temps.	{ A partir de la naissance......	4 à 6
		A partir de la ponte de l'œuf.	20 à 22
	En au- tomne.	{ A partir de la naissance......	6 à 7
		A partir de la ponte de l'œuf.	22 à 23
Avant de commencer sa ponte, dans les conditions normales.	{ A partir du vol de fécondation.	2 à 3
	{ A partir de la naissance......	6 à 10
	{ A partir de la ponte de l'œuf.	22 à 26

PHASES SUCCESSIVES.	REINE.	OUVRIÈRE.	MALE.
	Jours.	Jours.	Jours.
Stade embryonnaire. — Durée d'incubation de l'œuf...................	3	3	3
Stade larvaire. { Nourrissement des larves..	5	5	6
{ Filage du cocon. } Pro-	1	2	3
{ Période de repos. { nymphe. }	2	3	4
Stade nymphal. { Transformation des larves en nymphes............	1	1	1
{ Durée de l'état de nymphe.	3	7	7
Durée totale du développement { en temps normal.....	15	21	24
{ en conditions très favorables.........	14 1/2	20	24
{ en conditions très mauvaises........	22	24	28
	jour.	jour.	jour.
L'éclosion a lieu et le ver apparaît le.	4e	4e	4e
La cellule est fermée le.............	9e	9e	9e
L'abeille sort de la cellule à l'état d'insecte parfait le...................	16e	22e	25e
L'abeille sort de la ruche pour prendre le vol, après l'éclosion, le.........	5e	14e	14e

II

BIOLOGIE DES HABITANTS DE LA RUCHE

LES RACES D'ABEILLES.

Nous avons déjà dit que la famille ou *colonie* peuplant une ruche comprenait trois sortes d'individus : une *reine* ou *mère*, plusieurs milliers d'*ouvrières*, formant le fond de la population, et un certain nombre de mâles, qui n'apparaissent, dans les colonies bien constituées, que pendant la durée de la miellée et la saison des essaims.

LA REINE.

Aristote, dans son *Histoire des Animaux*, s'exprime ainsi : « Il y a plusieurs chefs et non point un seul dans chaque ruche »; souvent il donne à ces chefs le nom de *rois*. Il y a là une double erreur qui s'est maintenue dans la science pendant de nombreux siècles. Nous savons que ce prétendu chef ou roi est, en réalité, une femelle complète; elle est, de plus, seule de son espèce dans chaque ruche. Les colonies bien constituées n'ont jamais qu'une seule reine fécondée et pondant des œufs.

C'est seulement dans des cas excessivement rares qu'on a pu en trouver deux, généralement une vieille reine prête à disparaître et sa fille, dans la même famille. Cependant, en 1902, un apiculteur, M. Médart, a observé une ruchée ayant trois mères, régulièrement fécondées et pondant toutes trois. Ce fait, probablement unique, s'est produit par suite de l'introduction artificielle de trois reines successivement dans le même essaim; la cohabitation et la ponte dans le même domicile dura

depuis la fin de mai jusqu'au 10 juillet. Il est probable
que, chaque fois qu'une reine nouvelle fut introduite, une
partie de la population vint se grouper autour d'elle, pour
constituer en quelque sorte trois colonies séparées dans
le même logement ; ce qui le prouve, c'est que le couvain
diminuait après chaque série de rayons occupés par une
reine ; il y avait, en réalité, trois centres de ponte distincts.

Les choses se passent tout autrement la plupart du
temps. Lorsque nous parlerons des réunions, nous
verrons que parfois l'apiculteur est conduit à mettre deux
ou plusieurs familles dans la même ruche. S'il ne prend
pas la précaution de tuer lui-même les reines, sauf une,
au bout de très peu de temps cette destruction a lieu
naturellement et elle se produit de deux manières
différentes. Huber n'observa jamais que des combats
singuliers ; les deux reines se précipitent l'une sur l'autre
et la plus habile ou la plus forte transperce la plus
faible d'un coup d'aiguillon dans l'abdomen ; la mort
survient bientôt après. Ces combats ont lieu non seulement entre des mères fécondes, mais aussi entre celles
qui sont vierges, et l'antipathie des femelles complètes
envers leurs semblables se manifeste même lorsque ces
dernières sont encore enfermées dans les cellules qui
leur servent de berceau.

Au moment de l'essaimage, les ouvrières édifient toujours plusieurs cellules royales et la reine éclose la
première fait tous ses efforts pour atteindre et déchirer
les alvéoles où ses pareilles attendent le moment de
naître ; lorsqu'elle y parvient, elle introduit son abdomen
dans le berceau brisé et frappe de son dard sa rivale. Ses
tentatives ne prennent fin que si les ouvrières, ayant
besoin d'autres reines pour jeter de nouveaux essaims,
l'écartent des cellules royales ou lorsque la dernière a
été détruite.

Il paraît cependant établi aujourd'hui que ce n'est pas

là le processus le plus commun de disparition des reines
de surcroît. Schirach affirmait que ce sont les abeilles
elles-mêmes qui les tuent à coups d'aiguillon. En effet,
si l'on visite une ruche où se trouvent deux reines, soit
par suite d'une réunion ou pour toute autre cause, on en
trouve ordinairement une complètement entourée par
les ouvrières qui se serrent en boule autour d'elle et qui
l'étreignent fortement. Une telle reine est dite *emballée*
et ne tarde pas à périr généralement étouffée, parfois
frappée par les dards.

Le fait se produit infailliblement si une jeune reine
vierge, sortie pour se faire féconder, ne retrouve plus sa
ruche au retour et se fourvoye dans une autre ; c'est
pourquoi il est très important de ne pas accumuler un
trop grand nombre de ruches, trop rapprochées, orientées
dans la même direction, sur un espace trop restreint.

Il arrive même parfois que les abeilles tuent leur
propre et unique reine. Cet accident se produit, rarement
il est vrai, dans les colonies dérangées du repos hivernal
de trop bonne heure au printemps; il peut également
avoir lieu lorsque des visites prolongées en automne
provoquent le pillage et mettent l'essaim en fureur ; ou
encore quand l'apiculteur, ayant saisi la reine entre les
doigts pour l'examiner, la remet sur les rayons après lui
avoir communiqué l'odeur de ses mains et lui avoir fait
perdre le parfum particulier qui la distingue et qui
permet à son peuple de la reconnaître; enfin les mères
vieilles, infécondes, sont emballées et tuées, lorsque
l'éclosion de leur remplaçante est prête à se produire.
Il arrive même quelquefois qu'une reine peut être tuée
dans sa propre ruche par des abeilles étrangères, lorsque
des pillardes en grand nombre arrivent à l'envahir.

Lorsqu'une famille est dépourvue de reine, on dit
qu'elle est *orpheline*. Si cet accident ne se répare pas
promptement, soit par les soins de l'apiculteur, soit naturellement, la ruchée décline rapidement et peu à peu

disparaît. L'application des principes découverts par
Schirach trace les règles générales à suivre en pareil cas ;
nous reviendrons plus tard sur ce sujet avec tous les
détails pratiques nécessaires.

Autant la pluralité des reines est un phénomène
exceptionnel pour les ruchées anciennes, autant au contraire il est fréquent dans les essaims secondaires. Là on
trouve souvent, surtout pour les races et les pays méridionaux, un nombre considérable de ces femelles qui,
écloses en même temps au milieu du désordre que cause
la sortie de l'essaim, partent avec lui. Bientôt les choses
rentrent dans l'ordre normal, toutes les reines de surcroît
sont tuées et une seule reste.

L'existence de la reine est si précieuse, puisque seule
elle pond les œufs destinés à assurer la perpétuité de la
famille, que la nature s'est efforcée de protéger sa vie et
de diminuer pour elle toutes les chances d'accident.
Le fait qu'elle ne peut que s'accoupler au vol et au milieu
des airs rend cet acte particulièrement dangereux pour
un insecte aussi frêle ; aussi est-il unique et la reine ne
rencontre le mâle qu'une seule fois dans toute sa carrière ;
plus jamais par la suite elle ne quitte ses rayons, si ce
n'est au milieu d'un essaim en quête d'un nouveau
domicile. Sa vie est environ cinquante fois plus longue
que celle des ouvrières qui naissent au début de la miellée ;
elle dure quatre ou cinq ans et c'est au bout de ce temps
seulement que la colonie sera de nouveau livrée aux
hasards du vol nuptial.

Il est assez facile de distinguer les reines âgées de celles
qui sont jeunes ; ces dernières, âgées de un à deux ans,
ont généralement l'abdomen plus gonflé d'œufs et par
suite plus gros, leurs ailes sont intactes, la tête et le
corps couverts de poils ; tandis que les mères de plus de
trois ans deviennent glabres, leurs ailes se frangent et
leur démarche devient plus lente.

C'est une erreur de penser qu'elle exerce une autorité

quelconque, préside à la construction des rayons ou
distribue aux ouvrières leur tâche. Elle n'a aucune
action directe sur ce qui se passe dans la ruche et se
borne uniquement à pondre. Il n'en est pas moins vrai
que sa présence est indispensable pour maintenir l'ordre
et l'activité, les abeilles se rendant bien compte de
l'importance de son rôle et de la gravité de sa perte.
Aussi une ruche devenue orpheline manifeste très rapidement par son agitation l'inquiétude qu'elle éprouve :
les ouvrières affolées courent de tous côtés à la recherche
de celle qu'elles ont perdue. Si, en même temps que la
reine, on enlève aussi le couvain, et par suite l'espérance
d'en refaire une autre, le travail s'arrête, même en
pleine miellée, la récolte cesse et la ruchée se dépeuple peu
à peu.

Dans une ruchée qui meurt de faim, les provisions
étant épuisées, c'est toujours la reine qui survit le plus
longtemps, les ouvrières réservant pour elle la dernière
goutte de miel.

Nous savons que la reine est complètement dépourvue
des organes sécréteurs de la cire et des appareils de
récolte du pollen et du nectar; elle ne sait même pas
s'alimenter elle-même et, si on l'enferme dans une boîte
avec du miel à sa portée, le miel reste intact et elle
meurt de faim ; il n'en est plus de même si on met avec
elle quelques ouvrières qui la nourrissent. Dans l'intérieur de la ruche, il paraît en être de même, et Schönfeld
pense que, pendant la saison de la grande ponte, les
ouvrières lui donnent non pas du miel pur, mais une
sorte de bouillie déjà élaborée par une première digestion et constituée par un mélange de miel et de pollen
riche en matières albuminoïdes. Ce qui tendrait à le
prouver, c'est que la ponte diminue, même si le temps
reste favorable et la miellée abondante, si l'on enlève un
grand nombre d'ouvrières. Pendant la période où la
ponte est interrompue, la reine ne recevrait au contraire

que du miel. D'après le Dr Miller, ce n'est pas l'abeille qui sort sa langue pour faire passer la bouillie nutritive dans la bouche de la mère, le dégorgement de la nourriture n'étant possible qu'avec la langue repliée en arrière, c'est, au contraire, la reine qui avance sa langue et l'introduit directement dans la bouche de l'ouvrière ayant de la bouillie préparée dans son jabot.

La mère est extrêmement timide et craintive ; effrayée par le moindre mouvement insolite, elle fuit et se cache dans les recoins de la ruche ou des rayons, ce qui en rend la recherche assez laborieuse dans les colonies très populeuses. Son aspect permet cependant de la distinguer très facilement ; elle est un peu plus grosse, mais surtout beaucoup plus longue que l'ouvrière ; l'abdomen, qui est de nuance plus claire et distendu par les œufs, dépasse longuement les ailes qui semblent courtes.

Fig. 54. — Reine (grossie).

Elle se distingue aussi immédiatement du mâle à l'aspect plus vespiforme de son corps ; le mâle a le bout de l'abdomen plus obtus et plus couvert de poils, les ailes plus longues que l'abdomen (fig. 54).

LES OUVRIÈRES (fig. 55).

Ce sont les ouvrières qui constituent la population utile d'une ruche ; en décrivant leur anatomie, nous avons dit que seules elles effectuent tous les travaux intérieurs et extérieurs, seules elles cherchent le nectar pour le transformer en miel, le pollen pour la nourriture des larves, sécrètent la cire et bâtissent les rayons, soignent le couvain, nettoyent et défendent la ruche.

Leur taille plus petite, les pelotes de pollen qu'elles rapportent sur leurs pattes de derrière, dans la belle saison, l'aiguillon dont elles sont munies permettent de les distinguer facilement.

Fig. 55. — Ouvrière (grossie).

Pendant les premiers jours de sa vie, l'ouvrière ne sort pas de la ruche et s'occupe seulement des travaux intérieurs; à ce moment, son estomac est particulièrement apte à élaborer la bouillie larvaire, tandis que cette fonction devient difficile et incomplète chez l'ouvrière âgée. Cela explique pourquoi il est important, lorsque l'on fait des essaims artificiels ou l'élevage des reines, de disposer d'un nombre suffisant de jeunes abeilles dans la ruche qui devra procéder à cet élevage. Dans cette première période, les ouvrières sont entièrement velues, couvertes de poils de couleurs diverses suivant les races, leurs ailes sont parfaitement intactes et entières, tandis qu'en avançant en âge le corps devient brillant et glabre, les ailes s'effrangent et l'aspect général, par suite de la disparition des poils, paraît devenir plus svelte. En visitant les ruches à cadres mobiles, on assiste souvent à la naissance des abeilles; on les voit alors faibles et velues, les ailes collées au corps, se traîner péniblement sur les rayons.

Les jeunes, dont la fonction est de soigner le couvain, se tiennent plus particulièrement sur le milieu des rayons et les vieilles vers le bas. D'après les observations de Dzierzon, la jeune abeille sort pour la première fois de

la ruche huit jours environ après sa naissance, mais
sans rapporter encore de miel ni de pollen; elle ne
s'éloigne pas et se borne à faire un essai de vol pour
remplir d'air ses sacs trachéens et vider ses intestins.
On est d'accord pour penser que c'est vers le quinzième
jour seulement, c'est-à-dire trente-six jours après la
ponte de l'œuf dont elle est issue, qu'elle devient butineuse. Cette première sortie au loin n'a pas lieu sans
quelques précautions; on voit l'abeille décrire des cercles
de plus en plus étendus, la tête tournée vers la ruche,
de manière à graver dans son cerveau la physionomie
des lieux et retrouver son logis, sans une erreur qui lui
coûterait peut-être la vie. Elle part ensuite directement
à la récolte et décrit ces mêmes cercles pour s'orienter au
retour; son allure est toute différente de celle des
pillardes dont le vol, au lieu d'être régulier et tranquille,
est désordonné et inquiet. M. Devauchelle a cependant
remarqué que dans un cas exceptionnel, et sous l'influence
de la nécessité, des jeunes abeilles avaient rapporté du
miel huit jours après leur naissance et du pollen dix
jours après; dans le cas en question, il n'y avait dans la
ruche aucune abeille âgée, mais seulement des jeunes,
produites par l'éclosion d'un rayon de couvain placé seul
dans une ruche chauffée et pourvue d'une cellule maternelle. Le fait avait déjà été signalé par Dadant.

Huber classait les abeilles en cirières, nourricières,
ventileuses, sentinelles, nettoyeuses, chargées chacune
d'un service particulier duquel elles ne sortaient pas.
En réalité, tous les travaux ci-dessus s'exécutent, mais
les ouvrières passent de l'un à l'autre, suivant les besoins
du moment et suivant aussi que les conditions dans
lesquelles elles se trouvent leur permettent de s'y livrer
le plus convenablement possible.

On comprend que plus la population ouvrière d'une
ruche sera nombreuse, plus la somme de travail fourni,
c'est-à-dire de miel récolté, sera grande. Aussi les pra-

ticiens ont-ils souvent cherché à évaluer la population des ruchées. Cette population est variable avec la fécondité de la reine, la dimension des habitations, la saison plus ou moins favorable et l'époque de l'année. Ainsi l'abbé Collin, se servant de ruches en paille de 25 à 30 litres, en évalue comme suit la population :

	Abeilles.
Au printemps......................	10.000 à 15.000
Au moment de l'essaimage pour une colonie très peuplée..............	30 000
Fin juillet........................	20.000
En octobre........................	16.000

Avec les très grandes ruches à cadres mobiles, employées aujourd'hui, ces chiffres sont de beaucoup dépassés. On atteint souvent des populations de 70 à 80000 abeilles, même celles de 100 à 120000 ne sont pas absolument exceptionnelles, quoique assez rares cependant, en pleine saison.

Il est assez facile de procéder à cette évaluation, soit en asphyxiant une forte colonie pour compter les abeilles, soit plus simplement, comme le suggère M. Bertrand, en réduisant la colonie à l'état d'essaim, en la pesant, puis en asphyxiant seulement quelques milliers d'individus que l'on compterait et pèserait pour savoir ce qu'un poids donné contient d'abeilles. Mais, par un calcul basé sur ce que nous savons relativement à la ponte d'une reine féconde, au développement du couvain et à la durée moyenne de la vie d'une ouvrière, on arrive à des résultats analogues. Supposons une reine pondant 3000 œufs par jour : au bout de vingt-deux jours, la population atteint 66000 individus, au bout de trente jours (durée admise pour la vie d'une ouvrière en pleine saison de travail) elle sera de 90000. Or, on a signalé bien souvent des reines pondant 3500 œufs par jour.

Cette évaluation peut aussi se faire rapidement, à l'œil, en regardant successivement tous les cadres de la ruche;

un rayon de 12 décimètres carrés, chargé sur les deux faces d'abeilles serrées, en porte environ 5 000. Ce chiffre a été obtenu par M. Bertrand, en brossant dans une caisse et en pesant les abeilles d'une ruche Dadant prête à recevoir sa hausse.

On pourrait conclure d'observations faites par M. Baldensperger en Palestine, qu'il n'en est pas de même dans les pays méridionaux. Cet apiculteur s'est assuré, par un comptage après étouffage de deux de ses plus fortes colonies, que la population n'y dépassait pas 35 à 39 000 abeilles et le couvain 30 à 35 000 têtes (œufs, larves et nymphes) dans des ruches de forte capacité, en pleine miellée ; cela correspond à une ponte journalière de 15 à 1 600 œufs, c'est-à-dire la moitié environ de ce que l'on constate dans les ruchers des climats tempérés. De plus, un rayon de 12 décimètres carrés bien couvert ne porterait que 2 300 abeilles environ au lieu de 5 000. Cette différence tient sans doute à ce que, dans les climats très chauds, la mortalité est beaucoup plus considérable, par suite du plus grand nombre d'ennemis des abeilles, et à ce que, la température étant plus élevée, le groupement des abeilles sur les rayons est moins dense, particulièrement dans le nid à couvain.

Beaucoup d'observateurs ont aussi cherché à évaluer le poids des abeilles : on indique généralement qu'il y en a 10 000 par kilogramme, mais ce chiffre n'est pas absolument exact, car le poids varie suivant l'individu, la race, l'époque de l'année et même le moment de la journée suivant que l'insecte est plus ou moins chargé de miel ou de pollen. D'après Collin, il faut 11 200 abeilles de race commune à leur état habituel de vie pour peser 1 kilogramme, tandis qu'il n'en faut que 9 400 pour former le même poids, quand on les prend dans un essaim, c'est-à-dire gorgées de miel.

Le professeur Koons, opérant sur des abeilles italiennes ou croisées, a trouvé qu'il y en avait 10 652, l'estomac vide, pour peser 1 kilogramme, tandis que lorsqu'elles reviennent chargées de nectar à la ruche il n'en faut plus que 8592. Cheshire dit qu'il y a 21 000 abeilles mourant de faim au kilogramme ; 6 000 seulement de race commune et 9 000 à 10 000 de races jaunes, gorgées de miel, pour le même poids.

Sylviac, en laissant mourir un essaim de faim et en desséchant les cadavres, obtient 5 centigrammes pour le poids d'une abeille, ce qui donne 20 000 abeilles au kilogramme.

M. Astor, en pesant des abeilles italiennes et communes en différentes circonstances, a trouvé les poids suivants :

			Milligrammes.
Abeille sortant de l'alvéole...............			100
—	âgée de 2 ou 3 jours tombée devant une ruche en essaimant..........		104
—	jeune très grosse (cirière)..........		165
—	butineuse essaimant............. .. .		102
—	—	commune en mai-juin.....	83
—	—	italienne —	81
—	—	commune en juillet-août..	78,7
—	—	italienne — ..	76,9

L'observateur précité conclut de ces chiffres : 1° que les jeunes abeilles pèsent environ 20 milligrammes de plus que les vieilles (butineuses) ; 2° que les abeilles cirières ont leur jabot plein de miel ; 3° les ouvrières essaimant emportent, comme provisions de route, environ 20 milligrammes de miel chacune ; 4° en fin juillet-août, c'est-à-dire pendant une période de disette, les butineuses pèsent environ $4^{mgr},2$ de moins qu'en mai-juin, époque de miellée abondante, sans doute parce qu'elles ont moins de miel dans leur estomac et l'économisent davantage ; 5° les butineuses italiennes pèsent $1^{mgr},9$ de moins que les communes.

La durée de l'existence des colonies peut être excessivement longue sans que l'apiculteur soit obligé d'inter-

venir, le renouvellement des reines et de la population se
faisant naturellement. On a signalé des cas très fréquents
de ruchées très anciennes ; l'un des plus caractéristiques
est celui que raconte le journal *l'Abeille hongroise* : dans
un village près de Rudolfstadt, un apiculteur possède une
ruche villageoise en tronc d'arbre qui porte gravé le mil-
lésime de 1767 ; jamais la famille qui y est contenue n'a
péri et la ruchée était âgée de 133 ans à l'époque où
l'article fut écrit.

Par contre, la vie des butineuses est courte et sa durée
variable suivant les climats, les saisons et aussi suivant
la vigueur de la reine qui les a produites. C'est depuis l'introduction des abeilles italiennes, facilement reconnaissables aux bandes jaunes de leur abdomen, que l'on est
arrivé à résoudre ce problème. Collin est le premier qui
l'entreprit. La méthode employée consistait à enlever la
reine d'une colonie d'abeilles communes et à introduire
une reine fécondée de race italienne. Trois semaines
après cette introduction, les derniers œufs pondus par
l'ancienne reine auront fourni les dernières abeilles communes ; dès lors la durée qui s'écoulera à partir de cet
instant jusqu'au moment où toutes les abeilles communes
auront disparu et où la ruchée ne contiendra plus que des
italiennes marquera la longueur de la vie des dernières
abeilles nées. Le résultat obtenu a été que pendant une
période de miellée, et par suite de grande activité des
abeilles, deux mois, six semaines même parfois donnaient
la durée de la vie des abeilles. Par contre, pendant la
période du repos d'hiver, la vie est plus longue et les butineuses nées en automne ne meurent qu'au printemps
suivant, après avoir encore fourni une certaine période
de travail. Entre ces deux extrémités, il existe toutes les
durées intermédiaires et l'on peut admettre qu'une colonie
renouvelle sa population deux à trois fois dans le courant
de l'été et une fois depuis le mois d'octobre jusque dans
le courant d'avril.

En 1889, M. Dufour reprit ces expériences : en enlevant, à une colonie réduite à l'état d'essaim, tout son couvain, aucune abeille ne naîtra, par suite, pendant les trois semaines qui suivront, mais la reine continuera à pondre et trois semaines après on aura dans la ruche de nouveau couvain de tous les âges. En ramenant encore la ruche à l'état d'essaim, c'est-à-dire en lui enlevant son couvain tous les vingt et un jours, on empêchera tout renouvellement de la population et celle-ci diminuera progressivement jusqu'à la disparition totale des dernières abeilles ; le temps écoulé entre ce moment et le premier enlèvement de couvain donnera sensiblement la durée de la vie des abeilles pendant tout ce temps.

L'expérience a été commencée, par l'enlèvement du couvain, le 19 avril ; le 2 septembre il y avait encore une poignée d'abeilles vivantes ; le 7 septembre elles étaient toutes mortes. Le nombre des cadavres était faible pendant toute la durée de l'expérience ; c'est dehors que mouraient les abeilles. Si l'on admet, ce qui est approximativement vrai, que ce sont les plus jeunes qui sont mortes les dernières, on peut dire que, dans les conditions de l'expérience, les abeilles ont vécu environ quatre mois et demi. Pendant ce temps elles continuèrent à bâtir, mais de moins en moins ; elles ont complètement cessé le 22 juin, c'est-à-dire deux mois environ après la première mise à l'état d'essaim. La ponte a été aussi en diminuant, de la manière suivante :

Avant l'expérience : Du 29 mars au 19 avril.	670 œufs par jour.	
Du 19 avril au 10 mai..	850	—
Pendant Du 10 mai au 31 mai...	700	—
l'expérience. Du 31 mai au 22 juin...	480	—
Du 22 juin au 12 juillet.	Presque nulle.	

La durée de la vie trouvée par l'expérience de M. Dufour est vraisemblablement au-dessus de la réalité, parce que l'activité a été forcément faible dans une ruche traitée de cette manière, et d'autre part, les conditions de miellée ayant été peu favorables jusqu'au 31 mai, les abeilles n'ont pas dépensé beaucoup d'efforts.

C'est en effet surtout l'intensité d'un travail qui ne s'arrète pour ainsi dire jamais qui abrège l'existence des butineuses, et la vie est d'autant plus courte que cette activité est plus grande.

Des observateurs américains, Riker et le Dr Gallup, pensent que, toutes choses égales d'ailleurs, la qualité de la mère a une influence considérable sur la longévité des ouvrières qui en sont issues, à tel point que des reines élevées dans les meilleures conditions donneraient des ouvrières d'une longévité trois fois plus grande que celle d'ouvrières produites par des reines de mauvaise qualité et dont l'existence serait particulièrement courte.

On sait que si une ouvrière ou une reine pénètre dans une ruche qui n'est pas la sienne, immédiatement les gardiennes qui veillent à l'entrée s'approchent d'elle, la frôlent de leurs antennes, la chassent et souvent la tuent. On croit que les abeilles se reconnaissent à l'odeur dont le siège paraît être dans les antennes. Dans certains cas seulement une colonie accepte des étrangères, par exemple lorsqu'en pleine miellée et en temps de grande activité une butineuse se présente chargée de miel; les essaims se réunissent volontiers à d'autres parce qu'à ce moment les insectes perdent le sentiment de défendre un domicile qu'elles viennent de quitter; mais, sitôt le nouveau logis trouvé et les premiers œufs déposés, la garde des portes redevient active. On ne peut marier ensemble des abeilles d'origines diverses qu'en les effrayant par la fumée et en leur donnant la même odeur par des aspersions d'eau sucrée aromatisée.

L'abeille est aussi un insecte coutumier et en particulier la persistance de l'image des lieux dans son cerveau est si grande qu'il revient toujours à l'endroit où était la colonie dont il fait partie, même s'il est transporté à une distance très considérable. Si l'on déplace la ruche,

ne fut-ce que de 1 ou 2 mètres, on constate aussitôt
une grande agitation : les butineuses au retour des champs
sont incapables de la retrouver et le plus grand nombre
revient avec obstination à l'emplacement primitif. C'est
même cette notion qu'on applique lorsqu'on fait des
essaims artificiels.

L'abeille est un animal très propre : jamais, sauf en cas
de maladie, il ne dépose ses excréments dans la ruche,
mais toujours au dehors ; même ceux de la reine sont
recueillis immédiatement et transportés à l'extérieur.
L'expérience citée plus haut de M. Dufour montre aussi
que les butineuses arrivées au terme de leur existence
vont mourir au loin et n'encombrent pas la ruche de
leurs cadavres. Des nettoyeuses rejettent les matières
étrangères et il est curieux, par exemple, de constater
leurs efforts réunis pour extraire par le trou de vol les
longs morceaux de ficelle, souvent assez grosse, qu'elles
ont réussi à couper, après que l'apiculteur a réuni par ce
moyen, dans un cadre, les morceaux de rayons provenant d'un transvasement.

Lorsque les corps à extraire sont très volumineux et ne
peuvent pas être réduits en fragments, comme il arrive
par exemple pour les cadavres de souris ou de sphinx
morts dans la ruche, après y avoir pénétré pour se
repaître de miel, les butineuses les enduisent d'une
matière spéciale, la *propolis*, sous laquelle les cadavres
se dessèchent sans se putréfier.

LES MÂLES.

Il n'est pas possible de confondre le mâle avec l'ouvrière
ou la reine ; outre que sa taille, sa grosseur, son aspect
général plus trapu sont absolument différents (fig. 56),
comme nous l'avons déjà dit, l'absence de pollen aux pattes
de derrière et surtout le bourdonnement particulier qu'ils
produisent en volant, et qui leur a valu le nom de *faux*

bourdons, est tout à fait caractéristique. Comme ils n'ont point d'aiguillon, on peut les emprisonner dans la main fermée et percevoir la vibration intense de leurs ailes.

Fig. 56. — Mâle (grossi).

Ils n'existent pas en tout temps : pendant la saison hivernale, on n'en trouve que dans les ruches désorganisées et leur présence à cette époque indique presque sûrement que la colonie est orpheline.

L'époque de leur apparition a lieu, dans les climats tempérés, fin avril ou au commencement de mai et coïncide avec celle des premières fleurs et le temps des essaims ; leur fonction étant de féconder les reines, c'est à cette époque seulement qu'ils peuvent la remplir ; en dehors de ce temps, les ouvrières les chassent hors de la ruche, les privent de toute nourriture, et, comme ils sont incapables d'en obtenir par leurs propres forces, ils ne tardent pas à périr les uns après les autres de faim et de froid ; les larves ou les nymphes de ces individus encore au berceau sont également jetées dehors. On trouve leurs cadavres devant la ruche.

Cette première ponte de mâles a toujours lieu ; dans les pays de plaine, la disette de miel commence à se faire sentir vers le mois de juillet : c'est à ce moment aussi

qu'ils sont expulsés; le massacre est plus tardif dans les
pays de montagne où la miellée de bruyère se prolonge
jusqu'en automne. En dehors de cette ponte réglemen-
taire, on en observe de nouvelles chaque fois que se manifeste une reprise, si faible qu'elle soit, de la miellée; si la
miellée se prolonge, le développement se produit complètement et l'on observe des mâles parcourant librement
les ruches, pour les voir disparaître chaque fois que des
circonstances fâcheuses font craindre la disette. On peut
ainsi avoir quatre pontes successives, ou plus, dans la
même saison, pontes dont le développement peut être
arrêté en chemin ou s'achever complètement, suivant
que les apports de nectar seront ou non continus pendant
assez longtemps.

Il y a cependant des exceptions à la règle qui précède
et il arrive parfois que, dans les ruches faibles, non
orphelines, les mâles passent l'hiver et ne sont sacrifiés
qu'au printemps. M. Harrault pense que la vieille reine,
se sentant près de disparaître, a pondu, vers la fin de
décembre ou au commencement de janvier, des œufs de
mâles pour assurer la fécondation de la reine qui doit lui
succéder, et il en conclut que, lorsqu'il existe des mâles
en hiver et au printemps dans une ruche, c'est qu'il va y
avoir un renouvellement de reine. D'après une autre
observation du même apiculteur, dans laquelle une sortie
de reine fut constatée en même temps que des faux bourdons, le 14 avril 1900, puis du couvain quatre jours après
dans la ruche où il n'y en avait pas auparavant, M. Harrault émet l'idée que lorsque des reines sortent aussi tôt
au printemps, comme cela a été signalé quelquefois, ce
sont des reines de sauveté qui vont se faire féconder.

M. Ch. Mzchulya (de Belgrade) indique le procédé suivant pour s'assurer si une colonie qui conserve les faux
bourdons à l'arrière-saison est orpheline ou non, sans
déranger la ruche. Il suffit, dit-il, de saisir deux ou trois
de ces mâles, de les presser entre les doigts un par un;

si on voit couler de la bouillie de leurs flancs on peut,
d'après lui, être sûr que la colonie est orpheline, car les
abeilles nourrissent les faux bourdons avec de la bouillie
seulement pendant la saison d'essaimage ou quand la
colonie n'a pas de mère. Au contraire, si en pressant les
faux bourdons on ne voit couler aucune nourriture, la
colonie est en ordre et il ne faut pas la déranger.

Vers la fin de sa vie, lorsque la spermathèque de la
reine se vide de plus en plus de spermatozoïdes, elle produit de moins en moins d'ouvrières et de plus en plus de
mâles; elle finit par ne plus donner que des mâles, et elle
est alors dite *bourdonneuse*. Le même phénomène se produit lorsque, pour une cause ou pour une autre, la reine
n'a pas été fécondée ou lorsque la ruche, devenue orpheline, ne possède que des ouvrières pondeuses. On comprend
qu'une telle colonie est vouée à une disparition complète,
puisqu'elle n'est composée que d'individus qui ne travail-
ent pas et ne récoltent rien.

Il existe cependant des familles qui paraissent normalement constituées et dans lesquelles les mâles sont en
nombre considérable, on les compte par milliers. Dans
une forte ruchée il naît environ 1 000 à 3 000 faux bourdons
depuis avril-mai jusqu'à juillet-août.

Divers auteurs se sont préoccupés de savoir quelle était
la consommation de ces mâles et ce qu'ils coûtaient, dans
le cours de leur existence, à la ruchée dans laquelle ils
ne rapportent jamais aucune récolte. Dadant dit que
1 000 larves de mâles prennent autant de place et consomment autant de nourriture que 1 500 larves d'ouvrières. De son côté M. Godon, président de la Société
d'apiculture de la Bourgogne, a constaté que 1 000 bourdons adultes, bien repus au moment où ils sortent de la
ruche, pesaient 230 grammes; retenus prisonniers pendant un jour ou deux, ils ne pesaient plus que 200 grammes;
ils avaient alors digéré leur nourriture et perdu 30 grammes. En admettant la présence de 1 500 faux bourdons

dans une colonie moyenne, leur consommation s'élève-
rait donc à 45 grammes de miel par jour ; il est dès lors
facile de conclure à l'énorme dépense que leur présence
impose pour un temps et un nombre de ruches déterminés.

D'après Collin, au sortir de la ruche les bourdons sont
plus lourds que lorsqu'ils y rentrent ; dans le premier cas,
il n'en faut que 2138 pour peser 500 grammes, tandis
que dans le second il en faut 2300. Un bourdon avec sa
charge pèse donc $0^{gr},233$ et sans sa charge $0^{gr},217$; celle-
ci est par conséquent de $0^{gr},16$ et représente sa consommation en pleine activité. M. Sylviac pense qu'au repos,
dans l'intérieur de la ruche, il ne consomme que 4 à 5 centigrammes de nourriture quotidienne. M. Zwiling avait
trouvé 8 centigrammes pour douze heures.

D'après le *Rucher belge* de 1896, l'élevage d'un faux
bourdon exige $0^{gr},4$ de nourriture ; sa consommation
quotidienne est de $0^{gr},18$: un bourdon vivant deux mois,
soit soixante jours, la consommation totale serait
$(60 \times 0^{gr},18 + 0,4) = 11^{gr},2$ par individu.

Quoi qu'il en soit, la dépense de nourriture nécessaire
pour l'élevage et l'entretien des mâles, la disproportion
énorme qui existe entre leur nombre et l'unique accouplement suffisant à la quantité relativement faible de
reines qui naissent dans une année, a poussé la majorité
des apiculteurs à rechercher des moyens pour empêcher
aussi complètement que possible leur production ou pour
les détruire lorsqu'ils sont nés.

Livrées à elles-mêmes, sans guide dans leur construction, les abeilles établissent beaucoup de grandes cellules
à mâles et la production de ces individus est très considérable. On diminue leur nombre en faisant usage de la
cire gaufrée dont nous parlerons plus loin, ou bien en
prenant certaines précautions, que nous exposerons aussi,
sur les conditions dans lesquelles il convient de placer la
colonie pour qu'elle ne produise que des bâtisses à
cellules d'ouvrières.

La destruction des mâles nés en trop grand nombre peut se faire dès l'état de nymphe. Si l'on vient, à l'aide d'un couteau, à guillotiner les cellules operculées qui les renferment, les ouvrières ne tardent pas à les extraire et à les rejeter au dehors. On peut les aider dans ce travail, comme le propose M. Barthélemy, en plaçant les rayons ainsi opérés et retournés sur une chaise et en dirigeant sur eux, à 0ᵐ,50 de distance, le jet d'une pompe à main de jardin ; les larves sont immédiatement expulsées par la pression de l'eau et peuvent constituer un aliment pour les volailles. Les rayons sont secoués pour faire tomber l'eau et rendus aux ruches ; en renouvelant de temps en temps cette opération, on débarrasse presque

complètement la ruche de ses mâles. Ce procédé serait surtout recommandable quand la reine va pondre dans les hausses qui sont souvent garnies de grandes cellules.

Fig. 57. — Piège à mâles (Robert-Aubert).

A l'état adulte on les prend à l'aide d'instruments appelés *bourdonnières* ou *pièges à bourdons*, dont la figure 57 représente un modèle. Ces appareils sont des sortes de cages, en tôle perforée, dont les trous sont de dimensions telles qu'ils livrent

Fig. 58. — Porte piège à bourdons (Robert-Aubert).

passage aux ouvrières en gardant les mâles prisonniers. On peut aussi employer la porte piège (fig. 58).

Plus simplement, M. Couterel propose de glisser devant la porte d'entrée une lame découpée dans une feuille de zinc perforée, à ouvertures ne laissant passer que les ouvrières ; si l'on ferme ainsi le trou de vol vers midi (presque tous les mâles sont dehors à cette heure), la dimension des trous les empêche de rentrer, tandis que les ouvrières passeront facilement ; on laisse ainsi les faux bourdons s'accumuler à la porte, et le lendemain matin, quand ils sont engourdis par le froid de la nuit, on les balaye dans un seau d'eau.

On reproche avec raison à tous ces appareils de gêner les mouvements des butineuses, par l'obligation où elles sont de se glisser par d'étroites ouvertures et par l'encombrement qui se produit rapidement devant les portes.

Au surplus, depuis quelque temps des observateurs habiles et des praticiens expérimentés ont cherché à réhabiliter les mâles en prétendant que leur présence dans les ruches, non seulement n'était pas nuisible à la récolte, mais qu'elle était au contraire utile et favorable.

M. Dufour, directeur adjoint du Laboratoire de Biologie de Fontainebleau, a fait à ce sujet des expériences intéressantes (1). Dans une ruche choisie, le nombre des faux bourdons fut augmenté artificiellement en y plaçant au printemps des rayons de mâles déjà construits et des cadres simplement amorcés, dans lesquels les abeilles font des cellules de mâles en grand nombre ; une autre ruche fut au contraire garnie de rayons bâtis entièrement en cellules d'ouvrières, de manière à réduire la production des mâles au minimum. Dans ces conditions la ruche qui avait le plus de bourdons possédait 6 500 cellules de couvain mâle et celle qui en avait le moins n'en présentait que 1 750. Cependant, au mois de septembre la première accusait un gain définitif de 27^{kg},910 et la seconde de 27^{kg},470.

(1) *Congrès international d'Apic.*, 1900. — *L'Union apicole*, 1900, p. 205.

Dans une autre expérience, cinq ruches ayant beaucoup de bourdons ont augmenté de 116 kilos, et cinq ruches ayant peu de bourdons ont augmenté de 123 kilos.

La différence est insensible et ces essais tendent à prouver que les mâles ne sont pas aussi nuisibles qu'on le dit. Du reste, si l'on admettait le chiffre de 11^{gr},2 pour la consommation d'un faux bourdon pendant son existence, on arriverait, pour les 15000 bourdons que M. Dufour estime s'être succédé dans sa ruche pendant toute la saison, à une consommation de 168 kilogrammes, ce qui est absurde; jamais, en effet, la destruction complète de ces individus n'a fait varier le rendement d'une ruche dans des proportions comparables, même de loin, à un pareil chiffre.

A ce propos, Sylviac (1) fait remarquer que la dépense réelle pour l'entretien des mâles est inférieure aux chiffres cités parce que ces individus ne consomment pas de miel mûr (à 20 p. 100 d'eau), mais seulement du nectar très aqueux (à 80 p. 100 d'eau) ou, suivant d'autres, une bouillie spéciale que les abeilles leur donnent. A l'époque où ils vivent, il y a toujours dans les fleurs une abondance considérable de nectar et la quantité qu'ils en peuvent prendre n'a qu'une influence insignifiante sur la récolte. Il a été constaté en effet que des bourdons placés sous une cloche en présence de miel en rayons, operculé ou non, sont incapables de s'en emparer et ne tardent pas à mourir de faim; ils meurent, même dans la ruche, si on les sépare des ouvrières par un tissu fin, tout en leur donnant tout le miel nécessaire. Jamais on ne voit les mâles prendre leur nourriture sur les cellules à miel fait, mais seulement sur celles où un apport de nectar a eu lieu récemment, ou bien la recevoir directement des ouvrières. Cette observation expliquerait pourquoi les mâles disparaissent lorsque la sécrétion des nectaires floraux se tarit :

(1) *L'Apiculteur*, 1904, p. 63. — *L'Union apicole*, 1901, p. 203.

leur disparition serait due à la cessation des conditions nécessaires à leur entretien et non pas à une intervention voulue et plus ou moins intelligente des ouvrières.

En dehors de leur rôle fécondateur des reines, certains apiculteurs pensent qu'ils sont utiles en se tenant sur le couvain pour l'échauffer, pendant leur séjour prolongé chaque jour dans la ruche, et qu'ils rendent ainsi disponibles, pour la récolte, un grand nombre de butineuses qui auraient dû rester au logis s'ils n'avaient pas été là. Cette opinion est soutenue notamment par un apiculteur américain très écouté, le Dr Miller, qui cite le cas suivant. Dans une ruchette contenant, au mois d'octobre, trois cadres de couvain et un nombre d'ouvrières insuffisant pour le couvrir, les bourdons chassés des ruches voisines s'étaient réfugiés, y étaient bien accueillis, malgré la présence d'une reine pondant normalement et, serrés les uns contre les autres, couvraient d'un bout à l'autre le couvain operculé. Il y a là un fait anormal à cause de l'époque même à laquelle il s'est produit ; mais en pleine saison il est difficile d'admettre que les mâles jouent le rôle de couveuses, puisque pendant l'été la chaleur est généralement si forte dans les ruches populeuses que les ouvrières cherchent plutôt, par une ventilation active, à s'y soustraire qu'à l'augmenter et que, d'autre part, les faux bourdons sont précisément chassés lorsque la récolte cesse et qu'un retour de froid ou de temps défavorable se produit.

On peut remarquer aussi, avec Dadant, que pour la même dépense d'élevage et sur la même surface de rayons les abeilles peuvent produire 1 000 mâles ou 1 500 ouvrières et que ces dernières, susceptibles de concourir à une récolte et à une production de cire, seront tout aussi aptes que les faux bourdons à entretenir une température favorable au développement du couvain.

Il n'en existe pas moins un fait certain : c'est que nombre de praticiens ont constaté que les ruches présentant un assez grand nombre de bourdons se sont toujours

montrées plus actives et finalement plus productives que
celles qui en avaient peu; d'autres, s'étant attachés à
détruire avec soin les bourdons, n'ont constaté qu'une
différence insignifiante entre les ruches traitées et celles
laissées à elles-mêmes à ce point de vue. On trouvera
peut-être une explication de ces faits en se rappelant que
les ouvrières sont des femelles, à organes atrophiés il est
vrai, et que la présence des mâles, leur odeur spéciale,
exercent sur ces femelles incomplètes une excitation qui
augmente leur activité et leur puissance de travail. Si
l'on vient en effet à détruire tous les mâles d'une ruchée,
la colonie se montre inquiète; si l'on s'efforce d'empêcher leur production en ne mettant à la disposition de
la reine que des rayons entièrement construits en cellules
d'ouvrières ou des cires gaufrées, les abeilles s'efforcent
de modifier ces bâtisses et d'y établir des alvéoles à faux
bourdons. Dès 1879 M. Matter-Perrin, puis M. Bertrand
et M. Astor en 1884 et en 1897, ont remarqué que, lorsque
les ouvrières transforment ainsi en cellules de mâles les
rudiments de cellules d'ouvrières de la cire gaufrée, au
lieu de détruire ces dernières, elles fixent dessus, aux
endroits où elles ont décidé de construire des alvéoles de
mâles, des plaques de cire assez épaisses dans lesquelles
elles creusent le fond des cellules. En brisant un rayon
ainsi construit, on peut voir que la cloison mitoyenne,
grâce aux plaques de cire ajoutées, a alors une épaisseur
de 3 à 5 millimètres au lieu d'être mince comme dans
les rayons naturels.

Des observations qui précèdent et des divergences d'opinion que nous venons de résumer, il faut conclure que la
question des faux bourdons nécessite de nouvelles études
et de nouvelles expériences et que, dans l'état actuel de
nos connaissances, rien ne prouve absolument que le travail que l'on s'impose pour détruire ces individus soit compensé par une augmentation proportionnelle de récolte.

Ne pas favoriser leur production exagérée par l'intro-

duction de rayons à grandes cellules dans le nid et
s'abstenir de détruire ceux que les abeilles jugent utiles
de faire naître naturellement, telle paraît être la règle
de conduite la plus sage.

Chez les colonies qui vivent à l'état sauvage, isolées les
unes des autres, séparées souvent par de grandes distances,
la coexistence d'un très grand nombre de mâles pour
permettre aux jeunes reines de trouver rapidement et
avec le moins de risques possibles une prompte fécondation est une obligation qu'imposait la prévoyante nature :
la persistance de cet instinct n'a plus sa raison d'être,
au même degré, dans l'état de culture, par suite du
nombre de ruches entretenues dans un espace relativement restreint. Cependant l'observation prouve qu'à la
suite d'une destruction trop complète des bourdons les
reines peuvent rester infécondes dans les ruchers isolés.

LES RACES D'ABEILLES.

Le genre *Apis* renferme un assez grand nombre
d'espèces, qui par la culture, et probablement aussi les
croisements, se sont elles-mêmes subdivisées en multiples
races d'aspect extérieur variable et de qualités diverses.

L'espèce la plus ancienne, probablement aussi la plus
répandue, du moins dans l'Europe septentrionale et
centrale, est l'*Apis mellifica* (Linn.) ou *abeille commune*,
qui constitue la race des abeilles *noires* ou *brunes*. Ce sont
ces abeilles qui constituent le fond des ruchers de France,
d'Allemagne, d'Angleterre et de tous les autres pays au
nord de cette limite. On prétend que cette espèce est
originaire de la Grèce ou de l'Asie Mineure, mais cette
opinion est probablement inexacte.

On trouve l'*A. mellifica* répandue aujourd'hui dans
toute l'Europe, dans le nord de l'Afrique et dans une
partie de l'Asie occidentale ; à une époque relativement
récente, elle a été introduite aux États-Unis, au Canada,

c'est-à-dire dans presque toute l'Amérique du Nord, au Chili, au Brésil, en Australie, en Nouvelle-Zélande, etc.

L'ouvrière de race commune est de forme générale à peu près cylindrique, la couleur du corps est brun noirâtre et le vertex ainsi que le corselet sont recouverts de poils brun roux clairsemés. Ces poils sont plus nombreux et de couleur cendré roussâtre sur le thorax ; les segments abdominaux 3, 4, 5 sont cerclés à leur base d'une bande d'un fin duvet plus clair. Les antennes sont noires, avec le bout du dernier article d'un brun roussâtre, les pattes noires, les poils des jambes et des tarses roux ; les nervures des ailes sont brunes. Dans certaines familles, les individus sont plus foncés que dans d'autres et en général les mâles sont plus foncés que les ouvrières. Pour la taille, les ouvrières, les mâles et les reines de cette race sont intermédiaires entre les autres races d'Europe et celles d'Orient. L'*Apis mellifica* est très bonne butineuse ; elle est particulièrement propre à la construction de belles sections, ses constructions étant régulières et d'un aspect très satisfaisant. Son ancienneté dans les régions froides du globe en a fait une race rustique, admirablement acclimatée à la rudesse de nos hivers ; non seulement elle est active, mais encore suffisamment prolifique sans avoir une propension exagérée à l'essaimage ni à la récolte de la propolis. C'est celle qu'il est le plus facile de se procurer partout, dans nos régions, puisqu'elle est la plus répandue ; si à toutes ces qualités on ajoute sa douceur relative, on voit que l'abeille commune est une race des plus recommandable, et c'est à elle qu'il conviendra de s'adresser de préférence pour la création d'un rucher, au moins dans les débuts et surtout dans les localités montagneuses à hivers longs et rigoureux.

En 1880, le Dr Dathe appelait l'attention des apiculteurs sur une variété de l'abeille commune, l'*abeille des bruyères* du Lunebourg (Allemagne), qui serait remarquable par la fécondité de ses mères, sa propension à l'essaimage et sa remarquable activité au travail.

A côté de notre race commune, l'*Algérie*, la *Kabylie* et la *Tunisie* en possèdent une sous-race qui se distingue par quelques caractères, insuffisants cependant pour en faire, comme on l'a proposé, une espèce spéciale sous le nom d'*Apis niger* ou **abeille punique**. Elle est plus petite que la race commune, et beaucoup plus noire; vive, alerte, très active, elle butine et trouve du miel dans des fleurs et par des temps secs qui ne fournissent rien aux ouvrières des races plus septentrionales; elle fait très bien la section. Par contre, elle est agressive et très méchante, délicate à manipuler et, comme le fait remarquer M. Cowan, cette race a la manie de renouveler constamment ses reines et les ruches sont fréquemment infestées d'ouvrières pondeuses; cet inconvénient est d'autant plus grave qu'il est difficile d'introduire des reines étrangères, presque toujours massacrées, et que les abeilles kabyles attaquent même parfois leur propre reine au retour du vol nuptial. Elles ramassent énormément de propolis, comme toutes les variétés peu habituées au froid, ce qui rend le maniement des cadres peu agréable. La race algérienne est enfin très pillarde et de plus extrêmement portée à l'essaimage, au point qu'une seule ruche peut élever jusqu'à 70 cellules royales et plus, et jeter un nombre énorme d'essaims dont les derniers ne comptent que quelques centaines d'abeilles, la souche restant elle-même complètement épuisée.

Si cette race a des qualités qui la rendent précieuse pour notre colonie africaine où elle est acclimatée, elle n'a par contre aucune valeur pour la France, comme l'ont prouvé divers essais.

D'après M. le Dr Trabut, président de la Société des Apiculteurs algériens, il existerait en Algérie au moins deux variétés de cette sous-race : l'une petite, noire, méchante, mais par contre très laborieuse et produisant beaucoup plus de miel que la variété ordinaire qui est plus douce. Les Arabes de la région de l'Arba distinguent même trois variétés : 1° *Maazi* (chèvre), 2° *R'almi* mouton, 3° *Begri* (bœuf); la troisième serait peut-être le produit du croisement des deux premières.

En Kabylie, on distingue l'abeille de race pure ou *Thizizoua Thih'arriine* qui se caractérise par une coloration plus pâle, moins rougeâtre de la villosité qui recouvre le prothorax et les premiers segments abdominaux, ce qui fait ressortir davantage la teinte noire de l'insecte, et l'*abeille guêpe* ou *Thizizoua tharezzine*, plus active, plus turbulente et plus méchante que l'autre, mais plus productive que la première et qui s'en distingue par une couleur plus rougeâtre des poils du prothorax.

L'*Apis ligustica* (Spin.), *abeille jaune* ou *italienne*, est originaire de l'Italie où elle a été cultivée depuis la plus haute antiquité. La taille de l'ouvrière est à peu près la même que celle de l'ouvrière de race commune, mais les mâles sont un peu plus grands et, d'après Hamet, les cellules d'ouvrières italiennes mesurent 5^{mm},5 de diamètre, tandis que celles des ouvrières communes ne mesurent que 5^{mm},2. Mais ce qui distingue à première vue l'*A. ligustica* de l'*A. mellifica*, c'est sa couleur générale plus claire et dans laquelle la teinte jaune orangé domine. Chez les ouvrières jeunes, les trois premiers anneaux de l'abdomen sont jaune doré avec une mince bordure plus foncée à la base de chaque anneau, les poils qui recouvrent le corps ont aussi dans leur ensemble une teinte jaune; chez les ouvrières adultes, la teinte jaune vire au roux ferrugineux et devient rouge chez les vieux individus; le dessous de l'abdomen est noir. Les métis d'italiennes et d'autres races présentent aussi ces bandes claires avec plus ou moins de développement; mais, si l'on veut se rendre compte de la pureté des abeilles considérées, il suffit, suivant l'indication de Root, de les mettre à même de se gorger de miel et de

les placer ensuite contre une fenêtre; dans ces conditions, les anneaux très distendus montrent nettement les
bandes caractéristiques : si celle du troisième anneau
n'est pas distinctement visible, comme les deux premières, on a affaire à un métis et non pas à un individu
de race pure. Les reines et les mâles présentent souvent
un quatrième anneau jaune, tandis que d'autres sont
presque aussi foncés que des types de l'*A. mellifica*.
L'abeille italienne possède de grandes qualités ; elle est
d'abord extrêmement douce quand elle est *absolument*
pure et se tient très solidement sur ses rayons quand on
déplace ceux-ci; elle est très active et les reines montrent
une grande fécondité; on a même soutenu qu'elle avait
la langue plus longue que l'*A. mellifica* et qu'elle pouvait,
par suite, butiner dans des corolles profondes au fond
desquelles les ouvrières de race noire ne peuvent pas
atteindre le nectar. Nous avons déjà dit, dans le chapitre consacré à l'anatomie, que cette manière de voir
ne paraissait pas complètement démontrée. Par contre,
on lui reproche, avec raison, de donner, par son croisement avec les autres races, des métis agressifs et
méchants; si elle défend bien son habitation contre les
ennemis venus du dehors, elle n'hésite pas à attaquer ses
voisines pour les piller. Elle pourrait convenir dans les
pays de plaine et les climats doux, mais, comme elle se
met au travail assez tard au printemps et qu'elle résiste
médiocrement aux hivers longs et rigoureux, elle n'est
pas à sa place dans les régions septentrionales et dans
les contrées montagneuses et froides.

Elle a été introduite soit comme essai, soit à titre définitif, dans presque tous les pays du globe, et l'on peut
dire que ces importations, faites souvent sans précautions suffisantes, ont été une des causes principales de
propagation de la maladie contagieuse si grave connue
sous le nom de *loque*.

C'est vers 1860 qu'elle commença à se propager en

France, grâce surtout aux efforts de Hamet, directeur
du Rucher du Luxembourg ; il est permis de penser que
c'est plutôt à sa beauté qu'à sa supériorité réelle qu'elle
doit l'engouement dont elle est encore l'objet de la part
de certains apiculteurs.

Les variétés *Dalmate*, *Hongroise* et *de l'Herzégovine*
paraissent issues de l'abeille italienne, soit par des variations dues au climat, soit par des croisements avec
l'abeille commune.

L'*abeille Dalmate*, originaire de la région qui s'étend
des Alpes Dinariques à la mer Adriatique, est considérée
par E. Cori (1) comme tout à fait remarquable. Les reines
sont très fécondes et M. Benton les place, à ce point de
vue, au même rang que les carnioliennes. La dalmate se
défend bien contre les pillardes, son activité au moment
de la récolte est très grande et se prolonge jusqu'en
plein automne. Leur pays d'origine étant pauvre et
couvert de montagnes, elles sont capables de chercher
des fleurs à des distances beaucoup plus considérables
que les autres butineuses. Cette variété pourrait donc
être précieuse dans les contrées montagneuses, d'autant
plus qu'elle résiste bien à l'hiver. Elle est enfin très
recommandable pour la production du miel en sections.
Mais le revers de la médaille est ici encore la méchanceté : peu agressive si on ne touche pas à sa ruche, elle
attaque avec fureur pendant les manipulations et dès
qu'on tente de déplacer ses rayons ; elle est, de plus, très
portée à l'essaimage.

L'abeille dalmate se reconnaît à son corps de couleur
noire avec un pelage jaune mat aux anneaux qui en
sont recouverts à moitié ; le corselet est fort, la partie
inférieure de l'abdomen se termine en pointe et le corps,
un peu plus long que celui de la variété noire, est délié
et ressemble assez à celui d'une guêpe. En avançant en

(1) *L'Apiculteur*, 1875, 1880, 1882.

âge, le pelage jaune disparait et l'insecte prend une
teinte éclatante d'un bleu noir aciéré sans la moindre
ligne de démarcation entre les anneaux; ces abeilles
ressemblent alors à des guêpes noires.

L'autre versant des Alpes Dinariques qui s'incline vers
le nord-est est moins escarpé, plus riche en végétaux
et à température plus douce. L'*abeille de l'Herzégovine*
qu'on y rencontre est aussi grosse que la dalmate, à
laquelle elle ressemble un peu, mais son corps, pourvu
de la même fourrure aux anneaux, est d'un noir moins
brillant, d'une forme moins svelte et ressemblant moins
à une guêpe; comme caractère distinctif, le premier
anneau porte un cercle de couleur jaune. Les bourdons
sont tout noirs. E. Cori considère cette variété de l'Herzégovine comme formant la transition entre les abeilles de
races noires et celles de races jaunes. Elle a les mêmes
qualités et les mêmes défauts que la race dalmate.

La *variété Hongroise* reçue par M. E. Cori des environs de Neusohl dans l'Erzgebirg Hongrois est un peu
plus forte et plus longue que l'abeille commune et entièrement noire avec un pelage un peu plus large et gris clair;
la partie postérieure du corps est arrondie en pointe
mousse au lieu d'être effilée.

Supérieure aux précédentes, sous tous les rapports,
parait être la *variété Carniolienne* dont il a été et est
encore beaucoup question dans les journaux d'apiculture
et qui a été très répandue. M. Bertrand la considère
comme formant une sous-race de l'abeille commune,
avec un mélange de sang italien.

D'après M. Frank Benton, la reine carniolienne est
caractérisée par un abdomen couleur cuivre foncé ou
tirant sur le bronze, un corselet couvert d'un duvet gris
épais, des ailes grandes et fortes et surtout l'abdomen
plus développé que dans aucune autre race; elle est
excessivement prolifique. Les mâles sont de couleur
grise; les ouvrières se reconnaissent facilement à leur

grande taille, à leur abdomen pointu et à leur nuance
générale gris cendré ; le corps est gros, les ailes puissantes et les segments abdominaux sont marqués de
bandes résultant du duvet blanc argenté qui recouvre la
partie postérieure de chacun d'eux et ressort sur le fond
marron foncé du corps.

Dans la partie de la Carniole qui touche à la Carinthie,
on trouve un type un peu différent en ce sens que les
ouvrières sont souvent marquées d'un peu de jaune à
l'abdomen. Cela indique que la race n'est pas absolument
pure et qu'il s'y mélange parfois du sang italien.

Contrairement à ce que nous avons signalé pour les
variétés précédentes, la carniolienne est une des plus
douces et des plus faciles à manipuler de toutes les races
connues. Si on ne lui donne pas de rayons de cire
gaufrée de dimensions ordinaires, dont elle s'accommode
du reste fort bien, la carniolienne pure fait des alvéoles
d'ouvrières un peu plus grands que les abeilles communes ou italiennes. Ce fait n'a aucune importance dans
la pratique et la carniolienne construit, du reste, de
superbes rayons operculés ; à ce point de vue elle convient particulièrement pour la production du miel en
sections, parce que les butineuses ne remplissent pas les
cellules au point que le miel touche l'opercule. Elles
récoltent aussi peu de propolis, hivernent bien et sont
plus rustiques que les italiennes. Leur principal défaut,
même si l'apiculteur a la précaution d'augmenter à
temps la capacité de la ruche, est d'essaimer avec une
déplorable facilité, ce qui est un grand inconvénient pour
l'obtention de fortes récoltes ; ce vice est encore aggravé
par le fait que les reines, quoique plus grandes que celles
des autres races, ne sont pas aussi prolifiques. Elles sont
en outre très pillardes, même à un degré plus élevé que
les italiennes ; par contre, elles se défendent elles-mêmes
très mal contre les ennemis venus du dehors et se laissent
facilement dévaliser, même par les fourmis.

La *variété du Caucase*, qui a été importée en France d'Ekaterinodar et de Tiflis, paraît se rapprocher beaucoup de la carniolienne à la fois par son aspect extérieur et par sa douceur. Il y en a également deux types. Le plus commun (Tiflis), à peu près aussi gros que celui de Carniole, avec des reines un peu plus petites, est intermédiaire entre l'abeille commune et l'abeille carniolienne; le corps est noir et annelé de bandes de couleur grise. L'autre type (Ekaterinodar) ressemble beaucoup à l'italienne pure, a les mêmes anneaux orangés à l'abdomen, mais l'extrémité du corps est sensiblement plus effilée. De même que la carniolienne et l'italienne pure, l'abeille caucasienne est très douce et se tient bien sur les cadres; elle est supérieure à la carniolienne parce qu'elle se défend bien contre les pillardes; elle garde même si bien son logis qu'elle massacre et chasse les abeilles étrangères qu'on tente de réunir à elle avec toutes les précautions voulues. La ponte est très régulière et abondante, sans qu'il se produise des tendances spéciales à l'essaimage; le nombre d'alvéoles royaux produits en cas d'essaimage ou d'orphelinage est considérable, et c'est un point qui la rapproche des races orientales. Elle hiverne bien. On lui a reproché de se mettre au travail très tard dans la saison et de convenir plus particulièrement aux contrées à miellées d'automne.

Un apiculteur russe, M. Pritoulenko, a donné des détails intéressants sur une variété qualifiée d'*abeille du Lencorane*, pays qui s'étend sur les bords de la mer Caspienne, au sud de Bakou. En réalité, cette race aurait son centre d'extension dans la partie centrale de la Perse et devrait s'appeler *variété persane*; d'après les caractères qu'en donne M. Pritoulenko, elle paraît plutôt se rapprocher de la variété chypriote. Les reines persanes sont assez grandes, bien proportionnées, belles et d'un beau jaune sur tout l'abdomen, très fécondes et peuvent produire des colonies puissantes. Les mâles sont de la même taille que les mâles de la race caucasienne, mais s'en distinguent par de petits points orangés et d'assez grandes taches jaunes sous les ailes et sur les côtés du corselet et de l'abdomen. Les ouvrières persanes ont la même dimension que les abeilles grises, mais se distinguent par leur beauté et leur vivacité. Les quatre premiers anneaux de la partie supérieure de l'abdomen sont d'une vive couleur orange, tandis que les poils, l'abdomen et le corselet sont d'un jaune clair. Le corselet, sur le haut et là où les poils sont plus longs et plus épais, est d'une belle nuance jaune. Ces abeilles se défendent bien, mais elles sont pillardes, agressives et très méchantes; elles seraient peu laborieuses et ont peu de tendance à essaimer, même dans les petites ruches.

L'*Apis fasciata* (Latr.) ou *abeille égyptienne* est très probablement la race la plus anciennement domestiquée par l'homme; on retrouve son image sur le plus antique monument connu jusqu'à ce jour et, dès la troisième dynastie, elle était l'emblème de la Basse-Égypte; son hiéroglyphe signifie primitivement tout ce qui touche à la maison du roi et plus tard symbolise l'idée de travail et d'économie. La reproduction incessante de l'abeille sur les monuments de la vallée du Nil montre combien l'apiculture était en honneur dans ce pays.

L'abeille égyptienne est plus petite que les races précédentes et construit des cellules d'un dixième plus étroites; son corps est brun noirâtre, les deux premiers segments de l'abdomen et la base du troisième jaune rougeâtre, ainsi que l'écusson du thorax, le reste de l'abdomen gris cendré et les nervures des ailes roussâtres. Les reines égyptiennes sont très agiles et courent très vite sur les rayons, tandis que les femelles fécondes des races commune et italienne se déplacent lentement et pesamment. Très douce dans son pays d'origine, elle peut y être manipulée sans voile et y manifeste de remarquables qualités; malheureusement, transportée dans les régions plus septentrionales, elle devient d'une méchanceté telle que son entretien devient dangereux et pour ainsi dire impossible : elle attaque avec furie, s'introduit sous les voiles et les vêtements et pique toutes les personnes du voisinage ; sa méchanceté se manifeste non seulement à l'égard de l'homme, mais aussi vis-à-vis des autres abeilles ; il est très difficile de réunir une colonie égyptienne à une colonie d'une autre race : immédiatement des batailles se produisent et les étrangères sont massacrées. Son acclimatation a été tentée en Suisse, en Allemagne, en France, aux États-Unis, partout les résultats furent mauvais ; non seulement elle se montrait sensible au froid et hivernait mal, mais les colonies ne récoltaient pour ainsi dire rien lorsque d'autres races amassaient d'abondantes provisions. M. W. Vogel, qui a spécialement étudié l'abeille égyptienne, conclut qu'elle est la plus méchante de la terre et une non-valeur pour l'apiculture pratique.

Il est probable que les variétés *Chypriote*, *Palestinienne*, *Syrienne*, et *de Smyrne*, ne sont que des modifications de l'*A. fasciata.*

La *variété Chypriote* a joui pendant un certain temps d'une assez grande vogue dans certains milieux apicoles ; elle possède en effet des qualités réelles. Par son aspect extérieur elle se rapproche de l'italienne dont elle a à peu près la taille et la couleur généralement jaune, mais de nuance plus claire. L'ensemble svelte, l'abdomen terminé en pointe, la font ressembler un peu à une guêpe. Les deux premiers segments de l'abdomen sont jaune-orange clair, rarement le troisième, les autres sont noirs et très brillants, mais, tandis que les italiennes ont le dessous de l'abdomen entièrement noir, cette partie est jaune-orange chez la chypriote, sauf à l'extrémité qui reste noire; de plus, le bouclier ou écusson du thorax, qui sépare les ailes, est très proéminent, recouvert de poils jaunes et d'une couleur jaune-orange foncé, avec une bordure roussâtre très garnie de poils dans les jeunes individus, glabre chez les vieux. Cet écusson n'existe pas chez l'italienne et, chez les smyrniennes, il est jaune plus clair. La fourrure du corps est jaune clair et couvre un peu plus de la moitié de la largeur des anneaux.

Chez les égyptiennes, au contraire, les derniers segments de l'abdomen sont recouverts d'un duvet blanchâtre. Les vieilles abeilles perdent cette fourrure, deviennent glabres, et alors apparaissent nettement les deux premiers anneaux entièrement jaune-orange dans toute leur étendue.

Les faux bourdons ont aussi une forme allongée ; leur corselet, ainsi que les premiers anneaux du ventre, sont couverts d'une fourrure épaisse et forte, de couleur jaune ; le tégument est, en dessous, jaune-orange sur l'abdomen et particulièrement sur les côtés, ce qui n'existe pas chez les mâles italiens.

Les reines chypriotes présentent souvent quatre anneaux jaune-orange plus foncés que ceux des ouvrières ; la fourrure jaune est très fine et fait ressortir la pointe noire et brillante du dernier anneau.

Au point de vue de la taille, on trouve, suivant les observateurs, des opinions tout à fait contraires : les uns disent que la chypriote est légèrement plus petite que l'abeille noire, d'autres qu'elle est d'un tiers plus grande. En réalité, l'abeille chypriote absolument pure est un peu plus petite que l'abeille commune, mais au bout de quelques générations, dans les pays du nord de son lieu d'origine, sa taille augmente progressivement et finit par dépasser notablement la grandeur de la variété commune.

Ces abeilles sont en résumé très belles, et, au point de vue purement esthétique, leur entretien est très séduisant.

Les reines chypriotes sont extrèmement prolifiques ; la

ponte commence tôt et se termine tard, et, comme la tendance à l'essaimage n'est pas exagérée, il en résulte des
colonies extrèmement puissantes, ce qui, joint à l'activité
extraordinaire des butineuses, à leur vol puissant et à
leur odorat extrèmement fin, fournit des récoltes comparativement plus fortes qu'avec des abeilles d'autres races.

La ponte des faux bourdons commence aussi plus tard,
de mème que leur destruction n'a lieu que deux ou trois
semaines après que ceux-ci ont été chassés par les autres
variétés; mais il y a là un fait particulier à signaler : c'est
que, si cette destruction est particulièrement rapide, elle
n'est pas absolument complète; il reste toujours quelques
màles, que l'on voit circuler en paix dans les ruches des
chypriotes, jusqu'en novembre ou décembre et mème
après l'hiver.

En cas d'orphelinage ou d'essaimage, elles édifient un
nombre énorme d'alvéoles royaux; on en a compté plus de
cent dans la mème ruche; ces alvéoles sont ensuite
détruits avec rapidité après les éclosions, de sorte que,
peu de temps après, on n'en retrouve plus. L'élevage des
jeunes reines est fait avec soin et, d'après M. Baldensperger, souvent la jeune reine ne sort de sa cellule que
le dix-huitième jour et est fécondée le plus souvent entre
le septième et le quinzième jour après. Contrairement à
ce qui se passe pour les autres races, ces reines ne sont
pas tuées, mais simplement chassées de la ruche ; elles
cherchent alors à se réfugier dans les autres colonies où
elles sont parfois acceptées, si ces familles sont orphelines ou n'ont que des reines au berceau.

Elles sortent peu par les temps menaçants ou venteux
et par suite leur population n'est pas décimée à la suite
d'événements météorologiques défavorables, comme cela
a lieu pour d'autres races. Par le froid, elles forment bien
la grappe et résistent bien à l'hiver, grâce aussi à la population nombreuse en automne.

Les chypriotes ne sont guère propres à la production

du miel en rayons ou en sections ; elles travaillent en effet mal et, lorsqu'elles emmagasinent le liquide sucré, elles remplissent les cellules complètement avant de les cacheter, de sorte que les opercules touchent le miel et présentent une apparence semi-transparente ou aqueuse qui est d'un vilain effet.

Séduits par leurs qualités, beaucoup d'apiculteurs en ont tenté l'exploitation ; mais, malgré des satisfactions au point de vue du rendement, presque tous ont été obligés de les abandonner à cause des accidents qui résultaient de leur méchanceté. Lors de la visite d'une ruche, les chypriotes se tiennent bien sur le rayon et y restent presque toujours absolument immobiles, mais le moindre choc, la plus faible secousse les fait sortir de cet état de torpeur apparent, et elles se précipitent alors avec fureur sur l'opérateur, le poursuivent très loin, se répandent dans tout le voisinage et constituent un véritable danger pour les hommes et les animaux des alentours ; il faut attendre au moins vingt-quatre heures pour les aborder de nouveau. La fumée ne fait que les irriter encore plus et n'a aucune influence calmante sur elles quand elles sont excitées ; Ch. Dadant dit qu'à chaque bouffée de fumée envoyée par le soufflet elles émettent un son aigu qu'on n'oublie pas après l'avoir entendu et qui ressemble au bruit que fait la viande quand on la met dans la poêle à frire. M. Baldensperger assure cependant qu'il arrive à les visiter à peu près convenablement en les traitant par une grande masse de fumée, dès le début, envoyée d'abord sur les gardiennes au trou de vol et en attendant ensuite quelques instants pour laisser les abeilles se gorger de miel avant d'ouvrir la ruche. Dans leur pays d'origine, elles paraissent être plus douces, et le fait signalé plus haut pour les égyptiennes semble ici se reproduire : exaltation de la méchanceté par le transport vers des pays plus septentrionaux. M. Bertrand pense que les reines élevées en Europe sont supérieures à celles d'intro-

duction directe et que le caractère de la variété s'améliore
par la culture.

Les chypriotes ne sont pas plus douces pour leurs con-
génères que pour l'homme ; elles sont en effet pillardes
au plus haut degré, au point d'attaquer les autres abeilles
au retour de leurs courses et de les obliger à dégorger le
nectar qu'elles ont amassé pour s'en emparer ; par contre,
elles se défendent elles-mêmes admirablement bien.

Elles sont aussi plus sujettes aux maladies et particulièrement à la dysenterie, et les colonies orphelines très
disposées à avoir des ouvrières pondeuses, malgré le grand
nombre de cellules royales qu'elles édifient dans certains cas.

La *variété Smyrnienne* possède toutes les qualités
d'activité et de fécondité de la race chypriote, mais aussi
son intraitabilité, son caractère agressif et méchant.
M. E. Cori, qui a fait l'essai de la variété smyrnienne, dit
qu'elles sont peu sensibles au froid, qu'elles supportent
bien l'hiver et ne souffrent pas de la dysenterie ; le matin
elles se mettent au travail plus tôt et le soir elles restent
en activité plus longtemps que les autres, et cette activité
se prolonge jusqu'en plein automne, alors qu'aucune
autre abeille ne vole plus. Les smyrniennes se défendent
bien contre le pillage et présentent ce fait particulier
qu'une ruche devenue orpheline disparaît peu à peu,
mais sans devenir bourdonneuse.

Cette race ne semble pas exister à l'état de pureté parfaite dans son pays d'origine : dans trois envois successifs
qui furent faits à M. E. Cori, directement de Smyrne, il
trouva deux espèces de types différents : parmi les
ouvrières, les unes, plus petites que les ouvrières communes, avaient le corps en forme de guêpe et l'abdomen
terminé en pointe, les deux premiers anneaux de l'abdomen jaune-orange, les autres anneaux noirs et brillants ;
d'autres n'avaient pas de segments jaunes, mais étaient
entièrement noires ; dans les deux cas, une pubescence

11.

jaune claire couvrait un peu plus de la moitié de la longueur des segments. Le plus grand nombre des faux
bourdons étaient entièrement noirs avec le ventre couvert souvent jusqu'au deuxième anneau des flancs d'une
fourrure jaune vif; quelques-uns présentaient le premier
anneau du haut rouge jaune foncé, et le deuxième noir ;
en outre, il y avait un point noir sur chacun des anneaux
des côtés, au milieu de cette fourrure jaune ; le premier
point était plus gros que le second ; d'autres bourdons
avaient trois anneaux jaunes et trois points noirs : le premier plus gros, le second plus petit et le troisième tout à
fait petit. L'abeille mère avait les trois premiers anneaux
jaune-orange, les anneaux suivants n'étaient pas si noirs
que ceux des ouvrières, mais noir brun ; son corps était
un peu plus court que celui de nos noires communes et
très délié, mais extraordinairement éclatant. Une autre
mère avait tous les anneaux bruns, seulement l'extrême
pointe de l'abdomen était noire. Les smyrniennes présentent comme les chypriotes un écusson jaune sur le
corselet, mais d'un jaune plus clair.

Il ne paraît dès lors pas possible de considérer la
variété smyrnienne comme un type pur, mais bien
comme résultant d'un croisement de la chypriote, peut-être
avec la variété noire.

La *variété Palestinienne* ressemble tout à fait à la chypriote dont elle a toutes les qualités et tous les défauts ;
elle serait cependant moins propre à un bon hivernage ;
dès le commencement de l'hiver elle consomme beaucoup
de miel et au moment des froids elle ne forme qu'incomplètement la grappe hivernale. L'élevage des reines
atteint dans cette variété un développement prodigieux
et M. Baldensperger, à Jaffa, a trouvé jusqu'à 285 cellules
royales dans la même ruche, et on rencontre parfois plus
d'une douzaine de jeunes mères se promenant en même
temps dans une colonie, pendant plusieurs jours, lorsque
celle-ci se prépare à l'essaimage naturel.

Il ne paraît y avoir aucune différence entre la variété qualifiée de *Syrienne* et la chypriote ou la palestinienne.

L'*Apis cecropia* ou *abeille de Grèce* est considérée par certains entomologistes comme la souche de toutes les races domestiques. Elle est peu connue en dehors de son pays et n'a qu'un intérèt historique. Elle est également agressive et méchante et, par ses caractères extérieurs, elle ressemble beaucoup aux abeilles carnioliennes qui ont été décrites plus haut.

Si nous quittons maintenant l'Europe et le bassin méditerranéen, nous trouvons des espèces répandues en Afrique, en Asie et dans les îles de l'océan Indien.

L'*Apis unicolor* (Latr.), qui paraît originaire de Madagascar, peuple aussi les îles Mascareignes (Maurice, la Réunion) et les Canaries. Cette espèce a été étudiée par M. C.-P. Cori et elle diffère peu par l'aspect de l'*A. mellifica* ; elle est seulement plus petite, plus foncée et moins robuste, avec les anneaux de l'abdomen moins accusés. Les mâles sont presque identiques. Chez les deux variétés, les reines ont les pattes d'un brun rougeâtre, tandis que les ouvrières ont les pattes noires ; la reine d'*A. unicolor* a peut-être les pattes plus rouges que la reine européenne, son abdomen est noir bleuàtre et les poils du corselet sont plus clairs que chez l'ouvrière. Outre sa taille, ce qui distingue surtout l'*A. unicolor* de l'*A. mellifica* c'est que chez la première l'abdomen est uniformément noir, sans aucune nuance marquant les anneaux. Les mœurs sont les mèmes que chez nos abeilles d'Europe, mais les mâles sont conservés plus longtemps et souvent mème toute l'année en petite quantité. Ces abeilles sont très douces, mais néanmoins assez difficiles à élever à cause de leur tendance à fuir et à reprendre l'état sauvage, surtout à l'état d'essaims.

Une expérience faite par un apiculteur de la Réunion, M. de Villèle, montre l'affinité qui existe entre l'*A. unicolor* et nos races d'Europe ; en effet, cet habile praticien ayant reçu de France et d'Italie des reines italiennes, après un mois de traversée a réussi à les faire accepter par une colonie pure d'*Unicolor* ; il a obtenu ensuite des croisements féconds et qui paraissent de grande valeur.

On trouve au Sénégal l'*A. Adansonii* (Latr.), assez semblable à l'*A. ligustica*, mais d'un quart plus petite ; les indigènes l'élèvent dans des ruches suspendues aux arbres et en retirent par l'étouffage du miel et une cire de bonne qualité.

Au Congo habite l'*A. nigritarum* (Lepel. St-F.) à antennes noires portées sur un tubercule jaune ; l'abdomen est noir, à poils gris, avec le premier segment et la base du second jaunâtres, les ailes transparentes.

Dans le sud de l'Afrique (Cafrerie et cap de Bonne-Espérance), on rencontre l'*A. caffra* (Lepel. St-F.), noire, avec la base du second segment de l'abdomen de couleur ferrugineuse, et l'*A. scutellata* (Lepel. St-F.), à abdomen brun, avec la base des segments revêtue de poils cendrés.

La géante du genre est domestiquée aux Célèbes et aux Philippines, c'est l'*A. zonata* (Smith), de couleur entièrement noire, avec seulement une mince bordure blanche sur les bords du troisième segment et des suivants ; sa taille est plus du double de celle de notre abeille commune.

L'*A. dorsata* (Fabr.) vit à l'état sauvage dans les forêts de l'Inde, de Ceylan et des îles de la Sonde ; elle est presque aussi grosse que l'*A. zonata*.

Elle a le corselet noir recouvert de poils roussâtres, les deux premiers segments de l'abdomen jaune-orange foncé avec des taches brunes et triangulaires, les segments suivants noir foncé et très brillants avec une fourrure blanchâtre très épaisse, les ailes rousses à reflets violets, et l'écusson jaunâtre. Cette grosse abeille suspend ses rayons sous les branches les plus élevées des arbres ; les indigènes, qui redoutent beaucoup son aiguillon, parviennent cependant à s'en emparer. On avait pensé que l A. *dorsata* pourrait être utilement introduite en Europe et que la longueur de sa langue, proportionnée à son corps, lui permettrait de puiser du nectar dans des fleurs très nectarifères, telles que le trèfle rouge, où nos abeilles ne peuvent rien prendre à cause de la profondeur de la corolle.

Des essais d'introduction furent faits, en 1881, par Frank Benton et un peu plus tard par l'Allemand Dathe, mais ces abeilles ne tardèrent pas à périr, le climat de l'Europe ne leur convenant nullement. Du reste, dans son pays même, elle n'est pas considérée comme utilisable en ruches et on lui préfère les abeilles d'Europe qui y ont été introduites.

L'*A. nigripennis* (Latr.), l'*A. bicolor* (Klug) paraissent être identiques à l'*A. dorsata*. On considère aussi l'*A. testacea* (Smith), trouvée par Alfred B. Wallace à Timor et de moitié plus petite que l'abeille commune, comme n'étant qu'une variété de l'*A. dorsata* ; elle n'en diffère que par sa taille et par sa couleur qui est un peu plus claire ; ce n'est cependant pas, comme on l'a avancé, un état jeune de l'*A. dorsata*.

De cette dernière espèce se rapprocherait encore l'*A. gronowii* (Lesguillou) découverte à Amboine.

Dans ces mêmes îles de la Sonde et au Bengale, l'*A. indica* (Fabr.), de moitié plus petite que l'*A. mellifica*, fournit aux indigènes du miel et de la cire dans des tuyaux de bambous qu'ils suspendent aux arbres sans aucun soin particulier de culture. Il ne paraît pas possible de domestiquer cette espèce à cause de sa tendance exagérée à l'essaimage et de son humeur voyageuse qui lui fait abandonner fréquemment son domicile. L'*A. indica* est noire, avec le premier et le deuxième segment de l'abdomen d'un roux ferrugineux et la fourrure blanchâtre.

Dans les régions indo-chinoises et indo-malaises se rencontre l'*A. socialis* (Latr.) de couleur noire, à ailes transparentes, avec les trois premiers segments de 'abdomen d'un ferrugineux pâle, ainsi que la base des suivants; l'abdomen est presque glabre et ne présente que d'étroites bandes de poils gris. Cette espèce est domestiquée en Chine.

Péron, en 1803, découvrit à Timor une abeille noire, à écusson jaunâtre, avec les deux premiers segments de l'abdomen et la base du troisième d'un roux jaunâtre, les ailes transparentes, à nervures noires; c'est l'*A. Peroni* (Latr.).

Les îles de la Sonde, qui sont le berceau de la plus grande espèce d'abeille connue, ont aussi donné naissance à la plus petite, l'*A. floralis* (Fabr.), qui niche dans les forêts et les jardins de Bornéo, de Ceylan et de l'Inde; c'est en effet une abeille minuscule dont l'ouvrière ne mesure que 7 millimètres, la reine 13 à 14 et le mâle 11 à 12.

Enfin une abeille brun foncé, couverte d'un duvet blanc jaunâtre, l'*A. rufescens* (Verreaux), a été trouvée en Tasmanie.

On voit par cette nomenclature que le genre *Apis* est exclusivement propre à l'ancien continent, mais il y est répandu partout; les régions les plus froides du globe ne sont même pas dépourvues de cet utile insecte.

L'explorateur polaire Ejrind Astrup rapporte en effet que dans son voyage il a vu de nombreuses abeilles par 83° de latitude; il pense qu'il en existe encore au delà et peut-être au pôle même; le court été de ces régions désolées produit une flore d'une extrême richesse qui se développe avec une étonnante rapidité, et le jour ininterrompu, grâce à la présence incessante du soleil au-dessus de l'horizon, permet aux butineuses un travail qui ne s'arrête jamais pendant toute la durée de la belle saison.

L'Amérique n'offre aucun représentant indigène du genre *Apis*; les abeilles qui y existent à l'état domestique ou à l'état sauvage proviennent d'introductions faites postérieurement à la découverte du nouveau continent.

Là, les Apides sont représentés par des mellifères dépourvus d'aiguillon ou plutôt à aiguillon rudimentaire avec une glande à venin atrophiée ; ce sont les *mélipones* et les *trigones* répandues au nombre de plusieurs centaines d'espèces dans les régions chaudes de l'Amérique, depuis le Mexique jusqu'au Paraguay. On trouve aussi des trigones dans l'Inde et dans les îles de l'océan Indien, en Chine, en Australasie et même dans l'Afrique australe et en Abyssinie. Les mélipones seules sont spéciales à l'Amérique il est assez facile de les distinguer des trigones à leur aspect élargi, à ailes plus courtes que l'abdomen qui est oblong, convexe en dessus, à peine caréné en dessous, les mandibules jamais dentées ; les trigones sont en général de plus petite taille, avec les ailes de la longueur de l'abdomen qui est court, triangulaire, caréné en dessous, mandibules généralement dentées.

Si ces Apides sont dépourvus d'aiguillon, beaucoup d'espèces, principalement les plus petites, sont pour le moins aussi redoutables que les abeilles par leur caractère agressif et leurs morsures dans lesquelles elles déposent une salive venimeuse déterminant des inflammations de la peau et des ampoules souvent fort longues à guérir.

D'autres sont inoffensives et élevées dans des ruches rudimentaires par les indigènes pour la production de la cire et du miel.

D'assez profondes différences existent entre les mélipones et trigones et les abeilles de l'ancien monde.

Les colonies, relativement peu nombreuses, comprennent une seule mère féconde qui paraît vivre en bonne intelligence avec quelques reines vierges, des ouvrières et des mâles. On connaît très incomplètement la physionomie de ces divers individus dans les nombreuses espèces du genre : chez la *M. scutellaris* (Latr.), étudiée par Drory, les reines vierges sont un peu plus petites que les ouvrières et leurs pattes sont, comme chez les abeilles, dépourvues de corbeilles à pollen ; chez les femelles fécondes, au contraire, l'abdomen, distendu par les œufs, devient énorme et l'insecte, incapable de voler, peut à peine se traîner d'une cellule à l'autre. Les mâles sont presque semblables aux ouvrières, avec des formes un peu plus grêles ; ils sécrètent de la cire, mais n'ont ni brosses, ni corbeilles à pollen aux pattes postérieures. Leur taille est très variable, depuis la *M. scutellaris*, qui atteint presque la taille de l'abeille domestique, jusqu'à certaines trigones qui ne dépassent pas 3 à 4 millimètres de longueur.

La langue, presque toujours fort longue, dépasse chez certains types celle du corps entier, ce qui leur permet de butiner dans des fleurs à corolle tubuleuse et profonde. Les miels qu'elles produisent sont tantôt exquis, d'autres fois très mauvais, parfois même vénéneux et susceptibles de produire des accidents extrèmement graves ; toujours très aqueux, ils restent liquides, ne granulent pas et leur conservation est difficile.

Les mâles comme les femelles sécrètent de la cire et non pas sous le ventre, comme chez les abeilles, mais sur les cinq premiers segments de la face dorsale de l'abdomen, sous forme d'une pellicule blanche et transparente dont les insectes s'emparent à l'aide des jambes postérieures ; ils la triturent ensuite entre leurs mandibules, la mélangent avec leur salive âcre et colorée, de telle sorte que la cire est presque toujours noire ou brune, résiste au blanchissement et est de qualité inférieure et généralement plus molle que la cire des abeilles. La cire des mélipones est connue dans le commerce sous le nom de *cire des Andaquies* ; sa densité est de 0,917 et son point de fusion 77°.

Les ouvrières récoltent, comme les abeilles, de la propolis et du pollen, sur les corbeilles des pattes postérieures.

Les colonies se multiplient par l'essaimage, mais ici ce n'est pas la vieille mère alourdie par les œufs et incapable de voler qui accompagne l'essaim, mais bien une des reines vierges qui existent dans le nid ; aussi les essaims s'envolent-ils toujours très loin de la souche.

Les mélipones et les trigones font leurs nids tantôt dans des arbres ou des branches creuses, des cavités de rochers ou des tiges fistuleuses ou même dans le sol. Ces nids sont bien différents de ceux construits par les Apides de l'ancien continent : les gâteaux, au lieu d'être verticaux et à deux rangs de cellules à fonds pyramidés et opposés, sont horizontaux ; les cellules sont par suite verticales, à fond en forme de cupule hémi-sphérique ; leur ouverture est supérieure et non latérale, car il n'y en a jamais qu'un seul rang à la face supérieure du rayon et pas en dessous. Les alvéoles sont quelquefois de section circulaire, mais le plus souvent, par pression, ils prennent au centre du rayon la forme hexagonale, ceux du pourtour restant cylindriques.

Un premier rayon occupe le fond du nid ; il est supporté par des piliers de cire ; aussitôt les ouvrières déposent dans les cellules une pâtée de pollen et par-dessus une gelée plus fluide sur laquelle l'œuf est pondu ; la cellule est operculée immédiatement après la ponte, de telle sorte que, contrairement à ce qui se passe chez les abeilles, le développement a entièrement lieu en chambre close et en présence de toute la nourriture nécessaire à la vie de la larve donnée d'un seul coup, comme chez les Apides solitaires.

Après un stade nymphal, l'éclosion a lieu ; chaque alvéole ne sert qu'une seule fois, et, sitôt après la sortie de l'insecte parfait, les mélipones en rongent les parois jusqu'au fond, de sorte que le rayon se réduit à une mince plaque qui sert à son tour de point d'appui pour de nouveaux piliers, supportant un nouveau rayon semblable au premier. Il en est ainsi jusqu'à ce que les étages successifs remplissent la cavité du nid qui est alors abandonné pour un nouveau domicile.

Jamais ces rayons d'élevage ne servent pour le dépôt des provisions ; les magasins à miel et à pollen sont constitués par des sortes d'amphores ou d'outres de cire, de forme ovoïde, soudées les unes aux autres et suspendues, en dehors du nid à couvain, aux parois de la cavité. Leur grosseur, suivant les espèces, varie de la grosseur d'un pois à celle d'un œuf de pigeon.

Le miel étant toujours liquide, son mode de récolte est très simple : il suffit de faire un trou à la partie inférieure de l'habitation, d'introduire par là une baguette pointue pour perforer les outres et recueillir dans un vase plusieurs litres parfois du liquide sucré qui s'écoule. On referme ensuite le trou de la ruche avec une cheville. On a compté dans certaines colonies bien peuplées plus de 200 de ces outres à miel.

Tantôt, tout cet ensemble est entouré de feuillets de cire entre-croisés, de telle sorte que le nid tout entier a la forme d'un grand sac de cire brune, ne laissant comme passage qu'un tunnel long, étroit et sinueux aboutissant, vers l'extérieur, à une ouverture très petite gardée par de vigilantes sentinelles prêtes à se jeter sur l'ennemi et à le mordre avec fureur. Ce trou de vol est fermé la nuit par un mur de cire d'autant plus épais que la température est plus froide.

D'autres fois les cellules d'incubation seules sont contenues dans l'enveloppe et les outres à miel sont libres dans l'aire du nid (*M. scutellaris*). Parfois enfin (*Trigona cilipes*) les cellules d'incubation ne sont plus disposées en rayons circulaires étagés horizontalement, mais isolées le long d'une tige commune, de manière à former comme une grappe de raisin entourée d'amphores à provisions.

La seule espèce cultivée au Brésil est la *M. scutellaris* (Latr.) ou *Uruçu*, presque aussi grosse que l'abeille et tout à fait inoffensive pour l'homme. La *M. fulvipes* (G. Men.), un peu plus petite, est parfois domestiquée à la Havane et au Mexique. Il est facile de se procurer leurs colonies, très abondantes dans les bois, en sciant l'arbre qui les contient et en le transportant à la maison ; on peut ensuite les multiplier par des procédés analogues à ceux de l'essaimage artificiel en usage pour les abeilles, en les logeant dans des ruches en bois, en bambou ou en argile suspendues aux toits des habitations.

L'acclimatation de ces insectes a été tentée en Europe, en particulier par M. Drory, qui avait reçu de Bahia 47 colonies de mélipones et de trigones comprenant 11 espèces. L'essai qu'il en a fait, avec le plus grand soin, à Bordeaux, lui a montré que ces mellifères ne pouvaient être d'aucune utilité dans nos pays, dont le climat, trop froid, ne leur convient nullement. Non seulement elles sont incapables d'hiverner convenablement, puisqu'elles meurent à 10°, mais encore, dans la belle saison, elles sortent à peine au-dessous de 18° et, en plein été, les journées qu'elles peuvent consacrer à la récolte sont très rares. Ce sont essentiellement des insectes tropicaux, qui ne montrent une grande activité que dans leur pays d'origine et, même là, on tend à les remplacer de plus en plus par les abeilles proprement dites dont les résultats sont bien supérieurs.

Choix de la race à cultiver.

D'après la revue que nous venons de faire des différentes races d'Apides et de mélipones, on voit qu'il n'en existe pas de véritablement supérieure, en tous points, à notre race noire ou commune. Si certaines espèces, comme les chypriotes par exemple, se montrent des récolteuses d'une activité sans égale, elles sont aussi d'une méchanceté redoutable pour l'apiculteur et ses voisins ; la carniolienne a contre elle sa propension exagérée à l'essaimage ; l'italienne tant vantée laisse à désirer au point de vue de la rusticité. Dans toutes les races étrangères, en un mot, une observation attentive et impartiale des faits fera découvrir un défaut de nature à annihiler en partie les qualités qui semblaient au premier abord les rendre préférables à l'abeille vulgaire de nos campagnes.

Dans ces appréciations il faudra surtout se méfier du point de vue purement esthétique ; on est trop souvent porté à considérer comme très bonne une race qui est seulement très belle par la sveltesse de son corps et les couleurs plus ou moins agréables dont elle est revêtue. C'est là une considération qui n'est que secondaire dans le peuplement d'un rucher de produit.

En résumé, nous conseillons toujours et partout d'adopter de préférence la variété noire, surtout dans les débuts, tant à cause de ses qualités que parce qu'elle est celle qu'il est le plus facile et le plus économique de se procurer partout.

Enfin, que l'on n'oublie pas que l'introduction de races étrangères dans des régions où l'apiculture était jusque-là prospère y a souvent amené la *loque* ou pourriture du couvain, maladie contagieuse, difficile à extirper et qui a amené la ruine d'innombrables ruchers.

Aussi est-ce avec raison que l'apiculteur allemand Mayerhoffer, cité par M. de Layens, écrivait en 1876 à M. Pellenc : « Vous êtes heureux que dans votre patrie les apiculteurs ne soient pas pris du même engouement que nous autres pour les races étrangères. Vous, vous récoltez et vendez du miel ; nous, nous ne sommes que science et érudition et nos pots à miel restent vides ».

Croisements.

Du reste l'introducteur de races étrangères aura les plus grandes peines à les maintenir pures. Les reines et les faux bourdons franchissent, lors du vol nuptial, des distances souvent énormes et, lorsque plusieurs races

coexistent dans un rayon moindre que 8 à 10 kilomètres,
et à plus forte raison dans le même rucher, des croisements se produisent rapidement au fur et à mesure que
les colonies renouvellent naturellement leurs reines. Il est
à remarquer que si les croisements peuvent, d'après
l'opinion de certains auteurs, améliorer les qualités de
travail et de rusticité d'une race, ils en changent presque
toujours en mal le caractère.

Ainsi l'abeille italienne, qui est très douce à l'état pur,
donne avec la race noire des métisses excellentes au
point de vue du rendement et de la rusticité, mais d'une
méchanceté que la douceur relative des générateurs ne
permettait pas de prévoir. Du reste, le défaut est plus
accentué lorsque la colonie métisse a pour père un
bourdon de la race commune que lorsque ce dernier est
de race italienne. M. W. Vogel a remarqué en effet que,
chez les abeilles, c'est surtout le père qui transmet le
caractère.

M. Bertrand conseille d'essayer les croisements de la
carniolienne avec la commune ou l'italienne; M. Cowan
des carnioliennes avec les chypriotes. Ce sont en tous les
cas des essais qu'il faut tenter avec prudence et dans des
endroits éloignés des habitations et des chemins. En
croisant la race égyptienne avec la commune, M. W. Vogel
a obtenu une sous-race fixée qui offre la plus grande
analogie avec la race italienne. M. Bertrand fait observer
que ce résultat permet de supposer que la race italienne
pourrait bien provenir d'un ancien croisement des abeilles
d'Égypte et de Syrie avec notre race commune.

Dans ces croisements de races quelles qu'elles soient,
il se produit toujours au point de vue des caractères
extérieurs des variations considérables : tantôt les
ouvrières métisses ressemblent plus à l'une des races ou
à l'autre suivant qu'aura prédominé la puissance héréditaire du père ou de la mère. C'est ainsi que dans des
croisements italiens-noirs M. Sanson a constaté maintes

fois, avec les anneaux complètement jaunes de l'italienne, les formes typiques de l'abeille noire, et réciproquement ; d'autres individus présentaient le tout réuni, formes et couleur des anneaux de l'un ou l'autre des deux types naturels. C'est là la constatation d'une loi générale en zootechnie.

AUTRES INSECTES PRODUISANT DU MIEL.

On sait que les *aphides* ou *pucerons* qui vivent en colonies nombreuses sur les pousses, les bourgeons et les feuilles de beaucoup de plantes, sécrètent par des organes spéciaux situés de chaque côté de l'abdomen un liquide sucré que nous retrouvons souvent dans les ruches, parce que les abeilles le récoltent avec avidité. Ce miellat de pucerons, qu'il ne faut pas confondre avec le miellat sécrété par les feuilles dans des conditions spéciales, est le résultat d'une sorte de digestion de la sève des plantes que l'Aphidien absorbe pour sa nourriture ; il constitue un produit de fort mauvaise qualité.

Au Mexique et dans les États de l'Union Américaine qui avoisinent ce pays on rencontre une fourmi, connue dans les environs de Mexico sous le nom de *Busilera* et qui accumule des quantités assez considérables de miel d'une manière extrèmement curieuse. Cette fourmi à miel, désignée sous le nom scientifique de *Myrmecocystus melliger* (Vesmaël), a été signalée pour la première fois par le docteur mexicain Pablo de Llave en 1832, et ses mœurs intéressantes étudiées par Mac Cook en 1882. Les colonies de *Myrmecocystus* comprennent une reine féconde, des femelles vierges, des mâles, des ouvrières de trois types différents et enfin une forme sédentaire, les *porteuses de miel*, caractérisées par leur abdomen distendu en forme de sphère par l'expansion du jabot rempli de miel, jusqu'au diamètre d'une forte groseille.

Les ouvrières, en repos pendant tout le jour, sortent à

la tombée de la nuit et vont recueillir sur les plantes, et en particulier sur les galles du *Quercus undulata*, les exsudations sucrées qui s'y forment. Chargées de leur butin, elles rentrent à la ruche, et incapables de construire, comme les abeilles, des rayons pour conserver leurs provisions, elles les dégorgent dans le jabot des porteuses de miel. On trouve celles-ci, l'abdomen énormément développé et pour ainsi dire incapables de se mouvoir, suspendues par les pattes, au nombre souvent de plusieurs centaines, au plafond de chambres spéciales creusées dans le nid. Là, ces réservoirs vivants sont entassés et soignés; puis, quand vient la mauvaise saison, les ouvrières, au fur et à mesure des besoins, s'approchent des porteuses, se placent contre elles, bouche contre bouche, et reçoivent le miel régurgité du jabot.

Les indigènes du Mexique et les Indiens connaissent ces fourmis et en apprécient les produits, ouvrent les nids et sucent l'abdomen des porteuses de miel, ou bien, après les avoir coupés, les placent sur des assiettes pour les manger aux repas comme friandises. Ils en préparent aussi par fermentation une boisson alcoolique.

Dans les plus grands nids on peut trouver jusqu'à 600 de ces insectes gonflés de miel; il en faut environ 1 200 pour faire une livre anglaise de 0ᵏᵍ,4535.

Un nid ne pourrait guère donner une récolte supérieure à 250 grammes; dès lors leur utilisation pratique comme producteurs de miel ne saurait être tentée.

Cependant le miel des *Myrmecocystus* possède un goût agréable et doux, il est très hygroscopique et paraît constitué par une solution à peu près pure de sucre de raisin.

M. A. Villiers a présenté le 10 février 1879, à l'Académie des sciences, une note sur un miel que l'on trouve en Éthiopie dans des cavités souterraines et qui est fabriqué sans cire par un insecte semblable à un gros moustique. Ce miel, appelé dans le pays *tazma*, présente la composition suivante pour 100 :

Eau.................................	25,5
Sucres fermentescibles (lévulose avec 1/6 de glucose et pas de sucre de canne).............................	32,0
Mannite.............................	3,0
Dextrine.............................	27,9
Cendres.............................	2,5
Matières diverses et pertes.............	9,1

La composition de ce miel rappelle celle des mannes du Sinaï et du Kurdistan, autrefois analysées par M. Berthelot, celle de la matière sucrée des feuilles du tilleul, analysée par M. Boussingault, ainsi que celle du miel ordinaire lui-même. Elle se distingue cependant de ces diverses substances par l'absence de sucre de canne.

Enfin, tout récemment, M. Boutillot rapporte qu'il existe à Madagascar, dans la province de Tulear, une sorte de mouche assez semblable à une mouche ordinaire et appelée par les indigènes *Sihy*. Elle n'a pas d'aiguillon, habite les branches creuses et produit un miel très agréable et très sucré. Il est probable que cette mouche, sur laquelle les indications données sont assez vagues, est une mélipone ou une trigone.

Les abeilles et les mélipones ne sont pas non plus les seuls insectes producteurs de cire; nous signalerons plus loin ceux qui sont encore susceptibles d'en fournir.

Changement de race.

Lorsque l'on désire expérimenter des races étrangères et remplacer par celles-ci la variété que l'on possède, il n'est pas nécessaire d'acheter et d'introduire des colonies complètes ; il suffit de se procurer une mère de la race pure que l'on a en vue, fécondée par un mâle de la même race, et de la faire accepter par une des colonies quelconques du rucher préalablement rendue orpheline.

L'achat, le transport de ces reines et les précautions à

prendre pour assurer leur acceptation seront expliqués dans le chapitre VIII.

Au moment de la suppression de sa mère, la colonie contient du couvain de tout âge de la race à faire disparaître ; les derniers œufs pondus écloront vingt et un jours après et les insectes qui en sortiront arriveront au terme de leur existence environ soixante jours plus tard ; par conséquent, trois mois au plus après le début de l'opération les abeilles de la race primitive auront totalement disparu. Dès son introduction, la reine nouvelle pondra et ses premières filles commenceront à apparaître le vingt et unième jour; leur nombre s'accroîtra peu à peu et, au bout du temps indiqué, elles constitueront seules la population.

———————

III

LA CIRE ET LES CONSTRUCTIONS
DES ABEILLES

LA CIRE GAUFRÉE. — LA PROPOLIS.

LA CIRE.

La cire des abeilles est une substance grasse, d'une coloration généralement jaune plus ou moins foncée, parfois blanche, dure et cassante à une température basse, molle vers 30° ou 35°, fusible à 62°-63°, commençant à se décomposer vers 100°, ce qui oblige à en effectuer la fusion à une température qui ne soit pas supérieure à celle de l'eau bouillante. Elle bout vers 230°.

Elle présente une cassure nette, conchoïdale à grain peu serré et est plastique sans coller aux doigts ; placée dans la bouche, les dents ne doivent pas y adhérer et la saveur en est presque nulle. Sa densité est de 0,9625 à 0,9675.

La cire brûle avec une flamme peu colorée et sans laisser de résidus si elle est pure. Elle est soluble en partie dans l'alcool bouillant, totalement dans l'éther, l'éther de pétrole, le sulfure de carbone, le chloroforme, la benzine, l'essence de térébenthine, et d'une manière générale dans les huiles, les graisses et les essences ; insoluble dans l'eau et dans l'alcool froid.

Au point de vue chimique, elle est constituée par deux principes immédiats, en proportions variables suivant l'origine de la cire considérée, simplement mélangés, inégalement solubles dans l'alcool, ce qui permet de les séparer à l'aide de ce véhicule : l'*acide cérotique* ou *cérine* qui est un corps solide, blanc, fondant à 78°, soluble dans l'alcool bouillant, et la *myricine*, substance cristalline, fusible à 72°, qui est un éther palmitique de l'alcool myricique (*palmitate de myricyle* ou *éther mélissipalmitique*). Ce dernier s'isole en traitant par l'éther de la cire épuisée par l'alcool bouillant.

On rencontre encore dans la cire une petite quantité de *céroléine,* substance molle, très soluble dans l'alcool et dans l'éther, fusible à 28° et acide au papier de tournesol.

On trouve généralement dans la cire :

Acide cérotique............... 65 à 66 p. 100.
Myricine .... 30 —
Céroléine........ .. .. 4 à 5 —

C'est à tort, à notre avis, que l'on a critiqué les écrivains apicoles qui ont assimilé la production de la cire chez l'abeille à celle de la graisse chez les animaux supérieurs. Cette similitude est absolument complète, et le fait que l'abeille est un insecte ne suffit pas pour déclarer que la cire se forme chez elle autrement que chez les mammifères, les mêmes principes physiologiques régissant le fonctionnement des organes de sécrétion et de digestion, dans toutes les classes du règne animal.

Non seulement la cire est une graisse véritable, mais elle peut se former, comme celle des animaux supérieurs, par la transformation des sucres, et Claude Bernard a montré que la fonction glycogénique s'exerce chez les insectes par les cellules hépatiques de l'intestin comme chez les vertébrés par le foie. L'oxygène en excès dans les sucres se sépare et s'échappe sous forme d'acide carbonique et d'eau.

Nous avons déjà étudié, dans le chapitre réservé à l'anatomie, la manière dont les abeilles sécrètent la cire, la conformation et le fonctionnement de l'appareil producteur; nous devons maintenant examiner comment elles tirent parti de cette substance dans l'intérieur des ruches et l'économie de cette sécrétion au point de vue pratique.

Économie de la production cirière.

On sait, depuis les expériences de l'illustre aveugle génevois Huber, que le miel ou les liquides sucrés sont la base dans laquelle l'abeille ouvrière trouve, par un phénomène d'excrétion, les éléments de la matière cireuse. Aussi le problème s'est-il posé tout de suite de connaître le rapport quantitatif qui existait entre le miel et la cire; en d'autres termes, combien une ouvrière était obligée de consommer de grammes de miel, ou de matière sucrée équivalente, pour sécréter 1 gramme de cire.

La solution de cette question a surtout acquis une importance considérable depuis l'invention de la ruche à cadres mobiles et de la cire gaufrée.

Dans les méthodes qui en font usage, on fournit d'avance aux abeilles, sous forme de feuilles portant en creux les rudiments de cellules d'ouvrières, la plus grande partie de la cire qui leur est nécessaire; les rayons une fois remplis, on se borne à les vider à l'aide d'un extracteur à force centrifuge pour les rendre ensuite à la ruche. Les mêmes rayons peuvent servir pendant de longues années et le remplissage total de la ruche avec ces bâtisses toutes prêtes supprime en quelque sorte la manifestation de la fonction édificatrice.

Y a-t-il avantage économique à opérer ainsi? L'abeille accumulera-t-elle dans les rayons, sous forme de miel, tout le nectar que, dans le cas de vacuité de l'habitation, elle aurait employé à édifier ses magasins? Quelle est l'augmentation de récolte qu'il est permis d'espérer par la fourniture totale ou partielle de rayons entièrement bâtis?

De nombreux expérimentateurs se sont attachés à résoudre le problème.

Huber, le premier, constata qu'une livre de sucre (489gr,5) réduite en sirop produisit 10 gros 52 grains (40gr,756) de cire, soit 12 grammes de sucre pour 1 gramme de cire.

Dans une autre expérience d'Huber, une livre de cassonade donna 22 gros de cire (85gr,60), soit 5gr,7 de cassonade pour 1 gramme de cire.

En 1869, Gundlach obtint d'un essaim de 295 grammes, formé par 2765 abeilles, un rayon de 18gr,4 de cire avec une consommation de 501gr,2 de miel, soit 27,3 de miel pour 1 de cire.

Dans une expérience restée célèbre, Dumas et Milne-Edwards, en 1854, trouvent qu'il faut 25 kilos de miel ou 16kg,66 de sirop de sucre pour 1 kilo de cire.

D'après Erlenmayer et de Planta (1883), 18kg,50 de miel sec brut ou 21kg,33 de miel sec libre d'azote donnent 1 kilo de cire.

D'après le professeur A.-J. Cook (1892), 11 livres de miel sont la quantité nécessaire pour sécréter une livre de cire.

Ch. Dadant (1886) pense qu'il faut aux abeilles 10 kilos de miel pour faire 1 kilo de cire. Le Dr Dubini indique 10 à 12 kilos de miel.

M. Viallon, à la suite d'essais faits en 1882, a conclu qu'il faudrait, pour faire 1 kilo de cire : 14 kilos de miel ou 10 kilos de sucre blanc transformé en sirop, ou 5 kilos de sucre roux; en donnant du pollen en même temps que l'alimentation sucrée, il a obtenu 15 p. 100 de cire en p'us. Dans des expériences ultérieures, le même apiculteur a trouvé que les colonies avaient consommé de 7kg,33 à 8 kilos de miel pour produire 1 kilo de cire.

D'après les expériences de l'apiculteur allemand Berlepsch, il faut 21 livres de miel sans pollen pour faire une livre de cire, tandis qu'il ne faut plus que 11 à

12.

12 livres de miel mélangé de pollen pour la même production.

M. de Layens, en laissant aux abeilles toute liberté d'aller travailler au dehors comme à l'ordinaire, trouve qu'il faut seulement 6ᵏᵍ,3 de miel pour 1 kilo de cire.

M. Hamet dit qu'il ne faut pas aux abeilles à l'état libre plus de 2 à 3 de miel pour 1 de cire, et Collin va plus loin encore et affirme que dans la saison des fleurs une quantité de cire ne coûte guère que la même quantité de miel.

M. Sylviac pense aussi que, quand toutes les conditions les plus favorables possibles à la sécrétion de la cire sont réunies, il ne faut pas plus de 1 gramme de miel pour la production de 1 gramme de cire ; lorsque les circonstances sont très bonnes, il n'en faut que 2 ou 3.

On voit combien les savants et les apiculteurs les plus autorisés sont en désaccord sur la relation quantitative qui existe entre la cire et le miel consommé pour la produire.

En réalité, nous ignorons presque toujours les conditions exactes et complètes dans lesquelles les expériences ci-dessus ont été réalisées. Il est certain tout d'abord que le fait de retenir des abeilles prisonnières, sans bâtisses préalables, à une époque et dans des conditions quelconques, ne peut conduire qu'à des résultats absolument erronés et sans aucune valeur dans la pratique. Même en liberté, les abeilles ne produisent pas, en effet, économiquement et naturellement de la cire quand il plaît à l'apiculteur qu'elles en fassent, mais, au contraire, quand le moment leur semble le plus convenable pour cette sécrétion.

Une autre cause d'erreur provient de ce que l'on tient compte de la quantité de nourriture donnée à toute la colonie ; s'il est vrai que toutes les abeilles consomment pour leur propre entretien, une partie seulement d'entre elles produit de la cire, soit parce que les unes sont trop jeunes ou trop âgées pour le faire en proportion appréciable, soit parce qu'en liberté elles sont occupées à la récolte du miel, du pollen ou de la propolis.

Influences qui agissent sur la production de la cire.

C'est avec raison que Sylviac, résumant l'opinion d'un grand nombre de praticiens, a dit qu'il n'y a pas de rapport bien certain à établir entre la quantité de miel absorbé et celle de la cire qui doit en résulter, parce que cette production dépend d'une foule de facteurs qui la modifient, tels que la quantité de nectar disponible, sa qualité, l'état du temps, l'âge des butineuses, la température extérieure, le nombre des abeilles assurant une chaude couverture aux cirières, le mouvement auquel celles-ci se sont livrées, la proportion des bourdons et du couvain, la disposition des constructions et bien d'autres conditions d'influence. En un mot, le rapport entre le poids du miel absorbé et celui de la cire produite pourrait varier, d'après l'auteur cité, de 1 à 20 ou 30, depuis le cas où les circonstances les plus favorables sont réunies jusqu'à celui où la sécrétion devient inappréciable, le rapport ne paraissant pas pouvoir dépasser le maximum de 30 de miel pour 1 de cire au delà duquel la production cireuse s'arrête.

Nous allons passer en revue l'influence des principaux facteurs énumérés.

1º INFLUENCE DE L'ALIMENTATION. — Si l'alimentation au miel ou au sirop de sucre seuls assure la sécrétion cireuse, il paraît bien que cette nourriture exclusive n'est pas la plus favorable. Nous avons déjà vu plus haut que, dans les expériences de Viallon, l'adjonction de pollen fournit un rendement en cire de 15 p. 100 plus élevé ; Berlepsch aussi trouve qu'avec du miel sans pollen le rapport est de 21 p. 100 et avec du pollen de 11 à 12 p. 100.

L'action favorable du pollen s'explique par la richesse

de cette substance en matière azotée; la cire, il est vrai, n'en contient pas, non plus que le miel, mais l'azote du pollen intervient dans l'alimentation de la cirière pour subvenir à la réparation des forces et à l'usure des organes de l'insecte pendant son travail.

Il faudrait 0^{gr},04 de pollen, d'après M. Sylviac, pour l'alimentation de l'abeille pendant la sécrétion de 1 gramme de cire.

En se plaçant au point de vue purement chimique, M. Maupy constate qu'on trouve en moyenne dans :

	100 GRAMMES DE CIRE.	100 GRAMMES DE MIEL ANHYDRE.
	gr.	gr.
Carbone........	81,50	40,00
Hydrogène.	13,50	6,66
Oxygène............	5,00	53,33

Il faut donc plus de 200 grammes de miel anhydre pour trouver le carbone et l'hydrogène nécessaires à la constitution de 100 grammes de cire. L'excès d'oxygène sert probablement comme comburant du carbone et, en outre de la cire, il se produit, dans le phénomène de transformation, de l'acide carbonique et de la vapeur d'eau. Comme le bon miel operculé contient environ 20 p. 100 d'eau, on doit ajouter 1/4 en plus au nombre ci-dessus et on peut conclure que, en se plaçant au point de vue exclusivement chimique et en considérant le miel mûr comme la source de la cire, il faut au minimum :

Pour la composition de 100 gr. de cire.. 250 gr. de miel.
Pour le travail de transformation...... 125   —

soit au total 375 à 400 grammes, en admettant que la cirière soit un instrument idéal de synthèse. L'adjonction du pollen, qui contient beaucoup de matières azotées, mais peu de pollen, pourrait indirectement favoriser le travail, comme nous l'avons dit, mais demanderait pour sa digestion une nouvelle dépense de sucre, ce qui augmenterait encore le nombre trouvé.

Pour M. Sylviac (1), ce n'est ni le miel ni le nectar qui interviennent dans la sécrétion cireuse, à l'époque où elle est le plus intense, dans une ruche nue, lorsqu'une colonie s'installe et bâtit rapidement.

En se plaçant, comme M. Maupy, sur le terrain de la chimie pure et en considérant un essaim travaillant très activement dans des conditions aussi favorables que possible, M. Sylviac a trouvé qu'une cirière produit en vingt-quatre heures 5 centigrammes de cire, contenant en moyenne 80 p. 100, soit 4 centigrammes de carbone; pour retrouver cette quantité de carbone nécessaire, en admettant que le miel seul soit la source de la cire, la butineuse devrait en absorber au moins le double en miel *anhydre*, lequel n'est que le cinquième du miel aqueux. La cirière devrait donc absorber 50 centigrammes de miel aqueux ou nectar à 80 p. 100 d'eau en douze heures, puisqu'elle ne butine pas la nuit, pour produire 5 centigrammes de cire; il convient d'y ajouter encore 4 centigrammes de nectar pour sa nourriture particulière. La capacité du jabot n'étant que de 2 centigrammes, la cirière, en douze heures, viderait et remplirait plus de 20 fois celui-ci pour digérer chaque fois la totalité de la matière introduite. C'est, d'après M. Sylviac, inadmissible.

Il est cependant peu probable que la digestion s'opère dans le jabot, dont la capacité est faible et d'où les glandes digestives sont absentes; elle doit au contraire se faire dans le véritable estomac, dont le volume est bien plus grand et la membrane interne à la fois absorbante et sécrétrice du suc gastrique. Cela permet à la cirière de se charger, d'un seul coup, de 60 milligrammes environ

(1) *L'Apiculteur*, 1901 à 1904. — *L'Union Apicole*, 1902.

de liquide sucré, déjà plus ou moins déshydraté par l'expulsion de l'eau pendant le vol. Dès lors il suffirait à l'abeille de se gorger une ou deux fois par vingt-quatre heures pour produire la quantité de cire le plus générale- ment sécrétée en un jour.

M. Sylviac en arrive à conclure que, si le miel et le nectar peuvent servir à l'édification des rayons, c'est cependant à une autre substance que s'adresse l'essaim qui prend possession d'un nouveau gîte. Cette substance est inconnue à M. Sylviac lui-même, de même que son mode d'obtention, mais il émet l'idée qu'elle est recueillie sur les fleurs et rapportée dans un état presque anhydre et plus ou moins similaire du miel sec. Il dit avoir cons- taté en effet qu'en temps de miellée la cirière de l'essaim, au moment de son arrivée dans son nouveau logis, n'a dans son tube digestif qu'un mucilage peu sucré et à peu près anhydre et pas de nectar ou miel aqueux. Peut-être, dit-il, la cirière sait-elle tirer du nectar, sur la fleur, en le récoltant, les glucoses et le sucre de canne de préfé- rence à la partie aqueuse ? ou plutôt cette sélection se fait-elle dans son jabot quand elle butine ou postérieure- ment pour pénétrer dans le gésier sous une forme plus concentrée, plus riche en carbone que le miel anhydre lui-même ?

Il en donne pour preuve que, comme les expériences de M. Sevalle l'ont montré, un essaim enfermé dans une ruche nue à la nuit tombante ne bâtit que des rayons d'un blanc sale et d'un poids insignifiant ; de même un essaim naturel ou artificiel installé dans une ruche vers le soir ne construit pour ainsi dire rien pendant la nuit ; mais, si la miellée est abondante le lendemain, les cons- tructions se développent activement et vingt-quatre heures après il y aura environ la moitié ou le tiers au moins des bâtisses établies. Les abeilles n'auraient donc commencé à travailler qu'après que les courses au dehors leur auraient permis de recueillir la matière inconnue

que M. Sylviac considère comme indispensable à une
sécrétion cirière intense.

Cette remarque ne nous paraît pas convaincante ; il
est plutôt probable que si l'essaim logé dans une ruche
le soir ne construit pas immédiatement ce n'est pas
parce que la substance nécessaire à l'élaboration de la
cire lui manque, mais parce que la température n'est pas
assez élevée dans un récipient qu'il faut d'abord chauffer
au degré voulu, qu'il n'a ni miel ni nectar, ni surtout
de pollen à sa disposition, et qu'en tous les cas il faut
toujours un certain temps, environ vingt-quatre heures,
pour que les provisions que les abeilles emportent dans
leur jabot se transforment en cire. En un mot, si les
constructions ne se font pas dès la première nuit, c'est
que les conditions sont mauvaises.

Un éleveur très habile, M. Bellot, écrivait en effet, en
1901, que lorsqu'il expédie des abeilles en mai-juin,
pendant la durée du voyage, qui généralement n'excède
pas quarante-huit heures, les abeilles construisent toujours dans la caisse plusieurs rayons, dont un ou deux
ont 10 et même 12 centimètres de large sur une longueur
souvent plus grande. Ces abeilles enfermées ne peuvent
évidemment pas chercher au dehors la substance soi-
disant nécessaire à la production de la cire, et cependant,
dans le cas cité, elles bâtissent vite et beaucoup.

M. Devauchelle n'est pas éloigné de partager l'opinion
de M. Sylviac et il pense que cette matière particulière
pourrait être du nectar déjà digéré ayant subi des transformations physiologiques spéciales, de sorte que, lorsque
l'abeille rentre à la ruche, la cire est prête à se produire,
si elle ne l'est déjà.

Pour nous, nous ne croyons pas à la récolte d'une
substance particulière spécialement destinée à la
formation de la cire et nous sommes plutôt porté à
admettre que, dans le tube digestif de la butineuse, il se
produit une déshydratation rapide du nectar et une élimi-

nation très prompte de l'eau. En rappelant, plus loin, l'observation faite en 1868 par le P. Babaz et admise par Zoubareff, de Planta et beaucoup d'autres, nous verrons que, dans sa course de retour à la ruche, l'abeille élimine pendant le vol, ou peut-être encore après, sous forme d'un fin brouillard, une partie de l'eau du nectar.

On en a une preuve dans ce fait que M. Maupy, en obligeant 5 cirières en fonctions à dégorger le contenu de leur jabot, au moment de la grande miellée, en a obtenu 280 milligrammes de liquide, donnant un résidu solide de 161 milligrammes, contenant 158 milligrammes de sucre réducteur ; d'autres cirières, capturées dans une hausse en construction, dégorgèrent un liquide contenant 60 p. 100 de ces mêmes sucres. Le liquide du jabot des cirières se rapproche donc beaucoup plus du miel mûr que du nectar frais.

Quoi qu'il en soit, un fait est certain, c'est que, toutes les autres conditions étant favorables d'ailleurs, la sécrétion cireuse est d'autant plus rapide et plus intense que la nourriture est plus abondante, que la miellée est plus forte, la sécrétion nectarifère plus copieuse et moins aqueuse. Si la récolte cesse, la production de la cire cesse aussi et les abeilles ne font plus de nouveaux rayons, même quand leur habitation n'est qu'à moitié pleine.

Dans les conditions particulièrement favorables de réplétion stomacale, l'abeille paraît sécréter de la cire pour ainsi dire spontanément par le jeu naturel des organes qui la produisent. Les phénomènes de digestion et d'assimilation font sentir leur action sur les glandes cirières comme sur tous les autres organes du corps, et dans ce cas la question de savoir ce que la cire coûte aux abeilles ne se pose même pas Le problème ne se pose, dans la pratique, que lorsqu'on veut obliger la colonie à faire de la cire en contre-saison, à notre volonté et non pas à la sienne, ce qui n'est pas le plus souvent d'une bonne économie.

2° INFLUENCE DE LA TEMPÉRATURE. — Lorsque la température est basse, la sécrétion cireuse est absolument nulle ; elle ne commence à se produire naturellement que quand l'air extérieur atteint au moins 20° C. Si le besoin de rayons est absolu, par suite par exemple du logement de l'essaim dans une ruche vide, la construction pourra cependant avoir lieu, mais alors avec une dépense énorme de matière sucrée, dont la plus grande partie est employée à élever la température.

La chaleur voulue est en effet assurée, au centre du groupe, par l'agglomération des abeilles en masse ; c'est ainsi que, par une température extérieure de 9°, le groupe peut atteindre 21° et 33°,3 avec une température extérieure de 15°,7 ; entre 15° et 17° la chaleur intérieure oscille entre 29° et 33°,3. D'une expérience faite le 12 mai 1901 et les jours suivants, M. Sylviac a conclu qu'à la température de 27°, dans les parties vides où doivent s'édifier les bâtisses, leur construction est lente ; de 30° à 32°, quand la miellée est maigre, elle atteint ordinairement 2 décimètres carrés pour une bonne colonie par journée de vingt-quatre heures ; à 36°, par un temps superbe et de miellée abondante et très sucrée, elle peut être extrêmement rapide.

Cette température de 36° paraît être un optimum. M. Brünner, professeur à l'école d'agriculture de Cordoba (République Argentine), qui s'est beaucoup occupé de la production en grand de la cire, a en effet constaté qu'à 42° le travail se ralentit considérablement. Cela tient sans doute qu'à ce degré de chaleur la cire est trop molle et se travaille mal.

3° INFLUENCE DE LA PONTE. — Les abeilles bâtissent des rayons non seulement pour assurer le dépôt de leurs provisions, mais aussi pour assurer des berceaux à la progéniture de la mère. Dès lors il est clair que l'édification marchera d'autant plus rapidement que le manque de place pour la ponte se fera plus impérieusement sentir. C'est pour cette raison que les essaims logés en ruches vides bâtissent si rapidement et principalement en cellules d'ouvrières, surtout si la mère est féconde, et ne gardent même pas de provisions pour l'hiver, tout étant subordonné à la propagation de l'espèce.

4° INFLUENCE DE L'AGE DES ABEILLES. — L'abeille n'est pas cirière dès sa naissance; ce n'est que peu à peu que cette fonction se développe chez elle ; elle n'atteint son apogée que dix ou quinze jours après l'éclosion, au moment où la jeune ouvrière va devenir butineuse, et diminue ensuite progressivement, pour cesser presque complètement, vers le déclin de la vie chez les vieilles ouvrières.

Dans un essaim de 20000 abeilles on peut estimer qu'il y a 18000 ouvrières sur lesquelles :

3000 sont trop jeunes pour butiner et ne sécrètent pas de cire en quantité appréciable;

7500 sont âgées et ne donnent que le tiers de la cire produite ;

7500 abeilles adultes fournissent les deux autres tiers.

5° INFLUENCE DE LA SAISON. — D'après ce que nous venons de dire de l'influence de l'alimentation, de la température, de la ponte et de l'âge des abeilles, il est aisé de comprendre que la saison, qui fait varier ces quatre facteurs, doit avoir une action qui résume en quelque sorte leurs effets.

Au début du printemps, en mars-avril, la température est encore froide, les jeunes abeilles devenues cirières assez rares, la miellée faible ou nulle et la ponte relativement restreinte; aussi le travail en cire se réduit à très peu de chose. C'est à partir de la fin de mai et en juin qu'il atteint son maximum, parce qu'à ce moment la population en est forte, la sécrétion nectarifère intense, la ponte considérable, l'activité des abeilles, les combustions organiques et la température atteignent leur optimum. Il est permis de penser que dans ces conditions la production de la cire ne diminue en rien la récolte.

Hors de cette période, la cire coûte cher et c'est à ce moment que les relations de 20 à 30 de miel pour 1 de cire deviennent exactes.

Il ne faut pas oublier non plus que, si le fonctionnement des glandes cirières est naturel en temps de grande miellée, il devient entièrement facultatif hors de cette saison et que l'abeille ne travaillera pas en cire si le besoin d'établir de nouvelles bâtisses ne se fait pas sentir. C'est pour cette raison que, faute de prendre certaines précautions que nous indiquerons plus loin, il est souvent illusoire d'alimenter les abeilles au miel ou au sirop, à la fin de l'été, pour leur faire établir de nouveaux rayons. A cette époque les ouvrières savent bien que la saison mellifère est terminée et que la reine va restreindre et même cesser sa ponte. Elles préfèrent dans ce cas emmagasiner la nourriture qu'on leur donne.

En septembre, la cire ne se produit pas si la température du jour n'atteint pas 23° à 25° et celle de la nuit 7° à 9°.

Cependant, même en hiver, en examinant avec soin les plateaux des ruches, on peut trouver quelques écailles de cire tombées de l'abdomen des abeilles; quelques-unes présentent parfois entre les anneaux ces mêmes écailles plus ou moins incomplètement formées. Mais la proportion en est toujours extrêmement faible et n'infirme en rien ce qui précède. Les ouvrières qui présentent ce phénomène exceptionnel ont probablement accédé directement aux provisions et se sont trouvées assez longtemps au centre du groupe, là où la chaleur est la plus grande.

Quantité de cire produite.

Collin dit qu'un essaim de 25 000 abeilles peut, sans nuire en rien à la récolte, bâtir chaque jour 6 à 8 décimètres carrés de gâteaux, à la condition que toutes les conditions soient favorables et que la ruche contienne déjà le tiers des bâtisses; logé en ruche vide, l'essaim, d'après cet observateur, n'en produit pas la même quantité.

M. Sylviac au contraire déclare, d'après ses observations, que l'activité de l'essaim est plus forte lorsqu'il est mis en ruche nue que lorsqu'il est installé sur des bâtisses toutes faites.

D'après le même, au moment d'une miellée légèrement inférieure à la moyenne, c'est-à-dire quand une colonie de 25 000 abeilles environ peut récolter de 1 kilogramme à 1^{kg},5 de nectar en un jour, une cirière en pleine vigueur, qui veut bâtir, produit sans peine, dans sa journée de vingt-quatre heures, 1 centigramme à 1^{cgr},5 de cire; si la miellée est abondante, de telle sorte que cette colonie puisse faire des apports quotidiens de 4 à 6 kilogrammes, et si la ruche est chaude, la même cirière arrivera à exsuder, avec autant de facilité, un poids double de cire, soit 2 à 3 centigrammes, et pourra même arriver à 5 ou 6 centigrammes si toutes les conditions sont exceptionnellement favorables. Comme dans un essaim de 25 000 abeilles on ne doit pas compter sur plus de 20 000 cirières adultes, on voit que, en un jour, cette colonie produira en cire:

Par miellée faible......	200 à 300 gr. soit 18 à 27		décimètres carrés de rayons.
Par miellée forte.......	400 à 600 gr. — 36 à 54		
Dans des circonstances exceptionnellement favorables	1 kil. à 1^{kg},200 — 90 à 108		

Pendant la même journée, l'essaim utiliserait 750 grammes de nourriture pour son entretien particulier.

M. de Berlepsch a établi qu'en une nuit du mois de juin un essaim de force moyenne peut faire 22 décimètres carrés de rayons, ce qui donne 242 grammes, soit près d'une livre par jour.

D'après une expérience de M. Devauchelle, un essaim

de 20 000 abeilles, en grande miellée et par bonne température, pourra faire 1 kilogramme de cire en quatre jours.
Si l'on admet que la construction se fait plus vite au
début, on peut estimer que le travail marche sur le taux de
300 grammes le premier jour, 250 grammes le deuxième
et le troisième jour et 200 grammes le quatrième.

Au fur et à mesure que la ruche se remplit de rayons,
le travail se ralentit et finit par s'arrêter ou du moins
par diminuer considérablement lorsque la quantité de
bâtisses est devenue assez considérable relativement à
l'importance de la population, à l'intensité de la ponte et
à l'abondance de la récolte.

Économie dans l'emploi de la cire.

Les abeilles sont très économes de la substance précieuse qu'est la cire et les rayons sont construits avec la
plus petite dépense possible. C'est ainsi que les bâtisses
entières d'une ruche de 36 litres ne rendent pas à la
fonte plus d'un kilogramme de cire.

D'après l'observateur américain E. J. Robinson, il
faut 1 474 560 écailles cireuses, telles que les élaborent
les abeilles, pour former le poids d'une livre. Suivant
Donhoff, il faudrait 40 épaisseurs des côtés d'une cellule
nouvellement construite pour faire un millimètre.
M. Cheshire a trouvé des parois de cellules tellement
minces qu'il en aurait fallu 100 pour faire un millimètre d'épaisseur.

De cette économie et de cette ténuité réalisées dans les
bâtisses on peut conclure qu'il ne faut en somme pas
une quantité de cire énorme pour loger même une forte
récolte. C'est ainsi qu'il faut environ 1 kilogramme de
cire disposée en rayons pour entreposer 29 ou 30 kilos de
miel, de telle sorte que pour loger l'énorme récolte de
100 kilogrammes de miel il ne faut que la sécrétion
relativement faible de 3^{kg},5 de cire.

L'avidité des abeilles pour la cire est si grande que quelquefois elles s'emparent de celle qu'elles peuvent trouver hors de la ruche, comme cela a été remarqué par un cirier de l'Aveyron, M. Mallet, lequel a observé que ses abeilles allaient chercher des particules de la cire mise à blanchir sur des toiles et les rapportaient à la ruche sur les pattes de derrière, comme elles font du pollen ou de la propolis.

Il est certain que la cire ainsi recueillie est employée pour boucher les fentes de l'habitation en mélange avec la propolis ; il paraît aussi problable qu'elle peut être employée à la construction des rayons, sinon pure, du moins en mélange avec de la cire nouvellement produite.

Au début du printemps, quand il fait encore trop froid pour que la sécrétion se produise, elles rongent parfois les parois des alvéoles jusqu'au tiers ou au quart de leur profondeur pour se procurer la matière nécessaire à l'operculation du couvain.

Repos cirier.

Huber, dont les admirables découvertes, effectuées à la fin du xviiie siècle, ont établi ce que nous savons de plus important sur la biologie des abeilles, s'est rendu compte par l'expérience suivante de la manière dont la sécrétion de la cire s'effectuait (1).

Dans une cloche de verre, à la voûte de laquelle quelques couches de bois fort minces étaient mastiquées de distance en distance, pour fournir un appui convenable aux bâtisses, un essaim composé de quelques milliers d'ouvrières, de plusieurs centaines de mâles et pourvu d'une reine féconde fut introduit et abondamment pourvu de sirop de sucre. Les abeilles montèrent aussitôt dans la partie la plus élevée de leur domicile ; les premières arrivées se suspendirent aux bandes ligneuses dont la

(1) *Nouvelles observations sur les abeilles*, t. II.

voûte était garnie, elles s'y cramponnèrent avec les ongles de leurs pattes antérieures ; d'autres, grimpant le long des parois verticales, se réunirent à elles, en s'accrochant à leurs jambes de la troisième paire avec celles de la première. Elles composaient des espèces de chaines fixées par les deux bouts aux parois supérieures du récipient et servaient de pont ou d'échelles aux ouvrières qui venaient se joindre à leur rassemblement ; celui-ci formait une grappe dont les extrémités pendaient jusqu'au bas de la ruche : il représentait une pyramide ou un cône renversé, dont la base était fixée contre le haut de la cloche.

Après s'être alimentées abondamment au sirop qui leur était offert, les abeilles se tinrent immobiles. Toutes les couches extérieures de la grappe composaient une espèce de rideau formé uniquement des abeilles cirières ; celles-ci, cramponnées les unes aux autres, représentaient par leur arrangement une suite de guirlandes qui se croisaient dans tous les sens et dans lesquelles la plupart des abeilles tournaient le dos à l'observateur ; ce rideau n'avait d'autre mouvement que celui qu'il recevait des couches intérieures, dont la fluctuation se communiquait à lui. Les abeilles cirières demeurèrent immobiles pendant plus de quinze heures ; le rideau était toujours composé des mêmes individus et Huber s'assura qu'ils n'étaient point remplacés par d'autres.

Quelques heures après il observa que les abeilles cirières avaient presque toutes des lames de cire sous leurs anneaux. Le lendemain ce phénomène était encore plus général ; les abeilles qui composaient les couches extérieures du massif avaient un peu changé de position ; on pouvait voir distinctement le dessous de leur abdomen. Les lames qui les débordaient faisaient paraître leurs anneaux galonnés de blanc ; le rideau était déchiré en quelques endroits ; il régnait un peu moins de tranquillité dans la ruche.

La sécrétion de la cire avait eu lieu, la construction

proprement dite du rayon allait commencer de la manière que nous allons indiquer tout à l'heure.

Depuis cette expérience célèbre d'Huber, que nous avons rapportée d'après les termes mêmes de l'illustre naturaliste, il avait toujours été admis que l'abeille, gorgée de nourriture, ne commençait à sécréter les écailles cireuses qu'après un repos complet d'environ vingt-quatre heures, temps nécessaire à la matière sucrée pour passer à travers l'appareil digestif et se transformer en cire. Pendant ce repos son agglomération en un groupe compact élève la température au degré le plus convenable pour le fonctionnement des glandes.

M. Sylviac, dont les publications récentes et dont nous avons déjà parlé ne tendent à rien moins qu'à infirmer les découvertes d'Huber et à bouleverser complètement tout ce que nous savions jusqu'ici sur la production de la cire, émet des opinions toutes différentes.

Pour lui le repos préparatoire à la production de la cire n'existe pas ; il lui est consécutif et, d'après lui, la sécrétion est d'autant plus abondante que le mouvement auquel l'abeille s'est livrée auparavant a été plus intense. A l'appui de son opinion, il cite entre autres les deux faits suivants (1) :

1° Une ou deux heures après qu'on a créé un fort essaim artificiel, en prenant une reine et des abeilles dans une, deux ou trois ruches, on peut trouver sous la grappe quelques-unes de ces écailles, alors qu'en brossant les rayons pour faire cet essaim on ne voit aucune abeille en exsuder et on n'en trouve pas d'indice bien marqué sous les anneaux.

En second lieu, si les abeilles ont été versées avant midi dans une ruche en panier, le soir à 6 heures celle-ci aura déjà à son sommet une petite bâtisse commencée. Enfin, quand la miellée s'y prête, les

(1) *Guide de l'Apiculteur amateur,* p. 533 et 543.

neuf rayons d'une ruche entière sont bâtis, sans arrêt, en trois jours.

2° Un essaim de 4 à 5 litres, recueilli en pleine forêt de Vaucouleurs, le 20 juin, à midi, et installé à 3 heures, a laissé tomber sur la toile qui, pendant le trajet, fermait le dessous de la caisse de transport, environ 4 000 écailles plus ou moins formées et d'une surface comprise, pour chacune, entre 1 et 4 millimètres carrés : l'épaisseur en était à peu près la même pour toutes.

Dans ces deux cas, les appareils digestifs des abeilles de ces essaims contenaient très peu de miel ou pas du tout.

M. Sylviac en conclut qu'il n'y a pas de repos cirier et que la sécrétion des écailles cireuses est, à la volonté de l'abeille, très rapide.

Il pense au contraire que lorsqu'on voit les abeilles tranquilles, en nappes collées, principalement au soir d'une longue journée de fatigue, contre les parois intérieures des hausses ou du corps de ruche, ces abeilles se reposent de leur rude labeur et réparent leurs forces pour celui du lendemain. La durée de ce repos varierait de deux à vingt-quatre heures et le plus souvent de huit à dix heures, à l'époque de la miellée. Ces butineuses qui se reposent sont toujours gorgées de nectar et leurs anneaux ne présentent que très peu ou pas d'écailles de cire. Le repos qualifié de *cirier* serait donc seulement hygiénique ; l'abeille s'y livrerait largement dès qu'elle n'a plus de motif plausible de travailler, soit que les rayons soient complets, soit qu'elle pressente la fin de la famille.

Nous avons quelque peine à accepter les théories de M. Sylviac, dont les travaux sur divers points de la biologie des abeilles sont du reste très intéressants, non seulement parce qu'elles contredisent toutes les expériences, à notre avis exactes, des observateurs antérieurs, mais aussi parce qu'elles sont contraires à tout ce que l'on sait sur la formation de la graisse chez les animaux, formation

qui est favorisée par l'immobilité et non par le mouvement.

Rien ne prouve que les abeilles des essaims ci-dessus
ne fussent précisément, et en majorité, des cirières
préparant leur sécrétion depuis plusieurs heures, cette
sécrétion s'étant manifestée à l'extérieur quelque temps
après leur capture. L'état de vacuité du tube digestif tendrait aussi à faire penser qu'il en est véritablement ainsi.

DISPOSITION ET CONSTRUCTION DES RAYONS.

L'examen des rayons d'une ruche, examen rendu très
facile depuis l'invention des ruches à cadres mobiles,
montre que ces rayons sont verticaux, parallèles et
séparés par des intervalles libres destinés à la circulation
des abeilles. C'est là le cas le plus général ; il peut arriver
cependant que l'on trouve, dans une même ruche, des
rayons établis suivant des directions différentes se coupant
suivant des angles variables. Cet arrangement exceptionnel peut provenir de ce fait que, la population étant
très nombreuse et toutes les abeilles ne pouvant par suite
pas travailler au même endroit, une partie d'entre elles
entreprend une construction séparée qui se trouve avoir
une direction différente, ou bien la colonie est composée
de plusieurs essaims séparés, ramassés en même temps,
dont les populations ne sont pas encore bien mélan-
gées, et les différentes parties séparées ont chacune
commencé, en des points différents, à poser les fondations
de leurs gâteaux.

Il arrive aussi que certains rayons ne traversent pas
toute la largeur de la ruche et que, attachés sur l'un des
côtés, ils s'arrêtent vers le milieu ; cette disposition peut
se présenter pour tous les rayons et être régulière, de
sorte qu'il existe comme une sorte de ruelle vide dans le
milieu.

Enfin, tout en restant plus ou moins parallèles, les

rayons sont plus ou moins contournés circulairement ou en forme d'S.

Mais ce sont là des exceptions.

Chaque rayon est constitué par un très grand nombre de petits récipients, les *cellules* ou *alvéoles*, placés les uns à côté des autres, se touchant par leurs faces ; il y en a sur les deux côtés du rayon ; leur section a la forme d'un hexagone régulier et le fond est constitué par une pyramide triangulaire dont les faces sont des losanges égaux et également inclinés, de telle sorte que l'alvéole dans son ensemble est un prisme hexaèdre droit à fond pyramidé.

Un examen très superficiel montre que, tout en conservant une parfaite régularité, toutes les cellules n'ont pas la même grandeur ; les unes, généralement les moins nombreuses, ont une section plus grande que les autres ; les premières recevront les œufs qui, plus tard, fourniront les *mâles*, tandis que les plus petites, appelées *cellules d'ouvrières*, serviront de berceau aux femelles incomplètes (fig. 59).

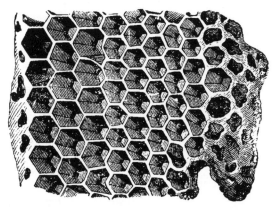

Fig. 59. — Cellules de mâles et d'ouvrières.

Enfin, sur certains rayons, mais pas forcément dans toutes les ruches, on trouve des appendices en forme de gland, suspendus en saillie sur le gâteau de cire, de dimensions considérables et ayant un aspect absolument différent de celui des cellules de mâles ou d'ouvrières. Ce sont les *alvéoles royaux* (fig. 60), uniquement destinés

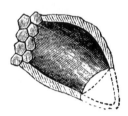

Fig. 60. — Cellules royales.

à servir de berceau aux larves qui devront se transformer en femelles fécondes, en mères ou reines. Les abeilles ne les établissent que lorsqu'elles éprouvent le besoin de faire une nouvelle reine, soit au moment de l'essaimage ou pour remplacer une mère trop vieille et devenue inféconde ; soit encore lorsque la colonie étant devenue orpheline procède à un élevage royal, dit *de sauveté*, si elle a des œufs ou des larves assez jeunes pour le faire.

Les abeilles de race commune en édifient habituellement de 5 à 12, tandis que chez les races méridionales leur nombre dépasse souvent la centaine.

Leur place ordinaire est sur le bord des gâteaux lorsque les ouvrières les construisent à loisir, ce sont les *cellules royales d'essaimage*; mais, dans le cas d'un élevage dans une ruche devenue brusquement orpheline, la *cellule royale de sauveté* est élevée n'importe où, sur le point même du rayon où se trouve l'œuf ou la larve d'ouvrière à transformer en reine ; les cellules hexagonales environnantes sont simplement détruites tout autour, et sur leur emplacement la cupule cireuse est établie, formant saillie sur le rayon ou même pendante dans son plan dans un espace vide ménagé à cet effet. L'élevage terminé, les cellules royales sont rongées et détruites en partie ou tout à fait, de sorte qu'il peut ne plus en rester aucune trace après un certain temps.

Pour l'établissement rapide des cellules royales, les abeilles se dispensent souvent de sécréter de la cire ; elles prennent seulement et utilisent celle qui provient de la destruction des cellules environnantes. Il en est de même pour les réparations aux rayons et pour les petites constructions qu'elles établissent parfois en divers points lorsque les espacements entre les cadres ne sont pas convenablement ménagés.

Jamais ces cellules royales ne servent de magasin pour les substances récoltées ; ce rôle est uniquement réservé aux cellules des ouvrières ou des mâles.

Le côté de l'hexagone de la cellule d'ouvrière est de $3^{mm},002$; un gâteau de 1 décimètre carré en renferme 425 sur chaque face ou 850 sur les deux ; la profondeur de la cellule renfermant du couvain operculé est au début de 12 millimètres et se réduit ensuite à 11 millimètres par suite de l'aplatissement de l'opercule, ce qui donne dans le premier cas 24 millimètres et dans le second 22 millimètres pour l'épaisseur du rayon tout entier.

Le côté de l'hexagone de l'alvéole du mâle est de $3^{mm},811$; un gâteau d'un décimètre carré en renferme 265 sur chaque face ou 530 sur les deux ; la profondeur de la cellule du mâle prête à recevoir l'œuf est de 11 à 12 millimètres, immédiatement avant d'être operculée ; de 15 à 17 millimètres après avoir reçu son opercule qui est très bombé. L'épaisseur du rayon est donc dans ce cas de 34 millimètres.

Il y a lieu de remarquer que la profondeur de ces cellules, lorsqu'elles doivent simplement servir de réservoir à miel, est très variable, les abeilles les allongeant autant qu'il leur est possible, de manière à ne plus laisser qu'un intervalle de 5 à 6 millimètres entre les rayons, au lieu de 10 à 13 millimètres qui est la normale.

Les cellules royales ont environ 25 millimètres de longueur et 8 millimètres à 8mm,5 de diamètre; elles contiennent en poids plus de 100 fois autant de cire qu'il en faut pour une cellule d'ouvrière.

On peut résumer dans le tableau suivant ce qui est relatif aux dimensions des alvéoles et des rayons :

NATURE DES CELLULES ou DES RAYONS.	PROFONDEUR des cellules.		APOTHÈME de la cellule.	CÔTÉ de la cellule.	SURFACE de la section hexagonale.
	Avec couvain operculé.	Sans couvain operculé.			
	mm.	mm.	mm.	mm.	mmq.
Ouvrières....	12	11	2,6	3,002	23,4156
Mâles........	17	11 à 12	3,3	3,811	35,4563

NATURE DES CELLULES ou DES RAYONS.	ESPACE-MENT des rayons de milieu à milieu.	ÉPAISSEUR totale du rayon de couvain.	ESPACE libre restant entre les rayons.	NOMBRE de cellules compris sur les deux faces d'un rayon de 1 dmq.
	mm.	mm.	mm.	
Ouvrières....	34 à 35	22 à 24	8 à 12	850
Mâles........	34 à 35	22 à 34	8 à 12	530

Pour pouvoir pondre sans être gênée, la reine doit disposer entre les rayons d'un espace d'environ 11mm,5 ; il suffit au contraire de 8 millimètres pour la circulation des ouvrières.

Un essaim normal, d'après Collin, édifie des cellules d'ouvrières dans la proportion de sept huitièmes environ, c'est-à-dire sept cellules d'ouvrières pour une de mâle.

D'après le même auteur, une ruche à rayons fixes

de 30 litres renferme 80 décimètres carrés de rayons sur lesquels il y a 59 780 cellules d'ouvrières et 5 300 cellules de mâles, soit au total 65 080 cellules.

Un décimètre carré de rayon fraîchement construit et n'ayant pas encore servi de nid à couvain contient 11 grammes de cire.

Un même rayon contient souvent des cellules des deux grandeurs sur chaque face, mais alors les cellules de bourdons sont opposées à des cellules de bourdons et les cellules d'ouvrières sont opposées à des cellules d'ouvrières.

La manière dont les abeilles établissent ces rayons constitue une des choses les plus admirables qu'il soit possible d'imaginer. Elles ont, en effet, résolu le problème difficile qui consiste à fabriquer des rayons formés de cellules égales et semblables, d'une capacité aussi grande que possible par rapport à la quantité de matière qui y est employée et disposées de telle sorte que ces rayons occupent dans la ruche le moins d'espace possible.

Pour remplir cette dernière condition, les cellules doivent se toucher de manière qu'il ne reste entre elles aucun vide ; cela écarte immédiatement la possibilité d'employer des cellules à section circulaire ; trois formes seulement conviennent : le triangle équilatéral, le carré et l'hexagone régulier. De ces trois figures, c'est l'hexagone qui, pour une même surface, s'inscrit dans la plus petite circonférence et qui, par suite, demande le moins de matière pour être établi ; c'est la cavité de section hexagonale également qui convient le mieux pour loger le corps rond de l'abeille et de sa chrysalide.

Les guêpes, qui font aussi des rayons, ne mettent dans chacun qu'une seule rangée de cellules, et ces rayons présentent, par suite, les ouvertures des alvéoles sur une face et les fonds de ces mêmes alvéoles sur l'autre. L'abeille, en composant ses gâteaux de deux rangs d'alvéoles tournés vers les côtés opposés, a économisé à la fois de la place et toute la cire qui eût été nécessaire pour former le fond des cellules d'un des gâteaux à simple rang.

On peut très bien imaginer des bâtisses ainsi formées par de simples tuyaux hexagonaux de cire, coupés en leur milieu par une cloison plane (fig. 61 et 62); c'est la forme qui paraît, au premier abord, la plus simple et la plus facile à obtenir. Dans ce cas, le fond entier d'une cellule

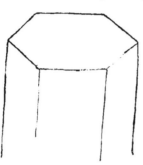

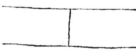

Fig. 61.   Fig. 62.

lui serait commun avec une autre cellule opposée.

Mais l'abeille n'opère pas ainsi; son travail est beaucoup plus compliqué et mieux adapté au but qu'elle se propose : faire à la fois solide et économique. Les fonds des cellules ne sont jamais plats, mais constitués par des pyramides à trois côtés dont les faces sont des losanges. Lhuillier a calculé que si les fonds des cellules étaient plats, il aurait fallu autant de cire pour construire 50 cellules qu'il en faut pour en faire 51 de même capacité avec des fonds pyramidés. Là encore le problème de la plus grande économie de cire est réalisé.

On comprend que, pour qu'il n'existe pas de vide dans le plan médian du rayon, il est dès lors impossible qu'une cellule soit entièrement opposée à une autre, les alvéoles venant en contact par la pointe des pyramides qui constituent les fonds (fig. 63). Le fond pyramidé d'une cellule quelconque sert partiellement de base à trois autres cellules opposées, de telle sorte que si l'on enfonce trois épingles au milieu des losanges formant le fond

d'une cellule quelconque, on voit sortir les pointes
dans trois cellules différentes (fig. 64) ; on comprend de
suite combien cet engrènement des
cellules les unes dans les autres donne
à l'ouvrage plus de solidité que la
simple opposition de fonds plats.

Mais il y a quelque chose de plus
admirable encore dans cette construction.

La pyramide formant le fond
de l'alvéole peut être plus ou

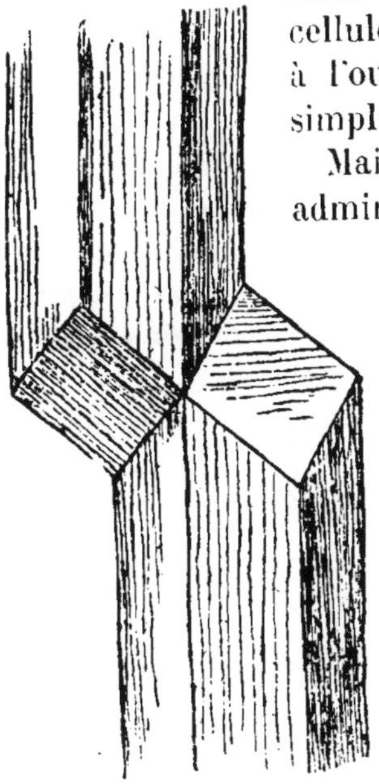

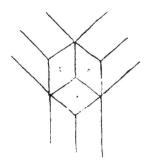

Fig. 63. — Jonction des
bases de deux cellules
opposées.

Fig. 64. — Réunion de trois
cellules sur les trois faces
de la même pyramide.

moins aiguë, sa hauteur plus ou moins grande ; si nous
construisions une telle cellule en une matière plastique et extensible, nous pourrions saisir la pyramide
par son sommet, l'aplatir ou l'allonger à notre gré, réaliser ainsi une infinité de formes ; nous ferions varier en
même temps les angles des faces latérales losangiques.
Or, l'abeille a su choisir, avec une précision absolue et
mathématique, la hauteur la plus convenable pour le
but qu'elle se proposait (fig. 65).

Réaumur, qui a étudié cette question avec une grande
attention (*Mémoires pour servir à l'histoire des insectes*),
posa à un habile mathématicien de son temps, Kœnig, le

problème suivant : « Entre toutes les cellules hexagonales à fond pyramidé, composées de trois losanges semblables et égaux, déterminer celle qui peut être construite avec le moins de matière ». A l'aide du calcul infinitésimal, Kœnig trouva que le problème était résolu lorsque les grands angles du losange étaient de 109°26′ et les petits angles de 70°34′. Or, par des mensurations effectuées avec le plus grand soin, Maraldi montra (*Mémoire de l'Académie des sciences*, 1712) que les angles réalisés par les abeilles étaient, à 2′ près, ceux que Kœnig avait trouvés par le calcul.

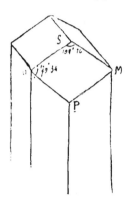

Fig. 65. — Angles d'une base pyramidale.

Plus tard, par des observations nouvelles, lord Brougham (*Natural Theology*, 1856) ne put trouver aucune différence entre les résultats du calcul infinitésimal et la forme adoptée naturellement par les abeilles.

De cette tendance à l'économie dans la matière employée il résulte que les parois des cellules sont d'une minceur extrême ; il est cependant nécessaire que ces récipients puissent résister, particulièrement sur leurs bords, qui sont les plus exposés aux chocs, aux mouvements des butineuses qui y pénètrent incessamment, pour y déposer leur récolte. Les abeilles ne manquent pas de parer à ce danger en renforçant le bord de l'ouverture par un cordon de cire trois ou quatre fois plus épais que les parois.

En noyant dans du plâtre des rayons naturels à cellules d'ouvrières, et en en faisant ensuite des sections, Root a montré que les abeilles font la cloison mitoyenne plus épaisse dans le haut du rayon qu'en bas ; elles graduent l'épaisseur en raison du poids que le rayon aura à supporter, et, dans les rayons de mâles, qui offrent une capacité plus grande, la cloison mitoyenne est plus épaisse que dans les rayons d'ouvrières, de même que les parois.

Le professeur Clarence P. Gillette, de la station expérimentale du Colorado, a constaté que, de deux rayons de miel de même poids et de même épaisseur, celui construit en cellules de mâles contenait un quart de cire en plus que celui en cellules d'ouvrières.

Cette dernière opinion a cependant été combattue par M. G. Thibault qui assure qu'à dimensions égales les constructions en alvéoles de mâles ne pèsent, en cire, que les trois quarts environ des constructions en alvéoles d'ouvrières.

Le mode de suspension de la construction tout entière n'est pas moins remarquable que cette construction elle-même.

Il est facile de comprendre que, si les rayons étaient attachés au plafond de la ruche simplement par les arêtes horizontales des prismes qui constituent la rangée la plus supérieure (fig. 66), il subsisterait des vides considérables et, l'attachement n'ayant lieu que par une seule arête, la suspension serait trop faible

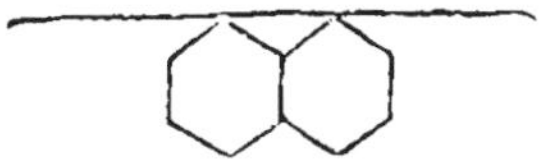

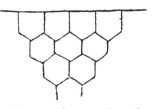

Fig. 66. — Suspension du rayon par des cellules hexagonales.

Fig. 67. — Suspension du rayon par des cellules pentagonales.

pour supporter le rayon plein de miel. Huber constata le premier que, pour donner à leur ouvrage la solidité convenable, les abeilles modifiaient la forme des cellules supérieures; au lieu d'être hexagonal, comme c'est le cas ordinaire, leur orifice a la forme d'un pentagone (fig. 67). Le rayon étant formé de deux rangs de cellules adossées, sur l'un des côtés les cellules de suspension auront deux faces, et sur l'autre trois faces.

Cette construction est obtenue d'une façon très simple, en élevant, jusqu'à leur rencontre avec le plafond de la ruche, des plans verticaux par les arêtes des prismes hexaèdres les plus supérieurs supposés horizontaux. La stabilité du rayon est ainsi complètement assurée de la manière la plus simple et la plus rationnelle, puisqu'il touche au plafond par le plus grand nombre de points possibles.

Un observateur un peu attentif se rendra compte de tout ce que je viens de dire en examinant un rayon; il verra autre chose encore. Sur un gâteau ayant contenu du miel, il s'apercevra que l'axe des alvéoles n'est pas tout à fait horizontal, quoique les rayons soient parfaitement verticaux, mais légèrement relevé sur l'horizon, de telle manière que le récipient puisse être complètement rempli sans qu'une goutte de nectar s'écoule au dehors (fig. 68).

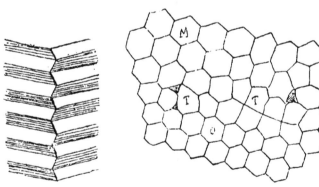

Fig. 68. — Inclinaison   Fig. 69. — Cellules de transition
de l'axe des cellules.   et de raccordement.

En certains points du rayon, lorsqu'il devient nécessaire, par exemple, de raccorder de grandes cellules de mâles à des alvéoles d'ouvrières, on rencontre des cellules irrégulières pentagonales ou arrondies. La figure 69

offre un exemple de ces cellules de transition ou de raccordement.

On peut se demander à l'aide de quels procédés les
abeilles savent faire, non seulement un travail aussi
régulier et aussi parfait qu'il est mathématiquement possible de l'obtenir, mais comment encore elles savent modifier l'ordonnance et la régularité de leur œuvre lorsque
le besoin s'en fait sentir.

La question de savoir si les abeilles font ici un travail
dirigé par une véritable intelligence a souvent préoccupé
les naturalistes. Darwin, comparant les constructions
des bourdons et des mélipones avec celles des abeilles,
en arrive à conclure que la perfection des cellules de ces
dernières n'est que le résultat d'un développement gra-
duel d'instincts qui existent naturellement chez tous les
mellifères sociaux.

Lalanne, au contraire (1), fait remarquer que les abeilles
possèdent dans leur organisation physique tous les
instruments qui leur sont nécessaires pour la construction
géométrique de leurs rayons. Elles sont capables d'élever
une perpendiculaire à une droite donnée, l'extrémité des
antennes et des pattes d'une même paire étant sur une
perpendiculaire à l'axe longitudinal du corps, qui prend,
par suite, la forme du T des dessinateurs ; les antennes
peuvent servir de compas, et le corps entier, en prenant
un mouvement de rotation autour d'un point, auquel se
fixeraient les deux pattes d'une même paire, décrirait un
arc de cercle ; enfin, le plan peut se régler sur deux
droites qui se coupent, par un procédé semblable à celui
qui est usité dans la taille des pierres.

Quoi qu'il en soit de ces diverses opinions, lorsqu'un
essaim se dispose à bâtir il se suspend en formant une
masse compacte à l'endroit où le premier rayon devra
être attaché, de manière à élever la température au

(1) *Ann. des sc. nat.*, Zool., 2ᵉ série, t. XIII, p. 358.

degré le plus convenable à l'élaboration de la matière cireuse.

Dès qu'une abeille est munie de la quantité nécessaire, elle saisit les lamelles sécrétées sous son abdomen, à l'aide des pinces des pattes postérieures, les porte à sa bouche avec les crochets des tarses antérieurs, mastique la masse entre ses mandibules en la mélangeant de salive, de manière à la rendre plus malléable et plus collante. Puis, ainsi chargée, elle écarte ses voisines en tournant sur elle-même pour former un espace vide, fixe la cire au plafond de l'habitation en se servant de sa lèvre comme truelle et la façonne en une petite lame saillante. Par des apports successifs cette lame s'accroît et prend l'aspect d'une cloison verticale de 24 à 36 millimètres de longueur sur une épaisseur de 3 à 4 millimètres sans aucune ébauche de cellule. La collecte des écailles, leur pétrissage et leur mise en place demandent une ou deux minutes.

A ce moment, une ouvrière se détache du groupe et creuse dans la paroi, à l'aide de ses mandibules, une capsule hémisphérique, en accumulant les déblais sur le pourtour pour constituer ainsi la première ébauche d'un cylindre à axe horizontal. Bientôt, sur la face opposée, une autre abeille travaille vis-à-vis de la première, creuse une cavité semblable et opposée. Le mouvement se généralise ; de toutes parts des cellules nouvelles s'ébauchent. Au fur et à mesure qu'elles grandissent, les fonds hémisphériques s'amincissent, s'appuient les uns contre les autres ; les faces s'aplanissent pour former finalement des pyramides à trois pans ; de même les parois des cellules primitivement cylindriques deviennent des prismes à six pans, inclinés de 60° les uns sur les autres. Dès lors, les alvéoles ont acquis leur forme définitive ; peu à peu ils s'allongent horizontalement jusqu'à leur dimension normale.

Le gâteau s'accroît ainsi dans tous les sens, mais, comme la construction avance plus vite de haut en bas que latéralement, sa forme devient celle d'une demi-ellipse à grand axe vertical. C'est avec raison que les praticiens donnent parfois le nom de *couteaux* aux rayons en construction ; en effet, tandis qu'ils ont atteint leur épaisseur définitive dans la partie attenant au plafond, ils deviennent de plus en plus minces en approchant des bords jusqu'à ne plus présenter que l'aspect d'une simple lame.

Dès que le rayon atteint la paroi de l'habitation, les ouvrières l'y attachent, et son épaisseur devient normale sur toute son étendue ; dans un espace illimité, au contraire, les gâteaux peuvent s'allonger jusqu'à prendre des dimensions extraordinaires en restant toujours plus hauts que larges.

Si la population de l'essaim est assez forte, les abeilles commencent ordinairement plusieurs rayons à la fois ; elles en édifient d'abord deux autres, l'un à droite, l'autre à gauche du premier, puis deux autres encore, et ainsi de suite sans cesser d'allonger les premiers, de telle sorte que les bâtisses sont d'autant plus grandes qu'elles sont plus rapprochées du centre, et la masse affecte bientôt la forme d'un demi-ellipsoïde suspendu par son plus petit plan diamétral. La construction ne s'arrête que lorsque les dimensions de la ruche l'exigent ou que le nombre des gâteaux est suffisant pour la population, la ponte de la mère et la récolte.

Règles pratiques sur la construction des rayons.

D'après ce que nous avons dit des inconvénients d'un nombre exagéré de mâles dans la ruche, on comprend que l'apiculteur devra éviter, autant que possible, l'établissement de rayons en grandes cellules ; il devra aussi s'efforcer d'obtenir les constructions le plus économiquement possible en se plaçant dans les conditions les plus favorables pour leur établissement. Il convient, pour y parvenir, de se rappeler certains principes et de suivre certaines règles établies par la pratique et que nous allons énumérer, d'après Collin, de Layens, Dadant, etc.

1º Les abeilles construisent leurs alvéoles pour servir à la fois de berceau pour le couvain et d'entrepôt pour le miel ; elles ont toujours une tendance à édifier, de préférence, des cellules de mâles, dont l'établissement est plus rapide et qui offrent une plus grande capacité pour recevoir la récolte, si aucune circonstance intrinsèque ne les oblige à faire autrement.

2º La reine, au contraire, préfère les cellules d'ouvrières ; c'est par conséquent sa présence et ses exigences de pondeuse qui déterminent la construction des petites cellules.

3º Quand un essaim est logé dans une ruche nue, les premiers rayons qu'il construit sont toujours à petites cellules. Cet état de choses durera jusqu'à ce que la reine ait eu à sa disposition toutes les cellules nécessaires à sa ponte d'œufs d'ouvrières.

4º Si la reine de l'essaim est très féconde, le nombre de rayons à petites cellules sera très grand, comparativement à celui des cellules à bourdons. Au contraire, si la reine est peu féconde, les bâtisses comprendront d'autant moins de petites cellules que sa fécondité sera plus restreinte. La construction en cellules d'ouvrières s'arrêtera quand la reine cessera sa faible ponte, et à partir de ce moment la construction sera en cellules de mâles.

5º Ces constructions en grandes cellules et la production des mâles seront abondantes dans les premiers mois de l'établissement d'un essaim primaire, si cet essaim est précoce, fortement peuplé et que la saison de l'essaimage se prolonge. Au contraire, si l'essaim primaire est médiocrement peuplé, ou si l'essaim est secondaire, même fortement peuplé, il construira peu de cellules à bourdons dans les premiers mois de son établissement.

6º Toute ruchée dans laquelle on enlève des rayons ou parties de rayons à grandes cellules reconstruit presque toujours sur les emplacements ainsi limités de nouveaux rayons à grandes cellules. Au contraire, toute colonie qui a essaimé, soit naturellement, soit artificiellement, et dont on retranche des gâteaux à cellules de bourdons, les remplacera ordinairement par des gâteaux à cellules d'ouvrières. Le retranchement ne doit se faire qu'après la naissance des mères arrivées les premières à terme, c'est-à-dire le sixième jour après l'essaimage naturel et le treizième jour après l'essaimage artificiel.

7° Les essaims orphelins et forts ne bâtissent que des cellules à bourdons ; les essaims orphelins et faibles ne bâtissent pas du tout. Les essaims qui n'ont que des mères au berceau se comportent comme des essaims orphelins, au point de vue des constructions, jusqu'après l'éclosion. Par conséquent, si un essaim perd sa mère pendant la construction, ou bien il cessera de bâtir, ou ne le fera plus qu'en grandes cellules.

8° Les transvasements complets que l'on opère après la saison des essaims construisent peu de cellules à bourdons.

9° Si la récolte s'arrête tout à coup, après un certain nombre de jours d'active construction en petites cellules, le travail et la ponte se ralentissent. Si, après trois semaines de disette, l'abondance revient, les ouvrières recommencent à bâtir, mais, la reine ayant retrouvé pour sa ponte les premières cellules laissées libres par l'éclosion des œufs pondus antérieurement ou la consommation du miel qui y était contenu, les ouvrières terminent les bâtisses en grandes cellules.

Utilité des bâtisses. — Le point de connaître si la sécrétion de la cire coûte beaucoup de miel aux abeilles ou leur en coûte très peu, suivant les circonstances, est primé dans la pratique par la question de savoir ce que l'absence de rayons vides disponibles leur fait perdre.

Supposons, en effet, qu'au commencement de la grande miellée, époque à laquelle les abeilles produisent le plus

facilement de la cire, avec le minimum de dépense alimentaire et pour ainsi dire naturellement, nous logions
dans une ruche nue un fort essaim. Immédiatement il se
mettra à l'œuvre et, au bout de trois ou quatre jours, la
ruche pourra posséder 1 kilogramme de rayons, mais
pendant ce temps la récolte en miel aura été nulle, faute
de place pour l'entreposer, presque toutes les cellules
étant, au fur et à mesure de leur établissement, occupées
par la ponte.

Le même essaim, introduit dans une ruche contenant,
au contraire, des bâtisses en proportion suffisante, ne
sera arrêté ni dans son développement ni dans sa récolte.
En grande miellée et dans un pays favorable, il pourra
ramasser dans une seule journée 10 kilogrammes de nectar et plus. Si l'on met au bout de quelques jours cette
récolte en regard du kilo de cire fabriqué par l'essaim
logé à nu, on voit tout de suite en faveur de quel mode
de procéder se trouve l'avantage.

Dans une expérience, M. l'abbé Martin logea en pleine
récolte, dans la première quinzaine de mai, cinq essaims
en ruches nues et cinq autres en ruches bâties au tiers.
Pendant les premiers jours le premier lot, occupé de ses
constructions, ne ramassa presque rien ; le sixième jour
il avait récolté 16^{kg},150, tandis que le deuxième lot avait
emmagasiné 34^{kg},450 de plus.

La différence est du reste variable suivant les années
et les pays, mais l'avantage en faveur de la ruche pourvue de bâtisses sera d'autant plus grand que la miellée
sera à la fois très forte et très courte, comme cela se
produit, par exemple, au voisinage des prairies artificielles, parce que l'avancement du travail en cire n'est
pas en rapport avec la récolte. Si, au contraire, la miellée est faible, mais prolongée, il peut ne pas y avoir une
grande différence finalement entre une colonie logée
sur bâtisses complètes et une autre à laquelle il manque
la plus grande partie de ses gâteaux.

Ce qu'il faut éviter dans tous les cas, c'est le logement de l'essaim en ruche complètement nue ; mais c'est une erreur aussi de donner à une colonie tous ses rayons entièrement bâtis, non seulement parce que l'on perd ainsi une certaine quantité de cire, sécrétée sans dépense pour l'apiculteur, mais aussi parce que rien ne permet d'affirmer qu'une colonie pourvue de tous ses rayons déployera une activité plus grande pour la récolte du nectar, par ce fait qu'elle n'a plus de cire à produire. Les expériences de M. de Layens sont concluantes à cet égard.

EXPÉRIENCES DE M. DE LAYENS (1). — Le but que M. de Layens s'est proposé n'a plus été de trouver la quantité de miel que les abeilles dépensent pour fabriquer la cire, mais de rechercher simplement s'il y a gain ou perte pour l'apiculteur lorsqu'il laisse les abeilles travailler en cire et lorsqu'il leur permet de bâtir à l'époque de l'année qui leur convient le mieux. En d'autres termes, il s'agit de savoir si, les abeilles pouvant construire des rayons, la colonie rapportera une récolte totale, cire et miel, supérieure à la récolte de la même ruche où l'on empêcherait les abeilles de construire.

Un point très important était de laisser dans toutes les ruches en expérience un nombre de rayons suffisant pour que, pendant toute la saison, la ponte ne puisse être interrompue faute de place, ni la récolte entravée faute de rayons pour la recevoir. Ceci posé, deux lots, de neuf ruches chacun, furent établis aussi égaux que possible sous tous les rapports, leur miel et leur couvain mesurés. L'expérience commença le 15 avril.

Dans le premier lot, chaque ruche reçut trois ou quatre cadres vides suivant la force des colonies ; ces cadres étaient placés, entre des rayons contenant plus ou moins de miel, à l'extrémité de la ruche opposée à celle où se trouvait, au printemps, le couvain et les

_____

(1) *Nouvelles expériences pratiques d'Apiculture,* 1892.

abeilles. Dans le deuxième lot les ruches furent entièrement remplies de rayons. Les ruches en expérience étaient toutes de même forme horizontale et de même grandeur.

Vers le 15 septembre, tous les rayons étaient construits et les résultats furent les suivants :

Les ruches du premier lot, qui renfermaient le 15 avril 118 livres de miel, en avaient 457.

Les ruches du deuxième lot, qui renfermaient le 15 avril 121 livres de miel, en avaient 455.

Il résulte de là que, dans cette expérience pratique, la récolte de miel est sensiblement la même dans chaque lot, mais qu'il y a eu en plus dans le premier lot la fabrication de 31 rayons de cire. Il y a donc pour l'apiculteur bénéfice à faire travailler en cire ses abeilles en les plaçant dans les conditions réalisées dans l'expérience précédente. Les abeilles n'ont pas dépensé de miel en apparence pour fabriquer la cire de 31 rayons, mais, en réalité, elles ont pu en consommer beaucoup, et ce miel consommé est représenté par un surcroît de récolte qui correspond à une plus grande somme de travail déployé par les abeilles qui bâtissent.

CIRE GAUFRÉE.

Lorsque l'on débute en apiculture, on ne possède pas de rayons bâtis et les premiers essaims que l'on installe sont soumis à tous les inconvénients des colonies logées en ruches nues. C'est à un apiculteur bavarois, Jean Mehring, mort à Frankenthal le 24 novembre 1898, que nous devons l'invention si précieuse de la cire gaufrée.

On donne ce nom à des feuilles de cire, plus ou moins épaisses (fig. 70 et 71), qui portent imprimés sur leurs deux faces des rudiments d'alvéoles d'ouvrières et qu'on fixe dans les cadres de la ruche. Les ouvrières les utilisent pour établir leurs rayons. Elles ne modifient guère la

cloison mitoyenne, mais amincissent au contraire les
rudiments des parois des cellules, les allongent et s'en
servent même, au besoin, pour achever les rayons voi-

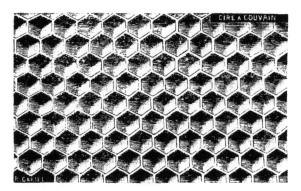

Fig. 70. — Cire gaufrée épaisse pour nid à couvain (Gariel).

sins, de telle sorte que les alvéoles une fois terminés
n'ont jamais que des parois aussi minces que les rayons

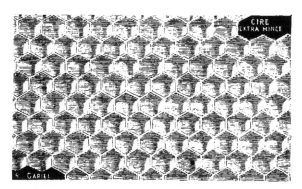

Fig. 71.— Cire gaufrée extra-mince pour miel en rayons (Gariel).

naturels. On vérifie ce fait en plaçant dans les ruches
des feuilles gaufrées diversement colorées par des couleurs d'aniline; on remarque alors que la plupart des
cellules ont la même coloration que la cire gaufrée sur
laquelle elles ont été construites, et de plus que certaines

14.

cellules, d'autres rayons, commencées en cire naturelle, sont achevées en cire artificiellement colorée ; souvent même les opercules des rayons naturels sont établis avec cette cire colorée. Il n'est donc pas utile de dépasser, dans la fabrication des feuilles, une épaisseur de cloison mitoyenne suffisante pour la solidité, tandis qu'il est au contraire recommandable de renforcer les rudiments des parois. M. Root a proposé, pour se rendre compte de la valeur des feuilles à ce point de vue, de les noyer dans du plâtre et d'en faire des coupes.

La cire gaufrée se conserve indéfiniment dans un endroit sec ; les efflorescences blanches qu'on y voit quelquefois, après un certain temps, ne présentent aucun inconvénient, non plus que les traînées blanches de la surface ou les craquelures qui se montrent par transparence et qui prouvent que la feuille a été trempée ou laminée un peu trop froide.

Les feuilles doivent être manipulées avec certaines précautions : par le froid elles deviennent dures et cassantes et par la chaleur elles se ramollissent à l'excès. Lorsque cela se produit, il est bon de les déposer quelque temps à la cave, avant d'en faire usage.

Avantages de la cire gaufrée. — La cire gaufrée est coûteuse ; il en faut environ 2 kilogrammes, soit à peu près pour 10 francs, pour garnir les vingt cadres d'une ruche Layens ; mais cette dépense est largement compensée par divers avantages que l'on peut résumer ainsi :

1° Construction plus rapide des rayons, dont la colonie peut ainsi se trouver munie dès le commencement de la miellée ; par suite récolte plus considérable de miel et absence d'arrêt dans la ponte, comme cela aurait probablement lieu dans une ruche nue.

2° Construction plus régulière des rayons qui se trouvent toujours établis exactement dans les cadres. Sans aucun guide, ou même avec de simples amorces, les rayons chevauchent presque toujours d'un cadre à l'autre et il devient alors impossible de les sortir, ce qui fait disparaître le principal avantage des ruches mobiles.

3° Réduction au minimum du nombre des cellules de mâles et par suite du couvain de ces individus. Généralement, en effet, les ouvrières ne modifient pas la dimension des rudiments d'alvéoles mis à leur disposition ; elles peuvent néanmoins le faire et établissent des cellules à faux bourdons, même sur les feuilles gaufrées les plus régulières, lorsque la place leur manque ailleurs pour assurer la production indispensable des mâles. Mais, tandis que, dans une ruche où les rayons sont entièrement construits par les abeilles, les grandes cellules peuvent occuper le tiers des bâtisses de la ruche, avec la cire gaufrée leur nombre reste toujours très réduit.

Fabrication de la cire gaufrée.

Dans la presse primitive inventée par Mehring, en 1857, le travail était encore bien imparfait, les impressions trop rudimentaires ; c'est un Suisse, Pierre Jacob, qui, en 1865, améliora la presse de Mehring, et en 1876, M. A. J. Root, habile apiculteur américain, fit construire la première machine à cylindres.

Quel que soit du reste le procédé de fabrication employé, il est indispensable non seulement de ne mettre en œuvre que de la cire pure d'abeilles, mais aussi cette cire elle-même parfaitement purifiée, les matières étrangères lui enlevant de sa consistance. Dans les fabriques importantes, après avoir été analysée pour vérifier sa pureté, la cire est soumise à l'épuration dans de grandes chaudières, au bain-marie où elle est portée pendant plusieurs heures à une température élevée, variant de 90° à 98°. Pendant ce temps, elle est brassée et écumée, puis coulée avec de l'eau bouillante dans des récipients maintenus à une haute température pendant quarante-huit heures, afin que le dépôt des impuretés s'opère régulièrement et aussi complètement que possible. Le pain est ensuite sorti, raclé, lavé soigneusement, puis brisé et remis dans la chaudière où la matière est prête à être employée. Au cours de ces diverses manipulations, des cires considérées comme propres font un déchet allant parfois jusqu'à 8 p. 100.

Deux procédés sont employés pour le gaufrage des feuilles : les machines à cylindres dans la grande industrie et les gaufriers à main chez l'apiculteur.

GAUFRIERS A CYLINDRES (fig. 72). — Tous les gaufriers à cylindres reposent sur le même principe et, sauf certaines

Fig. 72. — Machine à cylindres de Root (Catalogue Gariel).

modifications de détail, sont tous construits d'une manière analogue. Ils sont constitués par deux cylindres métalliques tournant horizontalement l'un au-dessus de l'autre et sur lesquels sont gravés en relief les rudiments de cellules d'ouvrières, rudiments de cellules qui seront par conséquent imprimés en creux dans la feuille de cire que l'on fera passer entre eux. Les cylindres sont mis en rotation à l'aide d'une manivelle et d'engrenages ; on peut les éloigner ou les rapprocher l'un de l'autre, suivant que l'on veut obtenir une épaisseur plus ou moins grande.

Selon les cylindres employés, les fonds des cellules sont plats ou à deux faces, ou enfin à base normale à trois faces. Cette dernière fabrication est la meilleure, mais les machines sont plus délicates et difficiles à manœuvrer. Les cylindres à fonds plats, d'un maniement très aisé, sont plus spécialement destinés à la fabrication des sections qui exigent une paroi excessivement mince. Leur emploi, pour établir les feuilles épaisses destinées au couvain, oblige les abeilles à modifier le fond des cellules, ce qui leur fait perdre un temps précieux.

Les grands spécialistes américains pour la fabrication des laminoirs sont : A. J. Root (1), Olm, Mme Dunham et J. Wandervort. Ch. Dadant, l'un des plus importants fabricants de cire gaufrée des États-Unis, aujourd'hui décédé, et dont l'industrie est continuée par son fils, emploie les machines de Dunham pour les fondations lourdes et les machines de Wandervort pour les fondations très minces. Ces laminoirs sont très coûteux et ne peuvent trouver place que dans les fabriques où le débit est considérable.

La fabrication comprend deux opérations successives :

a. *Obtention des feuilles.* — Des planchettes de bois tendre poncées, sans nœuds ni défauts, sont chauffées dans de l'eau tiède, essuyées et plongées dans la cire maintenue aussi proche que possible de son point de solidification (64°), puis dans l'eau fraîche (15° à 16°). On recommence l'opération une ou deux fois pour les fondations minces, trois ou quatre fois pour les fondations épaisses ; puis on détache les feuilles qu'on laisse refroidir et sécher quelques jours dans une bonne cave saine et fraîche.

b. *Gaufrage des feuilles.* — Ces feuilles, ramollies

(1) Représenté à Paris par M. Bondonneau.

d'abord dans un bassin d'eau tiède (38°), sont glissées entre les cylindres mis en mouvement, laminées et imprimées par leur passage, puis saisies à leur sortie à l'aide de pinces en bois de forme spéciale. Il faut avoir soin de chauffer préalablement les cylindres à 21° environ et de les lubrifier par de la colle d'amidon très claire ou de l'eau de savon. Les feuilles obtenues sont empilées par douze environ et rognées à la dimension voulue.

L'industrie livre aujourd'hui des feuilles aussi parfaites que possible en diverses épaisseurs, suivant les usages auxquels on les destine. Les épaisseurs ci-après sont les plus employées :

Pour le nid à couvain et les rayons à passer à l'extracteur :

1° Feuilles faisant 86 à 90 décimètres carrés au kilogramme, prix 4 fr. 75 à 4 fr. 50 le kilogramme;
2° Feuilles faisant 115 à 120 décimètres carrés au kilogramme, prix 0 fr. 25 en plus par kilogramme.

Pour le miel en rayon et les sections :

3° Feuilles faisant 135 à 140 décimètres carrés au kilogramme, prix 0 fr. 50 en plus que le n° 1;
4° Feuilles faisant 240 à 250 décimètres carrés au kilogramme, prix 1 fr. 75 en plus que le n° 1.

Les feuilles pour sections ne sont jamais trop minces; celles destinées à être passées à l'extracteur doivent être assez épaisses pour résister sans se briser à l'action de la force centrifuge.

Les n°s 1, 2 et 3 sont fournis en toutes dimensions ; le n° 4, à cause de sa fragilité, ne peut se fabriquer qu'en 155 millimètres de large au maximum.

J'emploie dans mes ruches le n° 2 pour le nid à couvain et les rayons à extraire et le n° 4 pour les sections.

Tous les essais faits jusqu'à ce jour pour construire artificiellement des rayons à cellules aussi hautes qu'elles le seront définitivement ont échoué; les meilleures machines peuvent seulement tracer des empreintes assez profondes pour obliger, dans une large mesure, les ouvrières à respecter la forme qui leur a été donnée et à ne pas transformer trop de cellules d'ouvrières en cellules de mâles.

Un journal apicole allemand a annoncé, l'année dernière, que l'on était en train, en Allemagne, de préparer des machines pour estamper de très minces feuilles de fer-blanc, avec des impressions de cire gaufrée. Ces feuilles, préalablement calibrées, sont plongées dans un bassin de cire chaude; en les retirant, il se dépose par refroidissement une couche de cire sur le métal et il ne reste plus à l'opérateur qu'à fixer la fondation ainsi obtenue dans un cadre ordinaire. La pellicule de cire suffit pour inciter les abeilles à construire et on posséderait ainsi rapidement de parfaits rayons d'un très long usage. Ces feuilles seraient très avantageuses, car elles éviteraient le gondolement et l'effondrement ; les rayons vieux et noirs seraient passés au four et il resterait sur la plaque encore assez de cire pour permettre de remettre les cadres dans la ruche sans autres soins. Une telle invention serait évidemment très intéressante : elle éviterait les ruptures à l'extracteur, les ravages de la fausse teigne et les bâtisses en cellules de mâles ; reste à savoir si elle est véritablement réalisée dans la pratique et surtout si les abeilles voudront s'en servir, malgré la cloison médiane métallique.

Les industriels qui se livrent à ce travail se chargent du reste de gaufrer à façon la cire pure et parfaitement propre qu'on leur envoie ; le prix du travail est, en général, de 0 fr. 70 à 0 fr. 85 par kilogramme, suivant épaisseur, pour les feuilles du nid à couvain. A cette dépense il faut ajouter les doubles frais du transport, et cela constitue finalement un total relativement élevé, surtout si l'on considère qu'un kilogramme environ de ces feuilles est nécessaire pour garnir 10 cadres Layens ou Dadant.

On s'est par conséquent préoccupé de trouver des appareils ou des procédés permettant aux apiculteurs de fabriquer eux-mêmes et à peu de frais les feuilles qui leur sont utiles, en gaufrant, après l'avoir épurée, la cire qu'ils possèdent ou qu'ils peuvent acheter autour d'eux à un prix convenable.

FEUILLES LISSES. — M. Lunger a indiqué dès 1877 qu'il était possible d'obtenir des feuilles, utilisables pour guider les abeilles dans la construction des rayons, simplement en plongeant une planchette de bois très mince et bien unie ou une plaque de verre (une vitre), préalablement huilée ou enduite d'eau de savon, dans un large plat contenant de la cire fondue. Le support, chargé d'une mince couche de cire, est retiré bien horizontalement et trempé dans l'eau froide ; un deuxième trempage rend la feuille plus épaisse ; cette dernière se détache ensuite facilement.

On obtient ainsi des lames cireuses lisses, pouvant se fixer dans les cadres et dont les abeilles se servent volontiers, mais l'absence de rudiments cellulaires fait qu'on obtient souvent des rayons construits en cellules de mâles, désagrément qui ne se produit que beaucoup plus rarement avec des feuilles véritablement gaufrées.

GAUFRIERS A MAIN. — Les gaufriers à main de Rietsche (fig. 73) et de Haineau, construits tous les deux sur le même principe, permettent d'obtenir facilement ces dernières. Leur production est assez lente, mais, avec un peu d'habitude, de très bonne qualité. L'appareil est établi à peu près comme un gaufrier ordinaire de pâtisserie et se compose essentiellement d'une cuvette métallique dont le fond est constitué par un moule en relief des rudiments de cellules ; sur l'un des grands côtés de cette cuvette rectangulaire s'articule, à l'aide de deux charnières, une plaque métallique portant les mêmes empreintes que le fond et pouvant s'appliquer contre lui. Cette plaque est munie d'une poignée qui permet de la faire mouvoir autour de son axe.

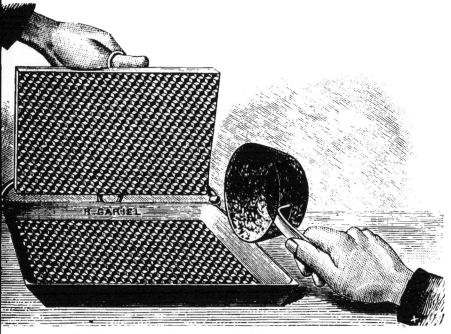

Fig. 73. — Gaufrier à main de Rietsche (Gariel).

On fait des gaufriers Rietsche de toutes dimensions, sur commande, au prix de 0 fr. 31 le centimètre carré. Les modèles courants ont comme dimensions en centimètres :

$0^m,20 \times 0^m,30$ au prix de 18 fr. 50
$0^m,24 \times 0^m,30$ — 22 fr. 30
$0^m,36 \times 0^m,30$ — 33 fr. 25
$0^m,27 \times 0^m,42$ — 34 fr. 85

Le mode opératoire est le suivant : Dans un récipient émaillé ou en cuivre on place une quantité suffisante de cire bien épurée et on fait fondre au bain-marie sur un feu doux. Le bain-marie est indispensable pour éviter les coups de feu qui brunissent la cire et la détériorent.

R. Hommel. — *Apiculture.* 15

Pendant la fonte on prépare un liquide destiné à lubrifier les plaques pour que la feuille se détache facilement lorsqu'elle est terminée.

Les liquides lubrifiants les plus recommandés sont l'eau de savon, l'eau miellée dans une proportion telle que la densité du liquide soit assez forte pour qu'un œuf y surnage, ou encore un mélange de 400 grammes de miel, un demi-litre d'eau et un demi-litre d'alcool. Ces liquides doivent être étendus sur les plaques parfaitement nettoyées au préalable avec une eau légèrement alcaline et rincées à l'eau pure et égouttées. Il faut les humecter entièrement dans les moindres creux, sous peine de ne pouvoir détacher la gaufre; un excès de liquide a par contre l'inconvénient de ne donner qu'un mauvais relief et seulement une ébauche des cellules; une brosse de crin, ferme ou non, ne convient pas pour cet usage, parce qu'elle use l'estampage des plaques et produit une mousse qui nuit à la réussite parfaite des feuilles quand il en reste dans les rainures; il vaut mieux se servir d'une petite éponge. Certains apiculteurs se contentent de mettre du liquide à toutes les cinq ou six feuilles, et pour les autres ils se bornent à passer une couenne de lard sur les plaques.

Le gaufrier est placé à proximité du fourneau, sur une table bien horizontale et sur un linge plié en quatre et bien mouillé; on humecte soigneusement, comme il est dit plus haut, tous les recoins de la partie travaillante. Les deux ou trois premiers rayons pourront être défectueux et se détacher avec difficulté par suite de la mauvaise répartition du liquide sur les reliefs, les creux et les bords de la presse.

Le gaufrier ainsi préparé et la cire bien fondue, on puise cette dernière au moyen d'une grande cuillère de contenance un peu supérieure à la valeur d'une gaufre, et on la verse d'un seul coup dans le plateau inférieur, qui doit en être rempli à moitié. Immédiatement, on baisse le plateau supérieur en le pressant fortement, et on verse dans la chaudière à fonte le trop-plein de cire qui a jailli de chaque côté.

Pour hâter le refroidissement de la gaufre, on peut plonger le gaufrier dans l'eau froide. A l'aide d'un couteau à lame pointue, on détache la cire qui est restée collée aux bords, on soulève doucement la plaque supérieure et on détache la feuille formée. La presse, de nouveau humectée de lubrifiant, est prête pour recommencer l'opération. Avec un peu d'habitude, on arrive facilement à faire 200 à 250 feuilles par jour. Si, pour une cause ou pour une autre, on manque une feuille et que celle-ci se détache incomplètement, il est indispensable d'enlever avec le plus grand soin, à l'aide d'une pointe d'épingle ou de lame de canif, les moindres parcelles de cire restées sur les plaques, sous peine de manquer toutes les feuilles suivantes qui ne se détacheront pas; on peut aussi brosser avec une solution de soude bouillante.

Lorsque, après plusieurs opérations, le gaufrier est devenu trop chaud, on le rafraîchit en le plongeant dans l'eau froide; mais la température de l'appareil doit toujours être assez élevée pour que la cire qu'on y jette ne fasse pas prise trop subitement. Suivant la température du gaufrier et celle de la cire employée, la gaufre sera plus ou moins mince, mais toujours les fondations obtenues avec les appareils à main sont plus épaisses que celles qui viennent des machines à cylindres. Il est difficile d'arriver à une légèreté plus grande que 90 à 100 décimètres carrés au kilogramme, généralement 70. Ce qui distingue aussi ces deux modes de fabrication, c'est que la gaufre faite aux cylindres porte des fonds de cellules très minces et des bords épais, tandis que c'est l'inverse pour les feuilles de gaufrier. Ces fonds se retrouvent dans les rayons entièrement bâtis, ce qui les rend impropres à l'obtention des sections dans lesquelles la cire se mange en même temps que le miel. Les feuilles

de cylindres sont toujours plus parfaites et plus régulières que celles fournies par la presse à main, parce que
le laminage fait disparaître les défectuosités d'épaisseur
de la feuille. Mais, par suite même de cette forte pression,
les molécules de la cire laminée sont très serrées les unes
contre les autres et, si on suspend les feuilles dans une
ruche peuplée, la chaleur les ramollit, les dilate, elles se
gondolent et parfois se détachent. On évite cet inconvénient en recuisant la feuille, c'est-à-dire en la rechauffant
entre 40° et 50° avant la mise en cadre. Pour les feuilles
de presse, l'épaisseur même des fonds les empêche de se
gondoler et de s'effondrer; il est néanmoins recommandable de les recuire également pour les rendre moins
cassantes.

Les abeilles utilisent très bien, en les étirant, les bords
épais des cellules des feuilles laminées, tandis qu'elles
ne peuvent pas modifier l'épaisseur des fonds des feuilles
de presse; on a prétendu, enfin, que ces dernières étaient
moins favorables à l'élevage du couvain, parce que
l'épaisseur de la paroi médiane, par suite de la mauvaise
conductibilité de la cire, ne permettait pas aux larves
logées bout à bout et les unes contre les autres de se
tenir mutuellement aussi chaud.

Je crois qu'en réalité les feuilles de gaufrier sont dans
la pratique tout aussi bonnes que les autres pour le nid
à couvain et meilleures pour l'extracteur; leur fabrication est une excellente manière d'utiliser les loisirs de
la période d'hivernage.

GAUFRIERS EN PLATRE. — Malgré le prix relativement
modique des gaufriers à main, des apiculteurs ont cherché
s'il ne serait pas possible d'opérer plus économiquement
encore. C'est ainsi que le professeur belge Reyntjens
inventa un gaufrier en plâtre, perfectionné plus tard par
son compatriote J.-B. Gérard, de Solre-Saint-Géry
(Hainaut), et qui ne coûte que 13 francs.

Enfin, l'année dernière, le Dr Sèxe, président de la

Société comtoise d'apiculture, donnait la description et le mode de fabrication, que je rapporte ci-après, d'un gaufrier, également en plâtre, et dont le prix de revient ne dépasse pas 0 fr. 80 (1). Cet appareil a été imaginé par MM. Jules et François Jeannin, apiculteurs à la Chapelle-aux-Buis, près Besançon (Doubs); on peut très facilement le construire soi-même et les résultats en sont, paraît-il, excellents. On établit d'abord deux cadres, avec des liteaux carrés d'environ 3 centimètres de côté, de manière que ces cadres aient intérieurement les dimensions de la feuille à obtenir. Deux charnières, noyées dans le bois, permettent à ces deux cadres de s'appliquer exactement l'un sur l'autre comme les feuillets d'un livre. Ceci fait, on place, sur une surface aussi plane que possible, les cadres ouverts, le côté des charnières appliqué sur la table. On introduit dans l'un des cadres une feuille de cire gaufrée du commerce, aussi parfaite que possible, bien plate et dont les bords des cellules soient bien droits et bien saillants. Du choix de cette feuille dépend la beauté du gaufrier obtenu. La feuille est encastrée et descendue à la main, bien doucement, jusqu'à s'appuyer sur la table; à l'aide d'un petit pinceau, on en huile très légèrement la surface supérieure. Notre moule est prêt. Pour préparer la bouillie plâtrée, le meilleur plâtre à utiliser est le plâtre fin à modeler ou plâtre de Paris. Le mélange d'eau et de plâtre doit se faire par parties égales : un verre d'eau pour un verre de plâtre, dans une cuvette de terre ou un plat. On verse dans le vase la quantité d'eau nécessaire pour préparer assez de bouillie, ensuite on ajoute doucement le plâtre en saupoudrant pour ainsi dire, de manière à constituer une pyramide centrale qui dépasse de 2 à 3 centimètres le niveau du liquide. Quand le volume d'eau dépasse cinq verres, il vaut mieux mettre

(1) *L'Apiculteur*, 1904, p. 248 et 295.

un verre de plâtre en plus. Dès que le plâtre est versé
en totalité, et non avant, on fait le mélange à la main
en enlevant les grumeaux ou parties dures.

La bouillie est prête quand elle a la consistance de la
crème douce. Ces opérations doivent se faire sans perdre
de temps, pour éviter une solidification prématurée, puis
la bouillie est versée dans le cadre, sur la gaufre, jusqu'au
ras des bords des liteaux, et on attend sa solidification.
Ceci fait, on retourne l'appareil, on huile légèrement
l'autre face de la gaufre et les faces des liteaux qui
viendront en contact quand les cadres seront fermés
l'un sur l'autre. Puis on ferme les cadres et on recommence la même opération que ci-dessus, de manière à
remplir la seconde partie du gaufrier. La solidification
établie, on ouvre l'appareil, on retire la gaufre qui a
servi de moule, et on possède un appareil qui peut rendre
tous les services d'un gaufrier ordinaire, dont le prix de
revient est bien moindre et qui dure longtemps. Le prix de
revient est le suivant : plâtre 0 fr. 40, charnières 0 fr. 20,
bois 0 fr. 20, total 0 fr. 80. Le plâtre transforme ces
cadres en blocs indéformables; pour plus de solidité, on
peut clouer deux ou trois petites traverses grillageant
chaque cadre, sur la face opposée aux charnières, ce qui
rend la solidité parfaite. Le point important est de bien
choisir la gaufre servant de moule, car l'appareil repro-
duira rigoureusement la forme et l'épaisseur de ce modèle
primitif.

Ce gaufrier en plâtre s'emploie de la même manière
que le modèle Rietsche ; néanmoins l'inventeur donne
les indications pratiques suivantes : il laisse séjourner
le gaufrier dans l'eau au moins trois heures avant de s'en
servir ; après l'avoir retiré, il confectionne une première
gaufre en versant de la cire fondue sur une face du gaufrier, et rapidement il referme l'appareil, attend un
instant et rouvre : la gaufre est faite. Une fois la feuille
de cire enlevée, il mouille le gaufrier, mais sans le

plonger dans l'eau, et se sert pour cela d'une petite
éponge; à chaque gaufre, il recommence. C'est très
simple et M. Jeannin assure qu'avec son appareil il peut
faire 50 feuilles de cire gaufrée à l'heure.

PURETÉ DE LA CIRE GAUFRÉE. — Si l'on veut obtenir de
bons résultats, il est absolument indispensable de n'employer que des feuilles faites en cire d'abeilles tout à fait
pure. On remarque, en effet, que les reines refusent très
souvent de pondre dans les rayons établis en cire falsifiée
et que parfois même les abeilles ne les construisent pas.
En 1904, M. Gallet avait apporté à l'Exposition d'apiculture un cadre garni d'une feuille de cire faite, mi-partie
avec de la cire végétale, mi-partie avec de la cire minérale; les abeilles avaient construit sur la cire végétale et
interrompu leur travail sur la cire minérale.

Les substances employées pour falsifier la cire gaufrée
sont très nombreuses; ce sont d'abord les diverses cires
végétales et animales dont nous parlerons plus loin, des
matières qualifiées de *cire minérale*, cérésine, ozokérite,
cire fossile, puis le blanc de baleine, la paraffine, le suif,
la stéarine, la colophane, des matières inertes comme le
kaolin, le sulfate de baryte, la craie, le soufre, l'amidon,
le gypse, l'ocre jaune, etc.

Beaucoup de ces substances ont un point de fusion
variant entre 43° et 62° et, par conséquent, bien inférieur
à celui de la cire pure (64°); il en résulte qu'à la chaleur
de la ruche la fondation se ramollit d'une manière exagérée et s'effondre sous le poids du miel et des abeilles.
On comprend combien de tels accidents sont nuisibles au
bon état de la colonie.

VIEILLISSEMENT ET DURÉE DES RAYONS. — La durée des
rayons peut être extrêmement longue et il n'est pas rare
de trouver des ruches à rayons fixes dont les rayons n'ont
jamais été renouvelés et qui ont été habitées sans interruption pendant vingt, trente et même cinquante ans.
Dans ces ruches très anciennes, les colonies paraissent

se plaire beaucoup, elles se développent bien, essaiment normalement, les butineuses et les mâles présentent leur taille habituelle.

Il en est de même dans les ruches à cadres mobiles et les rayons en cellules d'ouvrières ne doivent pas être mis à la fonte tant qu'ils ne sont pas brisés ou gauchis. Du reste, avec le temps ils ne deviennent que plus solides et, en les passant tous les ans au couteau à désoperculer, ils finissent par devenir droits et rigides comme des planches. Ces rayons représentent un capital important et Ch. Dadant estime leur valeur à 1 fr. 50 l'un. Au bout de peu d'années, l'apiculteur mobiliste n'aura donc plus à acheter de cire gaufrée, s'il n'augmente pas le nombre de ses ruches, s'il ne fait pas de miel en sections et s'il sait appliquer judicieusement les expériences de M. de Layens au renouvellement et à la construction de nouveaux rayons.

La cire d'abord jaune, plus ou moins pâle, se fonce de plus en plus par suite du passage incessant des abeilles, des émanations de la ruche, des déjections des larves et des résidus de leurs mues successives ; au bout de quelques années, les bâtisses prennent une teinte presque noire et le miel qui y est contenu paraît plus foncé. Mais ce n'est là qu'une illusion, et il suffit de faire couler ce miel pour voir que sa teinte est aussi claire que dans les rayons les plus nouveaux.

C'est donc une erreur de dire qu'il faut fondre, pour les remplacer, les vieux rayons devenus noirs, sous prétexte que leurs cellules deviennent plus étroites par suite des cocons et des enveloppes que les larves et les nymphes y laissent. Les parois gardent toujours à peu de chose près la même minceur, les abeilles enlevant au fur et à mesure les cocons qui tapissent les parois ; mais dans le fond, elles en laissent jusqu'à huit ou dix couches superposées ; pour laisser à la cellule toute sa profondeur, les ouvrières se contentent de l'allonger, de telle sorte

que les vieux rayons finissent par être plus épais que les
nouveaux, de 2 à 3 millimètres, et leur épaisseur atteint
25^{mm},4 à 26^{mm},9. Ces observations ont été faites par
M. Root sur des rayons âgés de vingt-cinq ans. Invaria-
blement, 4 à 5 cellules peuvent contenir 1 gramme d'eau
et le couvain s'y développe toujours aussi bien sans que
sa taille diminue.

Il n'est pas exact non plus que les vieux rayons soient
moins bons pour l'hivernage parce qu'ils conservent moins
bien la chaleur. L'expérience prouve qu'il n'en est
rien et qu'au contraire l'hivernage s'y fait très bien sans
consommation plus forte ; on observe même très souvent
que les colonies préfèrent s'établir sur les bâtisses déjà
anciennes et y installer leur nid à couvain.

Il faudra cependant tenir compte, lorsqu'on aura à
évaluer le poids des ruches, ou quand on achètera de la
cire pour la fondre, que les rayons sont d'autant plus
lourds qu'ils sont plus anciens ; leur poids peut devenir
trois à quatre fois plus grand par suite des impuretés
qu'ils renferment.

D'après Collin, les gâteaux d'une ruche de 25 litres
pèsent, quand ils sont jeunes, 0^{kg},700, et, quand ils sont
vieux, 1^{kg},500.

Quand on voudra renouveler les rayons, on se rappellera les règles indiquées précédemment pour la construction des bâtisses, de manière à éviter le plus possible les
cellules de mâles, ou, mieux encore, on garnira les cadres
de feuilles de cire gaufrée.

CIRES AUTRES QUE LA CIRE D'ABEILLES.

On donne aussi le nom de *cire* à diverses matières qui
offrent une assez grande analogie avec la cire d'abeilles
par leur aspect extérieur, leur plasticité et les usages
auxquels on peut les employer. Ces matières sont d'origine animale, végétale ou minérale.

a. *Cires d'origine animale.*

La *cire de Chine*, que l'on désigne aussi sous les noms de *Pe-La* ou de *spermaceti végétal*, de *cire d'insectes*, est produite par un insecte de la famille des Coccides, appelé *la-tchong* (*Coccus pe-la, C. sinensis*), qui dépose sur les rameaux de certains arbres : *Rhus succedaneum, Ligustrum glabrum, Hybiscus syriacus, Celastrus ceriferus* et *Fraxinus sinensis*, une couche abondante d'une matière cireuse, d'excellente qualité et très appréciée dans l'industrie. L'insecte naît et se développe sur les feuilles du *Ligustrum lucidum*; à la fin d'avril, il y est recueilli à l'état jeune, blanc et gros comme un grain de riz et transporté dans une région éloignée de la première où il est déposé avec soin sur les rameaux des arbres cités plus haut. Là, il s'alimente de la matière sucrée sécrétée par eux sous l'influence de ses piqûres, la transforme en cire qui vient exsuder tout autour de son corps et le recouvre de manière à former un amas de la grosseur d'un œuf de poule. En octobre, les branches sont grattées et la matière déposée sur une toile placée sur un récipient chauffé au bain-marie; la cire fond et passe au travers de la toile. Après deux fusions, elle est parfaitement blanche. On la durcit en la coulant dans un vase plein d'eau froide.

Dans le commerce, la cire de Chine se présente en masses d'un blanc pur ou très légèrement jaunâtre, sans odeur ni saveur; elle ressemble au blanc de baleine, mais elle est plus friable, plus dure, plus cassante, presque pulvérisable, plus fibreuse et entièrement cristalline. Sa densité est de 0,970 à 15° et elle fond à 82°-83°. Elle est très peu soluble dans l'alcool et l'éther, mais se dissout facilement dans l'huile de naphte bouillante et dans la benzine; elle n'est saponifiée que très difficilement par une lessive de potasse bouillante.

Elle sert en Chine à la fabrication des bougies et,

d'après Richtofen, la valeur totale de la récolte dans la province de *Se-Tchouen* atteint 14 millions de francs. On en exporte aussi une partie, notamment en Angleterre où elle est connue sous le nom de *cire blanche* ou *cire d'insectes*.

On a proposé d'essayer l'introduction de cet insecte dans nos colonies et notamment en Algérie.

Au Mexique, un autre puceron, le *Coccus Axine*, sécrète aussi une substance grasse, siccative et durcissant au contact de l'air. Ce n'est pas une cire et elle n'est pas employée comme telle ; les Indiens du Mexique s'en servent pour remplacer le collodion pour le traitement des blessures ou comme vernis pour protéger les instruments en acier contre la rouille.

M. Zwilling rapporte que, lors des grandes invasions de *hannetons*, les paysans chinois et japonais recueillent ces insectes, les écrasent dans des cuves et font bouillir la masse décomposée dans l'eau. La matière grasse surnage bientôt, est mise dans des moules, et vendue comme cire d'abeilles. M. Zwilling aurait vu des blocs de cette cire de hannetons chez un cirier de Strasbourg.

Le *spermaceti* ou *blanc de baleine* est extrait de l'huile que l'on trouve dans la cavité cranienne du cachalot et d'autres cétacés. La matière se trouve dans le commerce en masses blanches translucides d'un éclat nacré, lamelleuses et radiées, presque incolores, sans saveur, presque sans odeur, pulvérisables. Densité 0,950, point de fusion 46°,5 à 49° ; très peu soluble dans l'alcool froid et la benzine ; soluble dans l'alcool chaud ; très soluble dans l'éther, le chloroforme et le sulfure de carbone ; se saponifiant très difficilement. Rarement employé pour falsifier la cire, à cause de son prix élevé.

Le *suif*, qui provient de la graisse des animaux herbivores, est une des matières que l'on mélange le plus communément à la cire d'abeilles qu'elle rend plus molle, plus grasse, plus plastique et dont elle abaisse le

point de fusion et la densité, en lui donnant une odeur
et une saveur désagréables. Un grand nombre de ciriers
se croient autorisés à en ajouter une petite quantité à
la cire blanchie pour lui restituer le liant qu'elle a perdu
pendant l'opération du blanchiment. La densité du suif
est de 0,881 à 0,942 et le point de fusion 36° à 50°.

La *cire des mélipones* est connue sous le nom de *cire
des Andaquies*; elle est légèrement jaunâtre ou jaune
foncé; sa densité est de 0,917 et son point de fusion 77°.

La *stéarine* ou *acide stéarique* est obtenue par la saponification du suif de mouton; ajoutée à la cire d'abeilles,
même en faible proportion, elle en détruit la malléabilité et la rend cassante. Elle se présente sous l'aspect
solide, blanc, et cristallise en cristaux brillants, nacrés et
très minces; son point de fusion est de 69°,1 à 69°,2; entre
9° et 11° la densité est de 1, égale à celle de l'eau. La
stéarine est soluble dans l'alcool, l'éther, la benzine, le
chloroforme. A l'état de fusion, elle rougit la teinture
de tournesol.

b. *Cires d'origine végétale.*

La plus connue est la *cire du Japon* obtenue par le traitement à l'eau bouillante des graines pilées de divers arbres
de la famille des *Anacardiées* et en particulier du *Rhus
succedaneum*. Elle arrive en Europe sous forme de blocs
considérables pesant environ 120 livres et est revendue
en disques plats ou tourteaux de 2 à 3 centimètres
d'épaisseur. Elle est plus molle et plus grasse au toucher
que la cire d'abeilles; de couleur blanche ou légèrement
jaunâtre, elle devient brunâtre avec le temps et, quand
elle contient de l'eau, elle se recouvre d'une efflores-
cence blanchâtre. Plus cassante que la cire d'abeilles, sa
cassure est plus nette, moins grenue, plate ou conchoïdale, sans éclat quand elle est fraîche; mais, coupée, elle a
un éclat cireux. Son odeur et sa saveur un peu résineuses

rappellent celles du suif rance; chauffée, elle devient transparente à 10° ou 12° au-dessous de son point de fusion. La cire du Japon fond entre 53° et 54°,5; elle se solidifie entre 40°,5 et 41°. Sa densité à l'état brut est de 1,002 à 1,006 et, blanchie, de 0,970 à 0,980.

Elle est insoluble dans l'alcool à froid et peu dans l'éther à froid; facilement soluble dans l'alcool bouillant d'où elle se dépose par le refroidissement en grains cristallins; facilement soluble dans la benzine, l'éther de pétrole et le chloroforme. Mélangée à la cire d'abeilles, elle diminue sa malléabilité en la rendant plus cassante et abaisse le point de fusion.

La *cire de Sumatra* ou *Getah-Lahoe* est extraite du *Ficus cerifera*; elle se présente en pains noirâtres extérieurement et rose tendre intérieurement; très poreuse et très fragile. Elle est insoluble dans l'alcool à froid, soluble dans l'alcool à chaud, d'où elle se précipite par refroidissement sous forme de poudre blanche cristalline et fusible à 55°. Soluble dans l'éther, le chloroforme et l'essence de térébenthine. Point de fusion 75°.

La *cire de Bornéo* provient d'une espèce de *Sophora*: c'est une belle matière grasse, blanc jaunâtre, à odeur aromatique spéciale, à texture cristalline, se cassant facilement et tombant en poussière. Elle fond à 30° et reste facilement en fusion. Elle est soluble en partie dans l'alcool bouillant et la solution dépose par refroidissement des aiguilles cristallines; entièrement soluble dans le chloroforme.

La *cire de Carnauba* nous arrive du Brésil où la récolte annuelle atteint 2 millions de livres; elle est sécrétée par les feuilles d'un palmier, le *Copernicea cerifera* ou *Corypha cerifera*. Les feuilles secouées laissent tomber leur enduit cireux pulvérulent que l'on fond à une forte chaleur; par le refroidissement, on obtient des pains irréguliers d'un gris sale ou jaune avec teinte verdâtre. Cette cire est cassante, dure et se pulvérise comme la résine.

Insipide, elle possède à l'état frais l'odeur aromatique du foin fraîchement coupé; par la suite elle devient inodore; fondue, elle prend une odeur particulière et en se refroidissant la masse solidifiée se fendille en tous sens et prend un aspect cristallin. Sa densité est de 0,995 à 0,999 et son point de fusion 85° à 86° à l'état frais et 90° à 91° quand elle est vieille. Peu soluble dans l'alcool froid, complètement dans l'alcool chaud, l'éther et le chloroforme. La cire de Carnauba est de toutes les cires végétales celle qui se rapproche le plus par sa constitution chimique de la cire d'abeilles.

Un autre palmier, le *Ceroxylon andicola*, qui croît sur les plateaux les plus élevés des Andes du Pérou, donne la *cire de palmier* ou *cera de palma*; cette substance, qui exsude des feuilles et du tronc, est d'un blanc sale, devenant jaunâtre par la purification, sans odeur ni saveur. Cette cire est consistante, poreuse, friable et fond à 72°.

La *cire de Myrica* provient des baies d'un arbrisseau, le *Myrica cerifera*, qui habite la Louisiane et les régions tempérées de l'Inde. Elle se présente sous deux aspects : l'un jaunâtre, obtenu par une simple infusion des baies dans l'eau bouillante; l'autre vert, provenant de l'ébullition des résidus de la première opération. La sorte jaune est plus aromatique et plus pure. La cire de Myrica est plus cassante et plus dure que la cire d'abeilles et les cassures fraîches se recouvrent à l'air d'une pellicule blanche. Elle fond entre 45° et 49° ; sa densité varie de 1,004 à 1,006. Elle est très peu soluble dans l'alcool et l'éther froid, mais soluble dans l'alcool et l'éther chaud, dans les huiles grasses et en partie dans l'essence de térébenthine. Divers *Myrica* (*M. gale* en France et dans le nord de l'Europe, *M. Pensylvanica* dans l'Amérique du Nord) pourraient aussi fournir un peu de cire analogue.

La *cire d'Ocuba* ou *d'Otoba* est extraite du fruit bacciforme des *Myristica ocuba, officinalis, sebifera*, ou du *Virola sebifera*, indigènes au Para et à la Guyane française. Cette cire est en masses blanc jaunâtre ou verdâtre, plus molle que la cire d'abeilles. Sa densité est de 0,920 et son point de fusion 36°,5. Peu soluble dans l'alcool froid, elle l'est entièrement dans l'alcool bouillant et dans l'éther.

La *cire de Bicuiba* se retire du *Myristica bicuhyba* probablement de la même manière que la cire d'Ocuba. Elle est en masses blanc jaunâtre, présente les mêmes propriétés, mais fond à un point encore plus bas, 35°.

En raclant les tiges de cannes à sucre, en particulier de la variété violette, on obtient une cire, qualifiée de *cire de canne* ou *cérosie*, qui se présente en fines lamelles nacrées, très légères, blanches, cristallines, dures et faciles à pulvériser. Elle est fusible à 82°, soluble seulement dans l'alcool concentré et bouillant.

Chevreul a donné le nom de *cérine* ou *subérine* à une substance cireuse extraite par lui du liège à l'aide de l'alcool et de l'éther ; elle cristallise en longues aiguilles.

c. *Cires d'origine minérale.*

Ces cires ont pris dans l'industrie une importance considérable et, à cause de leur prix relativement peu élevé et par suite de leur ressemblance avec la cire d'abeilles, elles tendent, dans beaucoup de cas, à la remplacer et à la falsifier.

La plus connue est l'*ozokérite* ou *cire fossile* que l'on trouve en masses considérables d'un brun noirâtre en Moldavie, Galicie, Autriche, Angleterre, Texas, et qui se présente sous l'aspect cireux, d'un éclat gras, d'une couleur brune ou verdâtre et d'odeur aromatique. La densité est de 0,915 à 0,925 et le point de fusion entre 56° et 63°. L'ozokérite est peu soluble dans l'alcool bouillant et se dépose par refroidissement; complètement soluble dans le chloroforme et la benzine.

On en extrait, par distillation dans la vapeur d'eau sur-
chauffée, avec l'acide sulfurique concentré et le résidu
charbonneux de la fabrication du prussiate de potasse, la
cérésine, dont le principal centre de production est l'Allemagne. Purifiée par filtration, additionnée de matière
colorante (gomme gutte ou curcuma), aromatisée au
besoin, la cérésine ressemble à s'y méprendre à la cire
d'abeilles. La cérésine fond entre 60° et 65°.]

On connaît deux variétés d'ozokérite : l'*urpéthite* qui
fond à 39° et la *ziétrisikite* qui fond entre 83° et 90°.

D'après M. Ferdinand Jean, les autres cires minérales
naturelles sont :

La *scheererite*, substance molle, d'aspect gras, blanc,
nacré, ressemblant au blanc de baleine, fusible à 44°,
soluble dans l'alcool d'où elle se dépose en aiguillettes
nacrées. On la rencontre dans le lignite brun d'Uznoch
près Saint-Gall (Suisse). La *keulite*, qui fond à 108°, lui
ressemble.

L'*élatérite* ou *bitume élastique*, *caoutchouc fossile*,
matière molle, élastique, brun noirâtre tirant sur le verdâtre, trouvée dans les marais de plomb d'Oden, près de
Castleton, et dans les couches de houille de Montrelais
(Loire-Inférieure).

La *skaufite* est une cire rouge fondant à 326°, peu soluble
dans l'alcool, la benzine et le chloroforme, soluble dans
l'acide sulfurique. Existe en Dalmatie, en Bukovine, dans
le grès schisteux, sous forme de cordons de 10 centimètres
de diamètre.

La *kartite* est une cire fossile blanche, ressemblant à
la cire d'abeilles, fondant à 74°; on la rencontre dans la
Basse-Autriche.

L'*idrialine* est une cire blanche ressemblant au blanc
de baleine, peu soluble dans l'alcool et ne fondant qu'à
une température élevée.

Dans les morts terrains superposés au pétrole, à
Sloboda (Galicie autrichienne), on trouve une cire jaune

doré, à texture fibreuse, fondant à 80°, soluble dans l'éther, le sulfure de carbone et l'alcool bouillant.

La *paraffine* provient de la distillation des goudrons, des pétroles, du naphte, et se présente sous l'aspect d'une substance solide, blanche, analogue à la cire, inodore, insipide, un peu grasse au toucher, plus dure que le suif, plus molle que la cire. Sa densité est de 0,869 à 0,912 et son point de fusion de 50° à 60°. Elle est soluble dans l'alcool, l'éther, l'essence de térébenthine, l'huile d'olive, la benzine, le chloroforme, le sulfure de carbone. et se dépose par évaporation en belles lames nacrées. Ajoutée à la cire d'abeilles, la paraffine la rend sèche, translucide, cassante, très brillante, moins plastique, et abaisse le point de fusion.

On ajoute aussi quelquefois à la cire d'abeilles de la *résine* ou *colophane*, résidu de la distillation de la térébenthine. Les résines sont des substances amorphes, jaunes, à cassure conchoïde, solubles dans l'alcool, l'esprit de bois, l'éther, les huiles fixes et volatiles, le chloroforme. Elles détruisent la malléabilité de la cire en la rendant cassante et élèvent beaucoup son point de fusion. Les résines fondent en effet à 135°.

ANALYSE DES CIRES.

L'analyse complète des cires est une opération difficile et délicate, nullement à la portée des apiculteurs. On peut cependant indiquer ici quelques procédés assez simples qui permettent de se rendre compte si une cire est exempte de matières étrangères et quelles sont celles qu'elle contient le plus ordinairement.

L'aspect extérieur doit d'abord être pris en considération. Une cire pure et non blanchie est d'une couleur jaune plus ou moins foncée; sa cassure est nette, conchoïdale, à grain serré; pétrie dans les doigts, elle est plastique et non collante; son odeur est balsamique et mielleuse.

Un petit morceau mastiqué dans la bouche doit se désagréger en petits fragments, sans se mettre en pâte ni adhérer aux dents ; la saveur est nulle ou balsamique et agréable. L'addition de *suif* dans une proportion un peu forte est décelée par l'odeur ou par le goût particulier de ce corps gras.

La falsification par la *cire de Myrica* rend la cire plus cassante et le pétrissage entre les doigts y laisse de petits grumeaux adhérents.

M. Armand Gaille a indiqué les trois opérations suivantes à effectuer sur une cire suspecte pour déterminer si elle est pure ou non.

1° L'étude de la *densité*. Les cires du Japon, de la Chine, de Carnauba, de Myrica ajoutées à la cire d'abeilles en augmentent la densité ; au contraire, l'addition des cires d'Ocuba, des Andaquies, du blanc de baleine, de l'ozokérite et de la cérésine, de la paraffine la diminue.

On mélange dans un grand verre ordinaire une partie d'alcool avec deux parties d'eau, on jette dans le mélange un morceau, gros comme un pois, de cire dont on connaît la pureté absolue ; on le reprend pour le pétrir dans les doigts de manière à en chasser toute trace de bulle d'air, ce qui rendrait l'essai illusoire, et on le remet dans le liquide. On ajoute ensuite peu à peu, et en remuant constamment, de l'eau jusqu'à ce que le morceau de cire flotte sans tomber au fond ni atteindre la surface, si ce n'est avec une très grande lenteur.

Prenant alors un morceau de la cire à essayer, on le place dans le liquide après l'avoir pressé dans les doigts, comme il est dit ci-dessus ; s'il tombe au fond du verre avec quelque rapidité, ou s'il remonte assez vivement à la surface lorsqu'on l'enfonce, la cire est évidemment falsifiée. Si le morceau de cire suspecte se comporte au contraire comme la cire pure, il peut être exempt de tout mélange, mais on ne saurait l'affirmer qu'après avoir fait les essais suivants. En effet, si le falsificateur a eu soin de prendre des substances plus légères et d'autres plus pesantes que la cire, le produit peut parfaitement avoir le même poids spécifique que la cire pure.

2° On place dans une éprouvette un morceau, gros comme une noisette, de la cire suspecte, on y verse trois ou quatre doigts d'essence de térébenthine et on chauffe légèrement sur la lampe à alcool. Si la solution est incomplète, fortement troublée, s'il se fait un dépôt, la cire est falsifiée, car l'essence dissout complètement la cire pure.

3° Un morceau, de la dimension d'un très petit pois, de l'échantillon ayant subi avec succès l'épreuve précédente est introduit dans une éprouvette en verre remplie à moitié d'alcool et le tout porté à l'ébullition. On laisse refroidir pendant une demi-heure au moins et on filtre; au liquide filtré, on ajoute un volume égal d'eau et un petit morceau de papier de tournesol bleui par un trempage dans l'ammoniaque, puis séché entre du papier buvard. On agite le tout; si, au bout d'une quinzaine de minutes, le liquide est resté limpide, et si le papier de tournesol n'a pas repris sa couleur rouge primitive, la cire est pure; si la liqueur est trouble (ce qui arrive le plus souvent), on la filtre; si elle est claire et limpide après filtration, la cire est pure; si, au contraire, malgré la filtration, elle reste trouble, la cire est falsifiée par addition de résine.

Lorsque la cire essayée résiste victorieusement à ces différents essais, pratiqués successivement, on peut affirmer sa pureté d'une manière presque certaine.

On peut pousser l'examen plus loin et déterminer le *point de fusion* de la matière, ce qui donne des indications utiles dans la pratique.

On sait que la cire pure d'abeilles fond entre 62° et 64°; les cires végétales de Bornéo, de Myrica, d'Ocuba, de Bicuiba entre 30° et 49°; celle du Japon entre 42° et 54°;

celles de Sumatra, de Chine, de Carnauba, de canne, de palmier entre 72° et 86° ; le blanc de baleine et le suif entre 36° et 50° ; les différentes paraffines et cérésine ou ozokérite entre 38° et 80°. Dès lors la *détermination du point de fusion* de l'échantillon est intéressante. On l'effectue en introduisant dans une capsule de porcelaine une petite quantité de mercure que l'on chauffe avec précaution jusque vers 50°. A ce moment on dépose à la surface du métal une petite boulette de cire et l'on continue à chauffer très doucement. La lecture d'un thermomètre très sensible, en contact avec la cire, lorsqu'elle est devenue transparente, indique le point de fusion de l'échantillon qui s'écartera de la normale en plus ou en moins suivant la substance falsificatrice et sa quantité.

Les opérations suivantes conduisent à la détermination des substances falsificatrices ; les unes sont des matières inertes, les autres sont de l'eau ou des produits qui ont une analogie plus ou moins grande avec la cire ; ce sont en particulier : la résine, la paraffine et les cires minérales, le suif, la cire du Japon, etc.

L'addition d'*eau*, faite pour augmenter le poids, se reconnaît par la perte éprouvée par la matière après sa dessiccation à l'étuve ou au bain-marie. On a trouvé des échantillons qui contenaient jusqu'à 60 p. 100 d'eau.

Les *matières inertes* se décèlent facilement en fondant la cire suspecte dans une grande quantité d'eau bouillante, puis en la laissant refroidir lentement ; les matières étrangères se séparent et tombent au fond du vase. La différence de poids de la cire, desséchée à l'étuve à 110°, avant et après l'opération donne le taux d'impuretés. En recueillant ces matières et en les examinant, on peut les déterminer après avoir épuisé le résidu par le sulfure de carbone ou la benzine.

En traitant le dépôt par l'acide chlorhydrique à chaud, le *kaolin* et le *sulfate de baryte* y restent insolubles ; le *plâtre* s'y dissout, puis donne un précipité blanc insoluble par le chlorure de baryum et l'oxalate d'ammoniaque après addition d'acétate de soude ; la *craie* fait effervescence et la solution traitée par l'oxalate d'ammoniaque donne un précipité blanc. L'addition d'*ocre jaune* se reconnaît par la couleur jaune citrin du dépôt, et celui-ci, dissous dans l'acide chlorhydrique, donne un précipité de bleu de Prusse par l'addition de quelques gouttes de cyanure jaune ou d'oxyde de fer par l'ammoniaque. Si la cire est mélangée de *soufre*, projetée sur une pelle rougie ou sur des charbons ardents elle exhale l'odeur caractéristique de l'acide sulfureux. La cire falsifiée à la *fécule* ou à la *farine* est moins onctueuse et moins tenace, sa couleur est jaune terne et elle ne se dissout pas entièrement dans l'essence de térébenthine où elle laisse un dépôt blanc se colorant en bleu par une solution aqueuse d'iode.

Si la cire ne laisse aucun résidu de matières inertes, on en introduit 2 grammes dans un tube à essai avec 50 centimètres cubes d'une solution saturée de carbonate de soude et on porte à l'ébullition pendant cinq minutes. On ajoute ensuite 50 centimètres cubes d'eau bouillante, on agite et on laisse refroidir. Si la cire surnage en conservant sa couleur et sans donner dans le liquide sous-jacent ni trouble ni flocons, elle est pure ou mélangée de *paraffine*; si, au contraire, il se produit une émulsion persistante après le refroidissement, la cire peut contenir alors de la *résine*, du *suif*, de l'*acide stéarique* ou de la *cire du Japon*.

Dans ce cas, la cire est traitée par l'ébullition avec une solution de potasse caustique de concentration moyenne et on ajoute ensuite du sel marin. Si le précipité est formé par un magma grenu, facile à reconnaître par une expérience comparative avec la substance falsificatrice pure, on a affaire à la *cire du Japon*. Si, au contraire, le précipité est en gros flocons, c'est la *résine*, l'*acide stéarique* ou le *suif* qui sont présents.

On peut mettre en évidence la *paraffine* et l'*ozokérite* ou la *cérésine* en utilisant la solubilité de la cire pure dans l'acide sulfurique fumant qui ne dissout aucune de ces trois substances. On fait fondre 10 grammes de cire suspecte avec de l'eau dans une capsule de 1^{lit},500, on laisse refroidir doucement et l'on verse 15 à 20 centimètres cubes d'acide sulfurique fumant sur la masse en remuant constamment et en ajoutant, peu à peu, de l'eau froide, et en remplissant enfin la capsule d'eau bouillante. La cire pure est entièrement détruite, tandis que la paraffine, l'ozokérite ou la cérésine viennent former à la surface une couche huileuse qui se prend en masse par le refroidissement. Pour déceler la présence de l'*acide stéarique*, on fait dissoudre la cire dans l'alcool bouillant ; on laisse refroidir : la cire, qui est peu soluble, se précipite ; on décante, on ajoute un peu d'eau et on filtre. Si la liqueur est acide, la falsification est due à l'acide stéarique que l'on peut mettre en évidence en précipitant le liquide filtré par une solution alcoolique d'acétate de plomb, qui donne un précipité de stéarate de plomb insoluble dans l'éther.

Une portion du liquide alcoolique précédent, filtrée, est évaporée, et l'on recueille les *résines*, facilement reconnaissables à l'odeur qu'elles dégagent par distillation. On peut les caractériser en faisant bouillir la cire suspecte avec 3 ou 4 parties d'acide nitrique ordinaire ; on retire du feu, on ajoute de l'eau, puis un excès d'ammoniaque. Si la cire contient de la résine, l'attaque par l'acide est violente ; il se produit des vapeurs nitreuses et la solution rendue ammoniacale se colore en rouge jaunâtre intense.

Pour rechercher le *suif*, on peut mettre en évidence la glycérine, qui se produit au moment de sa saponification, en utilisant la propriété qu'a ce corps de dissoudre l'hydrate d'oxyde de cuivre ou de fer en présence de la potasse. On saponifie 15 à 20 grammes de cire en les chauffant avec une solution alcoolique de potasse ; on décompose ensuite par l'acide sulfurique, on filtre pour séparer les matières cireuses ; on neutralise la liqueur filtrée par le carbonate de baryte, on filtre, on évapore à sec au bain-marie ; on reprend par l'alcool, qui laisse par évaporation la glycérine dans laquelle une addition de sulfate de cuivre et de potasse donne après filtration une liqueur bleue.

LA PROPOLIS.

La propolis est une sorte de gomme-résine de couleur brun rougeâtre que les abeilles ramassent sur les bourgeons de certains arbres, en particulier des marronniers d'Inde, des peupliers, aulnes, bouleaux, saules, et sur les conifères. Cette substance, qui durcit à l'air et devient à la chaleur molle, collante et susceptible de s'étirer en longs fils, est rapportée à la ruche dans les corbeilles à pollen de la dernière paire de pattes. Les pelotes de pollen sont mates et très friables, celles de propolis un peu luisantes.

M. Astor a observé que les abeilles qui portent de la propolis marchent dans la ruche les pattes de derrière très rapprochées l'une de l'autre, de manière à occuper le moins de place possible pour ne pas salir leurs compagnes en les frôlant dans l'encombrement de la ruche.

Les abeilles l'emploient à différents usages, par exemple à boucher les fentes de l'habitation et à en imperméabiliser les parois, à embaumer les cadavres des animaux morts dans la ruche et que leur taille ou leur poids ne permet pas de transporter au dehors ; on trouve parfois des limaces, des souris, des sphinx atropos recouverts d'une couche de propolis et conservés intacts par cet enduit protecteur. En la mélangeant avec la cire, elles édifient devant les entrées de véritables barricades percées seulement d'étroits passages pour se préserver des ennemis venus du dehors et notamment des sphinx atropos, dans les pays où ces papillons sont très nombreux. Huber rapporte qu'il a vu les abeilles étirer la propolis en fils et la coller sous cette forme comme une baguette de renforcement dans les angles des faces latérales et des fonds des alvéoles de manière à les consolider. Si l'on prend une cellule ayant contenu du couvain et par conséquent tapissée d'une ou plusieurs coques de mues, qu'on la fasse fondre sur de l'eau, la cire plus fusible s'étalera à la surface du liquide et les fils de renforcement en propolis resteront apparents à la surface de la coque, conservant ainsi la forme de l'alvéole par le maintien de ses arêtes. D'après le même observateur, dès que le travail en cire s'arrête, pour une raison quelconque, les ouvrières bordent les orifices des alvéoles inachevés d'un cordon de propolis pour éviter leur dégradation ; comme ces suspensions de travail en cire ont quelquefois lieu plusieurs fois dans un même été, on peut connaître leur nombre par celui des anneaux propolitiques qui ont été superposés successivement.

Dans certains pays elles en récoltent des quantités tellement considérables que les cadres sont collés, contre la feuillure de la ruche, avec une telle solidité qu'il est nécessaire pour les détacher de faire usage d'un levier. On a recommandé divers dispositifs pour empêcher cette propolisation des cadres, par exemple d'enduire les bouts des porte-rayons avec de la paraffine, de la vaseline, ou de ne faire reposer le cadre que par une lame de métal fixée verticalement à l'extrémité du porte-rayon et entrant dans des encoches (fig. 74) de bandes métalliques

Fig. 74. — Bande d'écartement, avec encoches pour cadres impropolisables (Maigre, à Mâcon).

clouées contre les deux parois latérales. Ces précautions sont souvent illusoires et l'inconvénient est à peine atténué lorsqu'il y a beaucoup d'arbres à propolis à proximité du rucher. Les abeilles se jettent même sur les vernis, les peintures fraîches et les emportent ; c'est cette avidité pour tout ce qui peut remplacer la propolis qui a donné lieu à cette superstition que les abeilles suivent le cercueil de leur maître décédé ; c'est parfaitement exact si le cercueil a été fraîchement et abondamment verni.

La propolis adhère aux doigts, les tache, les rend poisseux et ne s'enlève pas par un simple lavage au savon ; il faut au préalable frotter assez énergiquement avec un linge imbibé d'alcool à brûler.

On ne doit pas laisser la propolis se perdre, mais la ramasser par raclage; elle vaut en effet 3 à 5 francs le kilogramme et peut servir à de multiples usages. Dissoute dans les essences ou dans l'alcool, puis filtrée, elle constitue un bon vernis couleur d'or pour le métal et pour le bois. C'est avec un vernis à base de propolis que l'on prépare les sébiles russes en bois, dont l'enduit est si beau et si résistant; M. A. Zoubareff (de Saint-Pétersbourg) en a indiqué, dans la *Revue internationale d'apiculture* de 1882, le mode d'obtention : la propolis est purifiée dans de l'eau chaude additionnée d'acide sulfurique, puis elle est versée dans de l'huile de lin chaude, avec de la cire, dans les proportions suivantes en poids : propolis 1, cire 1/2, huile de lin 2. L'huile doit avoir préalablement subi pendant quinze à vingt jours la chaleur d'un fourneau sans passer par l'état d'ébullition. La vaisselle de bois est plongée dans le mélange chaud, et doit y rester dix à quinze minutes ; après quoi on la retire, on la laisse refroidir et on la frotte et polit avec un chiffon de laine.

Employée seule, elle constitue un excellent mastic à greffer, très adhérent, ne coulant pas au soleil, et cependant assez souple pour céder devant l'écorce qui repousse, sans se détacher.

On en faisait autrefois un très grand usage dans la

médecine populaire; elle n'est pour ainsi dire plus employée aujourd'hui. La propolis était recommandée en emplâtres comme fondant, adoucissant et résolutif sur les tumeurs et les abcès; les fumigations à la propolis seraient souveraines pour les irritations de la poitrine et de la gorge; appliquée sur les blessures, elle arrête le sang et constitue un cicatrisant énergique.

IV

LE NECTAR ET LE MIEL. — LES PLANTES MELLIFÈRES.

LE POLLEN. — L'EAU.

L'étude des plantes mellifères constitue l'un des chapitres les plus intéressants et les plus importants de l'apiculture ; les fleurs fournissent, en effet, aux abeilles tous les éléments nécessaires à l'entretien de leurs colonies, sous forme de *nectar*, origine du miel et de la cire, ou de *pollen* destiné à la nourriture des larves et des adultes.

LE NECTAR.

Le nectar est un liquide formé principalement d'eau et de matières sucrées ou voisines des sucres : saccharose, glucoses, dextrine, gommes et mannite, et de très petites quantités de matières azotées ou phosphorées.

Il est sécrété par les végétaux en des points particuliers appelés *nectaires* et les abeilles le récoltent pour le transformer en miel.

On sait que les sucres peuvent se diviser en deux grands groupes : les *glucoses* et les *saccharoses*.

GLUCOSES. — On réunit sous ce nom les sucres qui possèdent la propriété de subir directement, au contact de la levure de bière, la fermentation alcoolique qui les dédouble en alcool et acide carbonique ; ils réduisent la liqueur de Fehling en y produisant un précipité rouge de sous-oxyde de cuivre.

Les principaux glucoses sont la *dextrose* et la *lévulose*.

La *dextrose* ou *sucre de raisin* est ainsi nommée parce qu'elle dévie à droite le plan de polarisation de la lumière; à l'état naturel on la trouve dans certains fruits, et en particulier dans le jus du raisin, et aussi dans le nectar des fleurs. Elle cristallise en grains hémisphériques formant des cristaux mamelonnés ou en choux-fleurs assez mal définis. Sa saveur est farineuse, un peu âpre, puis faiblement sucrée; son pouvoir sucrant est deux fois et demie plus faible que celui du sucre de canne; elle se dissout lentement dans l'eau et exige une fois et un tiers de son poids d'eau froide pour se dissoudre, mais une semblable dissolution peut être considérablement réduite par évaporation sans pour cela cristalliser.

La *lévulose* ou *sucre de fruits* dévie à gauche le plan de polarisation de la lumière; on la rencontre non seulement dans le miel, mais aussi dans tous les fruits mûrs. Ce sucre est très soluble dans l'eau; il cristallise, mais lentement et difficilement, en longues aiguilles soyeuses.

SACCHAROSES. — Les saccharoses se distinguent des glucoses par la propriété de ne pas fermenter directement au contact de la levure de bière; mais, sous l'influence des acides et des levures, le saccharose se dédouble en un mélange de dextrose et de lévulose, à équivalents égaux, par le phénomène de l'*interversion*, et le saccharose ainsi transformé est dit *interverti*. Le saccharose dévie à droite le plan de polarisation de la lumière; le sucre interverti le dévie à gauche parce que le pouvoir rotatoire de la lévulose est supérieur à celui de la dextrose.

On trouve le saccharose à l'état naturel dans un grand nombre de végétaux (*Canne à sucre, Betterave, Sorgho, Érable,* etc.); il est abondant dans le nectar et s'y transforme peu à peu en glucoses, par interversion dans le miel fait.

En général, les nectars extrafloraux contiennent moins de saccharose que les nectars floraux.

Le saccharose se présente sous l'aspect de cristaux très

nets. Il est très soluble dans l'eau et cristallise facilement.

La *mannite* et son dérivé par oxydation, la *mannitose*, sont des produits sucrés qui se rencontrent dans les miellats du *Frêne*, du *Chêne*, du *Sureau*. La mannite cristallise en gros prismes ou en longues aiguilles, tandis que la mannitose se présente sous la forme d'un liquide sirupeux.

Ce n'est guère que dans la miellée des *Mélèzes* que l'on trouve un sucre spécial, la *mélézitose*, qui cristallise en prismes.

Certains nectars renferment enfin des *gommes* en assez grande quantité pour les rendre visqueux; tels sont ceux d'*Amandier* et d'*Aubépine*.

Voici, à titre d'exemple, la composition de quelques nectars :

PLANTE EXAMINÉE.	EAU.	GLU-COSES.	SACCHA-ROSE.	AUTEURS.
		Pour 100 de nectar frais.		
Lonicera periclymenum.	76	9,0	12,00	Bonnier.
Lavandula vera........	80	7,5	8,00	Id.
Fritillaria imperialis ..	95	1,5	1,00	Id.
Bignonia radicans......	85	14,84	0,43	De Planta.
Protea mellifera........	82	17,06	0,00	Id.
Hoya carnosa	59	4,99	35,65	Id.

On voit que les proportions d'eau, de glucoses et de saccharose sont très variables suivant les nectars considérés et aussi, pour une même plante, suivant les circonstances extérieures de température, de sol et de climat que nous étudierons plus loin.

Mécanisme de la production du nectar.

Pendant toute la durée de son existence, la plante émet de la vapeur d'eau par toutes ses surfaces perméables exposées au contact de l'atmosphère. Cette émission de vapeur d'eau est due à deux causes : 1° un simple phénomène de *transpiration* inhérent au protoplasma vivant et qui se produit continuellement aussi bien la nuit que le jour; 2° à l'absorption des radiations solaires calorifiques et chimiques par la chlorophylle : c'est la *chlorovaporisation*, spéciale aux organes verts et qui naturellement ne se produit que pendant le jour. L'émission de vapeur d'eau, sous l'influence de la chlorovaporisation, est incomparablement plus forte que par la transpiration, et l'action des rayons solaires sur la chlorophylle peut décupler et même centupler la masse d'eau vaporisée par la transpiration proprement dite seule.

Sous l'influence de ces deux phénomènes, il se produit dans la plante une active circulation de l'eau absorbée par les racines. On comprend que le soir, la chlorovaporisation cessant de se produire, une rupture d'équilibre se manifeste et que l'eau venant du sol, n'étant plus évaporée que dans des proportions relativement très faibles par la transpiration seule, s'accumule dans les tissus, augmente leur turgescence à un point tel qu'elle vient sortir en gouttelettes liquides par les stomates ou les fentes de l'épiderme : c'est la *chlorosudation*. Si, avant de s'écouler au dehors, l'eau a été obligée de traverser des régions de tissus dans lesquels la plante a emmagasiné pour son usage des matériaux de réserve, des sucres principalement, le liquide exsudé est sucré et constitue le *nectar* et la région qui lui donne issue s'appelle un *nectaire.*

C'est là un des modes de formation du nectar et les abeilles peuvent en profiter d'autant mieux, dans les premières heures de la matinée, que la présence des sucres retarde considérablement l'évaporation du liquide; l'évaporation devient même d'autant plus faible que le liquide sucré se concentre plus, de telle sorte que les gouttelettes de nectar persistent très longtemps après que les sudations d'eau pure sont déjà évaporées.

Ce n'est cependant pas, évidemment, la seule cause du fonctionnement des nectaires, la chlorosudation ne s'exerçant que pendant la nuit, tandis que l'émission de liquide sucré, utile pour les abeilles, a surtout lieu pendant le jour.

La sudation peut encore se produire chaque fois que la transpiration diminue d'intensité par suite de la présence d'une grande quantité d'humidité dans l'air : une partie de l'eau sort alors à l'état liquide et reste condensée sur l'épiderme.

Cela explique le résultat des expériences faites par M. Bonnier, et desquelles il conclut que le volume du nectar sécrété varie en sens contraire du poids de vapeur d'eau transpirée. On comprend aussi qu'une plante est dans les meilleures conditions pour produire le maximum de nectar sur ses tissus à sucre lorsqu'elle est située dans un sol très humide et qu'elle éprouve successivement une transpiration énergique et un arrêt de transpiration dans un air saturé d'humidité.

Une autre influence d'une manifestation plus générale et plus régulière intervient encore pour assurer l'émission du nectar.

Une expérience simple nous fera comprendre ce qui se passe : prenons une petite cloche de verre fermée à la partie inférieure par une membrane tendue, une vessie, par exemple, et portant à la partie supérieure un goulot fermé par un bouchon que traverse un tube étroit de 60 à 80 centimètres de long, coudé en haut. La cloche est remplie d'eau sucrée jusqu'au goulot et plongée dans un vase plein d'eau pure; elle représente sous cet état une cellule à sucre d'un nectaire.

Il semble au premier abord que les phénomènes qui vont se produire doivent se borner à un échange de sucre entre l'eau pure du vase extérieur et le liquide de la cloche jusqu'à ce que l'équilibre soit établi entre la richesse des deux solutions. En réalité, il n'en est pas ainsi : en même temps que le sucre sort de la cloche par exosmose, l'eau pure y pénètre, à travers la membrane, avec une telle force que le niveau du liquide s'élève dans le tube droit traversant le goulot et, après quelques heures, vient s'écouler goutte à goutte à l'extrémité de la partie coudée. C'est de l'eau sucrée qu'on peut recueillir, c'est du nectar.

L'écoulement se prolonge plus ou moins longtemps et ne cesse que lorsque l'équilibre osmotique est établi entre le liquide de la cloche et celui du vase extérieur.

Cette expérience montre que, dans ce cas, qui est le plus intéressant pour nous, l'exsudation de liquide sucré par les nectaires est due non pas à une rupture d'équilibre entre l'absorption de l'eau par les racines et son évaporation, mais à l'attraction osmotique qu'exercent, sur les liquides des tissus plus intérieurs, les sucres et autres substances contenues dans le suc du nectaire.

Il est à remarquer que l'équilibre, qui finit par s'établir dans l'appareil décrit plus haut, est incessamment rompu dans la plante vivante et que, par suite, la sécrétion du nectar se continue aussi longtemps que le végétal accumule des sucres de réserve dans le nectaire.

La production du nectar peut être arrêtée entièrement par un lavage superficiel suffisamment prolongé, à l'eau pure, du nectaire ; on fait ainsi disparaître les principes sucrés et leur force osmotique qui attire les liquides environnants disparaît avec eux. Ceci explique pourquoi certaines plantes cessent d'être mellifères après des temps longtemps pluvieux et pourquoi les fleurs à corolles renversées sont plus avantageuses au point de vue apicole.

Si, au contraire, on se contente d'aspirer le nectar avec une pipette, comme l'abeille le fait avec sa langue, il continue à s'en produire de nouveau. D'autre part,

l'application d'une gouttelette de sirop sur l'organe lavé
le ramène à l'activité.

Nectaires.

L'étude des nectaires et de leur fonctionnement a été
faite avec beaucoup de soin par M. Bonnier (1). Nous résu-
merons seulement les points les plus importants qui ont
été mis en lumière par ce savant observateur. M. Bonnier
donne le nom de *nectaire*, ou mieux de *tissu nectarifère*, à
tout tissu de la plante en contact avec l'extérieur et dans
lequel s'accumulent, en proportion notable, les sucres
des genres saccharose et glucose. Quoique ces sucres
se déposent de préférence au voisinage de l'ovaire, les
nectaires ne sont pas exclusivement localisés dans les
diverses parties des fleurs (sépales, pétales, étamines,
carpelles, etc.); on trouve aussi des nectaires extrafloraux dans des parties très diverses des végétaux, par
exemple dans les cotylédons (*Ricin*), les pétioles (*Prunier*),
les feuilles (*Aubépine, Ailante*), les stipules (*Vesces*), les
bractées (*Yèble*), etc.

Tous ces nectaires, dont la structure est très variable,
sont visités par les abeilles qui y trouvent souvent une
abondante récolte.

La quantité de nectar produite, ainsi que la richesse
de ce même liquide, est extrêmement variable suivant les
plantes considérées et dans une même plante suivant
les conditions extérieures et les milieux dans lesquels le
végétal se trouve placé.

On peut étudier ces variations dans l'ordre suivant :

1° *Variations dans une même journée.* — En recueillant, à l'aide d'une pipette spéciale, le nectar produit par
des fleurs du même âge, sur un grand nombre de plantes,
par une journée de beau temps fixe, on arrive réguliè-

(1) G. Bonnier, *Les nectaires: étude critique, anatomique et
physiologique*, 1879.

rement à des résultats analogues à ceux ci-dessous,
choisis parmi beaucoup d'autres :

NECTAR PRODUIT PAR :	MATIN.		SOIR.		
	5 h.	11 h.	3 h.	5 h.	9 h.
	mm c.	mm.c.	mm.c.	mm.c.	mm.c.
10 fleurs de *Lavandula vera*....	18,5	10,0	3,0	7,5	10,0
6 fleurs de *Thymus serpillum*.	1,5	0,2	0,0	0,25	0,5
Température à l'ombre........	20°,5	27°,0	28°,25	27°,0	22°,0
État hygrométrique de l'air...	0,80	0,56	0,50	0,57	0,91

On voit tout de suite qu'il y a une différence énorme
dans le volume de nectar sécrété par ces deux Labiées,
mais l'expérience a pour effet de montrer surtout que,
dans une même journée de beau temps fixe, le volume
du nectar, qui est maximum de grand matin — certainement à cause de la chlorosudation nocturne, — diminue
peu à peu, passe par un minimum, qui peut être égal
à zéro, vers 3 heures de l'après-midi, et augmente
ensuite. Le volume du nectar varie en sens inverse de
la température et dans le même sens que l'état hygrométrique.

Ces résultats ont été confirmés par l'observation des
abeilles. Si l'on compte toutes les heures les abeilles qui
rentrent dans la ruche, on trouve que ce nombre est
plus grand à la fin de la matinée et à la fin de la soirée et
que dans l'après-midi il passe par un minimum correspondant à la diminution de la sécrétion nectarifère.

On remarque ainsi que, dans un jour de forte récolte,
le poids des abeilles qui rentrent est plus élevé le matin
que dans l'après-midi :

10 abeilles sans pollen pèsent à 9 h. du matin....   1gr,21
    —   —   à 1 h. du soir......   1gr,07

Ces observations expliquent pourquoi certaines plantes, telles que le Sarrasin, ne sont mellifères que le matin et nullement visitées dès que le soleil devient un peu chaud.

Dans les pays où la chaleur et la sécheresse deviennent considérables, comme en Provence et en Algérie pendant l'été, la sécrétion nectarifère se tarit et les abeilles ne sortent plus après les premières heures de la matinée.

La variation dans la production du nectar est d'autant moins marquée que ce liquide est mieux protégé contre l'évaporation par sa situation au fond d'un long tube corollin ou dans un éperon (*Dauphinelle*, *Aconit*) ; au contraire, l'évaporation est très grande et peut devenir totale sur les tissus nectarifères découverts (*Sempervivum*, *Sedum*). Aussi, au commencement de la matinée d'une journée chaude dans les Alpes, où ces fleurs sont très répandues, les abeilles délaissent complètement les Dauphinelles et les Aconits, cependant très riches, pour visiter exclusivement les Joubarbes et les Sedums, parce que dans ces dernières elles s'emparent beaucoup plus facilement du nectar que dans les premières ; au fur et à mesure que la journée s'avance, le nectar des Sedums et des Joubarbes s'évapore et les abeilles les abandonnent peu à peu pour se porter sur les Dauphinelles et les Aconits chez lesquels le liquide sucré est protégé contre l'évaporation par son logement au fond d'un éperon. Voici donc deux plantes — il y en a beaucoup d'autres analogues — que l'on pourrait classer comme n'étant pas mellifères du tout, ou l'étant beaucoup, suivant que l'observation en est faite le matin ou dans l'après-midi.

M. Dufour a suivi les entrées et les sorties des abeilles au trou de vol d'une ruche pendant une journée où le temps était variable. Il a remarqué ainsi que les butineuses étaient très sensibles au moindre changement et peut-être aussi à des influences insensibles pour nous. Dès que le soleil se voilait et que le temps devenait sombre ou que la pluie commençait à tomber, les sorties se ralentissaient et les rentrées augmentaient. Ces modifications sont presque immédiates, les rentrées rapides dès le début de la pluie et les sorties également sitôt que le soleil se montre de nouveau.

2° *Variations pendant des jours successifs.* — En prenant la moyenne de nombreuses observations faites par M. Bonnier en mesurant le volume du nectar sécrété pour une même espèce, aux mêmes heures, pendant une suite de jours consécutifs, on peut dresser le tableau résumé suivant :

NECTAR SÉCRÉTÉ PAR :	MOIS DE JUILLET.					
	14	15	16	17	18	19
	mm.c.	mm.c.	mm.c.	mm.c.	mm.c.	mm.c.
6 fleurs de *Fuchsia globosa*..............	208	275	327	143	112	79
6 fleurs de *Lantana camara*...............	18	25	30	27	24	21
3 fleurs de *Petunia nyctaginiflora*.........	62	63	73	65	58	56
État du temps........	Beau.	Beau.	Beau.	Beau.	Beau.	Beau.

Dans la période du 9 au 13 juillet, le temps avait été variable ou pluvieux.

On voit que le volume du nectar augmente dans les premiers jours de soleil qui suivent la pluie, puis diminue peu à peu par une suite de jours secs et beaux ; cette augmentation est assez rapide et passe par un maximum au bout de deux ou trois jours. Les variations sont moins prononcées chez les fleurs où le nectar est mieux protégé contre l'évaporation par la présence des nectaires au fond d'un long tube droit (*Petunia, Lantana*) que chez le *Fuchsia* par exemple.

L'observation des variations de poids des ruches

donne des résultats qui concordent avec les précédents ; on remarque en effet que, pendant les périodes de miellées, s'il vient à pleuvoir, c'est le second ou le troisième jour après la pluie que l'augmentation de poids est la plus grande ; elle va ensuite en diminuant. L'augmentation n'est pas immédiate : il faut, en effet, un certain temps pour que l'eau qui arrive au nectaire atteigne son maximum.

3° *Variations avec la latitude*. — On constate, en général, que le volume de nectar émis semble augmenter avec la latitude, tout au moins pour les plantes spontanées ; mais l'augmentation peut n'avoir pas lieu pour les plantes étrangères et cultivées dans les jardins.

C'est ainsi que la *Benoîte commune*, diverses espèces d'*Épervières*, de *Gentianes*, etc., sont peu ou pas nectarifères en France et le sont, au contraire, beaucoup en Norvège. M. Bonnier a donné des listes de ces plantes dans les *Annales des Sciences naturelles* de 1879.

4° *Variations avec l'altitude*. — L'altitude agit de la même manière que la latitude, et la proportion de nectar sécrété augmente à mesure que l'on s'élève. Cette action se manifeste même par ce fait que certaines plantes non mellifères dans les plaines le deviennent lorsqu'on s'élève dans les montagnes.

Il en est ainsi, par exemple, pour les *Galeopsis* qui, peu productifs dans les champs, sont abondamment nectarifères dans les cultures s'élevant à une certaine altitude dans les Alpes ; de même pour le *Pastel* et le *Silène*, beaucoup plus mellifères à 1 500 mètres que dans la plaine.

M. Bonnier pense que cette augmentation dans le volume du nectar lorsqu'on s'élève en altitude et en latitude tient peut-être aux plus grandes différences qu'on observe, en été, entre les températures maxima et minima de la journée.

L'altitude exerce non seulement son influence sur la quantité de nectar sécrété, mais aussi sur la qualité du miel qui en provient. A part des cas exceptionnels, provoqués par l'action d'une plante à nectar foncé et à goût caractéristique, comme l'*Astrance* qui fleurit dans les Alpes entre 1100 et 1200 mètres, on peut dire qu'après avoir dépassé la zone des forèts les miels deviennent d'autant plus fins qu'ils sont récoltés à une altitude plus élevée. Calloud, dans une étude faite en 1861 sur les miels de Savoie, avait déjà mis ce fait en évidence. Les miels des hautes montagnes sont plus blancs, d'un arome plus délicat, plus riches en saccharose et par suite d'une cristallisation plus ferme et plus grenue, d'une conservation plus certaine que les miels des plaines, contenant plus de glucose, et dont la cristallisation est plus pâteuse.

Calloud explique la délicatesse du parfum et le peu de coloration des miels alpins par ce fait que le serein et la rosée, très riches en ozone et très abondants dans les hautes localités, exercent une action désoxydante énergique sur les sucs sucrés des végétaux à ces grandes hauteurs.

5° *Variations avec l'humidité du sol.* — Les expériences faites ont montré que, toutes choses égales d'ailleurs, la quantité de liquide émise par les tissus nectarifères augmente avec la quantité d'eau absorbée par les racines, pourvu que la quantité d'eau donnée à la plante ne soit ni trop faible ni trop forte pour l'empêcher de vivre d'une façon normale.

Après une pluie forte et prolongée, les nectaires étant lavés, l'attraction osmotique cesse de se produire et la sécrétion nectarifère se tarit; elle reprend peu après et la miellée devient très abondante mais plus aqueuse, ce qui se traduit par une plus forte évaporation nocturne.

6° *Variations avec l'humidité de l'air.* — Toutes conditions égales d'ailleurs, la quantité de nectar augmente avec l'état hygrométrique de l'air.

A ce point de vue l'action du vent est réelle : les

vents d'ouest généralement chargés d'humidité sont favorables, tandis que ceux du nord, du midi et de l'est,
plus ou moins desséchants suivant les régions, peuvent
diminuer ou tarir la sécrétion nectarifère. Il y a cependant des espèces qui ont la propriété d'être mellifères
par les temps secs ; tels sont les *Épilobes*, les *Sedums*,
les *Joubarbes*, les *Echinops*.

En faisant agir à la fois l'humidité du sol et de l'air,
M. Bonnier a pu obtenir une émission de liquide sucré
par des nectaires qui n'en fournissent pas dans des
conditions naturelles, par exemple chez la *Jacinthe*, la
Tulipe, etc., en arrosant abondamment et en plaçant sous
une cloche dont l'air était saturé de vapeur d'eau les
pots où ces végétaux étaient plantés.

7° *Variations avec la température.* — Pour la plupart
des plantes, une température assez élevée est nécessaire
pour que la sécrétion du nectar se produise ; un refroidissement brusque l'arrête et la froideur des nuits a
généralement une influence défavorable sur les journées
qui suivent. Il y a cependant des exceptions et l'on voit
des plantes émettre du liquide sucré à des températures
assez basses correspondant à l'époque de leur floraison ;
ainsi, les fleurs d'Hellébore peuvent se remplir de miel
à + 4° seulement, et au printemps le Saule demande
peu de chaleur pour être mellifère.

8° *Variations avec la lumière.* — La lumière ne paraît
pas avoir une influence particulièrement favorable sur le
volume du nectar sécrété. Nous savons, en effet, que
c'est grâce à l'obscurité de la nuit que le phénomène de
chlorosudation peut se produire ; d'autre part, on voit les
abeilles récolter énormément par les temps voilés et
nuageux qui précèdent les orages. On prétend aussi que
les plantes d'été sont plus mellifères quand elles sont
ombragées ; il n'en serait pas de même des végétaux qui
exigent un sol très humide comme le Myosotis ou qui
fleurissent au printemps comme la Corbeille d'argent.

M. Harrault a constaté que les abeilles visitent de préférence celles de ces fleurs qui sont bien éclairées et les
abandonnent pour passer sur les voisines en suivant la
marche du soleil.

9° *Variations avec le terrain.* — Le terrain exerce une
grande influence sur l'intensité de la sécrétion du nectar :
le *Sainfoin,* très mellifère dans les terrains calcaires,
donne beaucoup moins dans les sols sablonneux et
volcaniques ; la *Moutarde blanche,* mellifère sur les
terrains calcaréo-sableux et calcaires, donne peu sur les
sols argileux; la *Phacelia* est surtout productive sur les
terrains calcaréo-sableux ou calcaires ; le *Sarrasin* sur les
argilo-siliceux; le *Pastel* et la *Luzerne* sur les calcaires.
Les engrais sont aussi très favorables et les plantes bien
fumées sont plus assidûment et plus utilement visitées
par les abeilles.

10° *Variations avec le climat.* — Lorsque plusieurs des
conditions qui précèdent et dont nous venons d'étudier
l'action séparée agissent ensemble, elles déterminent le
climat dont l'effet est considérable. On remarque, en
effet, que des plantes qui ne sont pas du tout mellifères
dans certains pays peuvent le devenir beaucoup dans
d'autres et inversement. M. Bonnier en a cité de
nombreux exemples :

C'est ainsi que l'*Épervière en ombrelle* n'est pas visitée
par les abeilles aux environs de Paris, alors qu'elle est
en Bourgogne une ressource importante en été ; la plupart des *Potentilles* sont peu ou pas mellifères dans nos
plaines de France, alors qu'elles le sont avec intensité
dans l'Allemagne du Nord; on ne voit presque jamais
d'abeilles sur les *Leontodons d'automne,* tandis qu'on
en trouve en abondance sur les fleurs de ces mêmes
plantes dans les Pyrénées ; les *Sapins* donnent toujours
de la miellée dans certaines régions et jamais dans
d'autres; le *Robinier faux acacia,* la *Luzerne* varient aussi
beaucoup de valeur apicole suivant les pays.

11° *Variations avec l'âge du nectaire.* — Généralement
la sécrétion du nectar ne commence pas avant l'ouverture des anthères ; c'est au moment où la fleur étant
complètement développée et l'ovaire, ayant achevé sa
formation, attend la fécondation que la production des
liquides sucrés atteint son maximum ; l'émission du nectar
diminue ensuite rapidement et cesse lorsque, le style
étant flétri, le fruit commence à se développer.

VARIATIONS DANS LA COMPOSITION DU NECTAR. — La composition du nectar, sa richesse en eau et en sucre varient
énormément non seulement d'une plante à une autre,
mais encore dans une même plante.

La quantité d'eau présente de grandes différences suivant les conditions extérieures dans lesquelles la plante
se trouve placée. D'une manière générale elle diminue
quand le volume total du nectar diminue ; elle augmente
quand il augmente. Ainsi, M. Bonnier fait remarquer
que la petite quantité de nectar qui se trouve sur un
nectaire à 2 heures de l'après-midi peut contenir
autant de sucre que le volume du nectar dix fois plus
grand qui s'y trouvait par exemple à 4 heures du
matin.

Le nectar est plus aqueux le matin que dans la journée,
après la pluie qu'après un temps sec, par un état hygrométrique élevé que lorsque l'air est peu chargé de vapeur
d'eau.

Quant à la richesse en saccharose, elle dépend de l'âge
du tissu nectarifère ; la proportion de ce sucre relativement aux glucoses s'accroît au fur et à mesure que
l'ovaire, ou le tissu voisin du nectaire pour les nectaires
extrafloraux, se développe ; le maximum est atteint
quand l'ovaire ou le tissu voisin du nectaire achève son
développement. Au fur et à mesure que le fruit grandit
ensuite, le saccharose est transformé en glucoses sous
l'action d'un ferment inversif analogue à la levure de
bière qui se trouve dans la fleur et qui est surtout abon-

dant au moment de la formation du fruit. En même
temps les sucres, mis en réserve dans le tissu nectarifère,
retournent peu à peu à la plante et vont contribuer à la
nourriture du jeune fruit et des jeunes ovules ou de
l'organe voisin du nectaire extrafloral ; le nectar émis
après la fécondation peut même être réabsorbé.

NECTARS PRÉFÉRÉS.

Les abeilles manifestent une sélection très marquée
pour certains nectars qu'elles préfèrent à d'autres, soit
par suite de leur facilité de récolte, soit surtout à cause
de leur goût qui leur est plus agréable. On pourrait,
par des observations attentives et suivies, classer ainsi les
plantes d'un certain rayon selon qu'elles sont plus ou
moins recherchées par les abeilles au même moment.

Lorsque la miellée est très forte, presque toutes les
espèces en fleurs sont visitées en même temps ; mais, dès
que la miellée diminue, les végétaux dont le nectar a
moins de qualité ou est plus difficile à récolter sont
abandonnés immédiatement au profit des autres. C'est
ainsi que les butineuses délaissent les plantes sylvestres
du printemps, les *Anémones*, les *Violettes*, les *Pulmonaires*, les *Ajoncs*, en intense production nectarifère,
pour aller sur le *Trèfle incarnat*, les *Choux*, les *Colzas*
dès que ces plantes s'épanouissent, parce que leur nectar
est plus facilement accessible.

Au moment des premières sorties de la journée, les
abeilles se rendent rapidement compte des ressources que
leur présente la flore du moment ; si une plante n'est
mellifère que le matin, elles s'y portent de suite et ne
vont sur les fleurs nectarifères pendant toute la journée
que lorsque l'émission du liquide sucré cesse dans les
premières. La distribution du travail se règle par conséquent dans les meilleures conditions possibles pour une
récolte abondante, facile et de qualité supérieure.

Les abeilles ne vont sur les miellats de pucerons ou sur les miellées d'arbres que lorsque le nectar floral manque ; elles font également un choix dans ces miellées ; elles préfèrent par exemple la miellée du *Chêne* à celle du *Noisetier*, le miellat des pucerons du *Tilleul* à la miellée végétale âcre et résineuse du *Peuplier*.

LA FLORE MELLIFÈRE.

Toutes les fleurs sont loin de donner du nectar ; le parfum, la coloration brillante ne fournissent aucun indice à ce sujet. Des fleurs d'une admirable beauté et d'un parfum exquis, comme la *Rose*, ne donnent absolument rien et ne sont pas visitées ; il en est ainsi de la plupart des plantes ornementales de nos jardins ; au contraire, des fleurs sans odeur et sans couleurs vives, comme le *Lierre*, les *Saules*, les *Érables*, les *Sedums*, etc., sécrètent du nectar en grande abondance et sont assidûment fréquentées par les butineuses. C'est l'observation directe seule, la station prolongée des insectes dans les corolles qui peuvent fixer sur le point de savoir si une fleur est mellifère ou non.

Divers apiculteurs ont cherché à dénombrer l'importance de la flore mellifère de leur région. M. de Layens estime que les abeilles fréquentent en Europe à peu près le cinquième du nombre des plantes ; mais, par suite de l'influence du climat, du terrain, de l'altitude, le nombre des végétaux mellifères qui peuvent s'établir dans un rayon de 3 kilomètres autour du rucher, limite du parcours ordinaire et utile des butineuses, est très restreint et ne dépasse guère une cinquantaine. Ce nombre peut être plus élevé dans les montagnes, mais la différence est compensée dans les plaines cultivées par l'étendue souvent considérable des prairies artificielles (*Sainfoin*, *Luzerne*, *Trèfle incarnat*, etc.) ou de diverses autres cultures (*Sarrasin*, *Colza*, etc.).

D'après ce que nous avons dit sur l'influence du sol,
du climat sur les propriétés mellifères des végétaux, on
doit comprendre que l'établissement d'une flore apicole
exacte et complète, s'appliquant à toutes les régions, est
chose impossible, puisque, sous l'action de l'humidité, de
la chaleur, de la latitude, de l'altitude, de la nature du
sol, certaines plantes très mellifères dans une localité
déterminée ne le sont pas du tout dans une autre, et
inversement. C'est avec cette réserve qu'il faudra consulter les listes ci-après, établies par familles et dans lesquelles nous avons réuni les végétaux signalés comme
producteurs de nectar, de pollen ou de propolis dans la
région des apiculteurs qui les ont observés. Quelquefois
nous avons pu donner des renseignements sur les qualités
du miel fourni; le plus souvent la quantité de récolte
obtenue est si faible qu'il est impossible d'en connaître
le goût et la couleur, ou bien cette production est noyée
dans la masse.

Il ne faut pas croire non plus que parce qu'une espèce
d'un genre est mellifère les autres espèces du même genre
le sont aussi. Il en est ainsi dans le genre *Trifolium*, par
exemple, où le *Tr. pratense* ne fournit généralement pas
de miel aux abeilles à cause de la profondeur trop grande
de sa corolle; cette plante est cependant abondamment
nectarifère; par contre, les *Tr. repens*, *hybridum*, *incarnatum* sont visités fructueusement par les butineuses.

Pour les époques de floraison nous avons suivi, presque
toujours, celles indiquées dans la *Flore de France* de
Bonnier et de Layens.

Famille des Abiétinées. — Les *Sapins*, de même que
tous les végétaux du groupe des Conifères, ne produisent
pas de nectar par leurs fleurs; les abeilles y récoltent
cependant une forte quantité de matière sucrée produite
soit par des pucerons (miellat), soit, comme l'a montré
Bonnier, par une exsudation des feuilles de l'année précédente (miellée) à travers les stomates. Cette exsudation

se produit par les premières journées chaudes du printemps et aussi en juillet-août; elle peut durer de cinq à quinze jours. Il est à remarquer que cette émission de liquide sucré sur les Abiétinées se produit régulièrement dans certaines régions et jamais dans d'autres. Le miel des Sapins est de couleur brune à reflets verdâtres et possède un goût résineux spécial qui est loin d'être désagréable; il est épais et visqueux.

C'est le Sapin argenté ou Sapin des Vosges (*Abies pectinata*) qui paraît être le plus productif; mais les autres Sapins (*A. pinsapo, nobilis*, etc.) en fournissent aussi, de même que l'Épicéa (*Picea excelsa*) et les Pins (*Pinus sylvestris, maritima, cembro, strobus*, etc.. Tous ces arbres sont très riches en pollen que les abeilles vont récolter et qui leur est d'une grande ressource au printemps; époque de la floraison : mars-mai.

Le Mélèze (*Larix Europea*) fournit en assez grande abondance un miel de couleur légèrement brune, d'un goût particulier et de qualité moyenne; il donne aussi du pollen au moment de sa floraison (avril-mai.

Famille des Acanthacées. — L'Acanthe mou (*Acanthus mollis*) fournit du miel; floraison mai-juin.

Famille des Acérinées. — Les Érables (*Acer campestre, platanoides*), le Sycomore (*A. pseudo-platanus*), le Negundo (*Acer Negundo*), fleurissent d'avril à juin et donnent beaucoup de nectar de bonne qualité.

Famille des Amaryllidées. — Le Perce-neige (*Galanthus nivalis*), qui fleurit en février-mars, est une plante intéressante, moins par la petite quantité de nectar qu'elle sécrète que par l'abondant pollen jaune que les abeilles y trouvent dès la sortie de l'hiver.

Famille des Ampélidées. — Les *Vitis* ne sécrètent pas de nectar utilisable pour les abeilles et les butineuses ne visitent pas les vignobles au moment de la floraison; elles n'y vont qu'au moment de la maturité du raisin pour pomper le jus sucré qui s'écoule des grains percés

17.

par les guêpes ou les oiseaux. C'est bien à tort que les
viticulteurs voient dans les abeilles des ennemies des-
tructrices des grappes : la faiblesse de leur appareil
buccal ne leur permet pas de percer la peau du grain ;
elles se bornent à recueillir le liquide mis à jour par
d'autres animaux mieux armés.

On dit cependant que les abeilles trouveraient sur les
fleurs de Vigne un peu de pollen. Par contre la Vigne
vierge (*Cissus quinquefolia*) est très assidûment visitée
par les abeilles qui y trouvent beaucoup de pollen et probablement du miel.

Famille des Apocynées. — La Petite Pervenche (*Vinca
minor*) fleurit dans le Midi vers la mi-mars, et en avril
dans le Centre et le Nord ; quelquefois elle donne une
deuxième floraison en automne. C'est une plante précieuse au point de vue mellifère, car le tube de la corolle
se remplit de nectar incolore et renouvelé dans la journée ;
les abeilles y butinent du matin au soir. La variété à
fleur lie de vin n'est pas aussi mellifère que le type à
fleur bleue.

La Grande Pervenche (*Vinca major*) fleurit en avril-mai ;
sa fleur, bien que deux fois et demie plus grande, est bien
moins visitée par les abeilles.

Les nectaires des Pervenches sont constitués par deux
grosses masses charnues situées de chaque côté du pistil
et tout contre lui.

Famille des Araliacées. — Le Lierre commun (*Hedera
Helix*) fournit en grande quantité du miel et du pollen.
La floraison, ayant lieu en septembre-octobre, constitue
presque la dernière récolte possible. Le miel de Lierre,
qui est remarquablement blanc et beau et d'un goût très
fin, granule très rapidement et cette granulation est très
fine. Le miel de Cuneo (Piémont), qui est très renommé,
devrait sa qualité au Lierre qui pousse en abondance sur
les vieilles fortifications de cette ville.

Famille des Asclépiadées. — Nous trouvons dans cette

famille une plante à la fois mellifère et dangereuse pour les abeilles : c'est l'Herbe à la ouate (*Asclepias cornuti* Desne ou *A. Syriaca*). Elle a été souvent recommandée comme très nectarifère, et elle l'est en effet, mais les butineuses s'empêtrent presque toujours la langue, les antennes, les pattes ou leurs crochets en touchant les corps glanduleux portant les masses polliniques. M. de Layens dit même que la fleur les retient souvent prisonnières par les pattes jusqu'à leur mort et qu'au pied de ces plantes fleuries on peut voir un nombre considérable de cadavres d'abeilles qui, attirées par le nectar de l'Asclépiade, périssent ainsi successivement. Floraison : juin-août. On peut encore signaler comme mellifère dans cette famille le Gomphocarpe fruticuleux (*Gomphocarpus fruticosus*), assez rare du reste. Floraison juin-août.

Famille des Berbéridées. — L'Épine-vinette (*Berberis vulgaris*) donne beaucoup de nectar ; elle fleurit en mai-juin. Les glandes à nectar de cette plante sont au nombre de douze situées par couples à la base des pétales, de sorte que le nectar occupe l'angle formé par la base des étamines et celle du pistil.

Famille des Bétulinées. — Le Bouleau (*Betula alba*) donne du miel et de la propolis ; floraison avril-mai. L'Aune blanc (*Alnus incana*) est un arbre précieux, car ses chatons, qui s'épanouissent dès le mois de février, fournissent de très bonne heure du pollen aux abeilles.

L'Aune glutineux (*Alnus glutinosa*), dont les jeunes rameaux sont couverts d'une résine collante, permet surtout aux ruches de s'approvisionner de propolis. Floraison février-mars.

Famille des Borraginées. — Cette famille est assez riche en végétaux mellifères et, presque chez tous, les nectaires sont situés à la base de l'ovaire, sous forme de quatre parties plus proéminentes superposées aux proéminences des carpelles. Le miel qui en provient est de couleur claire et de qualité excellente. Celui de la Vipérine

(*Echium vulgare*) est considéré comme particulièrement fin; floraison juin-septembre.

La Bourrache (*Borrago officinalis*) donne beaucoup de miel et un pollen blanc; floraison juin-octobre.

La Consoude rugueuse du Caucase (*Symphitum asperrimum*) possède des fleurs très nectarifères, mais à corolle trop profonde pour que les abeilles puissent y puiser directement; elles ne peuvent s'emparer du nectar que lorsque les bourdons ont percé le calice vers la base, en face des nectaires; jusqu'à ce moment elles n'y prennent que du pollen blanchâtre; floraison mai-juin.

On peut encore citer comme plantes mellifères de cette famille :

Les Pulmonaires officinale et à feuilles étroites (*Pulmonaria officinalis* et *P. angustifolia.* Floraison avril-juin;

La Cynoglosse des montagnes (*Cynoglossum montanum*), floraison juin-juillet, et la Cynoglosse officinale (*Cynoglossum officinale*), floraison mai-juin.

La Buglosse (*Anchusa italica*) ne donne que du pollen.

Famille des Butomées. — Le Jonc fleuri (*Butomus umbellatus*), qui fleurit en juin-août, donne du miel.

Famille des Campanulacées. — La Campanule carillon (*Campanula medium*) distille du nectar à la base de la clochette et est visitée par les abeilles; la position pendante de la fleur protège le nectar contre la pluie; floraison juillet-août.

La Raiponce orbiculaire (*Phyteuma orbiculare*), floraison juillet-août, et la Raiponce en épi (*Ph. spicatum*), floraison mai-juin, sont aussi à signaler.

Famille des Cannabinées. — Le Houblon (*Humulus lupulus*), floraison juillet-septembre, donne du pollen.

Famille des Capparidées. — Les Cléomes ont été très recommandés comme plantes mellifères par les apiculteurs américains; on les cultive dans nos jardins. C'est le Cléome araignée (*Cleome pungens*) qui serait le plus pro-

ductif; floraison juillet octobre. Le *Cl. integrifolia* serait,
au contraire, moins mellifère. D'après des essais faits en
Suisse, les abeilles ne visitent pas la variété à fleurs violettes (*Cl. violacea*), mais visiteraient activement la variété
à fleurs blanches (probablement *C. spinosa*). Les Cléomes
ne sécrètent du nectar que le matin et le soir.

A signaler encore le Caprier (*Capparis spinosa*), mellifère; floraison en juin-septembre.

Famille des Caprifoliacées. — Les Chèvrefeuilles fournissent un miel blanc et agréablement aromatisé. Chez
le Chèvrefeuille des jardins (*Lonicera caprifolium*), floirai-
son mai-juin, le nectar s'accumule dans un tube d'environ 30 millimètres de long, et ce n'est que rarement qu'il
est assez rempli pour que les abeilles puissent
atteindre le nectar, mais elles visitent la fleur pour y
trouver du pollen. Le Chèvrefeuille des bois (*L. pericly-
menum*), floraison juin-septembre, a le tube plus court,
mais dans des proportions encore insuffisantes. Aussi
les abeilles ne visitent-elles assidûment les fleurs de ces
deux variétés que lorsque les corolles ont été perforées à
la base par les bourdons, et même lorsqu'elles sont
à demi fanées. Chez le Camerisier (*L. xylostsum*), le tube
est notablement plus court et peut être exploré facilement.

Les diverses espèces de *Symphoricarpes* *Symphoricarpus
vulgaris, racemosus, occidentalis*), qui fleurissent de juillet
à septembre, fournissent un miel de qualité médiocre.

La Viorne laurier-tin (*Viburnum tinus*), floraison février
à juillet, et la Viorne cotonneuse (*V. lantana*), floraison
mai-juin, donnent beaucoup de pollen, mais dans la première seule les abeilles trouvent un peu de nectar.

Famille des Caryophyllées. — La Gypsophyle des
murailles (*Gypsophylla muralis*), mellifère; floraison juillet-septembre.

La Spergule (*Spergula arvensis*), floraison mai-septembre, donne beaucoup de miel.

Famille des Césalpinées. — Le Gainier siliquastre (*Cercis siliquastrum*), floraison mai-juin ; le Févier à trois pointes (*Gleditschia triacanthos*), floraison juin-juillet, et le Caroubier à grands fruits (*Ceratonia siliqua*), floraison août-septembre, sont trois arbres très mellifères.

Famille des Cistinées. — Tous les Cistes sont mellifères et pollennifères, mais leur miel est un peu âcre et, dans les régions méridionales où ces plantes sont abondantes, il convient de faire la récolte avant leur floraison, qui a lieu en juin-juillet.

Famille des Composées. — L'inflorescence des Composées est constituée par un nombre plus ou moins considérable de fleurettes réunies sur un disque commun ; ces fleurettes possèdent une corolle tubulaire plus ou moins profonde, au fond de laquelle se réunit le nectar, généralement accessible aux abeilles. Dans quelques espèces de Centaurées, ce sont les bractées qui produisent du nectar.

La famille est très riche en plantes mellifères ; l'une des plus précieuses est le Pissenlit dent de lion (*Taraxacum dens leonis*), à cause du miel et du pollen qu'elle fournit en abondance, tout à fait au début du printemps, dès le mois de mars ; ce miel est jaune d'or.

L'*Aster amellus*, floraison juillet-septembre, donne en grande quantité un miel de couleur pâle.

Le Topinambour (*Helianthus tuberosus*), floraison août-octobre, donne du miel et un pollen doré ; le Grand Soleil (*H. annuus*), floraison juillet-septembre, donne aussi du pollen et un miel foncé et de mauvaise qualité. La Centaurée jacée (*Centaurea jacea*), floraison juin-septembre, et la Centaurée bleuet (*C. cyanus*), floraison mai-juillet, sont bien mellifères ; le miel de Bleuet est verdâtre à l'état liquide et devient très blanc en cristallisant ; on assure même qu'il jouit de la propriété de blanchir ceux qui sont mélangés avec lui.

On a beaucoup recommandé autrefois l'Echinops à tête

ronde (*Echinops spherocephalus*), floraison juillet-août ;
les abeilles visitent en effet ses fleurs avec une grande
activité, mais il leur faut un temps tellement long pour
remplir leur jabot que l'on doit considérer l'*Echinops*
comme étant sans grande valeur pour la récolte.

Les autres plantes de la famille des Composées signalées encore comme produisant du miel et du pollen sont
les suivantes :

	Floraison.
Achillée millefeuille (*Achillea millefolium*).	Juin-novembre.
Barkausie à feuilles de pissenlit (*Barkausia taraxacifolia*).................	Mai-juillet.
Bardane commune (*Lappa communis*).....	Juin-septembre.
Carline vulgaire (*Carlina vulgaris*).......	Juin-septembre.
Chardon penché (*Carduus nutans*)........	Juin-septembre.
Chardon à petits capitules (*Carduus tenuiflorus*).............................	Juin-août.
Cirse des champs (*Circium arvense*)......	Juin-septembre.
Cirse lancéolé (*Circium lanceolatum*).....	Juin-septembre.
Cirse des marais (*Circium palustre*).......	Juin-août.
Chicorée endive (*Cichorium indivia*)......	Juillet-septembre.
Chicorée intybe (*Cichorium intybus*)......	Juillet-août.
Chrysanthème des moissons (*Chrysanthemum segetum*)........................	Juin-août.
Eupatoire chanvrine (*Eupatorium cannabinum*)............................	Juillet-septembre.
Héliotrope d'Europe (*Heliotropium europaeum*)............................	Juillet-septembre.
Inule gonyze (*Inula gonyza*).............	Juillet-septembre.
Inule dysentérique (*Inula dyssenterica*)...	Juillet-septembre.
Léontodon d'automne (*Leontodon autumnalis*).............................	Juillet-octobre.
Pavot coquelicot (*Papaver rheas*).........	Mai-septembre.
Pédane (*Onopordon acanthinum*).........	Juin-août.
Salsifis des prés (*Tragopogon pratensis*)...	Mai-septembre.
Séneçon jacobée (*Senecio jacobaea*).......	Juin-septembre.
Solidage verge d'or (*Solidago virga aurea*).	Juillet-septembre.
Souci des champs (*Calendula arvensis*)...	Juin-septembre.
Tussilage pas d'âne (*Tussilago farfara*)...	Mars-avril.

Famille des Convolvulacées. — Chez les Convolvulacées
le tissu nectarifère a la forme d'un anneau régulier qui
entoure la base de l'ovaire.

Les Liserons sont les seules plantes de cette famille qui soient mellifères ; ils sont visités par les abeilles, même par les temps les plus secs, car, grâce à leurs longues racines, ils peuvent aller puiser l'humidité dans les couches profondes du sol. Le Liseron des champs à fleurs roses (*Convolvulus arvensis*), floraison juin-août, est plus visité que le Liseron de haies à grandes fleurs blanches (*Convolvulus sepium*), floraison juin-octobre, probablement parce que sa fleur émet un parfum faible mais agréable, tandis que celle du second n'a aucune odeur. De plus, la fleur du *C. arvensis* se ferme pendant la pluie et conserve mieux son nectar que celle du *C. sepium* qui reste ouverte.

Famille des Cornées. — Chez les Cornées le nectar est sécrété par un anneau charnu placé à la base du pistil ; il est donc très accessible ; aussi les diverses espèces de Cornouillers (*Cornus mas*, floraison mars-avril, *Cornus sanguinea*, floraison mai-juin) donnent-elles du miel et du pollen.

Famille des Crassulacées. — Chez la plupart des Crassulacées on trouve un tissu nectarifère très développé à la base des carpelles ; chez la Joubarbe des toits (*Sempervivum tectorum*), floraison juillet-août, chaque pétale porte à sa base un nectaire et ceux-ci sont ainsi disposés autour du pistil.

Les Sedums donnent beaucoup de miel et de pollen :

	Floraison.
Sedum âcre (*Sedum acre*)	Juin-juillet.
Sedum blanc (*Sedum album*)	Juin-août.
Sedum reprise (*Sedum telephium*)	Juillet-septembre.

Famille des Crucifères. — Chez les Crucifères, les nectaires sont placés à la base des étamines, sous forme de petits mamelons irréguliers ; le nectar qui en provient s'accumule dans la base recourbée des sépales où les abeilles s'en emparent, soit en introduisant leur langue dans l'intérieur de la fleur, soit par l'extérieur quand le nectar est très abondant.

Le miel des Crucifères est en général de teinte plus ou moins jaune; celui du Colza en particulier est jaune vif et se cristallise très rapidement. La Moutarde blanche (*Sinapis alba*), floraison mai-juillet, fait exception et donne un miel blanc, de même que la Fausse-Roquette (*Diplotaxis erucoides*), floraison avril-juin : ce miel est d'assez bonne qualité. La Moutarde noire (*Sinapis nigra*), la Moutarde des champs (*Sinapis arvensis*), floraison mai-septembre, et le Diplotaxis à feuilles ténues (*Diplotaxis tenuifolia*), floraison avril-octobre, donnent aussi du miel et du pollen. Il est à remarquer que la Moutarde blanche fournit surtout du nectar dans les terrains calcaréo-sableux et calcaires et peu sur les terrains argileux.

On peut encore signaler comme plantes mellifères et pollennifères dans cette famille :

	Floraison.
Barbarée vulgaire (*Barbarea vulgaris*)......	Avril-août.
Caméline cultivée (*Camelina sativa*)........	Juin-juillet.
Cardamine des prés (*Cardamine pratensis*)..	Avril-mai.
Choux divers (*Brassica oleracea, napus, rapa*).	Avril-juin.
Colza cultivé (*Brassica oleifera*)...........	Avril-mai.
Cresson officinal (*Nasturtium officinale*).....	Juin-septembre.
Giroflée violier (*Cheiranthus cheiri*)........	Mars-juin.
Iberis amer (*Iberis amara*)...............	Juin-septembre.
Julienne des dames (*Hesperis matronalis*)...	Mai-juin.
Navette cultivée (*Brassica napus*)..........	Avril-mai.
Pastel des teinturiers (*Isatis tinctoria*)......	Mai-juin.
Radis ravenelle (*Raphanus raphanistrum*)...	Mai-juillet.
Roquette cultivée (*Eruca sativa*)...........	Avril-juin.
Sisymbre sagesse (*Sisymbrium sophia*)......	Avril-octobre.
Sisymbre raide (*Sisymbrium strictissimum*)..	Juin-juillet.
Velar fausse giroflée (*Erysimum cheiranthoides*)	Juin-septembre.

Famille des Cucurbitacées. — La Brione dioïque (*Bryonia dioica*) a été signalée comme mellifère; floraison en juin-juillet.

Famille des Cupressinées. — Le Genévrier commun

(*Juniperus communis*) fournit de la miellée, mais pas de nectar, et du pollen au moment de sa floraison, avril-mai.

Famille des Cupulifères. — Les fleurs du Noisetier (*Corylus avellana*) distillent rarement du nectar, mais de janvier à avril les abeilles visitent activement les fleurs mâles pour y récolter du pollen.

Le Châtaignier vulgaire (*Castanea vulgaris*) est très mellifère au moment de sa floraison, juin-septembre. mais le miel est foncé, de mauvaise qualité et possède un goût et une odeur désagréables. Il donne aussi du pollen.

Les Chênes (*Quercus robur, sessiliflora, pedonculata*, etc.) fournissent souvent de la miellée dans le courant de l'été.

Famille des Daphnoïdées. — Les plantes de cette famille utiles aux abeilles sont les Daphnés, qui fournissent surtout du pollen :

	Floraison.
Daphné lauréole (*Daphne laureola*)	Mars-avril.
Daphné bois-gentil (*Daphne mezereum*)	Février-mars.

Famille des Dipsacées. — Sont mellifères :

	Floraison.
La Cardère des foulons (*Dipsacus fullonum*).	Juillet-septembre.
La Cardère sauvage (*Dipsacus sylvestris*)..	Juillet-septembre.

Famille des Éricinées. — Chez les Bruyères, le nectaire est constitué par un bourrelet circulaire, très saillant, qui est situé en dedans de la base des étamines; la sécrétion du nectar est très variable suivant les circonstances extérieures; dans certains terrains, les Bruyères ne donnent pour ainsi dire rien, dans d'autres elles donnent beaucoup. Les fleurs de la Bruyère franche (*Calluna vulgaris*) sont toujours visitées par l'extérieur; quant aux fleurs des autres Bruyères (*Erica*), si la corolle n'est pas percée par les bourdons, les abeilles la visitent par l'in-

térieur; quand elle est percée, les butineuses préfèrent la
visiter par les trous percés par les bourdons, parce que
le travail est plus rapide. On prétend qu'après un orage
la Bruyère cesse de sécréter du nectar.

Le miel de Bruyère est d'un goût particulier, fort et
peu agréable; sa couleur est rouge brun, il est épais et
visqueux au point qu'il n'est pas possible de le faire
couler des rayons par l'extracteur centrifuge, même à
une température élevée. On emploie surtout ce miel dans
la fabrication du pain d'épice et la médecine vétéri-
naire.

	Floraison.
Bruyère ciliée (*Erica ciliaris*).............	Juillet-septembre.
Bruyère cendrée (*Erica cinerea*)..........	Juin-septembre.
Bruyère à quatre angles (*Erica tetralix*)..	Juin-septembre.
Callune vulgaire (*Calluna vulgaris*).......	Juillet-septembre.

L'Arbousier (*Arbutus unedo*), floraison octobre-février,
est une plante très mellifère répandue dans la région
méditerranéenne et la vallée du Rhône jusqu'à Donzère;
il donne un miel dans le genre de celui de la Bruyère.

Une autre Éricinée, le Rhododendron ferrugineux
(*Rhododendron ferrugineum*), qui fleurit en juillet-août,
fournit dans les hautes vallées des Alpes, vers 1500
à 1800 mètres, une grande quantité d'un miel remarquable par sa blancheur et la finesse de son goût.

Famille des Euphorbiacées. — Le Buis (*Buxus semper-vi-
rens*), floraison en mars-avril, fournit du pollen et un miel
peu coloré mais amer qui passe pour être sain pour
les abeilles; étant récolté au premier printemps, il n'est
guère emmagasiné dans les rayons et est utilisé pour la
nourriture du couvain.

Les abeilles visitent la Mercuriale annuelle (*Mercurialis
annua*) et y trouvent un pollen blanchâtre, mais pas de
miel; elle fleurit toute l'année.

Le Ricin (*Ricinus communis*) est probablement mellifère; il fleurit de juillet à octobre et porte sur les feuilles,

même sur les feuilles cotylédonaires, des nectaires très développés qui émettent un liquide riche en sucre.

On peut citer encore l'Euphorbe des bois (*Euphorbia sylvatica*), fleurissant en mai-juin.

Famille des Gentianées. — La Gentiane jaune ou Grande Gentiane (*Gentiana lutea*) donne un miel à goût de Gentiane qui n'est pas désagréable ; floraison juillet-août.

Famille des Géraniées. — Chez les *Géraniums*, les glandes à nectar sont au nombre de cinq et situées près de la base externe des étamines extérieures. Des rangées de poils, disposés au-dessus de ces glandes, les protègent contre la pluie, sauf chez le *G. Robertianum* où ces poils n'existent pas. Les deux Géraniums signalés comme fréquentés par les abeilles sont :

		Floraison.
Géranium des prés (*Geranium pratense*)	....	Mai-juillet.
Géranium des Pyrénées (*Geranium pyrenaicum*).		Mai-août.

Famille des Grossulariées. — Le Groseillier ordinaire (*Ribes grossularia*) ;

Le Groseillier noir (*Ribes nigrum*) ;

Le Groseillier rouge (*Ribes rubrum*), qui fleurissent en avril-mai, sont mellifères, surtout le premier.

Famille des Hespéridées. — Les végétaux suivants de cette famille sont visités par les abeilles :

		Floraison.
Citronnier vulgaire (*Citrus vulgaris*)	....	Mars-octobre.
Oranger (*Citrus aurantium*)	....	Mars-octobre.
Limonier (*Citrus limonum*)	....	Mars-octobre.
Citronnier de Médie (*Citrus medica*)	....	Mars-octobre.

L'Oranger est particulièrement mellifère et fournit dans les expositions chaudes et où l'air est un peu humide des quantités énormes d'un miel blanc et extrèmement parfumé ; il en est ainsi à Jaffa, en Floride, à Nice. En Californie, au contraire, l'Oranger n'est pas considéré comme mellifère.

Famille des Hippocastanées. — Le Marronnier d'Inde

(*Æsculus hippocastanum*), qui fleurit en avril-mai, est un arbre précieux à cause de sa précocité. Le nectaire est formé par une sorte de bourrelet situé entre les enveloppes florales et les étamines et facilement accessible ; il sécrète en assez grande abondance un miel peu agréable à cause des principes amers et de l'æsculine contenus dans le nectar ; sa plantation à proximité des ruches est néanmoins très recommandable à cause des ressources de matière sucrée et de pollen qu'il fournit tout à fait au début du printemps ; la qualité médiocre de son miel n'a aucune influence sur l'ensemble de la récolte, car il est généralement consommé au fur et à mesure de sa production pour l'élevage du couvain. Le miel de Marronnier d'Inde est incolore, parfois jaune doré, et cristallise en gros grains.

Famille des Hypéricinées. — Le Millepertuis (*Hypericum perforatum*), floraison juin-août, signalé quelquefois comme plante mellifère, ne sécrète en réalité pas de nectar, mais il donne du pollen.

Famille des Ilicinées. — Le Houx (*Ilex aquifolium*), floraison mai-octobre, est mellifère.

Famille des Iridées. — Le Safran (*Crocus sativus*) donne beaucoup de miel quand le temps est sec et chaud, ce qui arrive rarement à l'époque de sa floraison qui a lieu en septembre-novembre. Le miel est d'un blanc mat et de goût peu agréable ; étant donnée sa récolte tardive, les abeilles n'ont pas toujours le temps de l'operculer et, s'il survient des gelées précoces, elles se resserrent en le laissant à découvert ; il se liquéfie alors comme de l'eau en produisant la dysenterie. Le pollen est tellement abondant que si la moindre humidité persiste il forme une véritable pâte qui fermente et est très nuisible aux abeilles.

Dans certaines circonstances la fleur du Safran produit sur les abeilles un effet narcotique.

Les Jacinthes simples (*Hyacinthus orientalis*), floraison

mars-avril, fournissent du miel et du pollen. Les abeilles butinent de préférence sur les variétés à fleurs blanches, puis sur les roses ; les moins visitées sont les variétés rouges et violettes.

Famille des Juglandées. — Le Noyer commun (*Juglans regia*), floraison avril-mai, fournit du pollen et un peu de miel.

Famille des Labiées. — Presque toutes les Labiées distillent du nectar que les abeilles peuvent récolter si le tube de la corolle est assez court. Le tissu nectarifère est situé, comme chez les Borraginées, à la base de l'ovaire, mais ici les proéminences nectarifères sont alternes avec les proéminences carpellaires.

Le miel des Labiées est de couleur claire et a souvent un parfum fin et agréable et une qualité supérieure. Le miel célèbre du mont Hymette est récolté sur les Labiées.

Les Lamiers sont un exemple des variations qui peuvent se produire dans un même genre. Ainsi le Lamier blanc ou Ortie blanche (*Lamium album*), floraison avril-octobre, est une bonne plante mellifère où les abeilles puisent abondamment au début de la floraison ; plus tard la corolle s'agrandit et, dans les circonstances ordinaires, les butineuses n'atteignent plus alors le liquide sucré qui occupe le fond du tube corollaire. L'Ortie rouge (*Lamium maculatum*), floraison avril-octobre, ne devient productive que si la fleur a été percée à la base par les bourdons, parce que le tube atteint 15 millimètres de profondeur, tandis que la longueur de la langue de l'ouvrière n'est que de 5 millimètres. Le Lamier n'est du reste visité que l'après-midi.

Les miels les plus parfumés sont récoltés sur les plantes suivantes :

	Floraison.
Romarin officinal (*Rosmarinus officinalis*).	Mars-mai.
Thym serpolet (*Thymus serpillum*)........	Juin-octobre.
Lavande Stœchas (*Lavandula Stœchas*)..	Mai-juin.
Lavande spica (*L. spica*)	Juin-août.

	Floraison.
Lavande à larges feuilles (*L. latifolia*)....	Juillet-septembre.
Menthe poivrée (*Mentha piperita*)........	Juillet-août.
Menthe aquatique (*M. aquatica*).........	Juin-septembre.
Menthe des champs (*M. arvensis*)........	Juin-septembre.
Menthe pouliot (*M. pulegium*)...........	Juillet-octobre.
Menthe à feuilles rondes (*M. rotundifolia*).	Juillet-septembre.
Hysope officinal (*Hyssopus officinalis*).....	Juillet-septembre.
Origan vulgaire (*Origanum vulgare*)......	Juillet-septembre.
Mélisse officinale (*Melissa officinalis*).....	Juin-août.
Sauge officinale (*Salvia officinalis*).......	Juin-juillet.
Sauge fausse verveine (*S. verbenacea*)....	Mai-août.
Sauge verticillée (*S. verticillata*)	Juin-août.
Sauge des prés (*S. pratensis*).............	Mai-septembre.
Sariette des montagnes (*Satureia montana*).	Juillet-août.

Le Thym produit un miel abondant, très fin, fortement parfumé, d'un jaune doré ; c'est cette plante qui, avec le Romarin, couvre les Corbières où se récolte le miel si renommé de Narbonne.

Le miel de Mahon doit aux mèmes plantes son délicieux parfum. Le Romarin est remarquable en ce que, les nectaires étant très peu développés, il sécrète peu de nectar à la fois, mais cette sécrétion est continue, se renouvelle avec rapidité au fur et à mesure que l'abeille s'en empare et le nectar est d'une richesse exceptionnelle en sucre. La Lavande Stœchas est très répandue à l'état spontané sur les parties siliceuses du littoral méditerranéen ; elle fournit un miel fin et parfumé presque toujours noyé dans celui de Bruyère qui est récolté dans les forèts de Pins de la mème zone. La Lavande spica pousse entre 700 et 1 000 mètres d'altitude sur les collines arides et calcaires de la région méditerranéenne ; le miel fourni par cette espèce est très fin et très finement parfumé ; c'est lui surtout qui donne leurs qualités aux miels si recherchés des Alpes de Provence. Sur les mèmes collines, mais à une altitude plus faible, de 400 à 500 mètres, la Lavande à larges feuilles remplace la précédente ; les qualités de son miel sont les mêmes, mais elle fleurit plus tard, à une époque où, dans la région, les pluies étant rares, elle ne donne que peu de nectar ; elle ne devient vraiment productive que si l'année est pluvieuse.

La Mélisse officinale ou Citronnelle est avidement recherchée par les abeilles qui y récoltent un miel blanc, abondant et d'un agréable parfum de citron.

La Menthe poivrée, qui est cultivée comme plante à parfum dans les Alpes-Maritimes et le Var, est une plante mellifère de tout premier ordre. Non seulement ses fleurs donnent un pollen blanc légèrement grisâtre, mais encore en abondance un miel blanc et parfumé, à une époque où les autres miellées sont rares ; c'est une fleur préférée des abeilles qui délaissent les autres pour la visiter, au moment où elle s'épanouit.

En Californie, c'est une Sauge à fleurs blanches qui fournit les plus fortes récoltes de cette contrée où elle recouvre à l'état sauvage des étendues immenses ; le miel en est excellent, mais ne granule pas.

On a recommandé la Sariette des montagnes comme bonne plante mellifère à propager surtout dans les endroits secs et pauvres ; son miel est aromatique et agréable. Quoique cette plante soit d'origine méridionale, elle résiste bien au froid et a réussi en Suisse sur les bords du Léman.

A l'arrière-saison les abeilles fréquentent le Galéope commun (*Galeopsis ladanum*), floraison juillet-septembre ; elles y récoltent assez abondamment un miel blond et de qualité secondaire.

La famille des Labiées présente encore les plantes utiles suivantes dont les miels ne se distinguent par aucun caractère particulier :

	Floraison.
Brunelle vulgaire (*Brunella vulgaris*).....	Juin-septembre.
Calament clinopode (*Calamintha clinopodium*)................................	Juillet-octobre.
Glechome lierre terrestre (*Glechoma hederacea*).................................	Avril-mai.

Floraison.

Marrube vulgaire (*Marrubium vulgare*)... Juillet-septembre.
Pied de loup (*Lycopus Europæus*)......... Juillet-septembre.
Épiaire annuelle (*Stachys annua*) .... Juin-septembre.
Épiaire d'Allemagne (*S. germanica*)....... Juillet-août.
Épiaire des marais (*S. palustris*) .... Juin-septembre.
Épiaire droite (*S. recta*)................. Juin-septembre.
Germandrée petit Chêne (*Teucrium chame-*
drys).................................. Juillet-septembre.
Germandrée des montagnes (*T. montanum*). Juin-août.
Germandrée scorodaire (*T. scorodonia*)... Juillet-septembre.

Famille des Laurinées. — Le Laurier-sauce (*Laurus nobilis*), floraison mars-avril, est très mellifère.

Famille des Liliacées. — Le Muscari à toupet (*Muscari commosum*), qui fleurit d'avril à juillet, présente de petites fleurs en clochettes qui se remplissent d'un nectar abondant et protégé contre la pluie par suite de la situation penchée de la fleur. Les abeilles y récoltent un peu de pollen d'un blanc légèrement violacé et un miel blanc, à goût un peu fade.

La Tulipe des jardins (*Tulipa gesneriana*), floraison en mai, doit, d'après quelques observateurs, être considérée comme une plante dangereuse ; on trouve souvent des abeilles mortes au fond de ses fleurs et d'autres qui font de vains efforts pour en sortir.

L'Asperge officinale (*Asparagus officinalis*), floraison en juin-juillet, donne un miel blanc verdâtre de qualité médiocre.

Le Muguet de mai (*Convallaria maialis*), floraison avril-mai, ne sécrète pas de nectar, mais la fleur est fréquemment visitée par les abeilles qui y trouvent du pollen.

La Colchique d'automne (*Colchicum autumnale*), floraison août-octobre, distille du nectar à la base des étamines.

La Couronne impériale (*Fritillaria imperialis*) sécrète de grosses gouttes de nectar par chacun des six nectaires qui se trouvent à la base de sa fleur, mais les abeilles le dédaignent à cause de sa pauvreté ; il contient en effet 95 p. 100 d'eau et 2,5 p. 100 seulement de sucre.

A signaler encore dans la famille des Liliacées :

	Floraison.
Oignon (*Alium cepa*)	Juillet-août.
Poireau (*Alium porrum*)	Juin-août.
Ail à tête ronde (*A. sphærocephalum*)..........	Juin-août.
Ail des vignes (*A. vineale*)...................	Juin-juillet.
Asphodèle fistuleux (*Asphodelus fistulosus*).....	Avril-mai.
Asphodèle blanc (*A. albus*)................	Mai-juillet.

Famille des Linées.—Le Lin usuel (*Linum usitatissimum*), floraison mai-juillet, donne du miel, mais seulement dans certaines années favorables.

Famille des Loranthacées. — Le Gui blanc (*Viscum album*), floraison mars-avril, est mellifère.

Famille des Lycopodiacées. — Le Lycopode à massue *Lycopodium clavatum*) n'est intéressant au point de vue apicole que parce que la poudre de Lycopode a été proposée comme surrogeat de pollen. On la recueille à la fin de l'été (juillet-octobre).

Famille des Malvacées. — Chez les Malvacées les glandes à nectar, au nombre de cinq, sont situées à la base de la fleur.

La Rose trémière (*Althea rosea*), floraison juillet-septembre, donne surtout du pollen et de la propolis.

Sont mellifères :

Mauve à feuilles rondes (*Malva rotundifolia*), floraison mai-août ;

Mauve sylvestre (**M.** *sylvestris*), floraison mai-août.

La Guimauve (*Althea officinalis*), cultivée en grand dans les cantons de Valenciennes et de Condé pour l'herboristerie, fournit un pollen violet et un miel de qualité supérieure et d'un parfum agréable. Sa floraison a lieu en juillet et août.

Famille des Morées. — Les Mûriers blanc et noir (*Morus alba* et *nigra*), floraison mars-avril, sont bien mellifères.

Famille des Myrtacées. — Les **Eucalyptus** de diverses

espèces répandus dans le midi de la France et en
Algérie sont des arbres extrêmement mellifères. Ils
fournissent un miel très aromatique, de couleur foncée
et à très léger goût de poivre, que les abeilles récoltent
dès les premières heures du jour, ainsi qu'une grande
quantité de pollen, de même couleur que la fleur.
Il arrive, mais rarement et seulement dans les heures les
plus chaudes de la journée et dans les terrains très secs,
que les abeilles qui butinent sur l'Eucalyptus sont
étourdies par le parfum violent qui se dégage de la plante
et tombent par centaines sous l'arbre ; elles meurent
quelquefois ou reprennent leurs sens si l'action narcotique
n'a pas été trop prononcée. Floraison décembre-avril.

Famille des Oléinées. — L'Olivier d'Europe (Olea
Europæa) est très visité par les abeilles qui y trouvent,
dans certaines régions, beaucoup de miel et du pollen
grisâtre ; dans d'autres situations, il ne donne presque rien.
Floraison avril-mai.

Le Frène élevé (Fraxinus excelsior), floraison avril, et le
Frène orne (Fraxinus ornus), floraison mai-juin, donnent
du miel et du pollen.

A citer encore comme mellifères dans cette famille :

		Floraison.
Lilas vulgaire (Syringa vulgaris)	....	Avril-mai.
Troène vulgaire (Ligustrum vulgare)	....	Juin-juillet.

Famille des Ombellifères. — Le Meum faux athamante
ou Fenouil des Alpes (Meum athamanticum), floraison
juillet-août, est une plante très abondante dans les
herbages des montagnes ; elle mérite une mention spéciale
en raison de son parfum pénétrant, lequel se reconnaît
facilement dans le miel des régions où cette plante est
commune. C'est au parfum du Meum que le miel du
mont Pilat (Loire) doit sa réputation méritée.

Tous les Panicauts (Eryngium) sont plus ou moins
visités par les abeilles ; on peut signaler en particulier

l'*Eryngium planum* très répandu en Autriche-Hongrie, des monts Carpathes à Trieste, et qui fleurit en juillet. M. Bertrand a constaté que les abeilles ne quittaient pas les inflorescences de ces Ombellifères de toute la journée, mais qu'elles n'y récoltaient presque rien. Il en serait de même de l'*Eryngium giganteum*. Ce seraient là des plantes attirantes, mais non productives, du moins dans les conditions où les observations ont été faites. Les autres Panicauts signalés comme mellifères sont :

	Floraison.
Panicaut des Alpes (*Eryngium Alpinum*)..	Juillet-septembre.
Panicaut de Bourgat (*E. Bourgati*)	Juillet-septembre.
Panicaut champêtre (*E. campestre*).......	Juillet-août.

La Grande Astrance (*Astrantia major*) est une Ombellifère fleurissant en juillet-août et très répandue dans les montagnes, sauf les Vosges ; elle fournit un miel foncé, à goût très caractérisé.

On peut encore citer dans cette famille :

	Floraison.
Aneth fenouil (*Anethum fœniculum*)... ..	Juillet-septembre.
Angélique sylvestre (*Angelica sylvestris*)..	Juillet-septembre.
Berce spondyle (*Heracleum spondylium*)..	Juin-septembre.
Boucage grand (*Pimpinella magna*)......	Mai-août.
Boucage saxifrage (*P. saxifraga*).........	Mai-août.
Buplèvre en faux (*Bupleurum falcatum*)..	Août-octobre.
Céleri odorant (*Apium graveolens*)	Juin-juillet.
Panais cultivé (*Pastinaca sativa*).........	Juillet-août.

Famille des Onagrariées. — Il convient de citer les Épilobes comme des plantes mellifères très remarquables. L'Épilobe en épi (*Epilobium spicatum*), floraison en juin-août, est signalé comme donnant un miel absolument transparent quand il est liquide et blanc comme la neige quand il est cristallisé. Les Américains vantent beaucoup l'*Epilobium angustifolium* (*Willov herb*) comme produisant en grande quantité un miel blanc, clair et limpide, à léger goût aromatique et exquis.

Les plantes suivantes :

	Floraison.
Épilobe velu (*Epilobium hirsutum*)........	Juillet-septembre.
Épilobe des montagnes (*E. montanum*)....	Juin-août.
Onagre bisannuelle (*Œnothera biennis*)...	Juin-septembre.

sont aussi de bonnes plantes mellifères.

Famille des Orchidées. — On a indiqué comme produisant du miel et du pollen :

	Floraison.
Aceras homme pendu (*Aceras anthropophora*)..............................	Juin-septembre.
Epipactis à larges feuilles (*Epipactis latifolia*).	Août-octobre.
Spiranthe d'automne (*Spiranthes autumnalis*).............................	Mai-juin.

On trouve parfois des abeilles portant attachées sur la partie antérieure de la tête deux masses volumineuses, en forme de massues, et l'on a considéré ce fait comme une monstruosité. Les deux masses en question ne sont pas autre chose que les deux pollinies de certaines Orchidées (en particulier *Orchis mascula*) dont le support visqueux se colle sur la face de la butineuse lorsqu'elle introduit sa tête dans une de ces fleurs pour y chercher du nectar.

Famille des Papavéracées. — Les fleurs du Coquelicot (*Papaver rheas*), si abondantes de mai à septembre dans les champs, ne sécrètent pas de nectar, mais les abeilles y trouvent beaucoup de pollen.

Famille des Papilionacées. — Cette famille est la plus riche de toutes en plantes produisant du miel. Chez les Papilionacées les bases des étamines se réunissent pour former un tube creux dont les parois intérieures distillent du nectar chez quelques espèces, mais non pas chez toutes. Chez les espèces nectarifères, une étamine se détache ou s'atrophie de façon à laisser un espace à travers lequel les abeilles peuvent introduire leur langue dans le tube; parfois ce tube est trop long pour que l'abeille domestique puisse atteindre le liquide sucré. Il en est ainsi par exemple pour une plante aussi répandue que nectarifère, le Trèfle rouge (*Trifolium pratense*), dont la corolle est plus longue que la langue des abeilles de

18.

quelques millimètres. Aussi nos butineuses ne trouvent-
elles rien sur cette Légumineuse, sauf dans les très fortes
miellées, lorsque le niveau du nectar s'élève suffisamment
haut dans le tube nectarifère ou que les bourdons l'ont
percé à sa base. On a proposé aussi de chercher à obtenir
par sélection une variété de Trèfle rouge à corolle beaucoup
plus courte, en recueillant les graines à la base des
fleurons, là où les tubes sont naturellement moins longs.

Par contre, le Trèfle blanc, le T. hybride et le T. incarnat
donnent beaucoup de miel.

Le Trèfle blanc (*Trifolium repens*), qui fleurit de mai
à septembre dans la plupart de nos prairies, donne un
miel blanc de première qualité. Dans les années humides
il serait peu productif, tandis que dans certaines années
très sèches, mais rarement cependant, le miel en est tellement visqueux qu'il est impossible de l'extraire.

Le Trèfle hybride (*Trifolium hybridum*), ou Trèfle
d'Alsike, floraison mai et août, est très mellifère, et son
nectar très accessible, à cause du peu de profondeur de
la corolle. Il en est de même du Trèfle incarnat (*Trifolium incarnatum*), floraison en mai-juin, qui donne
comme les précédents un excellent miel blanc.

La *Luzerne* (*Medicago sativa*) n'est pas très productive ;
elle ne donne que rarement de la récolte sur les fleurs de
la première coupe (juin), mais souvent la récolte est
assez forte sur les fleurs de la deuxième coupe (août). En
tous les cas, c'est sur les terrains calcaires que cette
plante est surtout productive. Le miel est blanc et de
bonne qualité. La Minette (*Medicago lupulina*), qui fleurit
en mai, est plus régulièrement mellifère que la Luzerne.

Le *Sainfoin* (*Onobrychis sativa*) est de toutes les plantes
fourragères celle qui donne le plus de miel blanc ; c'est
le Sainfoin qui fournit les miels estimés du Gâtinais, de
la Beauce, etc. ; ceux-ci sont d'une belle couleur blanche,
cristallisant en grains très fins, d'un goût agréable
quoique peu parfumés. Au début de sa floraison, la plante

donne surtout du pollen jaune rouge et la sécrétion du
nectar ne s'établit fortement que par la suite ; cette
sécrétion, relativement faible dans les premières heures
de la matinée, devient surtout considérable dans l'après-
midi. Il y a deux espèces de Sainfoin : le Sainfoin à une
coupe, qui fleurit en mai-juin, et le Sainfoin à deux
coupes, originaire de la Suisse, qui donne une deuxième
récolte en septembre ; cette dernière variété, plus avan-
tageuse au point de vue agricole, est notablement inférieure comme plante mellifère, malgré sa double floraison.

Le Sainfoin d'Espagne ou *Sulla* (*Hedysarum coronarium*)
est bien mellifère, mais n'est susceptible de résister à
l'hiver que sous le climat de l'Oranger ; il constitue une
ressource précieuse pour les abeilles en Italie, Espagne,
Algérie. Sa floraison a lieu en avril-mai.

Dans les montagnes des Alpes, les Pyrénées, on trouve
à l'état sauvage le Sainfoin des rochers (*Onobrychis saxa-
tilis*), floraison juin-septembre, et le Sainfoin obscur
(*Hedysarum obscurum*), floraison juillet-août, dont le miel
extrêmement riche en saccharose cristallise en grains
durs, très blancs, d'une finesse de goût et de qualité tout
à fait supérieures.

Les Lupins (*Lupinus luteus, albus, varius*, etc.), floraison
août-septembre, n'attirent que rarement les abeilles qui
n'y récoltent que du pollen.

Les Vesces sont nectarifères non seulement par leurs
fleurs, qui possèdent un anneau nectarifère entre
les étamines et l'ovaire, mais avant la floraison les
butineuses trouvent encore en abondance un liquide très
riche en sucres, sécrété par des nectaires situés à la base
des stipules. Le miel des Vesces est un peu verdâtre et
blanchit en vieillissant. La Vesce d'hiver (*Vicia sativa*,
floraison mai-juin, est plus mellifère que la Vesce de
printemps, floraison juin-août, qui donne surtout du
pollen. Les Vesces suivantes sont aussi signalées comme
utiles aux abeilles :

	Floraison.
Vesce multiflore (*Vicia craca*).............	Mai-août.
Vesce à feuilles ténues (*V. tenuifolia*).......	Juin-août.
Vesce velue (*V. villosa*)........	Juin-août.
Vesce de Cerdagne (*V. varia*)...............	Mai-septembre.

Chez les Fèves (*Faba vulgaris*), floraison juin-août, et les Haricots (*Phaseolus vulgaris*), floraison juin-octobre, les fleurs sont peu visitées, les abeilles atteignent difficilement le nectar et le recueillent surtout par les trous percés par les bourdons dans la corolle. Le miel qui en provient est verdâtre et âcre.

Les Mélilots, qui fleurissent de juin à septembre, sont des plantes bien mellifères, surtout le Mélilot à fleurs blanches ou Trèfle de Bokhara (*Melilotus Leucantha*), le Mélilot bleu (*Melilotus cerulea*) et le Mélilot blanc (*Melilotus alba*). Le Mélilot jaune (*Melilotus officinalis*), le Mélilot élevé (*M. altissima*) et le Mélilot des champs (*M. arvensis*) produisent beaucoup moins. Le miel de ces plantes a un goût un peu fort et est de deuxième qualité.

L'Ajonc (*Ulex europæus*), floraison décembre-avril, ne montre pas de nectar apparent; cependant les abeilles y trouvent non seulement du pollen, mais aussi un liquide sucré très concentré qu'elles vont chercher jusqu'au fond de la fleur et dans l'intérieur même du tissu nectarifère qui est mou et spongieux et d'où il suinte à peine. Du reste, étant donnée l'époque de sa floraison, cette plante n'est jamais bien activement visitée; elle est surtout utile en fournissant du pollen au commencement de l'élevage du couvain.

Le Genêt des teinturiers (*Genista tinctoria*), floraison mai-juillet, ne sécrète pas de nectar; au contraire, le Genêt à balais *Sarothamnus scoparius*, floraison mai-juin, est mellifère.

L'Ononis rampant (*Ononis repens*), floraison juin-août, ne donne pas de nectar, mais seulement du pollen.

La Trigonelle fenu grec (*Trigonella fœnum græcum*), floraison juin-juillet, de même que la Trigonelle de Mont-

pellier (*Trigonella monspeliaca*), floraison juin-juillet,
donnent un miel possédant un mauvais goût de foin moisi
qui peut infecter toute une récolte.

Le Dorycnium à 5 folioles (*Dorycnium pentaphyllum*),
floraison juin-juillet, qui pousse sur les rochers et les collines incultes et sèches du bassin méditerranéen, a été
signalé comme très mellifère.

Dans la même région, le Psoralier (*Psoralia bituminosa*),
floraison avril-août, est intéressant parce qu'il fleurit
dans les mois et les terres les plus sèches. Les butineuses
ne le recherchent cependant que lorsqu'il y a pénurie
d'autres fleurs, à cause de son odeur forte et bitumineuse.

Dans ces dernières années, on a beaucoup recommandé
une plante qui possède de grandes qualités au point de
vue apicole. C'est la Phacélie à feuilles de Tanaisie
(*Phacelia tanacetifolia*), dont on peut obtenir une floraison
presque continue, depuis le commencement de l'été, par
des semis successifs et convenablement espacés. Le nectar,
sécrété par une sorte de plateau qui se trouve au fond de
la fleur, à la base du pistil, est très concentré et se reforme
rapidement ; il contient surtout de la glucose et peu de
saccharose. L'exsudation commence au moment où la
fleur va s'ouvrir et se prolonge jusqu'au moment où la
corolle est tombée. Du reste, la Phacélie est surtout productive sur les terrains calcaires et calcaréo-sableux,
moins sur les sols argilo-calcaires et relativement peu
sur ceux siliceux ou schisteux. Le miel qui en provient
est blanc et de bonne qualité ; c'est donc une plante à
propager ; le pollen est gris noirâtre. Sont encore mellifères :

	Floraison.
Coronille variée (*Coronilla varia*)...........	Juin-septembre.
Ervum velu (*Ervum hirsutum*)..............	Mai-septembre.
Lentille (*Ervum lens*)....................	Mai-juillet.
Lotier corniculé (*Lotus corniculatus*).......	Mai-août.
Ornithope délicat (*Ornithopus perpusillus*)..	Mai-août.
Pois cultivé (*Pisum sativum*)..............	Juin-septembre.
Serradelle cultivée (*Ornithopus sativus*).....	Mai-juillet.

Les abeilles ne trouvent pas seulement du nectar sur des plantes herbacées de cette famille, mais aussi sur des arbres et en première ligne sur le Robinier (*Robinia pseudacacia*), floraison mai-juin ; le miel provenant de cet arbre est blanc et très bon ; sa caractéristique est de cristalliser difficilement.

Le Sophore du Japon (*Sophora japonica*) est un bel arbre qui fleurit en août-septembre et atteint 12 à 15 mètres de haut ; les fleurs blanc jaunâtre, en longues panicules, sont très visitées toute la journée et les abeilles y trouvent beaucoup de nectar, même sur les fleurs tombées par terre. Le miel de Sophore a un bouquet assez prononcé et une nuance jaunâtre. Cet arbre, recommandable pour les plantations sur le bord des routes, est intéressant parce qu'il est susceptible de fournir une abondante récolte à une époque où il n'y a plus d'autres fleurs de quelque importance apicole. Il est robuste et prospère partout où croît le Noyer. Le Sophore pleureur (*Sophora pendula*) n'a par contre aucune valeur mellifère et ne fleurit pas dans les régions septentrionales de la France où le S. *japonica* se comporte bien.

Le Cytise faux ébénier (*Cytisus laburnum*), floraison mai-juillet, est aussi mellifère.

Le Faux Indigotier (*Amorpha fruticosa*) a été recommandé pour sa plantation en massifs. Les fleurs petites mais nombreuses apparaissent en juin-juillet et sont bien visitées par les butineuses.

Famille des Philadelphées. — Le Seringa (*Philadelphus coronarius*), fleurissant en mai-juin, donne beaucoup de miel et un peu de pollen.

Famille des Polygonées. — Le Sarrasin commun (*Polygonum fagopyrum*), floraison juillet-août, donne abondamment un miel d'un brun rougeâtre à goût fort et particulier, employé spécialement dans la fabrication du pain d'épice. Son principal centre de production est la

Bretagne. Les nectaires du Sarrasin sont de petites masses arrondies qui se trouvent à la base des étamines. Les abeilles ne visitent généralement ces fleurs que le matin jusque vers 9 heures; plus tard la sécrétion du nectar s'arrête, elle ne continue qu'exceptionnellement quand le temps est couvert et calme. Il est reconnu aussi que le Sarrasin donne plus de nectar sur les terrains argilo-siliceux que sur les calcaires; dans les terres fortes et argileuses, il est rarement productif.

D'autres Renouées, par exemple la Renouée des oiseaux (*Polygonum aviculare*), fleurissant en juin-octobre, donnent un miel moins coloré et moins fort en odeur et en goût que le Sarrasin.

La Persicaire de Sakhalin (*Polygonum Sakhalinense*), floraison juillet-août, est bien mellifère.

Famille des Primulacées. — C'est à tort que le Mouron des champs (*Anagallis arvensis*), floraison juin-novembre, est considéré comme donnant du miel; ses fleurs ne distillent pas de nectar et les abeilles n'y trouvent que du pollen.

Famille des Renonculacées. — Chez l'Anémone sylvie (*Anemone nemorosa*), floraison mai-juin, le nectar est extrêmement concentré et n'est pas exsudé au dehors en quantité appréciable; il suinte seulement à la surface du tissu nectarifère mou et spongieux, dans l'intérieur duquel les abeilles vont le chercher, au fond de la fleur, à travers les papilles qui le laissent suinter.

Les diverses Hellébores (*Helleborus fœtidus, viridis, niger*) produisent beaucoup de nectar par leurs pétales transformés en cornets nectarifères; mais il est rare que les abeilles puissent l'utiliser à cause de l'époque à laquelle ces plantes fleurissent, de janvier à avril.

L'Aconit napel (*Aconitum napellus*), floraison juin-septembre, malgré la vénénosité de sa fleur, donne un miel généralement inoffensif, quoique l'on ait signalé des empoisonnements attribués à son ingestion; le pollen placé sur la langue produit une sensation de brûlure, mais ne paraît pas causer d'accident au couvain qui en est alimenté.

Les autres plantes mellifères de la famille des Renonculacées sont :

	Floraison.
Ancolie commune (*Aquilegia vulgaris*).. ..	Mai-juillet.
Dauphinelle consoude (*Delphinium conso-lida*)	Juin-octobre.
Nigelle des champs (*Nigella arvensis*)......	Juin-août.
Populage des marais (*Caltha palustris*)....	Avril-juin.
Renoncule âcre (*Ranunculus acris*)........	Avril-septembre.

Famille des Résédacées. — Tous les Résédas sont mellifères ; la moitié supérieure de la base de la fleur forme, entre les étamines et les sépales, une espèce de plateau quadrangulaire qui est d'abord jaunâtre, puis brunâtre quand la fleur se fane, et dont la surface postérieure distille du nectar.

On peut signaler :

	Floraison.
Réséda odorant (*Reseda odorata*)...	Juin-août.
Réséda jaune (*R. lutea*)...............	Juin-août.
Réséda jaunâtre (*R. luteola*)....................	Juin-août.
Réséda raiponce (*R. phyteuma*)	Juin-août.

Famille des Rhamnées. — Sont mellifères :

	Floraison.
Nerprun Bourdaine (*Rhamnus frangula*)........	Avril-juillet.
Nerprun purgatif (*Rh. cathartica*).....	Mai-juin.

Famille des Rosacées. — C'est encore là une des familles les plus riches en plantes apicoles. Chez presque toutes les Rosacées, les tissus nectarifères forment une sorte de coupe tout autour et en dedans de la fleur et au-dessous des étamines. Chez le Fraisier (*Fragaria vesca*, floraison avril-juillet, l'accumulation des sucres se fait au contraire dans la partie renflée qui est au-dessous des carpelles. Il en est de même dans le genre *Rosa*, mais dans nos régions l'émission de nectar est presque nulle chez les espèces de ce genre, qui n'est pas mellifère.

Chez le Cerisier (*Cerasus avium, mahaleb, padus*), floraison avril-juin, le Prunier (*Prunus domestica, spinosa*), floraison mars-avril, l'Aubépine (*Cratœgus oxyacantha*), floraison mai-juin, on trouve en outre des nectaires extrafloraux formant de petits mamelons saillants à la base des limbes des feuilles, sur le pétiole, et que les abeilles visitent.

Le miel d'Aubépine a un goût particulier, mais le Cerisier et le Prunier donnent des miels très blancs ou légèrement rosés ou ambrés, fins et aromatiques, de même que le Pêcher (*Persica vulgaris*), floraison février-mars, l'Amandier (*Amygdalus communis*), floraison février-mars, et l'Abricotier (*Armeniaca vulgaris*), floraison février-mars.

Le Pommier (*Malus communis*), floraison mai-juin, donne aussi un très bon miel et souvent assez abondant. Celui du Poirier (*Pyrus communis*), floraison avril-mai, est fade et peu agréable ; le Poirier est du reste assez rarement mellifère. Il est aussi assez rare de trouver des miels de ces arbres accumulés en quantités un peu importantes dans les rayons ; cela n'arrive que dans les années tout à fait exceptionnelles, parce que les nectars qui en proviennent sont généralement utilisés au fur et à mesure pour l'alimentation du couvain. Leur floraison au premier printemps est précieuse à ce point de vue et aussi à cause du pollen abondant que les abeilles y trouvent. En échange, leur fécondation est grandement assurée par les incessantes visites des butineuses qui transportent la poussière fécondante d'un arbre à l'autre ; les vergers qui possèdent des ruches dans leur voisinage sont beaucoup plus productifs que les autres et les fruits sont plus beaux.

Les végétaux suivants sont encore mellifères dans cette famille :

R. HOMMELL. — *Apiculture.* 19

Floraison.

Sorbier des oiseleurs (*Sorbus aucuparia*).	Mai-juin.
Cormier (*Sorbus domestica*)..............	Mai-juin.
Néflier d'Allemagne (*Mespilus germanica*).	Mai-juin.
Néflier du Japon ou Bibacier (*Eriobotrya japonica*)...........................	Décembre-janvier.
Alisier torminal (*Aria torminalis*)........	Mai-juin.
Alisier à larges feuilles (*Aria latifolia*)...	Mai-juin.
Allouchier (*Aria nivea*)...................	Mai-juin.
Ronce arbrisseau (*Rubus fruticosus* et *cæsius*)........................	Juillet-août.
Ronce des rochers (*Rubus saxatilis*)......	Mai-juillet.
Framboisier (*Rubus idæus*)	Mai-juillet.
Benoîte des ruisseaux (*Geum rivale*)......	Mai-juin.
Benoîte commune (*Geum urbanum*)......	Juillet-août.

La Ronce est mellifère non seulement par ses fleurs qui donnent un bon miel blanc et du pollen, mais les feuilles produisent aussi, dans certaines conditions, un miellat assez abondant et bien supérieur comme qualité à celui des autres arbres. Cet arbrisseau constitue une ressource précieuse à une époque où il y a peu de fleurs mellifères et dans les temps et les sols les plus secs.

Les abeilles butinent parfois sur les fruits très mous du Framboisier et en retirent un miel rosé.

Famille des Salicinées. — Les Peupliers donnent très peu de miel, mais beaucoup de pollen jaune et de la propolis sur les bourgeons.

Floraison.

Peuplier d'Italie (*Populus pyramidalis*).........	Mars-avril.
Peuplier noir (*P. nigra*).....................	Mars-avril.
Peuplier blanc (*P. alba*)..................	Mars-avril.
Tremble (*P. tremula*)........................	Mars-avril.

Tous les Saules (*Salix alba, caprea, cinerea, fragilis, viminalis, babylonica, purpurea,* etc.), qui fleurissent de mars à mai, donnent un peu de miel, mais surtout énormément de pollen très utile au début du printemps.

Famille des Sapindacées. — Le Mélianthe majeur (*Melianthus major*), arbrisseau cultivé dans les jardins comme plante ornementale, produit un miel noirâtre en très grande abondance. Floraison juillet-août.

Famille des Scrofularinées. — Chez les Scrofularinées, le nectar forme un anneau irrégulier, de grosseur variable, tout autour de la base du pistil.

La fleur de la Linaire commune (*Linaria vulgaris*), floraison juillet-septembre, forme une boîte fermée qui se termine à l'arrière par un éperon ayant 10 à 13 millimètres de long; cet éperon contient le nectar et l'orifice en est protégé par des poils; dans ces conditions, il est assez difficile à l'abeille commune d'y prendre quelque chose si la fleur n'a pas été percée par les bourdons.

Le Muflier à grande fleur ou Gueule de Loup (*Antirrhinum majus*), floraison juin-septembre, sécrète aussi son nectar à la base de la corolle, mais ce liquide ne pénètre pas dans l'éperon; les abeilles peuvent par conséquent y accéder, à la condition de forcer l'entrée de la fleur qui est hermétiquement close.

Les fleurs de la Bartsie commune (*Bartsia odontites*), floraison juin-septembre, sont mellifères pour les abeilles; le tube nectarifère n'a en effet que 4 à 5 millimètres de long et son ouverture est protégée contre la pluie par quatre anthères poilues.

Sont encore mellifères dans cette famille :

	Floraison.
Digitale pourprée (*Digitalis purpurea*)....	Juin-août.
Euphraise officinale (*Euphrasia officinalis*).	Juin-septembre.
Mélampyre (*Melampyrum arvense, pratense, sylvaticum*)	Juin-août.
Rinanthe crête de coq (*Rhinanthus crista-galli*).................................	Mai-août.
Scrofulaire (*Scrofularia aquatica* et *nodosa*).................................	Juin-septembre.
Véronique en épi (*Veronica spicata*)......	Juillet-septembre.

Famille des Solanées. — Les plantes signalées comme mellifères dans la famille des Solanées sont :

	Floraison.
Atropa belladone (*Atropa belladona*).......	Juin-août.
Lyciet de Barbarie (*Lycium barbatum*).....	Juin-septembre.
Tabac (*Nicotiana tabacum*)...............	Juin-août.

On dit que la fleur de Tabac produit sur les butineuses un effet narcotique violent, souvent suivi de mort.

Famille des Staphyléacées. — Le Staphylier penné (*Staphylia pinnata*), floraison mai-juin, est mellifère.

Famille des Tamariscinées. — Les Tamarins (*Tamarix africana* et *gallica*) sont de bonnes plantes mellifères. Floraison juillet-août.

Famille des Térébinthacées. — L'Ailante glanduleux ou Vernis du Japon (*Ailantus glandulosa*), fleurissant en mai-juin, est un arbre à la fois mellifère et pollennifère. Mais le miel a une odeur et un goût extrêmement désagréables; c'est un arbre à éloigner des ruchers, sous peine d'infecter toute une récolte.

Les Sumacs (*Rhus*) donnent aussi du miel et du pollen :

	Floraison.
Sumac fustet (*Rhus cotinus*).................	Juin-juillet.
Sumac des corroyeurs (*Rhus coriaria*).........	Juin-juillet.
Sumac de Virginie (*Rhus typhina*).............	Juin-juillet.

D'autres Sumacs, cultivés dans nos jardins, sont nuisibles aux abeilles par leurs fleurs vénéneuses, par exemple *Rhus venenata* et *Rhus toxicodendron*.

Famille des Tiliacées. — Tous les Tilleuls sont mellifères; ils fleurissent en juin-juillet et le nectar est sécrété par les sépales, ce qui le rend très accessible aux abeilles; de plus les fleurs sont pendantes et par suite le nectar est bien protégé contre la pluie.

Les Tilleuls à petites feuilles (*Tilia microphylla* ou *silvestris*), à grandes feuilles (*T. platyphylla*), commun (*T. intermedia*) donnent un miel d'un brun clair orangé, opaque, possédant le goût et surtout le parfum caractéristique de la fleur; il cristallise difficilement; les abeilles y trouvent aussi du pollen, ainsi qu'un miellat souvent sécrété en abondance par les feuilles. Le

Tilleul exige de l'humidité pour être bien mellifère; dans les années sèches, il est pour ainsi dire délaissé et ne donne presque rien.

Il convient de signaler à part le Tilleul argenté (*Tilia argentea*) qui fleurit quinze jours plus tard et qui est, lui aussi, très mellifère; le miel qui en provient est blanc, de toute première qualité et d'une saveur exquise. Le miel célèbre de Vilna, en Lithuanie, provient du Tilleul argenté. Cet arbre n'est pas cependant sans présenter, dans certaines circonstances, des inconvénients graves, et des apiculteurs ont signalé à diverses reprises qu'au moment de sa floraison il se produisait une mortalité énorme des butineuses. C'est là un cas exceptionnel qui ne se produit que dans les terres et les années très sèches, dans les journées les plus chaudes, et qui paraît dû à une action narcotique des fleurs. Souvent les abeilles reprennent leurs sens après quelque temps.

Le Tilleul américain (*Tilia americana*) donnerait aussi un miel blanc limpide et très estimé.

Famille des Ulmacées. — L'Orme champêtre (*Ulmus campestris*) et l'Orme pédonculé (*Ulmus pedunculata*), fleurissant en mars-avril, donnent du miel et du pollen.

Famille des Vacciniées. — L'Airelle myrtille (*Vaccinium myrtillus*), floraison mars-juin, et l'Airelle vigne (*Vaccinium vitis*), floraison mars-juin, sont des plantes bien mellifères.

Famille des Verbascées. — Le Bouillon blanc (*Verbascum Thapsus*) donne du miel et du pollen; floraison juillet-septembre.

Famille des Verbénacées. — La Verveine officinale (*Verbena officinalis*), floraison juin-octobre, sécrète du nectar à la base du tube de la fleur.

La Caryoptère (*Caryopteris mastacanthus*) est un arbrisseau des jardins très visité par les abeilles; floraison juillet à octobre.

Famille des Violariées. — Les Violettes sécrètent du

nectar par le fond du tube formé par le pétal central,
tube dans lequel pénètre un long éperon constitué par le
développement des deux étamines inférieures. Il en est
ainsi, par exemple, chez la Violette odorante (*Viola odo-*
rata), floraison mars-mai, et la Violette des chiens (*Viola*
canina), floraison avril-juin. En général le tube de la
corolle est trop long pour que les abeilles puissent
atteindre le nectar, à moins que la miellée ne soit très
forte ou que les bourdons n'aient percé le tube.

Les abeilles ne visitent pas la Pensée des jardins
(*Viola tricolor*) où elles ne trouvent rien.

Miels vénéneux.

On a signalé à diverses reprises des accidents mortels
causés par l'ingestion de miels vénéneux. L'empoisonne-
ment des soldats grecs de l'expédition de Xénophon est
un événement historique de la retraite des Dix mille,
attribué au nectar produit par l'*Azalea pontica*, par le
Rhododendron ponticum ou par la *Ciguë du Levant*, plantes
communes sur les bords méridionaux de la mer Noire.

A. de Saint-Hilaire fut pris au Brésil d'un délire long
et violent pour avoir pris deux cuillerées d'un miel provenant du *Paullinia australis*.

Seringe a constaté dans les Alpes que des miels
recueillis sur les fleurs d'*Aconitum napellus* avaient
causé des accidents graves et même la mort de pâtres qui
en avaient absorbé.

Le Dr Barton cite encore comme plantes produisant
des miels vénéneux : *Kalmia latifolia, glauca* et *rosmari-*
nifolia, Rhododendron maximum, Azalea nudiflora, Leucothoe
mariana.

Il en serait probablement de même pour les miels de
Belladone, de Digitale, de Jusquiame, si leur proportion
devenait considérable dans les rayons.

Les abeilles, en récoltant le nectar, s'emparent en effet

aussi des autres principes que le végétal sécrète en même temps. Le mélange peut devenir lui-même toxique lorsque les plantes vénéneuses sont très abondantes, comme cela a parfois lieu dans les pays chauds ou à proximité des cultures de plantes médicinales. En général il n'en est pas ainsi dans nos régions, et le miel de grande miellée n'est jamais nuisible, non seulement parce que les plantes à nectar inoffensif sont visitées de préférence, mais surtout parce que les faibles quantités de poison sont diluées dans une masse considérable de produit de bonne qualité.

Il est possible aussi que la substance toxique soit en partie modifiée et neutralisée au moment de l'élaboration qui a lieu dans le premier estomac de l'ouvrière avant l'emmagasinement dans les cellules.

Nous avons signalé, dans la liste donnée plus haut, quelques végétaux, tels que le Tilleul argenté, le Safran, la Tulipe des jardins, l'Eucalyptus, dont les fleurs produisent sur les butineuses une action narcotique, parfois mortelle.

Miellat et miellée.

On doit donner le nom de *miellat* à des exsudations sucrées déposées sur les feuilles par des aphidiens ou des cochenilles, tandis que la *miellée* est émise directement par les feuilles à travers les orifices stigmatiques, lorsque le végétal se trouve dans des conditions particulières.

Le miellat de pucerons se produit plus fréquemment que la miellée végétale ; il ne contient pas de saccharose, mais un autre sucre non réducteur, la mélézitose, des glucoses et beaucoup de dextrine. Les miellées végétales renferment souvent du saccharose, remplacé par la mannitose dans les miellées du Frène, du Sureau et du Chène, par la mélézitose dans la miellée du Larix, des glucoses, de la dextrine et des gommes.

Les miels de fleurs sont lévogyres, par suite de la pré

dominance de la lévulose qu'ils contiennent, tandis que
la présence de la dextrine rend les miels de miellat et
de miellée dextrogyres.

On peut, par un procédé simple, distinguer les miels de
fleurs de ceux qui proviennent des pucerons ou des exsudations végétales. Il suffit d'en faire dissoudre une petite
quantité dans de l'eau et de verser goutte à goutte dans
la solution de l'alcool à 95° ; il se forme dans la masse
d'abondants flocons blanc d'œuf, tandis que pour le miel
de fleurs le liquide reste clair. Lors d'un mélange des
deux miels, l'arrivée des flocons est plus tardive et d'autant moins abondante que le miellat entre en plus faible
quantité dans le mélange.

Les arbres sur lesquels M. Bonnier a observé la miellée
végétale sont les suivants : Chêne, Frêne, Tilleul, Sorbier,
Épine-vinette, Ronce, Framboisier, Peuplier, Bouleau,
Érable platane, Sycomore, Épicéas, Sapins, Pins, Aunes,
Vigne, Tremble. Elle se produit aussi sur un certain
nombre de végétaux herbacés : Seigle, Salsifis, par exemple.

La miellée apparaît, sur les feuilles de l'année précédente des Conifères cités plus haut, dès les premières
journées chaudes du printemps ; chez les autres arbres,
seulement dans les mois de juin et de juillet. Tandis que
le miellat des pucerons peut se maintenir toute la journée et se ralentit pendant la nuit, la miellée de feuilles
ne se produit que pendant la nuit et ne peut tomber en
gouttelettes abondantes que le matin avant le lever du
soleil. Elle est due en effet à un phénomène de chlorosudation et est favorisée par un état hygrométrique
élevé et un apport d'eau par l'intérieur de la plante ; ces
conditions se trouvent réalisées quand des nuits fraîches
sont intercalées entre des journées chaudes et sèches.

L'exsudation de la miellée atteint son maximum au
lever du jour ; le liquide sucré disparaît ensuite rapidement, l'eau étant éliminée par chlorovaporisation et le
sucre réabsorbé par les feuilles.

Généralement les miellats et les miellées sont de couleur foncée, de densité assez forte et de goût peu agréable. Quelquefois ils cristallisent dans les rayons ou sont tellement épais qu'il est impossible de les extraire ; ils constituent une mauvaise nourriture d'hivernage et provoquent souvent la dysenterie chez les abeilles.

Les abeilles ne recueillent ces exsudations que lorsqu'il n'y a pas de fleurs à leur disposition ; elles les abandonnent aussitôt qu'une production nectarifère florale se produit. Elles dédaignent particulièrement le miellat de pucerons qui, par sa composition, diffère beaucoup plus du véritable nectar que la miellée végétale ; il peut cependant y avoir des exceptions déjà signalées.

Le miellat de pucerons se rencontre sur tous les arbres indiqués comme produisant la miellée végétale, mais plus spécialement sur les Tilleuls, les Lilas, les Pruniers, les Cytises et les Aubépines.

TRANSFORMATION DU NECTAR EN MIEL.

La composition du miel n'est pas la même que celle du nectar dont il provient ; comparons par exemple le miel et le nectar de Sainfoin, qui peuvent nous servir de type.

	SAINFOIN.			
	Nectar.		Miel.	
Eau....................	75,00		22,00	
Saccharose.............	12,30	25 0/0	5,90	88 0/0
Glucoses..............	9,20	de	67,34	de
Subst. diverses (gomme,		matières		matières
résidus, pertes).......	3,50	sèches.	4,76	sèches.
	100,00		100,00	

La comparaison de tous les miels avec les nectars dont ils sont issus donne des résultats analogues.

19.

On voit que le miel diffère du nectar par une quantité d'eau beaucoup moins forte et par une proportion beaucoup plus élevée de glucoses relativement au saccharose. Nous allons voir comment ces deux modifications se produisent.

Élimination de l'eau. — Les nectars contiennent en moyenne, suivant les plantes qui les fournissent et aussi suivant les conditions extérieures (humidité, température, etc.), de 70 à 80 p. 100 d'eau, soit les trois quarts environ de leur poids, et ont une densité de 1,10 à 1,13; les miels mûrs et operculés ne renferment plus que 18 à 25 p. 100 d'eau, soit le quart de leur poids, et leur densité est de 1,35 à 1,48; à la densité de 1,52, le miel est figé et a la consistance du beurre.

Nous pouvons nous demander quelles sont les relations qui existent, en poids et en volume, entre le nectar et le miel qui en provient. Si nous prenons comme base de calcul un nectar à 75 p. 100 d'eau et à 25 p. 100 de matière sèche, comme c'est le cas de celui du Sainfoin dont la composition est donnée plus haut, lorsque ce nectar sera transformé en miel mûr il ne contiendra plus que 22 p. 100 d'eau et 88 p. 100 de matière sèche. Une simple règle de trois nous montrera que si 88 grammes de matière sèche correspondent à 100 grammes de miel, les 25 grammes de matière sèche des 100 grammes de nectar primitif correspondent à $\dfrac{100 \times 25}{88} = 28$ grammes de miel.

100 grammes de nectar donnent donc, après évaporation, 28 grammes de miel, en perdant $100 - 28 = 72$ grammes d'eau, soit à peu près les $\dfrac{3}{4}$ du poids primitif du nectar. Pour avoir le poids de miel provenant d'un poids connu de nectar, il faut donc multiplier ce dernier par 0,28 et, inversement, pour avoir le poids de nectar correspondant à un poids connu de miel il faut

diviser ce poids de miel par 0,28 ou le multiplier par $\frac{100}{28} = 3,57$.

Ces facteurs de conversion, 0,28 et 3,57, ne s'appliquent évidemment qu'au cas considéré; ils sont variables suivant que le nectar est plus aqueux et le miel qui en provient plus ou moins concentré. M. Dufour adopte comme facteur de conversion du nectar en miel 0,33 à 0,36, dans les exemples choisis par lui, et M. Sylviac 0,40.

Si nous considérons les relations de volume, en admettant que la densité du nectar soit 1,10 et celle du miel 1,35, nous trouvons que le volume de 100 grammes de nectar $= \frac{100}{1,10}$, et que le volume de 28 grammes de miel provenant de ces 100 grammes de nectar $= \frac{28}{1,35}$; la diminution de volume des 100 grammes de nectar après leur transformation en 28 grammes de miel est donc de $\frac{100}{1,10} - \frac{28}{1,35} = 70$, soit un peu plus des $\frac{2}{3}$. Par conséquent, pour passer d'un volume connu de nectar au volume de miel qui en provient, il faut multiplier ce volume de nectar par $\frac{1}{3} = 0,33$, et pour passer d'un volume connu de miel au volume du nectar d'où il provient il faut multiplier ce volume de miel par 3. Le facteur de conversion est encore ici variable dans de certaines limites, comme nous l'avons dit pour le poids.

Lorsque le nectar a été ainsi réduit à l'état de miel mûr, les alvéoles qui le contiennent sont fermés par un couvercle de cire ou *opercule* et le miel est dit *operculé*.

Quels sont les procédés que les abeilles emploient pour faire disparaître dans un temps relativement court une masse d'eau aussi considérable que 72 grammes d'eau pour chaque 100 grammes de nectar récolté ?

Cette élimination paraît se produire par deux voies :

d'abord par expulsion directe, avant le retour de l'abeille à la ruche, puis par évaporation dans les rayons.

Dans un petit opuscule, publié en 1868 et intitulé *la Cave des apiculteurs*, le P. Babaz a rapporté pour la première fois avoir vu les abeilles rejeter en l'air pendant le vol des gouttelettes d'eau microscopiques sous forme d'une bruine légère, lorsqu'elles reviennent de butiner des liquides sucrés dilués. Cette émission d'eau pure est d'autant plus abondante que la dilution est plus grande ; elle est au contraire rare et presque nulle lorsque le liquide est très riche en sucre.

J'ai déjà dit, en décrivant, dans la partie anatomique, l'organe de Nassonoff, que Zoubareff attribuait aux cellules de cette dépression abdominale la fonction d'élimination découverte par le P. Babaz et constatée après lui par d'autres apiculteurs. De Planta, au contraire, en place le siège dans l'estomac et croit que l'eau, se diffusant à travers les membranes, serait rejetée par les nombreux canaux de l'appareil urinaire.

Quoi qu'il en soit, il paraît hors de doute que, lorsque la butineuse rentre à la ruche, une partie de l'eau en excès dans le nectar est déjà expulsée, surtout quand le nectar est très aqueux, dans une proportion variable suivant les individus et le temps qui s'écoule entre la récolte du nectar sur les fleurs et son dégorgement dans les alvéoles du rayon.

Les calculs et les formules établies, dans le but de fixer le temps nécessaire à l'évaporation de l'excès d'eau dans la ruche pour arriver à une maturation complète du miel, ne reposent pas sur une base suffisamment précise, puisque dans tous ces calculs on admet que le nectar apporté par la butineuse n'a subi encore aucune élimination aqueuse et contient encore au moment de son dépôt dans le rayon 70 à 80 p. 100 d'eau. On ne tient pas compte non plus de ce fait qu'au moment où la miellée devient forte les butineuses cessent de visiter les fontaines et les abreuvoirs pour y chercher de l'eau; elles emploient l'eau du nectar à la préparation de la bouillie alimentaire des larves. Cette consommation d'eau n'est pas sans importance, puisque M. de Layens a constaté que 40 colonies peuvent utiliser de cette manière 7 litres d'eau en une seule journée.

C'est en procédant par le calcul que M. Sylviac affirme (1) que, dans le cas de miellées pleines et abondantes, le délai habituel et normal de la transformation du nectar en miel mûr ne saurait être inférieur à quatre ou cinq jours, délai auquel vient s'ajouter celui, plus rapide alors, de l'operculation pour arriver à l'achèvement complet du gâteau. La période minima dans laquelle il a vu les abeilles remplir de miel et operculer complètement des rayons fournis vides et tout construits, dans une hausse contenant 33 décimètres carrés de bâtisses, a été de sept jours.

Cette période de quatre à sept jours, donnée comme un minimum, est probablement trop longue dans certains cas. S'il est vrai, en effet, que l'operculation du miel indique que le produit est arrivé à un état de maturité complète et qu'il n'est jamais recommandable ni prudent de le récolter avant que les cellules du rayon ne soient fermées, il n'en est pas moins vrai que parfois les abeilles ne cachettent pas les alvéoles, quoique le miel contenu y soit arrivé à un état correspondant à la maturité absolue et parfois même supérieur. Cela se produit en particulier lorsque la miellée devient insignifiante ou cesse tout à fait; le miel est alors conservé disponible pour les besoins journaliers sans être operculé. De son côté, M. de Layens avait remarqué depuis longtemps que dans les temps très chauds et très secs les abeilles récoltent parfois du nectar tellement concentré qu'elles peuvent l'operculer presque tout de suite.

(1) *L'Apiculteur*, 1903 et 1904.

Le temps qui s'écoule entre l'apport du miel à la ruche
et son operculation ne peut donc pas mesurer la durée
du phénomène d'évaporation de l'excès d'eau. C'est par
l'expérience directe qu'il faut procéder.

M. Huillon (1) a fait connaître récemment le résultat
de ses observations à ce sujet en extrayant et en prenant
la densité de miel non operculé à diverses reprises. Le
1er juin 1903 à 6 heures du matin, il place des rayons
bâtis et secs dans une ruche ; le même jour à 6 heures du
soir il les retire pour les passer à l'extracteur et il s'en
écoule ainsi 5 kilogrammes de liquide sucré pesant
1kg,304 par litre. Une autre ruche est également pourvue de cadres vides et secs le 17 juin à 6 heures du
matin, et ces cadres, récoltés et vidés le lendemain à
6 heures du matin, donnent un nectar pesant 1kg,413
par litre. Chaque litre de nectar avait donc perdu
46 grammes d'eau en une nuit et il ne restait plus que
25 grammes à évaporer pour arriver à la maturité complète. Le 18 juin au soir, les butineuses étant toutes rentrées, la ruche est transportée dans un cabinet obscur
et frais et on ne l'en retire que trois jours après. A ce
moment, les cadres enlevés sont passés à l'extracteur,
sans être désoperculés ; par suite, le miel non operculé
seul s'écoule et le litre pèse 1kg,432, c'est-à-dire que son
poids est légèrement supérieur à celui d'un miel mûr
dont la densité, d'après M. Huillon, est de 1,424. Cela
prouve que l'évaporation de l'eau est rapide et la ventilation active dans la nuit qui suit une forte miellée ; si, les
jours suivants, une pluie survient, coupant court à la
miellée, cette ventilation va s'atténuant jusqu'à cesser
tout à fait quand il n'y a plus de miel aqueux au logis.
M. Huillon en conclut que les apiculteurs mobilistes
doivent bien se garder de récolter le miel non encore
cacheté dans le courant des journées de forte miellée,

(1) L'Union apicole, 1904, p. 209.

mais que cette récolte pourra se faire sans grand dommage le matin, avant tout apport de nectar. Quand la miellée faiblit ou devient nulle, on n'a plus à s'inquiéter : le miel non operculé vaut au moins l'autre au point de vue de la maturité.

M. Dufour, au rucher du Laboratoire de Botanique de Fontainebleau, s'est livré à des expériences longues et précises sur l'évaporation du nectar dans les ruches et les résultats en ont été publiés dans un mémoire paru en 1899 et dont je résume ci-après les principaux éléments (1).

M. Dufour s'est demandé s'il existait une relation entre la récolte d'une journée et la quantité d'eau évaporée pendant la nuit qui suit, avant que les abeilles ne rapportent de nouveau nectar. Cette relation n'est pas simple et on ne peut pas dire qu'à la plus grosse récolte correspond la plus forte évaporation. En effet, l'évaporation nocturne ne porte pas seulement sur le nectar récolté dans la journée, mais encore, quoique avec moins d'importance, sur les nectars récoltés la veille et les jours précédents ; d'autre part, la température extérieure et l'état hygrométrique de l'air ont aussi une grande influence. Tout ce qu'on peut dire c'est qu'une récolte considérable est suivie d'une forte évaporation.

La différence entre le poids d'une ruche le matin, avant la sortie des abeilles, et le poids de cette même ruche le soir, lorsque les abeilles sont toutes rentrées, donne sensiblement le poids de la récolte de la journée, abstraction faite du poids peu important des abeilles qui se perdent dans la journée. La différence de poids constatée le lendemain matin, avant la sortie des abeilles, donne la quantité d'eau évaporée pendant la nuit. La durée de la nuit est, d'autre part, variable suivant la saison et, pour faire des comparaisons, il est nécessaire d'étudier des évaporations produites pendant des temps égaux.

(1) Dufour, L'Apiculteur, 1899, p. 451.

M. Dufour donne le nom d'*évaporation horaire* à l'évaporation produite pendant l'espace d'une heure; elle
s'obtient en divisant l'évaporation totale de la nuit par
le nombre d'heures qu'a duré cette nuit, en désignant
par le nom de *nuit* l'espace de temps qui s'écoule entre
la pesée du soir et celle du matin. L'évaporation horaire
varie évidemment avec l'importance de la récolte et dans
le même sens; le *coefficient d'évaporation* sera le nombre
de grammes évaporés pour un kilogramme de récolte
pendant une heure. Ce coefficient s'obtient en divisant
l'évaporation horaire par le poids de la récolte de la
journée. Ainsi une ruche récolte en un jour 1 550 grammes
de nectar; elle évapore 500 grammes pendant une nuit
de neuf heures : l'évaporation horaire est de $\dfrac{500}{9} = 56$ gram-

mes et le coefficient d'évaporation $\dfrac{56}{1\,500} = 36$.

Le tableau suivant indique les résultats obtenus sur
une ruche, pendant la grande miellée de 1896, à Fontainebleau :

| JOURS. | RÉCOLTE. | ÉVAPORATION | | COEFFICIENT d'évaporation. |
		totale.	horaire.	
	grammes.			
1er juin......	5120	760	78	15
4 —	4550	790	85	19
2 —	4390	700	53	12
3 —	3460	860	86	25
5 —	2780	880	84	30
6 —	2690	790	77	29
31 mai......	2630	530	59	22
7 juin......	1700	650	57	34
29 mai......	1570	500	47	30
30 —	1250	750	47	38
28 —	1150	540	46	40
26 —	1060	370	37	35
8 juin......	1000	530	47	47
27 mai......	970	330	35	36

Dans ce tableau, les jours ont été rangés non suivant leur ordre naturel, mais suivant l'ordre décroissant des récoltes. Son examen suggère les remarques suivantes :

1° D'une manière générale, à une plus forte récolte correspond une plus forte évaporation horaire. Il y a cependant des exceptions (8 juin et 26 mai), qui s'expliquent parce que le 8 juin il y avait eu des récoltes antérieures considérables, non encore complètement évaporées, et que, le 26 mai étant le premier jour de la grande miellée, la ruche avait diminué de poids les jours précédents. On constate aussi une exception pour les nuits des 2 et 3 juin comparées aux nuits des 3 et 4 juin ; cela tient à l'état hygrométrique de l'air très élevé les 2 et 3 juin (90° à 98°) et très faible (72°) les 3 et 4. Il est, en effet, facile de comprendre que l'évaporation horaire est plus considérable dans une nuit chaude et sèche que dans une nuit plus froide et plus humide.

2° Les coefficients d'évaporation sont d'autant plus faibles que les récoltes sont plus élevées. Cela signifie que l'évaporation ne croit pas aussi vite que la récolte (30 mai, 1er juin). Ce résultat s'explique parce que la surface que présente le nectar au contact de l'air, c'est-à-dire le nombre de cellules ouvertes occupées par ce nectar, joue un rôle important dans le phénomène. Or, dans le cas d'une forte récolte, les abeilles étaleront assurément plus le nectar que quand la récolte sera minime, mais souvent il n'y aura pas proportionnalité entre la surface d'évaporation et le poids recueilli ; pour un poids triple, par exemple, la surface occupée sera peut-être double seulement, d'où évaporation plus faible relativement, coefficient d'évaporation plus petit quand la récolte est plus forte.

Les mêmes phénomènes se produisent à d'autres époques, par exemple pendant la miellée d'automne et le milieu de l'été. Cela vient à l'appui de ce que nous avons déjà dit plus haut que, pour faciliter l'évaporation du nectar, on doit mettre à la disposition des abeilles beaucoup de bâtisses afin qu'elles puissent étaler leur nectar sur une aussi grande surface que possible.

La saison joue un rôle important dans l'évaporation : celle-ci est beaucoup moins forte en automne qu'en été pour des récoltes égales; par exemple :

Le 13 juillet la récolte est de 450 gr., l'évaporation horaire de 28 gr. et le coefficient d'évaporation 62.
Le 9 septembre la récolte est de 460 gr., l'évaporation horaire de 15 gr. et le coefficient d'évaporation 33.

Cette comparaison montre que si les indications de M. Huillon, rapportées plus haut, sur la rapidité d'évaporation du nectar et la récolte possible de miel mûr dès le lendemain matin, peuvent être exactes pour la miellée en période chaude et sèche du mois de juin, il ne saurait en être de même pour les miellées d'automne, et l'on s'exposerait, par une extraction aussi hâtive, à ne récolter qu'un produit trop riche en eau et susceptible de s'altérer rapidement par la fermentation.

Dans ces périodes de miellées automnales, le nectar peut mettre huit, dix jours et plus à atteindre sa maturité complète.

Si, au lieu de ne considérer la marche de l'évaporation que sur une seule ruche, on en compare deux ensemble, on peut aussi faire des constatations intéressantes. (Voy. tableau, p. 343.)

On constate d'abord qu'une ruche qui, ordinairement, récolte plus qu'une autre peut, certains jours, rapporter moins (27 et 30 mai, 1er, 6 et 7 juin). On voit aussi que, plus le rapport entre les récoltes des deux ruches est fort, plus le rapport des coefficients d'évaporation de ces deux ruches est faible. Le chiffre absolu de l'évaporation est plus grand pour la ruche qui a le plus récolté, mais son coefficient d'évaporation est plus petit (30 mai et 7 juin, par exemple). La ruche qui récolte le plus met donc plus de temps à évaporer la quantité d'eau néces-

JOURS.	RÉCOLTES.			COEFFICIENTS D'ÉVAPORATION.		
	Ruche n° 4 R.	Ruche n° 11 R'.	Rapport des récoltes $\frac{R}{R'}$	Ruche n° 4 C.	Ruche n° 11 C'.	Rapport des coefficients $\frac{C}{C'}$
30 mai....	1250	1550	2,27	38	55	0,69
1er juin..	5120	2580	1,98	15	22	0,68
31 mai....	2630	1600	1,64	22	22	1,00
2 juin....	4390	2830	1,55	12	15	0,80
29 mai....	1570	1020	1,54	30	34	0,88
28 —	1150	770	1,49	40	43	0,91
26 —	1060	710	1,49	35	35	1,00
27 —	970	670	1,45	36	40	0,90
3 juin....	3460	2870	1,21	25	25	1,00
4 —	4550	4090	1,11	19	18	1,06
5 —	2780	2570	1,08	30	27	1,11
6 —	2690	2660	1,00	29	21	1,38
8 —	1000	1030	0,97	47	39	1,21
7 —	1700	1880	0,90	34	27	1,25

saire pour la transformation du nectar en miel. Cela provient comme précédemment de ce que la ruche qui fait la récolte la plus considérable étale son butin, proportionnellement au volume de nectar recueilli, sur une moindre surface; la surface affectée à l'évaporation étant relativement plus faible, la proportion d'eau évaporée est moins grande. Ici encore, il faut conclure que, pour faciliter la besogne des abeilles et rendre l'évaporation plus rapide, il est indispensable de fournir un grand nombre de cellules aux abeilles, soit beaucoup de cadres construits. Donc grande ruche et beaucoup de bâtisses. Ces conditions sont les plus favorables tout aussi bien pour hâter la maturation du miel recueilli que pour obtenir une récolte plus considérable. Cela n'empêchera pas, bien entendu, de donner aux abeilles de quoi bâtir.

Dans son intéressant mémoire, M. Dufour ne considère que l'*évaporation nocturne*; il n'est pas douteux cepen-

dant que l'évaporation du nectar disséminé dans les
rayons ne se produise aussi pendant le jour. Cette *évaporation diurne* est généralement masquée, pendant les
jours où la miellée est ininterrompue, par les apports
successifs du nectar récolté, apports qui augmentent le
poids de la ruche d'une quantité plus forte que la perte
due à l'élimination de la vapeur d'eau; l'évaporation
diurne ne devient évidente et ne peut s'apprécier à peu
près exactement que lorsque la miellée et, par suite, la
récolte sont brusquement arrêtées par des circonstances
extérieures défavorables.

Les auteurs qui ont étudié la question ne sont pas
d'accord sur la quotité de ces évaporations diurne et
nocturne, et cette divergence ne doit pas étonner si l'on
considère le nombre de causes qui interviennent pour la
modifier : température et état hygrométrique de l'air,
nombre de ventileuses, agencement de la ruche, dissémination plus ou moins grande de la récolte. Tandis que,
d'après les expériences de M. Huillon, relatées plus haut,
l'évaporation de l'excès d'eau serait complète ou à peu
près dès le lendemain matin, MM. Maujean et Sylviac
estiment la perte nocturne à 25 p. 100 du poids de la
récolte, M. Dufour à 26 p. 100, M. Astor de 21 à 31 p. 100,
M. Bertrand à 33 p. 100. Quant à la perte de poids diurne,
elle serait pour M. Maujean de 25 p. 100, c'est-à-dire
égale à celle de la nuit, et pour M. Sylviac de 12,5 p. 100
seulement, c'est-à-dire moitié de l'évaporation nocturne.

On peut se demander maintenant comment cette
évaporation se produit. L'abeille qui rentre à la ruche
le jabot plein de miel a hâte de se débarrasser de son
fardeau ; on a pensé que, pour obéir à la loi de la division
du travail, elle ne portait pas elle-même le liquide sucré
dans les alvéoles du rayon, mais trouvait à l'entrée de
la ruche une jeune ouvrière, lui dégorgeait le nectar, et
que cette dernière se chargeait de l'entreposer aux
endroits les plus convenables. La butineuse pouvait

alors repartir immédiatement pour visiter de nouvelles fleurs.

L'observation prouve que ce départ immédiat n'est pas la règle et que la butineuse met presque toujours un temps assez long entre deux voyages.

Il paraît donc probable qu'elle dépose elle-même sa récolte, et ce dépôt direct est certainement plus facile et plus rapide que le dégorgement dans le jabot d'une ouvrière servant d'intermédiaire.

Ventilation. — Si l'on examine l'entrée d'une ruche pendant la belle saison et particulièrement au moment où la récolte est active, on remarque sur la planche de vol, directement en face de l'ouverture qui donne accès dans l'habitation, un certain nombre d'abeilles dont l'attitude et les mouvements sont tout à fait caractéristiques. Elles sont disposées en files, la tête dirigée vers l'entrée ; l'abdomen recourbé en dessous, les pattes solidement fixées sur la planche, la première paire allongée en avant, celles de la deuxième paire écartées à droite et à gauche, tandis que les pattes de la dernière paire sont placées l'une contre l'autre perpendiculairement à l'abdomen ; les ailes de chaque côté, unies ensemble par les crochets dont elles sont munies, sont agitées avec une telle rapidité qu'elles deviennent presque invisibles. Une autre troupe, placée à l'intérieur de la ruche et la tête tournée vers la sortie, se livre à la même occupation.

Si l'on approche de l'ouverture de petits morceaux de papier suspendus à des fils, on reconnaît l'existence de deux courants, l'un d'air chaud qui afflue au dehors, l'autre d'air froid qui pénètre à l'intérieur et attire les morceaux de papier, tandis que le premier courant les repousse.

Ces abeilles sont des *ventileuses* et le battement de leurs ailes produit un renouvellement énergique de l'air, expulse les gaz brûlés par la respiration et la vapeur d'eau en excès.

M. de Layens a compté (1) les ventileuses qui se
trouvaient à l'entrée des ruches le matin, avant la sortie
des abeilles, et il a trouvé que pour une même ruche :

Dans une période de faible miellée leur nombre avait varié
chaque jour de 0 à 9 ;

—   de forte miellée leur nombre avait varié
chaque jour de 8 à 42.

En comparant des ruches de force différente, on peut
dresser le tableau suivant :

PÉRIODE.	ÉTAT DE LA MIELLÉE.	NOMBRE TOTAL de ventileuses pendant la période considérée.		
		Colonie forte.	Colonie moyenne.	Colonie faible.
9 au 21 juin ..	Période peu mellifère, mauvais temps......	30	11	2
21 au 27 juin ..	Faible miellée de tilleul.	59	33	18
16 au 24 juillet.	Forte miellée sur les 2es coupes de Sainfoin...............	212	134	74

À la fin de la saison, la ruche forte avait donné une
récolte de 50 livres de miel, la ruche moyenne 15 livres ;
quant à la ruche faible, elle n'avait même pas récolté ses
provisions d'hiver.

Ces expériences montrent : 1° l'importance qu'il y a
à ne posséder que de fortes colonies pour avoir de bonnes
récoltes ; 2° que le nombre des ventileuses est proportionnel à l'intensité de la miellée et à la population des ruches,
et, par suite, à l'abondance des apports quotidiens.

La force d'une colonie et sa récolte sont assez exactement représentées par le nombre total de ventileuses, depuis le commencement de la période mellifère jusqu'à la

(1) *Bull. de la Soc. d'acclimatation*, 1879.

fin. Une colonie peut être considérée comme bonne si le nombre des ventileuses observées le matin avant la sortie des abeilles dépasse le chiffre de 20, et si, en passant le soir près d'une ruche, on entend un fort bourdonnement, on peut être certain que la récolte de la journée a été fructueuse.

On comprend que la rapidité de l'évaporation de l'excès d'eau du nectar ne dépend pas seulement de l'intensité de la ventilation, mais que cette évaporation sera aussi d'autant plus forte que le liquide sera étendu sur une plus grande surface et disséminé dans un plus grand nombre d'alvéoles. Aussi les abeilles, lorsqu'elles le peuvent, ne remplissent-elles pas les cellules de nectar : elles en déposent en petite quantité dans toutes les cellules disponibles, de telle manière que, par suite de la température élevée de la ruche, l'eau du nectar s'évaporant rapidement, l'air se trouve bientôt saturé d'humidité et est chassé au dehors par la ventilation.

M. Huillon fait remarquer que les butineuses ont parfois tellement besoin de disséminer le nectar fraîchement recueilli que si, dans l'après-midi d'un jour de miellée abondante, l'apiculteur retire un cadre de couvain de mâles operculé, il voit ruisseler le liquide sucré dans les cavités formées entre les opercules fortement bombés de ce couvain qui en est comme tapissé.

C'est donc une erreur d'avoir des ruches trop petites : leur capacité de doit pas être déterminée seulement d'après le volume que doivent occuper le nid à couvain, le miel des provisions d'hiver et la récolte probable ; elle doit être, en réalité, plus grande pour que les abeilles puissent étaler leur miel et que l'évaporation se fasse vite.

Transformation des sucres du nectar. — L'élimination de vapeur d'eau n'est pas la seule modification que subisse le nectar pour devenir du miel; une transformation chimique se produit aussi : le saccharose, dont la proportion est forte dans le nectar, diminue peu à peu

et peut même disparaître complètement ; il est remplacé
par des glucoses (lévulose et dextrose) d'après la formule
suivante :

$$C^{12}H^{12}O^{11} + H^2O = C^6H^{12}O^6 + C^6H^{12}O^6.$$

Saccharose.   Eau.   Dextrose.   Lévulose.

L'interversion du saccharose commence dans le jabot
de la butineuse et a lieu sous l'influence de la salive,
riche en invertine, sécrétée par le système des glandes
salivaires sub-linguales.

Acide formique du miel. — L'analyse des nectars provenant des végétaux d'Europe montre que ces liquides ne
contiennent aucune trace d'acide formique ; ce n'est guère
que dans le nectar d'une plante du Cap, la *Protea melli-
fera*, que M. de Planta en a trouvé une faible quantité.
Tous les miels, au contraire, en renferment une assez
appréciable proportion ; dans 100 grammes de miel operculé, représentant le contenu de 165 cellules d'ouvrières,
il y a 0gr,0186 d'acide formique à 22 p. 100. Les abeilles
ont toujours à leur disposition une réserve de cette
substance dans les vésicules de leur appareil à venin, et
le Dr Mullenhoff a pensé tout d'abord que c'est là qu'elles
le puisaient pour le déposer dans le miel avant de l'operculer. Le raisonnement prouve qu'il n'en est probablement pas ainsi ; en effet, la moindre gouttelette de
venin renferme au moins 0gr,0254 d'acide formique, ce
qui ferait pour 165 cellules 4gr,1901, c'est-à-dire 200 fois
plus qu'il n'y en a en réalité, sans compter qu'une telle
quantité d'acide dans le miel le rendrait absolument impropre à la consommation.

M. de Planta pense que l'origine de l'acide formique
du miel se trouve dans le sang de l'insecte. Le sang qui
circule dans toutes les parties du corps traverse naturellement aussi les glandes salivaires et y dépose, avec les
ferments nécessaires à l'interversion du saccharose,
l'acide formique ; ces substances sont dirigées vers la

bouche où chaque gorgée de nectar qui passe pour arriver au jabot reçoit une portion de salive imprégnée d'acide formique. A l'appui de ce qui précède, l'analyse du contenu du jabot permet d'y constater la présence de l'acide, tandis qu'il n'y en a pas trace dans le nectar ingéré.

On sait que l'acide formique est un antiseptique des plus puissant; à des doses extrèmement faibles il arrête toutes les fermentations et le développement des moisissures, et sa présence dans le miel doit jouer un rôle important au point de vue de la longue conservation du produit et de ses propriétés médicinales.

LE POLLEN.

Le pollen, récolté sur les fleurs à l'aide de la langue, des mandibules et des pattes, est accumulé en pelotes dans les corbeilles creusées dans la face externe du tibia des pattes postérieures de l'ouvrière. Cette substance est indispensable à la vie de la colonie et, en particulier, à l'alimentation des larves ; toute famille privée de pollen est incapable d'élever son couvain ; celui qui est déjà éclos ne tarde pas à périr et la ponte s'arrête. C'est là seulement, en effet, que les abeilles trouvent les matières azotées qui leur sont nécessaires, et c'est avec raison que l'on qualifie parfois le pollen de *pain des abeilles*; elles en absorbent en effet pour elles-mêmes des quantités considérables, comme le démontre l'examen de leur tube digestif, particulièrement au début du printemps, quand le nectar est encore rare et que la sécrétion de la cire commence à se produire. A cette époque, leurs déjections sont souvent formées presque uniquement de grains de pollen paraissant n'avoir subi qu'une très légère altération. Une colonie enfermée et privée de pollen sécrète de moins en moins de cire et la construction des rayons s'arrête.

M. de Planta a trouvé que le pollen de Noisetier ren-

fermait 5 p. 100 d'azote (globuline, peptone, hypoxan-
thine, amides), 8 p. 100 de sucre de canne sans trace
de glucose, 5 p. 100 d'amidon, des acides gras, de la cho-
lestérine, des substances résineuses et colorantes. Ce
sont surtout les jeunes abeilles qui récoltent le pollen ;
les vieilles ne sont plus aptes à ce travail à cause de
l'usure des poils des pattes, des brosses et des corbeilles.

Les deux boulettes de pollen qu'une même abeille
rapporte sont toujours de même couleur ; l'examen microscopique prouve, en outre, l'identité d'origine ; chaque
abeille ne visite donc dans la même sortie qu'une seule
espèce de fleur, ce qui économise du temps, en évitant
de changer chaque fois le mécanisme de l'appareil récol-
teur, pour l'adapter à un nouvel emploi. Quand il y a
suffisamment d'alvéoles, chacun ne contient aussi que le
pollen d'une même espèce de fleur ; quand les cellules
ne sont pas assez nombreuses, les abeilles y entassent du
pollen de différentes provenances par couches distinctes,
ce qui se reconnaît à la différence de coloration.

Réaumur a constaté qu'une colonie de 18 000 abeilles
(c'est la population d'une faible ruchée) recueille en certains moments de l'année plus de 500 grammes de pollen
par jour. Il a estimé que des colonies qui donnent plusieurs forts essaims doivent en ramasser plus de 25 kilogrammes par an ; selon les pesées qu'il a faites, 150 à
155 pelotes de pollen, telles que les rapportent les abeilles,
font le poids d'un gramme, ce qui revient à dire qu'il en
faut 150 à 155 000 pour peser 1 kilogramme. On voit quelle
somme de travail cette récolte représente.

De son côté, M. Richard a établi qu'une boulette de
pollen pèse 0gr,0046 à 0gr,0083 ; le poids moyen de la
charge totale est donc de 0gr,012, et il faudrait, d'après
l'observation de Sylviac, 3 charges et demie, consommées
par l'abeille, dans la sécrétion de 1 gramme de cire, soit
4 p. 100 en chiffre rond.

La plus grande partie du pollen est ramassée au printemps, parce que c'est à cette époque que l'élevage du couvain et la sécrétion de la cire sont le plus intenses, et chaque jour avant midi, parce que les fleurs sont encore humides.

On peut remarquer que le pollen n'est déposé que dans les cellules d'ouvrières et rarement dans celles à bourdons ; la position normale des rayons qui en renferment est aux deux extrémités du nid à couvain. Les cellules à pollen ne sont jamais complètement remplies ; il reste toujours un vide de 2 ou 3 millimètres, et ces cellules ne sont jamais operculées, sauf le cas assez rare où les ouvrières finissent de remplir l'alvéole avec du miel et l'operculent ensuite lorsque la miellée est très abondante. Si les cellules à pollen ne sont jamais complètement pleines, cela tient à la manière dont elles s'y prennent pour le déposer. En effet, pour que le pollen qui se détache des corbeilles puisse tomber dans l'alvéole, il faut nécessairement que les pattes de derrière de l'ouvrière soient suffisamment enfoncées dans la cellule pour cela et, lorsque celle-ci est presque pleine, les corbeilles à pollen ne pouvant plus s'y introduire, le pollen, en se détachant, tomberait par terre et serait perdu. Lorsque le dépôt est effectué par la récolteuse, une autre ouvrière intervient, pétrit la masse et la presse dans l'alvéole en l'imprégnant encore de salive, puis, avec la tête, comprime fortement la pâte obtenue dans les alvéoles. Sous l'influence des ferments du pollen et de la salive, les matières albuminoïdes se peptonisent, les matières gommeuses se saccharifient.

Dans certains pays, elles en accumulent des quantités énormes, au point de mettre un nombre considérable de rayons hors de service. Cette accumulation exagérée semble due uniquement à la flore et non pas, comme on l'a parfois prétendu, à un déplacement intempestif des rayons, puisque J. de Gelien l'avait déjà constaté dans les ruches à rayons fixes, dont il faisait usage, bien avant l'invention du cadre mobile. Dans une région donnée elle se constate dans tous les genres de ruches et chez les abeilles de diverses races. C'est dans les ruches orphelines que, toutes choses égales d'ailleurs, on en trouve ordinairement les plus grandes provisions; cela s'explique naturellement parce qu'elles ne construisent pas de gâteaux et qu'elles n'ont point de couvain à nourrir. Il faut observer cependant que les ruches sans mère ne cherchent pas spécialement de pollen, mais elles en rapportent cependant d'une manière accidentelle en allant chercher du miel.

Le pollen ancien, accumulé dans les rayons depuis longtemps, s'y dessèche et prend l'aspect du plâtre durci; sous cette forme, il est impropre à aucun usage et l'apiculteur devra retirer les gâteaux qui en renferment une trop forte quantité, pour faire de la place. Par contre, on appelle *pollen rouget* du pollen de l'année précédente, un peu altéré à sa surface et d'une couleur rouge; quoique les abeilles préfèrent toujours le pollen nouveau, elles peuvent cependant utiliser aussi le pollen rouget et, en cas de disette, il peut être réparti dans les ruches qui en manquent.

Les grains de pollen sont très petits et leur taille ne dépasse pas le plus ordinairement un centième de millimètre; les plus gros se rencontrent chez la Courge et chez certaines Malvacées où ils atteignent $0^{mm},20$. Leur abondance chez certains végétaux de grande taille, en particulier chez les Conifères, est telle qu'ils forment de véritables nuages de poussière jaune que l'on a pris parfois pour des pluies de soufre.

La couleur du pollen est généralement jaune, mais il peut présenter, suivant les espèces, de grandes diversités de coloration. Ainsi il est blanc chez les Graminées, le Bleuet, la Bruyère, l'Actée en épi; grisâtre chez le Saule; jaune-soufre chez les Conifères, le Pissenlit, l'Ajonc, les Cytises, beaucoup d'arbres fruitiers, les Ormes, beaucoup de Crucifères ; safrané dans le Lis blanc ; rouge chez le Geranium des champs ; bleu violacé chez plusieurs Épilobes ; vert-olive chez la Salicaire ; brun chez le Lis bulbifère ; écarlate dans le Lis de Chalcédoine ; violet chez la Guimauve ; noir chez le Trèfle incarnat, le Coquelicot, etc.

Les abeilles commencent la récolte du pollen sur les premières fleurs épanouies, mais souvent cette ressource leur fait défaut et, si le pollen manque dans la ruche, la ponte s'arrête ; le développement de la colonie est entravé et parfois la colonie tout entière déserte son logis, constituant ce que l'on appelle l'*essaim de Pâques*.

Pour obvier à cet inconvénient, assez fréquent chez les essaims de l'année précédente, il est recommandable, outre la plantation de végétaux pollinifères, tels que les Noisetiers et les Saules, de mettre à la disposition des abeilles, dès les premiers beaux jours, des farines de graines alimentaires quelconques, Céréales ou Légumineuses. A proximité des moulins on voit les abeilles revenir les corbeilles remplies de masses blanchâtres qui ne sont autre chose que de la farine.

Ce sont les farines de Légumineuses qui conviennent le mieux et, parmi les Céréales, celle de Seigle comme succédané ou, comme disent les apiculteurs, comme *surrogat* du pollen. M. de Layens conseille de mettre ces farines au fond de petites caisses ; pour que les abeilles ne se noient pas dans la farine, on a soin d'y placer des copeaux de bois ou de clouer sur le fond des lattes dans l'intervalle desquelles on verse la farine. Dadant raconte que, dans certaines années, cent colonies ont ainsi consommé, au printemps, 50 kilogrammes de farine. Les boîtes doivent être placées à l'abri du vent et en plein soleil, les butineuses n'aimant pas récolter le pollen à l'ombre ; on les y attirera par quelques gouttes de miel répandues à la surface ; on rentre ces récipients chaque soir pour que l'humidité de la nuit n'engendre pas des moisissures et

20.

des fermentations nuisibles. Au fur et à mesure que les fleurs deviennent plus nombreuses, les abeilles délaissent la farine pour rechercher exclusivement le pollen. Il convient de commencer la distribution du surrogat de pollen quinze jours environ avant la floraison des premières plantes pollennifères, l'élevage du couvain commençant ordinairement dès le courant de février, dans les régions tempérées de la France.

L'EAU.

Il se fait dans les ruches une consommation d'eau considérable, motivée par la préparation de la bouillie alimentaire des larves, dans laquelle ce liquide entre pour un tiers, par la consommation propre des abeilles et la nécessité de dissoudre le miel qui parfois cristallise dans les rayons.

D'après les expériences de M. de Layens, 40 colonies ont consommé, à un réservoir disposé spécialement pour cet usage, 187 litres d'eau du 10 avril au 31 juillet. La plus grande quantité d'eau absorbée a été de 7 litres en une journée. De son côté M. Astor a noté la consommation pendant les divers mois pour 50 colonies :

Janvier........	5 litres.	Mai............	86 litres.
Février........	55 —	Juin..........	65 —
Mars	60 —	Juillet........	56 —
Avril	97 —	Août	40 —

Soit au total 464 litres, non compris ce qui a été pris en dehors du réservoir. On voit que la consommation est surtout élevée en mars, avril et mai, époque du plus grand élevage du couvain ; elle diminue pendant les mois de miellée et de moins grande intensité de la ponte. En hiver, les abeilles n'ont pas besoin d'en chercher à l'extérieur, la condensation de leur transpiration et de leur respiration leur fournit toute la quantité nécessaire.

Ce sont toujours les abeilles les plus jeunes qui, lors de

leurs premières sorties, sont chargées de chercher l'eau et, si le temps est mauvais, elles périssent en grand nombre. A l'aide de la balance, M. de Layens a constaté, pour cette cause, des mortalités de 3000 à 3500 abeilles pour une seule ruche très forte en une seule journée.

Il est donc très important de disposer à proximité des ruches un abreuvoir dans lequel les abeilles pourront aller chercher l'eau qui leur est nécessaire sans avoir à effectuer des voyages longs, dangereux et dont on comprendra la fréquence si l'on songe qu'il faut 25 000 voyages pour transporter un litre d'eau.

M. de Layens indique le dispositif suivant dans un mémoire publié en 1879 dans le *Bulletin de la Société d'Acclimatation*. Une cuve en bois de 35 centimètres de large, 35 centimètres de long et 40 centimètres de haut, garnie de zinc à l'intérieur, suffit pour un rucher de 50 colonies. A la surface de l'eau on place un flotteur composé d'un cadre de bois léger recouvert d'une étoffe quelconque. On cloue sous les lattes une feuille de liège afin que le flotteur surnage facilement. Ce flotteur est indispensable afin d'empêcher les abeilles de se noyer. Au centre du flotteur est fixée une tige de cuivre divisée en millimètres; cette tige passe à travers un tube fixé au réservoir. On peut ainsi calculer facilement la quantité d'eau prise par les abeilles. Pour amorcer les abeilles au réservoir, il suffit de placer sur le flotteur un rayon de cire recouvert d'un peu de miel.

A l'aide de cet appareil et en se rendant compte de la consommation journalière, on s'aperçoit que la consommation d'eau est inversement proportionnelle à l'intensité de la récolte. Lorsque la miellée donne très fort, on ne voit plus d'abeilles au réservoir; elles sont d'autant plus nombreuses, au contraire, que la sécrétion du nectar diminue dans les fleurs. Cela tient à ce que, le nectar étant très riche en eau, les abeilles n'ont pas besoin d'en chercher ailleurs.

Au point de vue pratique, lorsqu'on voit les abeilles abandonner peu à peu l'abreuvoir, vers l'époque des grandes miellées, on doit en conclure que le moment est venu d'agrandir les ruches par l'addition de cadres ou de hausses pour recevoir les apports de miel qui vont se produire.

Un excellent abreuvoir très simple peut être constitué par un grand plat, rempli de sable, alimenté par une bonbonne renversée formant siphon ou par une cuve percée d'un petit trou pour que l'eau coule goutte à goutte.

Dans un très petit rucher on pourra se contenter d'un pot en verre plein d'eau et renversé sur une assiette dont le fond est garni d'un morceau de feutre. Les abeilles viendront pomper l'eau dont le feutre sera toujours imbibé.

Les abreuvoirs seront placés dans un endroit ensoleillé.

LE SEL.

D'excellents praticiens disent que les abeilles ont aussi besoin de sel, et ils en donnent pour preuve que les butineuses vont fréquemment boire sur les fosses à purin et au bord des fumiers. Il est possible qu'elles n'aillent là que faute de trouver de l'eau ailleurs ou qu'elles y recherchent des matières azotées nécessaires au couvain, plutôt que du sel. Au bord de la mer les butineuses vont de préférence à l'eau douce et ne s'arrêtent pas sur l'eau de mer ni sur l'eau saumâtre.

L'addition d'un peu de sel à l'eau des abreuvoirs ne peut cependant pas être nuisible, ne serait-ce que pour en empêcher la corruption.

D'après Dadant, la meilleure proportion serait d'une poignée de sel pour 4 litres d'eau.

V

LES RUCHES. — L'ORGANISATION
DU RUCHER

I. — ÉTUDE GÉNÉRALE DES RUCHES.

On donne le nom de *ruches* aux récipients dans lesquels on loge les abeilles pour qu'elles y édifient leurs rayons, y élèvent leur couvain et y amassent du miel. La *ruchée*, c'est l'ensemble de l'habitation avec la colonie qui s'y trouve.

Classification des ruches. — On peut diviser tous les modèles de ruches en deux grands groupes :

1° Les ruches à rayons fixes ;

2° Les ruches à rayons mobiles.

Dans les premières, les rayons sont attachés contre les parois et ne peuvent être déplacés sans avoir, au préalable, été brisés ou découpés ; dans les secondes, au contraire, les bâtisses sont établies dans un encadrement formé de lattes de bois, encadrement qui ne touche les parois de la ruche sur aucun côté et qui, par suite, peut être enlevé et replacé facilement avec le rayon qui s'y trouve (fig. 75 et 76).

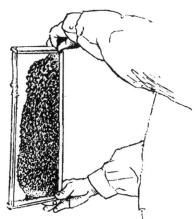

On comprend tout de suite les inconvénients des ruches à rayons fixes. Elles ne permettent pas de se rendre compte de ce qui se passe dans l'intérieur ; les gâteaux, peu distants les uns des autres, couverts d'abeilles, ne sont, en effet,

Fig. 75. — Un cadre mobile.

visibles qu'à une faible profondeur ; il est impossible, par suite, de parer aux accidents et aux maladies qui peuvent se produire

et de se rendre compte exactement de l'état de la population
et du couvain, de chercher facilement la reine, etc. Toutes les
manipulations en général, et en particulier la récolte, sont
longues et difficiles, de telle sorte que la conduite d'un rucher
de ruches à rayons fixes demande une habileté beaucoup plus

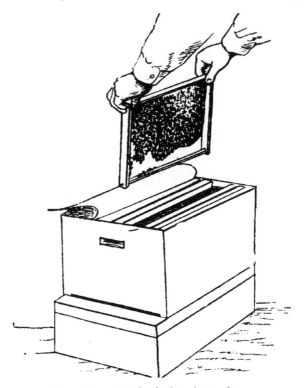

Fig. 76. — Manipulation des cadres.

grande que la direction d'un [même nombre de colonies sur
cadres mobiles. Lorsque ces ruches sont d'une seule pièce,
comme c'est le cas le plus fréquent, elles sont forcément trop
petites, parce que, si on leur donnait les dimensions que nous
fixerons plus loin comme les plus convenables, leur poids
deviendrait si considérable, au moment de la récolte, que leur
manipulation, qui doit se faire en bloc, serait pratiquement
impossible.

Par suite même de leur faible capacité, l'essaimage naturel

y est fatal, souvent multiple, et de cet émiettement de la colonie il résulte tous les inconvénients que nous indiquerons. C'est là une des grandes causes de mortalité des ruches vulgaires dans nos campagnes.

L'invention du cadre mobile, qui pare à tous ces inconvénients, constitue, par conséquent, un progrès énorme qui a rendu l'apiculture véritablement pratique et en a fait une industrie reposant sur des bases rationnelles et scientifiques. Suivant l'heureuse expression de M. Sylviac, l'école fixiste, telle qu'elle fonctionnait jusqu'il y a près d'un demi-siècle, maniait la *ruche*, tandis que l'école mobiliste manie le *cadre*, infiniment moins lourd. Cela a permis de ne plus tenir compte du poids du logement et, par suite, de décupler le rendement moyen d'une colonie, en lui permettant d'acquérir son développement normal et sa puissance d'effort maximum.

Il faut cependant se bien persuader d'une chose : c'est que la mobilité ou la fixité du rayon importe fort peu aux abeilles. Ce n'est pas pour elles, mais bien pour nous faciliter nos manipulations, que les inventeurs ont imaginé de leur faire construire leurs gâteaux dans des cadres mobiles que l'apiculteur peut sortir de la ruche et y remettre à volonté.

Ruches à rayons fixes. — La plus simple des ruches à rayons fixes est représentée par les figures 77 et 78. Elle a la forme d'une cloche ou d'un cône ; c'est encore la plus répandue dans nos campagnes. On la fait en osier, en petit bois tressé ou en paille, et on lui donne alors le nom de *panier*. Rarement sa capacité dépasse 30 à 35 litres ; elle est souvent beaucoup plus petite. Sa hauteur et le diamètre de sa base sont variables et, par suite, le dôme plus ou moins aplati. Les plus grandes et les plus hautes sont les meilleures, parce qu'elles permettent aux abeilles d'y établir des rayons dont la forme se rapproche le plus de ceux qu'elles font à l'état naturel.

Dans quelques pays, on loge les colonies dans des troncs d'arbres creusés naturellement ou par la main de l'homme ou dans des caisses en bois (fig. 79).

Des perfectionnements ont été apportés à ces habitations primitives par l'adjonction à la partie supérieure d'un récipient supplémentaire : calotte, chapiteau ou hausse (fig. 80, 81 et 82). Quelquefois même la hausse ordinaire est remplacée par une boîte renfermant de petits casiers, appelés *sections*, dans lesquels les abeilles établissent des rayons de faibles dimensions et du poids de 500 grammes à 1 kilogramme (fig. 83).

Malgré tous leurs défauts, que nous avons énumérés, les ruches en forme de cloche présentent cependant une grande qualité. La chaleur s'y concentre particulièrement bien, les

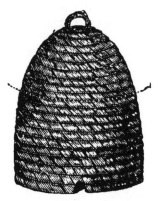

Fig. 77. — Ruche vulgaire
d'une seule pièce, en osier.

Fig. 78. — Ruche vulgaire dite
panier, en paille tressée.

Fig. 79. — Rucher de la Haute-Loire, formé par des ruches en
troncs d'arbres et des caisses.

abeilles s'y plaisent beaucoup et le couvain s'y développe
admirablement. Si la récolte y est généralement très faible et

Fig. 80. — Ruche à rayons fixes
et à calotte.

Fig. 81. — La même avec
la calotte soulevée.

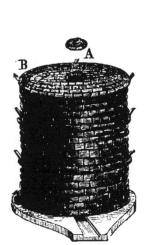

Fig. 82. — Ruche à rayons
fixes et à hausses.

Fig. 83. — Ruche en paille avec
hausse à sections (Gariel).

même parfois nulle, les colonies s'y développent rapidement

et j'ai toujours remarqué que l'élevage naturel des reines y
réussissait particulièrement bien. Cela tient sans doute à leur
faible capacité et à ce que leur forme se rapproche le plus
possible de celle qu'adopte naturellement un essaim qui se
groupe. S'il convient donc de les rejeter absolument d'un
rucher de produit, elles peuvent rendre de grands services
pour l'élevage. En les conduisant bien, elles sont susceptibles
de fournir tous les ans des essaims artificiels avec les plus
grandes chances de réussite. Je suis d'avis qu'à côté d'un
rucher constitué de ruches à cadres mobiles, pour la production
du miel, il est bon de posséder quelques ruches vulgaires en
cloche, d'une seule pièce de 35 à 40 litres de capacité, pour
leur demander artificiellement les essaims nécessaires à
l'augmentation ou au maintien du rucher producteur. Leur
nombre variera évidemment suivant l'importance de ce
dernier; on pourra se baser sur ce fait qu'en moyenne on
peut avoir à remplacer tous les ans, pour cause de mortalité
ou autrement, environ 10 p. 100 des ruches productives de
miel.

Ruches à cadres mobiles. — L'idée de rendre les rayons
mobiles paraît due aux anciens apiculteurs grecs de l'archipel des Cyclades; mais après un perfectionnement important,
dû, en 1838, à l'Allemand Dzierzon, c'est un apiculteur français,

Fig. 84. — Ruche à arcades.

Debeauvoys, qui inventa, en 1844, le cadre complet entourant
complètement le rayon. Le cadre de Debeauvoys était aussi
large que la ruche, en touchait les parois latérales et s'y
trouvait par suite très rapidement collé par de la propolis, ce
qui en rendait le maniement difficile.

En 1852, l'apiculteur américain Langstroth fait breveter une ruche qui porte son nom, qui est encore très répandue et dans laquelle « les rayons étaient attachés dans des cadres mobiles et suspendus de manière à ne toucher ni le dessus, ni les côtés, ni le bas de la ruche ». L'année suivante, en Allemagne, Berlepsch, sans connaître probablement l'invention de Langstroth, fit paraître sa ruche dont les cadres offrent les mêmes avantages.

La ruche à cadres mobiles, telle qu'elle est employée aujourd'hui, était trouvée en principe ; on n'allait plus discuter que sur des questions de forme et de dimension des cadres et de capacité du logement.

Des dispositions déjà anciennes paraissent se rapprocher des ruches à cadres. Telle est, par exemple, la *ruche à arcades* (fig. 84) formée par autant d'arceaux en paille juxtaposés qu'il y avait de rayons. On peut considérer comme analogue la ruche à feuillets, dont l'illustre naturaliste Huber faisait usage dès la fin du XVIIIe siècle et dont il s'est servi pour ses expériences et ses découvertes (fig. 85).

Il existe aujourd'hui d'innombrables modèles de ruches à cadres mobiles ; tous les

Fig. 85. — Ruche à feuillets de Huber.

ans, des inventeurs en proposent de nouveaux dont on trouvera la description dans la collection des journaux spéciaux. Il est difficile de se figurer les formes insensées et les dispositions aussi bizarres que peu compatibles avec les mœurs des abeilles que l'on a données à certaines d'entre elles. Ce serait perdre un temps et une place précieux que d'en entreprendre non pas la description, mais même une simple nomenclature aussi inutile que fastidieuse. Nous nous bornerons à décrire les deux types les plus répandus, ceux qui ont fait leurs preuves, et nous indiquerons la manière de les construire simplement et à peu de frais.

Sans insister sur la théorie des ruches, théorie que nous avons exposée dans un autre travail (1), nous dirons qu'une capacité convenable est une des conditions principales à réaliser dans le choix d'une ruche. L'expérience et le raisonnement prouvent que le *nid à couvain*, c'est-à-dire l'espace où la reine dépose sa ponte et où les ouvrières hivernent, après y avoir disposé des provisions, doit avoir une capacité d'au moins 40 litres, ce qui correspond à une surface en cire de 120 décimètres carrés ou 100 000 cellules. Une capacité égale doit être réservée, dans les pays de richesse moyenne, au *magasin à miel*, dans lequel les butineuses accumulent le surplus de leur récolte, constituant la part de l'apiculteur. Ce magasin à miel peut occuper, relativement au nid à couvain, deux emplacements différents : ou bien être placé à côté de lui, dans la même caisse, ou au-dessus, dans des récipients séparés et superposés.

Dans le premier cas, on affaire à une *ruche horizontale* dont le modèle de Layens est le type ; dans le second, c'est une *ruche verticale* ou *à hausses* dont le modèle Dadant est le meilleur représentant.

Il est recommandable de peindre les ruches à l'extérieur pour leur donner une durée plus longue ; la meilleure couleur est l'ocre jaune, à cause de son bon marché et de son faible pouvoir d'absorption pour la chaleur. On pourra peindre les toitures en blanc et les planches de vol, ou même toute la partie antérieure, de différentes couleurs pour faciliter aux butineuses la reconnaissance de leur logis. Trois couches seront nécessaires pour bien imbiber le bois d'un mélange d'huile de lin, d'essence de térébenthine et de siccatif, avec un peu de vernis copal et de la poudre colorante choisie.

Si l'on passe les ruches au carbonyle, il faut le faire plusieurs mois à l'avance et laisser les ruches à l'air pendant longtemps. Ce liquide, excellent au point de vue de la conservation du bois, possède une odeur forte que les abeilles craignent beaucoup ; je sais, pour l'avoir expérimenté à mes dépens, que les colonies déguerpissent des ruches passées au carbonyle et insuffisamment aérées.

Quel que soit le modèle de ruche adopté, il faudra s'y tenir et n'en avoir qu'un seul ; cette uniformité dans la construction et la dimension des cadres facilite beaucoup la conduite d'un rucher. Un matériel parfaitement interchangeable permet les échanges de provisions entre une ruche pauvre et une autre mieux pourvue, le renforcement des colonies faibles par l'addition de rayons garnis de couvain

---

(1) R. Hommell. *L'apiculture par les méthodes simples.* 1 vol. in-8°. Paris.

pris à des colonies très fortes, et facilite l'obtention des essaims artificiels, les permutations, les réunions, etc.

II. — CONSTRUCTION DES RUCHES.

Espacements à observer. — Il est très important, dans la construction des ruches, d'observer très exactement les dimensions et les espacements que la pratique a reconnu être les meilleurs. L'abeille ne tolère en effet que l'espace juste nécessaire à son passage : s'il y en a trop peu, elle bouche l'espace avec de la propolis ; s'il est trop grand, elle y établit des rudiments de constructions en cire et le cadre se trouve collé et difficile à déplacer. Elle ne respecte guère que les vides de 7 à 8 millimètres ; c'est donc ceux qu'il faut choisir si l'on veut obtenir des cadres qui restent mobiles. Entre la traverse inférieure du cadre et le plateau, les abeilles n'ont pas autant de tendance à bâtir : à cet endroit elles respectent la plupart du temps un espace de 15 millimètres, qui est du reste nécessaire pour l'aération de la ruche et le déblaiement des cadavres et des opercules.

Les abeilles travaillant en liberté espacent leurs rayons de 35 millimètres de milieu à milieu, et leur donnent une épaisseur de 25 millimètres. Pour obtenir dans les ruches à cadres mobiles un peu plus d'aisance dans les manipulations, on peut donner, sans inconvénients, un espacement de 37 à 38 millimètres de milieu à milieu, et le rayon atteint une épaisseur de 28 millimètres au lieu de 25. D'après E. Bertrand, les abeilles peuvent s'accommoder à la rigueur de 32 millimètres. Cowan fait ses cadres de $22^{mm},5$ seulement d'épaisseur et dit que les passages entre les rayons de couvain operculé sont habituellement de $9^{mm},5$ et ceux entre les rayons de miel operculé n'ont quelquefois que $6^{mm},33$; il espace ses cadres à 33 millimètres dans la bonne saison et les écarte à 40 et même plus pour l'hivernage.

Dans les indications qui vont suivre, nous adopterons les espacements suivants dont il est prudent de ne pas s'écarter :

Entre les rayons, de milieu à milieu......	37 à 38 millimètres.
Ce qui donne entre les porte-rayons (de 25 millimètres de large..............	12 à 13 —
Entre la traverse inférieure du cadre et le plateau de fond......................	15 —
Entre les montants verticaux et les parois.	7 1/2 —
Entre la traverse supérieure d'un cadre et la traverse inférieure du cadre placé au-dessus de lui dans la hausse..........	7 1/2 —
Dans les magasins à miel, l'espacement peut être plus grand ; Dadant a adopté pour les rayons des hausses...........	42 —

CONSTRUCTION D'UNE RUCHE AMÉLIORÉE À RAYONS FIXES ET À HAUSSES. — Nous donnons la construction d'une ruche améliorée à rayons fixes : malgré ses défauts, certains apiculteurs y sont encore attachés : son bon marché et la simplicité de son établissement sont de nature à séduire les débutants. Le modèle que nous allons décrire répond aux desiderata de capacité que nous avons exposés ; il sera par conséquent susceptible de donner d'aussi fortes récoltes qu'une ruche à cadres mobiles. Mais il n'est pas possible d'adopter ici le système horizontal et de placer le nid à couvain et le magasin à miel dans la même caisse, parce que cette caisse unique deviendrait alors tellement lourde que le maniement, qui devrait se faire en bloc, serait extrêmement pénible, presque impossible. Nous sommes donc ici obligés de diviser le poids en plaçant le nid à couvain et le magasin à miel dans des récipients séparés et d'adopter le système à hausses.

On choisira des planches de 25 millimètres d'épaisseur ; elles seront rabotées et jointes ensemble par de fortes pointes. Le corps de ruche, le plateau de fond, les hausses et la toiture seront simplement superposés et non cloués ensemble, de manière à faciliter les nettoyages et les manipulations (fig. 86).

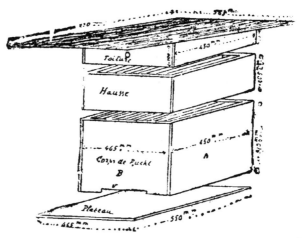

Fig. 86. — Vue d'ensemble de la ruche à rayons fixes améliorée.

Le corps de ruche est une caisse sans fond ni couvercle, formée par quatre planches assemblées ayant toutes 310 millimètres de haut ; les deux parois latérales ont 450 millimètres

de large et les parois antérieure et postérieure 415 millimètres.
A l'intérieur de ces deux dernières, et à 10 millimètres en
dessous du bord supérieur, on cloue une latte formant feuillure
et d'une épaisseur de 20 millimètres.

A la partie inférieure de la face antérieure, on pratique une
ouverture : c'est le trou de vol; cette ouverture a 8 millimètres

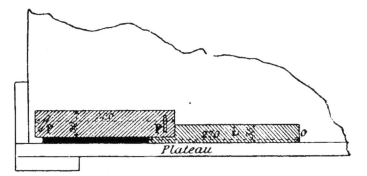

Fig. 87. — Trou de vol et son mode de fermeture. — L, porte
en tôle galvanisée, recourbée en dehors, en O, et qui glisse
sous la pièce de tôle fixée par deux pitons P, P, au-dessus de
l'entrée qui est figurée en noir.

de haut sur 220 millimètres de large. On peut en rétrécir à
volonté l'ouverture à l'aide du dispositif représenté par la
figure 87.

Il est à conseiller de clouer sur les quatre faces du corps
de ruche des paillassons ordinaires de jardin, pour protéger
encore mieux la colonie contre les variations de température ;
il est inutile d'en mettre sur les hausses qui ne se placent que
dans la belle saison.

Le plateau formant le fond mobile de la ruche est une planche
de 465 millimètres de large sur 550 millimètres de long ; on
voit qu'elle dépasse ainsi le corps de ruche en avant de
100 millimètres ; cette saillie tient lieu de planche de vol et
permet aux abeilles de se reposer en rentrant de leurs courses.

Les rayons du corps de ruche seront soutenus par des
lattes : on fera usage de lattes ayant 10 millimètres d'épaisseur, 25 millimètres de largeur et 400 millimètres de long. Le
corps de ruche contient onze de ces lattes ; elles seront espacées
de 12 millimètres entre elles, ce qui donne bien 37 millimètres
de centre en centre, et clouées sur la feuillure a ; elles affleu-

reront alors le bord supérieur des parois. Ces lattes sont
placées perpendiculairement à la paroi antérieure (fig. 88).

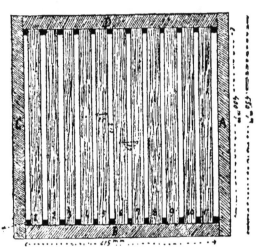

Fig. 88. — Corps de ruche vu en plan et par-dessus.

Suivant que le pays ou l'année sont plus ou moins mellifères,
on placera une ou plusieurs hausses. Chacune d'elles est
formée par l'assemblage de quatre planches de 155 millimètres de haut et respectivement 450 et 415 millimètres de
large, comme il a été dit pour le corps de ruche. On y
placera aussi onze lattes pour supporter les rayons (fig. 89).

La toiture a une légère pente de l'avant à l'arrière pour
faciliter l'écoulement de l'eau; la hauteur à l'avant est de
100 millimètres, à l'arrière 50 millimètres; en largeur, les
dimensions des planches qui les constituent sont respectivement les mêmes que celles du corps de ruche. Comme dessus
de la toiture, on cloue, bien jointives, des lames de bois
léger; de manière que celles-ci débordent de 50 millimètres
de tous les côtés : par-dessus, enfin, un morceau de carton
bitumé ou, mieux. une feuille de tôle galvanisée.

Avec les indications minutieuses qui précèdent, chacun
pourra facilement construire la ruche dont je viens de donner
la description. On voit qu'elle répond bien aux conditions
demandées : chaque rayon de 12 décimètres carrés contient
10 000 alvéoles, soit 110 000 pour les onze rayons, quantité
largement suffisante pour le nid à couvain. Deux hausses

représentent également 110 000 cellules, ce qui permet de recevoir le miel récolté par les butineuses dans une année moyenne, en bon pays; dans des conditions moins favorables, une hausse suffira.

Il est recommandable de joindre ensemble le corps de ruche, le plateau, les hausses et la toiture par des crochets

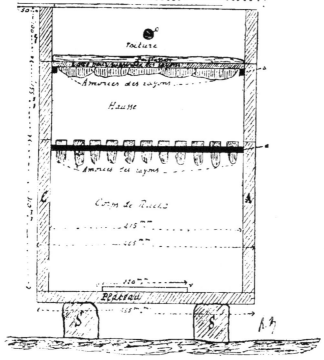

Fig. 89. — Coupe de la ruche fixe améliorée, munie d'une hausse, par un plan parallèle à la face antérieure.

mobiles. Il est indispensable de placer des planchettes recouvertes d'un paillasson au-dessus des rayons dans la hausse supérieure, quand il y en a, dans le corps de ruche dans les autres époques. La ruche sera placée bien d'aplomb sur un support en bois ou quatre dés en pierre, S.

Pour obliger les abeilles à bâtir droit, coller sous les barrettes, avec de la colle forte, des morceaux de vieux rayons, à cellules d'ouvrières, de 4 à 6 centimètres de haut.

21.

Les apiculteurs qui possèdent des ruches vulgaires de faible capacité peuvent les améliorer en s'en servant comme d'une hausse placée sur un corps de ruche dont nous venons d'indiquer la construction; mais, dans ce cas, le dessus de ce corps de ruche sera recouvert d'une planche, percée d'un

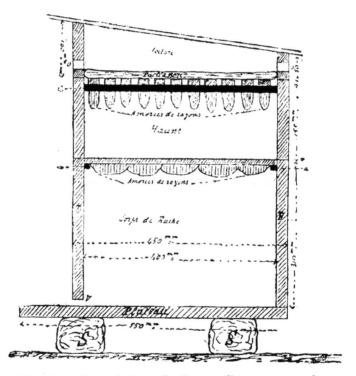

Fig. 90. — Coupe de la ruche fixe améliorée, par un plan parallèle à la face latérale.

trou de même diamètre que l'ouverture de la petite ruche. Dans le courant de la saison, les abeilles descendent naturellement dans la caisse inférieure pour y construire des rayons où la reine ira pondre, et par la suite on récoltera la ruche supérieure pleine de miel.

CONSTRUCTION DE LA RUCHE A CADRES MOBILES VERTICALE. — La ruche à hausses du système Dadant est extrêmement répandue et beaucoup d'apiculteurs n'en veulent pas d'autres, prétendant, bien à tort à mon avis, qu'elle donne du miel plus beau que les ruches horizontales et que leur récolte est plus facile et plus rapide. La conduite, qui en est assez délicate, nécessite une surveillance constante pour le placement des hausses en temps utile ; ce n'est pas la ruche simple que le cultivateur devra choisir ; malgré les inconvénients du cadre bas et des magasins superposés, elle donne cependant de bons résultats entre des mains expérimentées.

La ruche verticale ou à hausses appelée *ruche Dadant* a été en réalité inventée par l'apiculteur américain Langstroth en 1851 ; c'est la meilleure des ruches verticales. Les dimensions en ont été à plusieurs reprises légèrement modifiées par différents apiculteurs. Dans un but d'unification et de simplicité, nous adopterons le cadre bas, indiqué par le Congrès d'apiculture de 1891 et qui mesure intérieurement 30 centimètres de haut sur 40 centimètres de large, soit 12 décimètres carrés de surface en cire.

La ruche verticale construite sur ces dimensions doit recevoir le nom de *ruche verticale du Congrès* ou *ruche verticale française*. Nous allons décrire en détail son mode de construction.

La ruche en question (fig. 91) se compose d'une caisse R carrée, mesurant extérieurement 485 millimètres de côté et intérieurement 435 millimètres, sur une hauteur de 367mm,5 ; c'est le corps de ruche destiné au logement du couvain et des provisions d'hivernage. Le fond est constitué par un plateau P mobile, sur lequel le corps de ruche est simplement posé et non cloué. Au moment de la miellée, on place par-dessus la caisse R d'autres récipients de même forme et de même surface : ce sont les hausses H ; il peut y en avoir une, deux, trois et plus, suivant que la région et l'année sont plus ou moins mellifères. Les hausses ont une hauteur moitié moindre que le corps de la ruche, pour être plus facilement remplies ; elles sont destinées à recevoir la récolte de miel.

Par-dessus, une toiture inclinée vers l'arrière, T,

Le meilleur bois est le sapin, et en particulier le sapin rouge du Nord, qui ne présente pas de nœuds et est de longue durée. Il est avantageux de prendre, pour la construction, des lames de parquet qui s'emboîtent par rainure et languette ; en mettant un peu de colle forte au moment de la jonction, on obtient un assemblage très solide qui ne joue pas et ne se voile jamais. Ces lames étant rabotées, leur mise en œuvre est rapide et facile. Pour avoir une perte de bois insignifiante, on les prendra de 125 millimètres de large (non compris la languette) et d'une longueur qui soit un multiple de $0^m,50$, la ruche ayant dans sa plus grande largeur $48^{cm},5$. L'épaisseur des lames devra être de 25 millimètres. Il en faudra par ruche 13 mètres de longueur.

Pour la couverture, on prendra de la volige de 1 centimètre d'épaisseur; il en faudra $0^{me},30$. Les cadres seront faits avec des lattes de 10 millimètres d'épaisseur et 25 millimètres de large; il en faudra une longueur de 25 mètres.

Chacune des parois antérieure et postérieure est formée de trois lames assemblées de 485 millimètres de long; deux de ces lames restent à 125 millimètres de large, la troisième est réduite à $117^{mm},5$, ce qui donne une hauteur totale de $367^{mm},5$. A $17^{mm},5$ en dessous du bord supérieur et intérieurement, on cloue une latte l de 435 millimètres de long, 6 millimètres de large et 10 millimètres de hauteur; ces lattes servent à maintenir les porte-rayons a dont l'extrémité repose dessus.

Les parois latérales se font comme les deux autres, mais la longueur des lames qui les constituent est réduite à 435 millimètres.

Au bas de la paroi antérieure v et au milieu, on découpe l'ouverture rectangulaire allongée servant de trou de vol; cette ouverture a 8 millimètres de haut sur 220 millimètres de longueur. Elle peut être rétrécie à volonté par une lame de zinc ou un bloc de bois coulissant devant.

Le plateau est formé par l'assemblage de quatre lames de 485 millimètres de long; pour le rendre plus solide, il est recommandable de clouer par-dessous deux traverses de renforcement, qui ne sont pas figurées sur le dessin (fig. 91).

Les hausses H se font comme le corps de ruche, mais elles ont une hauteur moitié moindre; il y entre pour chaque paroi une lame de 125 millimètres de large et une autre de $77^{mm},5$ avec des longueurs de 485 millimètres pour les parois avant et arrière et 435 millimètres pour les parois latérales. On cloue également une latte l, comme dans le corps de ruche.

Chaque cadre du corps de ruche se compose de cinq pièces: une traverse supérieure ou porte-rayon de 433 millimètres de long (ce qui donne 1 millimètre de jeu de chaque côté), posée à plat. Deux montants verticaux de 335 millimètres de long. Une traverse inférieure de 400 millimètres: cette dernière sera clouée de champ et non à plat: l'extrémité inférieure des montants verticaux étant taillée en biseau, cela facilite l'entrée et la sortie des cadres et augmente la solidité. Une traverse de renforcement de 400 millimètres clouée à plat sous le porte-rayon.

Pour faire toujours des cadres réguliers et bien d'aplomb,

il est utile d'en effectuer le clouage sur un moule formé d'une

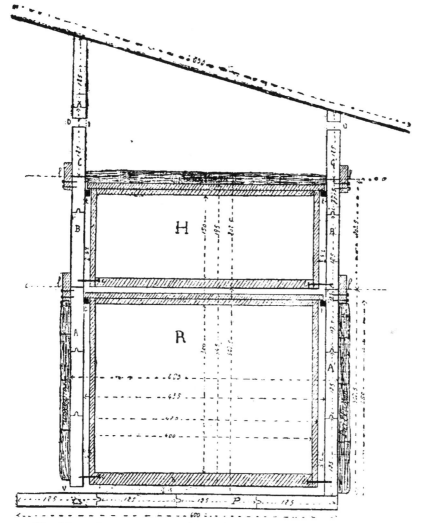

Fig. 91. — Coupe de la ruche verticale, par un plan parallèle
à la face latérale.

planche en bois dur de 25 millimètres d'épaisseur et mesurant
300 × 400 millimètres, dimensions intérieures du cadre.

Les cadres des hausses sont faits absolument comme les cadres du corps de ruche, mais les montants verticaux n'ont que 195 millimètres de haut.

La figure 91 montre comment la toiture T est faite ; elle est inclinée de l'avant vers l'arrière, et, pour cela, la paroi arrière ne comprend qu'une lame et celle d'avant en comprend deux emboîtées. En O on perce des trous d'aération de la grandeur d'une pièce de cinq francs et fermés intérieurement par une toile métallique M qui empêche les étrangères d'y pénétrer. Le dessus du toit est formé de voliges de 10 millimètres d'épaisseur et déborde de quelques centimètres de chaque côté ; le tout est recouvert d'une feuille de zinc ou de tôle galvanisée.

La ruche ainsi faite est à parois simples ; les hausses seront laissées ainsi ; mais, pour le corps de ruche où les abeilles passent l'hiver, il est recommandable de clouer, au moins sur les parois avant et arrière, des paillassons sulfatés. On sulfate les paillassons, pour augmenter beaucoup leur durée, en les plongeant pendant deux ou trois jours dans une solution de sulfate de cuivre (vitriol bleu) à 5 p. 100.

Les cadres sont placés en bâtisse froide, c'est-à-dire perpendiculairement au trou de vol ; il en entre onze par ruche et par hausse : dans ces conditions, les porte-rayons sont espacés de 13 millimètres et il reste 15 millimètres entre les derniers cadres et la paroi ; là, ce léger excédent de 2 millimètres n'a pas d'inconvénient.

La ruche se trouve dès lors avoir une surface exactement carrée et la hausse peut être placée dans n'importe quel sens.

Pour empêcher les hausses et la toiture de glisser, on cloue des lames *l* sur tout le pourtour supérieur, pour former une sorte de feuillure qui encadre les paillassons.

Un paillasson sera placé sur le dessus des cadres.

Pour mettre toujours les cadres à l'espacement voulu sans hésitation, il faudra enfoncer à moitié, dans le bas des parois avant et arrière, des pointes *i* ou des crampillons et faire de même pour les traverses E, en observant les distances convenables. Si l'on fait un certain nombre de ruches, ce travail sera facilité par l'établissement d'un guide formé d'une planche percée d'un nombre de trous égal à celui des pointes à placer.

Prix de revient de la ruche. — Le prix de revient d'une telle ruche est facile à établir, de la manière suivante :

1ᵐ²,65 de lames de parquet à 2 fr. le mètre carré.   3 fr. 30
0ᵐ²,50 de volige à 1 fr. le mètre carré..........   0 fr. 50
25 mèt. de lattes pour les cadres, à 0 fr. 05 le mètre.   1 fr. 25
2 paillassons.................................   0 fr. 50
Tôle ou zinc pour le toit.....................   1 fr. 50
Crochets, plaques, portes, pointes...............   0 fr. 70

Total....................   7 fr. 75

La ruche construite par l'apiculteur reviendra donc à
8 francs au maximum ; un menuisier un peu habile peut facilement l'établir en moins d'une journée.

CONSTRUCTION D'UNE RUCHE A CADRES MOBILES HORIZONTALE. —
La ruche de Layens est du système horizontal ; elle n'a,
par conséquent, point de hausses, comme la ruche Dadant
précédemment décrite. C'est la plus simple des ruches

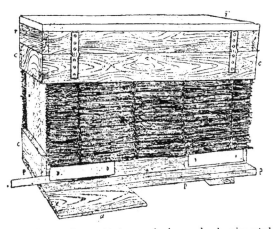

Fig. 92. — Vue extérieure de la ruche horizontale
système de Layens.

à cadres, la plus facile à manœuvrer et à conduire, lorsqu'elle est bien faite ; elle convient par suite particulièrement bien aux agriculteurs qui veulent faire de l'apiculture simple et récolter du miel avec le moins de temps et de
travail.

La ruche de Layens type comporte 20 cadres mesurant dans
œuvre 31 centimètres de large sur 37 centimètres de haut :
mais, lors du Congrès apicole de 1891, M. de Layens, partisan
des grands cadres, abandonna, dans un but de simplification,
celui qu'il avait adopté primitivement et se rallia au modèle

mesurant intérieurement 400 millimètres de haut sur 300 millimètres de large. C'est en partant de ces dimensions que

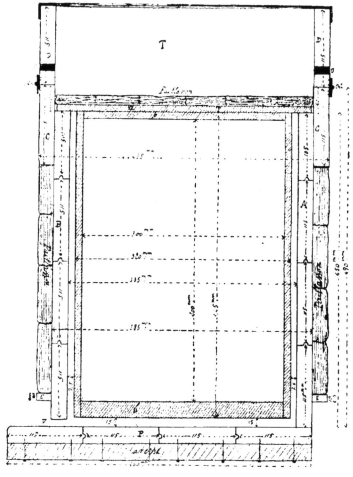

Fig. 93. — Coupe de la ruche système de Layens, par un plan parallèle à la face latérale.

nous exposerons la construction de la *ruche* dite *économique* qui porte le nom de cet apiculteur éminent.

Elle se compose (fig. 92 et 93) d'une caisse en bois sans fond, dont le couvercle, formant le toit de la ruche, est relié à la caisse par deux charnières. Les deux faces les plus grandes de la caisse constituent ce qu'on appelle le *devant* et le *derrière* de la ruche; les deux faces les plus petites sont appelées les *côtés de la ruche* et la caisse tout entière forme le corps de la ruche. Une grande partie du devant et du derrière de la ruche est recouverte de paille; c'est dans le corps de la ruche que sont enfermés les cadres en bois : ces cadres, au nombre de vingt, sont placés parallèlement aux côtés de la ruche. Enfin, cette caisse sans fond, qui forme le corps de la ruche, repose simplement sur une planche qui déborde sur le devant et qu'on nomme le *plateau* de la ruche; une planche *a*, sur laquelle arrivent les abeilles, est fixée à gauche et en avant du plateau : c'est la *planche de vol*.

De même que pour la ruche Dadant, on emploiera des lames de parquet assemblées par rainure et languette. Pour avoir le moins de perte possible, on les prendra de 115 millimètres de large (non compris la languette) et de 7 mètres

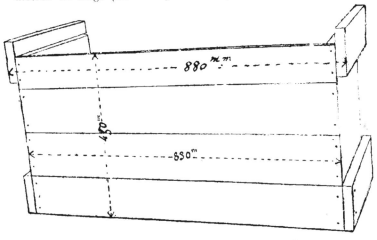

Fig. 94. — Assemblage du corps de ruche.

de long. L'épaisseur des lames devra être de 25 millimètres. Il en faudra par ruche 19ᵐ,60 de long ou, en surface, environ 2 mètres carrés à 2 francs le mètre, soit 4 francs.

Les cadres seront faits avec des lattes de 10 millimètres d'épaisseur et 25 millimètres de large; il en faudra une longueur de 37 mètres environ à 0 fr. 05 le mètre, soit 1 fr. 95.

Pour construire le corps de ruche, nous devrons débiter les longueurs de lames suivantes :

Pour le devant et le der-	8 longueurs de 830 millimètres.
rière de la ruche.....	2 — 880 —
Pour les côtés latéraux.	6 — 450 —
	4 — 385 —

La lame H formant feuillure dépasse le corps de ruche de 49 millimètres (fig. 94, 95 et 96).

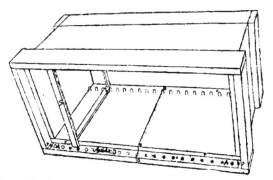

Fig. 95. — Ruche couchée sur le côté pour montrer la disposition intérieure.

Il ne faudra pas oublier, avant le montage, de scier dans la paroi antérieure les deux trous de vol indiqués ; ces ouvertures ont 8 millimètres de haut sur 220 millimètres de longueur : elles peuvent se rétrécir à volonté par le même système que celui représenté par la figure 87. Souvent on se contente d'un seul trou de vol placé au milieu ; il vaut mieux en avoir deux avec cette caisse qui est longue : cela permet à la colonie de se loger du côté qui lui plaît le mieux et donne une plus grande facilité pour la récolte, comme nous le verrons. L'entrée opposée au

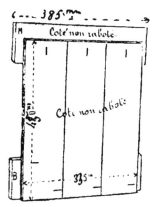

Fig. 96. — Assemblage des côtés latéraux.

côté où les abeilles sont logées doit toujours rester fermée, pour ne pas apporter le trouble dans les allées et venues de la colonie.

Le plateau (fig. 97) est formé par l'assemblage de quatre

lames de 880 millimètres de long : pour le rendre plus solide,

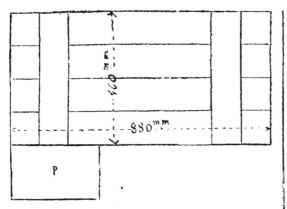

Fig. 97. — Plateau de la ruche.

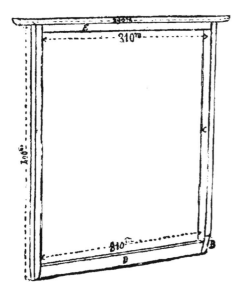

Fig. 98. — Un cadre de ruche horizontale.
(Les dimensions de cette figure ne sont
pas exactes.)

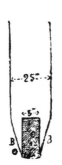

Fig. 99. — Jonction
de la traverse in-
férieure d'un ca-
dre, placée de
champ, avec un
des côtés taillé
en biseau B, B.

il est indispensable de clouer par-dessous deux traverses de
460 millimètres ; en avant, on installe la petite planche de

vol P. Cette petite planche se remplace avec avantage par une plus grande, occupant toute la largeur, et mobile par le coulissage des deux traverses qui la supportent, sous le plateau.

Chaque cadre se compose de cinq pièces (fig. 98) :

Une traverse supérieure *a* ou porte-rayon de 383 millimètres

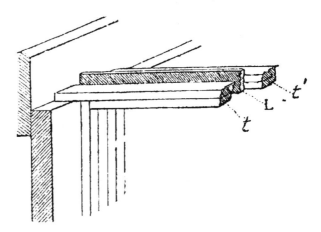

Fig. 100. — Lattes L pour séparer les rayons *t* à la partie supérieure.

de long (ce qui donne 1 millimètre de jeu de chaque côté), posée à plat. Il en faut 20 en tout. Deux montants verticaux

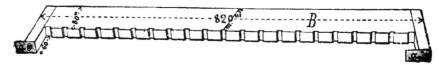

Fig. 101. — Outil-guide pour poser les crochets d'écartement des cadres.

de 435 millimètres : il en faut 40. Une traverse inférieure *b* de 300 millimètres ; cette dernière sera clouée de champ et non à plat, ce qui ne serait pas solide ; l'extrémité inférieure des montants verticaux est taillée en biseau : cela facilite l'entrée et la sortie des cadres. Il faut 20 de ces traverses (fig. 98). Une traverse *p* de renforcement de 300 millimètres, clouée à plat sous le porte-rayon. Il en faut 20. Pour faire toujours des cadres réguliers et bien d'aplomb, il est indispensable d'en effectuer le montage sur un moule formé d'une planche en bois de 25 millimètres d'épaisseur et mesurant en surface 300 × 100 millimètres.

Il faut, pour établir la toiture, deux longueurs de lames de 830 millimètres et deux longueurs de 435 millimètres. En O on perce des trous d'aération de la grandeur d'une pièce de 5 francs et fermés intérieurement par une toile métallique qui empêche les abeilles étrangères d'y pénétrer. Le dessus du

Fig. 102. — Secteur excentrique pour fixer les ruches sur les plateaux (Gariel).

toit est formé par une tôle galvanisée clouée tout autour. Il peut, à l'aide de deux charnières F et *ch* (fig. 93), se rabattre sur le devant de la ruche ; en arrière, *chl*, se trouve un fermoir que l'on peut munir d'un cadenas. Les parois du corps de ruche sont doublées par des paillassons sulfatés.

Un paillasson est aussi placé sur le dessus des cadres, pour éviter les variations de température : il devra être laissé en été comme en hiver.

Les figures 95 et 100 montrent comment est obtenu l'espacement régulier et constant des cadres à 38 millimètres de distance du milieu d'un cadre au milieu du suivant : en bas, ce sont des crampillons enfoncés dans la paroi ; en haut, des lattes de 10 millimètres d'épaisseur, placées entre les porte-rayons ; 10 millimètres d'épaisseur suffisent pour ces lattes qui doivent conserver un peu de jeu à cause de la propolisation.

Pour la pose de ces crampillons d'écartement, on peut se servir avec avantage d'un outil guide représenté par la figure 101.

Pour empêcher les ruches d'être renversées par le vent, il est bon de les fixer sur les plateaux soit par des crochets, soit, mieux encore, par des secteurs excentriques au nombre de quatre par ruche, deux derrière et un sur chaque côté. Ils permettent l'enlèvement du corps de ruche pour les permutations et pour le nettoyage (fig. 102).

Prix de revient de la ruche. — Le prix de revient d'une telle ruche est facile à établir de la manière suivante :

2 mètres carrés de lames de parquet, à 2 fr......	4 fr. 00
37 mètres de lattes pour les cadres, à 0 fr. 05 le m..	1 fr. 85
2 paillassons...................................	0 fr. 50
Tôle galvanisée pour le toit....................	1 fr. 50
2 charnières...................................	0 fr. 60
Crochets, plaques, portes, pointes..............	0 fr. 70
Total..................	9 fr. 15

La ruche construite par l'apiculteur reviendra donc à 9 francs environ. Un menuisier un peu habile peut facilement l'établir en moins d'une journée.

III. — EMPLACEMENT ET DISPOSITION DU RUCHER.

La région où le rucher sera situé est en général déterminée par le lieu que l'apiculteur habite et où il est fixé par ses occupations ordinaires ; il est bien rare qu'il puisse la modifier à son gré et il devra le plus communément se borner à se rendre compte des ressources naturelles que présente le pays où il se trouve, dans un rayon de 2 ou 3 kilomètres, espace que les abeilles exploitent avec profit autour du rucher.

On choisira, pour l'établir, un endroit tranquille en terrain sec et sain, l'humidité étant très nuisible aux abeilles, et à l'abri des grands vents. Un coin ombragé du jardin sera tout à fait convenable. La trop grande proximité des routes ou des voies ferrées doit être évitée, surtout à cause des inconvénients qui pourraient en résulter pour les passants ; les colonies s'habituent du reste rapidement au mouvement et aux trépidations produites par le passage des trains, et, même dans ces situations particulières, un rucher n'offre pas de dangers si l'on ne commet pas d'imprudences dans

Fig. 103. — Disposition pour ombrager artificiellement un rucher.

sa conduite, en évitant le pillage et si l'on a soin
de dresser un obstacle, mur, paroi en planches ou en
paillassons de 2m,50 à 3 mètres de hauteur, entre les ruches
et la voie publique. Dans ces conditions, l'abeille, obligée
d'élever son vol dès sa sortie de la ruche, ne redescend plus,
et tous les dangers sont évités.

On évitera aussi avec le plus grand soin la proximité,
à moins de quelques kilomètres, de toutes les industries qui
travaillent les matières sucrées. Outre que les butineuses vont
se faire tuer par milliers dans ces établissements, l'apport de
ces substances au rucher constitue un vol manifeste :
le produit qui en résulte n'est qu'une mauvaise falsification
qui n'a rien de commun avec le vrai miel.

La proximité des lacs, et en général des grandes étendues
d'eau, n'est pas très favorable, parce qu'elle diminue l'étendue
du pâturage et que les vents violents y sont plus fréquents.
Il y a cependant des ruches prospères au bord des grands lacs
de Suisse. Le fond d'une vallée étroite sur les pentes de
laquelle les abeilles peuvent butiner est un emplacement
à rechercher, les différences d'exposition permettant à la
récolte de durer plus longtemps.

La plantation d'arbres est hautement à recommander dans
l'intérieur et autour du rucher ; l'ombre que ces arbres fournissent est en effet indispensable au bien-être et à la tranquillité des butineuses. Elle leur offre un abri contre la
grande chaleur, nuisible au travail de la cire et au maintien
des rayons, trop propice à l'essaimage, et, si celui-ci vient à se
produire, les essaims vont se suspendre aux branches et sont
plus faciles à récolter.

Je ne crois cependant pas, et après expérience, qu'il faille
rechercher l'ombre froide et profonde des grands bois : outre
que les butineuses ont de la peine à en sortir et que l'humidité et la fraîcheur y sont souvent exagérées, on a observé
parfois une mortalité excessive dans ces emplacements ;
des milliers de butineuses, au retour des champs, arrivant
d'un air ensoleillé et chaud et entrant brusquement,
le soir et le matin, dans cette ombre glacée, périssent
souvent par milliers, surtout au printemps. Ce qu'il faut
rechercher, à mon avis, c'est la lisière des bois ou des clai-
rières, et placer les ruches à 1 ou 2 mètres en arrière, en
leur laissant en avant l'espace libre pour s'envoler.

Lorsqu'on manque d'arbres pour fournir assez d'ombre,
il est favorable d'installer les ruches dans des tonnelles
supportant des végétaux grimpants ; c'est ainsi que, ayant
à installer un rucher dans un jardin complètement nu, j'ai

Fig. 104. — Disposition d'un rucher de ruches horizontales (Rucher de l'auteur).

placé les ruches dans des allées très larges et fait recouvrir
les plates-bandes d'un bâti léger de lattes et de fils de fer
servant de points d'appui aux pampres d'une collection de
vignes d'étude. Les abeilles travaillent de la sorte sous un
vaste berceau de verdure (fig. 103). Elles sont très bien sous
ces abris peu coûteux à installer, et le pillage y est extrêmement rare.

L'orientation des ruches n'a que très peu d'importance
lorsqu'il s'agit d'habitations placées bien à l'ombre. Il n'en est
plus de même lorsque le rucher n'est pas abrité du soleil:
dans ces conditions, et contrairement à l'opinion souvent
admise, ce sont les ruches situées au midi qui réussissent le
moins bien.

Echauffées au début du printemps par les premiers rayons
du soleil, la température s'y élève prématurément, un élevage
trop précoce du couvain s'y produit et, au moindre retour du
froid, les abeilles, obligées de resserrer leur groupe, abandonnent les larves qui périssent. La ruche se dépeuple aussi
par suite des sorties intempestives des abeilles en mauvaise
saison. De nombreuses expériences prouvent que les bonnes
colonies à l'exposition du nord sont celles qui consomment
le moins pendant l'hivernage et rapportent le plus.

On peut estimer, d'après les observations prolongées des
frères Wilson, du Visconsin, que l'ombrage augmente l
rendement d'un cinquième, en moyenne.

Installation du rucher. — Il n'est pas bon de disposer les
ruches en lignes régulières et parallèles, quoique cela paraisse
plus agréable à l'œil: à moins que l'on ne dispose d'une étendue
considérable permettant d'espacer les ruches de 2 ou
3 mètres sur les lignes et les lignes elles-mêmes de 3 à
4 mètres en y disposant les colonies en quinconces pour
augmenter leur champ de vol. Dans un espace restreint, il
faut orienter les trous de vol dans des directions différentes :
les ouvrières et surtout les reines retrouvent mieux leur
habitation au retour des champs et du vol nuptial (fig. 104).

Les ruches devront être posées bien d'aplomb sur des
supports solides et leur horizontalité déterminée aussi bien
que possible à l'aide du niveau à bulle d'air. Cette horizontalité a une grande importance au point de vue de la
régularité dans la construction des rayons. Les abeilles
construisent toujours leurs gâteaux dans un plan absolument
vertical, et, si la ruche est placée inclinée, il arrive que les
bâtisses tombent en dehors des montants du cadre et, n'y
étant pas attachées, sont plus fragiles et parfois collées
ensemble. Les supports peuvent être faits en maçonnerie ou

en bois dur goudronné, enfoncés dans le sol, et le plateau de
la ruche fixé sur eux à demeure de manière que le vent ne
puisse renverser les ruches. On obtient d'excellents supports,
d'une durée indéfinie, en plaçant verticalement quatre tuyaux
de drainage dans les trous desquels s'enfoncent des chevilles
de bois vissées sous le plateau.

La hauteur à donner à ces supports au-dessus du sol
doit être telle que l'humidité du terrain ne soit pas à

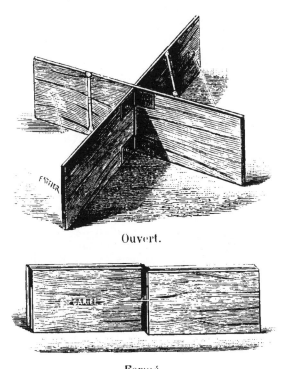

Ouvert.

Fermé.

Fig. 105. — Socle pliant de Gariel pour support de ruche.

craindre et que la visite des ruches puisse se faire commodément sans exiger un ploiement fatigant des reins ;
habituellement 40 à 50 centimètres suffisent. On peut aussi
employer les socles pliants Gariel (fig. 105). Si les ruches
sont placées le long d'un mur ou rapprochées les unes des
autres, il est nécessaire de laisser un espace largement

suffisant pour circuler sans difficulté autour de chacune d'elles.

On évitera de sabler ou même de maintenir meuble la portion de sol placée devant les ruches : les abeilles, soit qu'elles sécrètent de la cire, soit qu'elles viennent de l'abreuvoir, ont presque constamment les anneaux du ventre plus ou moins visqueux ou humides : quand elles se reposent sur un terrain formé de fines particules, celles-ci s'attachent aux anneaux étendus et dilatés et y pénètrent en occasionnant des blessures lorsque l'insecte se contracte pour reprendre son vol. Du gazon ou de l'herbe est ce qui conviendra le mieux.

Le nombre des ruches qu'il sera possible d'installer dans un même lieu sera variable avec les ressources mellifères de la contrée. Si on le dépasse, la quantité de nectar disponible restant la même, la récolte de l'apiculteur diminue, les colonies dépensant pour leur entretien particulier une quantité de nourriture d'autant plus grande qu'elles sont plus nombreuses; il pourra même arriver qu'elles ne puissent même plus récolter leurs provisions d'hivernage et que l'on soit alors obligé de les nourrir. La prudence exige que l'on ne débute qu'avec un petit nombre de ruches ; cela offrira d'abord l'avantage de faire des études sur la conduite d'un rucher et de se familiariser avec le maniement des abeilles, et aussi de ne pas dépasser la possibilité du pays; on augmentera petit à petit en tenant compte exactement des rendements d'année en année : lorsque l'on constatera que la récolte reste stationnaire, quoique le nombre des ruches augmente, on pourra en conclure que l'on a atteint ou même dépassé le maximum. Ne pas débuter avec plus de 3 ou 4 ruches et ne pas accumuler plus de 50 à 60 colonies dans un même endroit, si la région est moyennement mellifère : tels sont les chiffres que l'expérience a indiqués aux meilleurs praticiens. On peut aller jusqu'à 100 ruches dans les pays très riches, et, si l'on veut dépasser cette quantité, il est indispensable de les répartir en plusieurs ruchers, distants les uns des autres de 3 ou 4 kilomètres au moins.

Laboratoire et pavillons. — Dans tout rucher un peu important, il est absolument nécessaire d'avoir un laboratoire (fig. 106), local parfaitement clos, construit en planches, avec lattes de recouvrement, ou mieux en briques, dans lequel se feront les manipulations diverses : extraction du miel, préparation des cadres, etc., et dans lequel aussi on entreposera le matériel, les divers instruments nécessaires et les cadres de réserve. Cette pièce sera munie d'un fourneau

Fig. 106. — Vue d'un rucher et de son laboratoire (Rucher de l'auteur).

pour la fonte de la cire, la fabrication du sirop, etc. Les murs
seront garnis de tables de 1ᵐ,10 de haut pour travailler
debout. La qualité première d'un laboratoire est d'être
complètement inaccessible aux abeilles qui, de l'extérieur,
pourraient tenter d'y pénétrer, lorsqu'on y manipule du
miel ; à ce point de vue, l'établissement de doubles portes est
recommandable. Il peut arriver, malgré tout, que le laboratoire soit envahi par une ouverture que l'on aura oublié de
fermer ou que l'on soit obligé de manipuler des abeilles
à l'intérieur ; au moment de la récolte, il en reste souvent
quelques-unes sur les rayons ; l'usage de fenêtres spéciales
est alors très utile. Celles-ci sont formées d'un seul châssis,
capable de pivoter librement autour d'un axe central ; les
abeilles enfermées viennent toujours à la lumière : lorsqu'il
y en a un certain nombre contre les vitres, il suffit de faire
faire un demi-tour au châssis pour qu'elles se trouvent toutes
dehors et s'envolent.

Les cadres de réserve sont assez fragiles, encombrants et

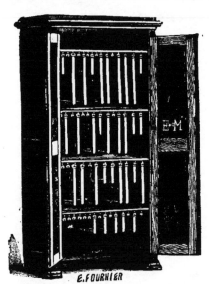

Fig. 107. — Armoire à cadres
(Ernest Moret, à Tonnerre).

demandent certains
soins ; il faudra, si l'on
en a peu, les suspen-
dre, par l'extrémité des
porte-rayons, à des
lattes attachées aux
traverses de la toiture ;
si l'on en a beaucoup,
il vaudra mieux les
enfermer dans des
armoires spéciales
comme celle représen-
tée par la figure 107. On
pourra les établir soi-
même, en les faisant
profondes de 1 mètre
environ et en les divi-
sant par des cloisons
verticales munies de
tasseaux de supports
pour les bouts des
porte-rayons ; les ca-
dres se présentent
alors la face en avant
et non pas par le côté,

comme dans la figure. Il est bon que ces armoires soient
bien étanches, tant pour éviter l'accès des abeilles que pour

permettre la destruction de la fausse teigne par des fumigations convenables.

Les grands ruchers d'aujourd'hui, ceux qui donnent les meilleurs résultats, ont tous leurs ruches en plein air:

Fig. 108. — Ruche sur bascule (Photographie de l'auteur).

l'aération est meilleure, les manipulations sont plus faciles et les abeilles se portent bien mieux. L'établissement de pavillons pour les loger n'est en rien recommandable ; dans les ruchers couverts, on est conduit, pour économiser de la place, à superposer les ruches en deux ou trois étages; outre que la température est souvent très élevée dans ces édicules, on a remarqué que, si les ruches du bas se comportent bien, celles du premier étage réussissent moins et celles de l'étage supérieur moins encore. L'abbé Martin a constaté que dans un rucher couvert, où les ruches sont très rapprochées, il perdait tous les ans 20 p. 100 de reines qui, au retour du vol nuptial, vont se fourvoyer dans une ruche étrangère où elles sont tuées.

RUCHES SUR BASCULE ET OBSERVATIONS. — Il est très intéressant

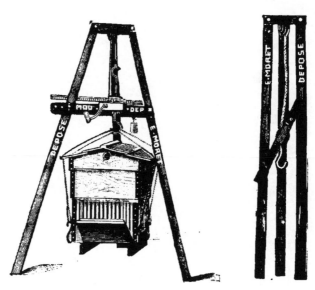

Ouvert.   Fermé.

Fig. 109. — Chevalet-bascule pour peser les ruches
(Moret, à Tonnerre, Yonne).

d'avoir, pendant toute l'année, une ruche, représentant la force moyenne de celles du rucher, à demeure sur une bascule (fig. 108). Son observation régulière permettra de se rendre compte de beaucoup de phénomènes importants, tels que le commencement et la fin de la miellée principale, l'apparition, la valeur et la durée de miellées secondaires, la diminution de poids des ruches par suite de l'évaporation nocturne ou de la consommation hivernale. On peut alors en déduire l'époque moyenne la plus favorable pour pratiquer l'essaimage artificiel, la nécessité ou l'inutilité d'alimenter artificiellement les colonies pour leur venir en aide, si on voit que la consommation a été particulièrement forte pendant l'hiver et au début du printemps. On doit cependant remarquer que les observations n'ont une réelle valeur que si elles se font par des temps à peu près semblables : il est certain que le poids d'une ruche très sèche pourra être bien différent de celui de la même ruche dont le bois aura été imbibé de pluie pendant plusieurs jours, sans que le travail des abeilles y soit pour rien ; c'est pourquoi il est bon de placer la ruche sur bascule sous un petit abri. On peut imaginer un dispositif enregistreur constitué en principe par un crayon attaché au fléau et se déplaçant devant un tambour muni de papier et mis en mouvement par un appareil d'horlogerie.

Les bascules ordinaires sont les meilleures pour des expériences suivies ; mais, pour des pesées rapides, le *chevalet pèse-ruches* à romaine de M. Moret, qui occupe peu de place et est d'un prix relativement faible, est de nature à rendre de grands services (fig. 109). Il est disposé de telle sorte que, le chevalet étant placé au-dessus de la ruche, un système d'attache et de poulies permet à une seule personne d'effectuer la pesée, sans aucune aide.

Pour que les observations faites aient une utilité réelle, il sera indispensable de numéroter les ruches et d'ouvrir un registre pour noter très exactement tout ce que l'on constatera et les opérations qui seront faites, ainsi que l'état du temps, l'époque de floraison des principales plantes, la date d'installation de chaque ruche, celle des visites, etc. A chacune de ces visites, et notamment lors de celle du printemps, on inscrira le nombre de cadres de couvain d'ouvrières, l'importance du couvain de mâles, la présence de cellules royales en édification, les provisions restantes, l'état de la population : à la visite d'hiver on évaluera avec exactitude le poids de miel laissé dans chaque ruche, ce qui permettra de venir sans hésitation au secours des colonies nécessiteuses, si la miellée est particulièrement tardive et l'année mauvaise. On déterminera ainsi quelles sont les ruches les plus fortes, celles qui possèdent les meilleures reines, et c'est sur celles-là seulement que l'on devra prélever des essaims artificiels, de manière à orienter de plus en plus, par la sélection, les colonies vers un développement et un rendement maximum.

Au bout de quelques années, la comparaison et l'étude de ces observations seront des plus intéressantes ; elles permettront de modifier et d'améliorer certaines pratiques et de marcher à coup sûr vers une exploitation scientifique et rémunératrice.

Déplacement des ruches. — A cause de l'habitude des
abeilles de revenir avec persistance à l'emplacement exact où
se trouve leur habitation, il est très important de ne jamais
déplacer les ruches sans des précautions particulières, pendant tout le temps où les butineuses montrent une activité
quelconque. C'est seulement pendant le repos de l'hiver qu'on
peut le faire, et encore sans secousses et sans fumée, pour ne
pas mettre la famille en émoi. En dehors de cette période, les
ruches ne doivent être transportées que sur une distance
maxima de 0^m,50 tous les deux ou trois jours ; on s'apercevra
tout de suite que ce changement minime apporte une pertur-
bation appréciable parmi les ouvrières : s'il avait été de 2 ou
3 mètres, beaucoup, incapables de retrouver leur logis, se
seraient perdues et seraient revenues mourir à la place habituelle. Les journées de pluie ou d'inactivité ne comptent pas
dans le temps qui s'écoule entre deux déplacements. Par
contre, on peut sans inconvénient déplacer un rucher quand
le transport a lieu à plusieurs kilomètres et que les abeilles
se trouvent ainsi complètement dépaysées.

Toute ruche déplacée doit avoir son trou de vol rétréci et
une planchette ou une tuile plate inclinée devant l'entrée
pour la masquer en partie ; cet obstacle, qui brise l'essor du
vol, montre aux butineuses qu'une modification a été faite, et
généralement elles s'orientent de nouveau avant de partir.

VI

PEUPLEMENT ET CONDUITE DU RUCHER
LES OPÉRATIONS FONDAMENTALES

I. — MANIEMENT ET PEUPLEMENT DES RUCHES.

Précautions à prendre dans le maniement des abeilles. — L'abeille n'est pas spontanément agressive et ne se jette pas sur l'homme pour le simple plaisir de le piquer; on peut être certain qu'elle ne fera de son aiguillon un usage qui lui coûtera la vie que si elle croit son existence menacée ou si elle veut défendre sa ruche, son couvain ou son miel. Les froissements, les contacts même légers, les mouvements brusques, les chocs contre la ruche l'excitent et la poussent à se jeter sur l'importun qui les dérange. On devra donc toujours aborder les abeilles avec des mouvements calmes et doux, éviter de les blesser en rentrant ou en sortant brusquement les cadres, en manipulant les ruches avec brutalité. Une ouvrière qui se posera sur le visage ou sur les mains ne piquera que si, en voulant la chasser, on l'effraye d'un geste violent ou du contact de la main; si on la laisse s'envoler comme elle est venue, il est bien rare qu'elle se serve de son dard. Cependant, si elle s'empêtre dans les cheveux ou dans la barbe, entre les vêtements et la peau, on peut être certain de recevoir un coup d'aiguillon; il faut alors prendre l'avance et l'écraser rapidement. Les abeilles restent calmes si on se promène tranquillement devant les ruches; mais, si on se livre devant les entrées à un travail quelconque pendant la journée, surtout à une occupation qui mette le corps en sueur, elles deviennent agressives; les animaux sont plus attaqués que l'homme, et il est dangereux, par exemple, de labourer près d'une ruche. Les odeurs fortes, et en particulier celle du corps de l'homme ou des animaux, les irritent au plus haut degré; il en est de même de celle de leur propre venin, et une piqûre est généralement suivie de plusieurs autres. Si l'on est en butte aux attaques, il faut se retirer tranquillement et ne pas fuir en faisant de grands gestes: on aurait rapidement une grande partie du rucher aux trousses: en pareil cas, on se mettra à

l'ombre ou dans une pièce obscure, et bientôt les poursui-
vantes se retireront d'elles-mêmes. Lorsqu'une colonie a été
ainsi mise en colère, son irritation persiste toute la journée,
parfois plusieurs jours. J'ai déjà fait observer que certaines
races étaient méchantes, en particulier les races orientales et

Fig. 110. — Voile en tulle pour apiculteur
(Robert-Aubert).

les croisements ;
il vaut mieux sup-
primer radicale-
ment ces familles,
que de risquer des
accidents et de
rendre le rucher
inabordable.

Avec les colo-
nies de race com-
mune, tout se
passe générale-
ment très bien,
pour peu que l'on
opère avec les
soins indiqués plus
haut et que l'on
ne commette ja-
mais l'imprudence
de laisser traîner à proximité des ruches la plus petite quantité
de miel ou de matière sucrée. C'est là une précaution capitale
et, faute de s'y conformer, on risque de provoquer un pillage
général de tout le rucher, origine de batailles entre les
abeilles dont l'apiculteur est à plusieurs points de vue la victime. C'est à l'état d'excitation causé par le pillage, résultant
d'une imprudence ou d'une fausse manœuvre, que sont dus
les trois quarts des accidents que les abeilles peuvent causer.

Il est sage, lorsqu'on procède aux visites, de se couvrir la
tête d'un léger voile de tulle noir (fig. 110) ; il assure une protection très efficace et ne tient pas chaud. Les camails complets, à masque métallique, sont à abandonner complètement : ils sont lourds, chauds et paralysent les mouvements.
Le tulle grec noir est le meilleur : avec 1 mètre de long, en
1m,20 de large, on peut faire deux voiles, en coupant le tulle
dans le sens de sa largeur, de manière à faire deux bandes de
1 mètre de long sur 0m,60 de large. Chaque morceau est cousu
dans le sens de sa plus grande longueur, de manière à former
un cylindre dont le bord supérieur, muni d'un élastique, est
serré autour du chapeau, tandis que le bord inférieur libre est
glissé sous le col du vêtement fermé (fig. 117). Le tulle blanc

ne vaut rien : il fatigue les yeux et gêne la vision. Si l'on a soin de serrer avec une ficelle le bas du pantalon et les manches du vêtement (une grande blouse blanche à poignets est parfaite), on est invulnérable.

Quant aux mains, elles doivent rester nues ; les piqûres y sont peu douloureuses, on s'y habitue vite et rapidement on n'enfle plus. Les gants sont très gênants et rendent l'opérateur maladroit et lent. On en fabrique cependant, et la figure 111

Fig. 111. — Gant pour apiculteur (Bondonneau).

en montre un modèle ; les meilleurs sont en tissu de coton très épais. La laine ne vaut rien, parce que les butineuses, s'embarrassant dans les brins, s'irritent et s'acharnent à piquer. Les gants de peau, dont l'odeur leur déplaît, ne valent rien non plus. Le plus simple est encore de travailler les mains et les bras découverts, en relevant les manches de la chemise jusqu'au-dessus du coude.

Enfumoir et emploi de la fumée. — Pour pouvoir pratiquer tranquillement sur une ruche les opérations nécessaires, on doit toujours faire usage de la fumée. Sous son influence, dont l'action n'est pas bien expliquée, les abeilles se gorgent de miel, battent des ailes et font entendre un murmure assez intense que l'on appelle le *bruissement*. Une colonie à l'état de bruissement ne songe ni à attaquer, ni à se défendre, à moins d'avoir affaire à une famille particulièrement irascible, et encore on en vient presque toujours à bout. Il existe des enfumoirs de différents modèles. Les plus simples et les meilleurs (fig. 112 et 113) sont constitués par un soufflet sur lequel repose un récipient cylindrique en fer-blanc renfermant la matière combustible et recevant l'air à la partie inférieure ; il est terminé par une partie conique. Les uns, comme le *Bingham*, se chargent par en haut ; les autres, comme le *Vésuve*, par en bas ; ce dernier paraît plus pratique. En tous les cas, je conseille de prendre l'appareil du plus grand modèle, susceptible de recevoir une forte provision de com-

R. HOMMELL. — *Apiculture.*   23

bustible, ce qui évite des rechargements incessants et donne

Fig. 112. — Enfumoir *Bingham*, se chargeant par l'avant
(Robert-Aubert).

beaucoup de fumée. On peut facilement fabriquer soi-même

Fig. 113. — Enfumoir *le Vésuve*, à   Fig. 114. — Enfumoir
double fond mobile et se chargeant   s'adaptant à un souf-
par le bas (Bondonneau).   flet de cuisine (Ro-
                                       bert-Aubert).

un enfumoir suffisant, économique et puissant, avec une
simple boîte à chicorée de 15 à 20 centimètres de long : on

pratique une ouverture au fond et une autre dans le couvercle; sur chacune on rive un ajutage conique en fer-blanc : celui du couvercle sert à la sortie de la fumée et celui du fond s'adapte, à frottement, sur le bout métallique du soufflet de cuisine. La figure 114 représente un récipient analogue vendu très bon marché. Recommandation importante : les bons enfumoirs doivent posséder une grille à petites perforations au fond et à l'entrée du tuyau de sortie de la fumée : l'une ou l'autre de ces grilles manque quelquefois : il faut de suite les remplacer par de la toile métallique ; faute de quoi, des particules enflammées entrant dans le soufflet en brûleront le cuir, ou, sortant par le tuyau, rôtiront les abeilles en risquant de mettre le feu dans la ruche.

Les modèles de soufflet que nous venons de décrire ne laissent qu'une main libre ou nécessitent l'emploi d'un aide, pour enfumer pendant qu'on opère. M. de Layens a imaginé un *enfumoir automatique* (fig. 115), dans lequel le soufflet est

Fig. 115. — Enfumoir automatique de Layens (Robert-Aubert).

remplacé par un ventilateur à palette mis en mouvement par un appareil d'horlogerie fixé sur le côté. En avant, une boîte métallique, pourvue d'une cage grillée, reçoit le combustible. et un frein, venant appuyer plus ou moins sur l'axe du ventilateur, en ralentit ou en arrête le mouvement. Cet appareil laisse les deux mains libres et peut marcher vingt à trente minutes sans être remonté ; il est très puissant ; je lui reproche même, outre son prix plus élevé, de l'être trop et de lancer parfois de longs jets de flamme au lieu de fumer, s'il marche un peu longtemps ; il faut alors le bourrer d'herbe verte ou de feuilles. Le frein est insuffisant et se fatigue vite. M. Jungfleisch a proposé une amélioration qui rend l'appareil plus pratique et qui consiste à reporter le frein un peu sur le côté, sa vis étant peu serrée de façon qu'il tombe librement par son propre poids, sans produire aucun frottement sur l'axe du ventilateur ; en face du frein et dans le haut de la partie ronde de la boîte en bois, on fixe une équerre en cuivre traversée par une vis assez longue et qui vient presser plus ou moins contre le levier de frein, de manière que la pression, étant ainsi graduée, se maintienne au point voulu, et que l'on puisse modérer ou arrêter la marche du système à volonté et d'une manière certaine.

Le meilleur combustible pour les enfumoirs est, à mon avis, le saule pourri, ou les autres bois blancs réduits, par l'action d'une décomposition particulière, en une sorte d'amadou blanc, spongieux, léger et fragile. On trouve facilement, aux bords des fossés ou des ruisseaux, des arbres dont tout l'intérieur a gardé sa forme et est complètement transformé de cette manière. Cette substance s'allume aisément et brûle en donnant beaucoup de fumée et pas de flamme; il est bon d'en avoir toujours une provision d'avance et bien sèche. On emploie aussi des rouleaux, peu serrés avec du fil de fer, de chiffons de coton ou de vieux papiers d'emballage que l'on peut utiliser tels quels ou trempés dans une solution chaude de résine avec un peu de goudron. Les chiffons de laine ou de soie ne valent rien : ils brûlent mal, se recroquevillent et ne fument pas. L'addition de tabac dans l'enfumoir est très efficace, mais nuisible aux abeilles qui peuvent en souffrir sérieusement si l'action en est prolongée et répétée. L'enfumoir s'allume en mettant dans le fond un charbon ardent ou quelques morceaux de bois ou de chiffons allumés ; on charge par-dessus. Un enfumoir que l'on abandonne momentanément doit être placé droit ; si on le couche, il s'éteint très vite.

Asphyxie momentanée. — Il peut être utile, pour une expérience ou pour la capture difficile d'un essaim sauvage mal logé, de l'amener à un état d'inertie complète. On y parvient par l'asphyxie momentanée. Sous l'influence des vapeurs produites par la combustion d'un champignon connu sous le nom de *lycoperdon* ou *vesse-de-loup* ou de chiffons nitrés, les abeilles sont asphyxiées pour une courte durée ; elles reviennent bientôt à elles si l'opération a été faite avec précaution et que l'insufflation n'a pas été trop prolongée. Il suffit de mettre le produit asphyxiant dans un enfumoir allumé et de lancer les vapeurs par le trou de vol ; on arrête quand les abeilles cessent de faire entendre leur bruissement. On prépare les chiffons nitrés en les trempant dans une solution de 500 grammes de nitrate de potasse (salpêtre) dans 5 litres d'eau ; on laisse sécher et on roule en petits paquets. On peut aussi préparer une bouillie un peu épaisse avec de la farine et de l'eau dans laquelle on a fait dissoudre 20 grammes de salpêtre par litre d'eau ; puis on y incorpore de la sciure de bois jusqu'à consistance d'une pâte ferme, qui est ensuite roulée en boudins découpés et entourés de papier ficelé aux deux bouts.

On ne doit pas employer ces substances pour les visites habituelles, mais seulement dans des cas exceptionnels et rares, leur usage répété étant dangereux et nuisible. En tous les cas, le couvain non operculé est certainement tué par ces vapeurs.

Brosse à abeilles. — Un autre instrument dont l'apiculteur a besoin à chaque instant est la brosse à abeilles. C'est une sorte de balai allongé à poils flexibles qui sert à balayer les abeilles des cadres que l'on récolte ou d'un endroit quelconque. La figure 117 montre comment on l'emploie.

Fig. 116. — Brosse à abeilles
(Robert-Aubert).

Emploi de la cire gaufrée. — Nous connaissons la cire gaufrée, son utilité et son mode de fabrication ; il reste à exposer comment on l'emploie et comment on la fixe dans les cadres. Les feuilles dont on fait usage doivent avoir en hauteur et en largeur 1 à 2 centimètres environ de moins que l'intérieur du cadre, de manière à pouvoir se dilater un peu sans se gondoler. On peut les couper avec l'outil représenté par la figure 118 et dont on fait légèrement chauffer la lame.

Les cadres sont tendus de quatre fils de fer étamés ou galvanisés de la grosseur d'un crin de cheval ; ce fil se vend en bobines (fig. 119) ou en masses. Les deux fils extrêmes sont à 3 centimètres des bords et ceux du milieu croisés, les points A, B, C, D partageant la largeur en trois parties égales (fig. 120). En ces points on enfonce à moitié des petits clous dits *semences bleues* ; on entortille autour d'eux l'un des bouts des morceaux de fils de fer, coupés de 10 à 15 centimètres plus longs que le cadre, et on enfonce les clous à fond ; puis, saisissant le cadre de la main gauche par la traverse inférieure, on tourne le fil deux fois autour de la traverse et ensuite autour du fil lui-même pour l'arrêter aux points E, F, G, H. La tension doit être assez forte, mais sans cependant gauchir le cadre. D'autre part, on a préparé une planchette ayant exactement les dimensions intérieures du cadre et pouvant y pénétrer librement, un peu moins épaisse et débordée latéralement par deux lattes sur lesquelles les

Fig. 117. — Brossage d'un cadre.

montants viennent s'appuyer (fig. 122). Sur cette planchette

Fig. 118. — Couteau pour découper la cire gaufrée (Gariel).

Fig. 119. — Bobine de fil de fer étamé pour fixer la cire gaufrée dans les cadres (Gariel).

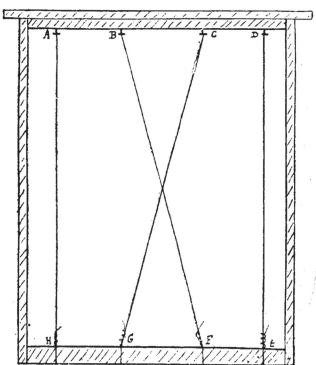

Fig. 120. — Cadre tendu de fils de fer et prêt pour recevoir la cire gaufrée.

on place la feuille de cire gaufrée et, par-dessus, le cadre garni de ses fils de fer; il suffit maintenant, pour que la fondation soit solidement fixée, de faire fondre légèrement la cire autour des fils pour que ceux-ci s'y trouvent noyés. On se sert, pour y parvenir, de l'*éperon* (fig. 121) imaginé par un apiculteur suisse, M. Voiblet, et qui se compose d'une molette de 2 centimètres de diamètre, mobile à l'extrémité d'un manche de bois. La molette comporte environ 26 dents et chacune d'elles est munie d'une échancrure dans laquelle le fil peut s'emboîter. On chauffe légèrement la molette sur une lampe à alcool et on la fait rouler sur le fil; la cire est fondue au passage, le fil y pénètre et est suffisamment recouvert pour que la feuille soit parfaitement maintenue.

On peut faire économiquement un éperon Voiblet en démontant le bec d'une vieille lampe à pétrole hors d'usage : l'engrenage double qui fait monter la mèche donne deux molettes que l'on fixe à l'extrémité d'un gros fil de fer et dont il suffit, avec un tiers-point, d'accentuer les crans des dents.

La disposition des fils que j'indique est la meilleure que j'aie trouvée après beaucoup d'essais ; les fils latéraux empêchent la feuille

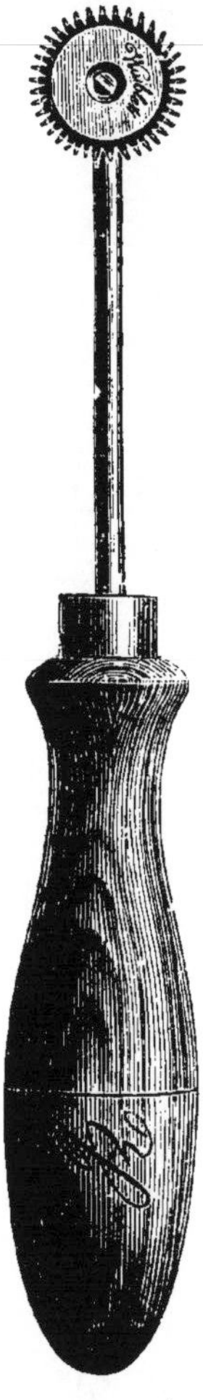

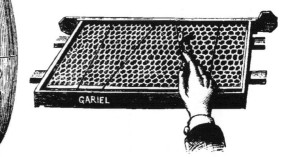

Fig. 121. — Éperon Voiblet (Gariel).

Fig. 122. — Mode d'emploi de l'éperon Voiblet (Gariel).

de gauchir sur les bords et le croisement des fils du milieu arrête son glissement qui se produit souvent, jusqu'à effondrement complet, quand les quatre fils sont parallèles,

La disposition de la figure 122 n'est pas bonne. Le fil y est d'une seule pièce pour les quatre directions ; s'il vient à casser en un endroit, tout lâche, et la tension est plus difficile qu'avec des fils séparés.

L'éperon Voiblet se refroidit vite. On a conseillé, pour lui garder sa chaleur plus longtemps, de visser et de braser la tige qui porte la molette au talon d'un fer à souder ; on peut ainsi travailler une dizaine de minutes sans réchauffer. Pour

Fig. 123. — Burette à bain-marie pour fondre la cire (Gariel).

empêcher le gondolement de la feuille en haut et son glissement, on peut, en outre, mais ce n'est pas indispensable, souder son bord supérieur à la traverse, en y versant un filet de cire maintenue liquide dans une burette en cuivre étamé et à bain-marie (fig. 123).

Certains cadres, et en particulier le cadre Hoffman de la maison américaine Root, présentent un dispositif particulier (fig. 124). La traverse supérieure (1) porte à sa partie inférieure une cannelure double, dans l'une desquelles on introduit la fondation en cire et dans l'autre on fixe une baguette en forme de trapèze, formant coin (2) ; on peut ensuite souder le tout en versant de la cire fondue à la burette ; même sans cette précaution supplémentaire, la solidité ne laisse rien à désirer. Le seul inconvénient de ce mode de montage est que, pendant les premières années au moins, la résistance du rayon à l'extracteur centrifuge est moins bonne dans ces cadres

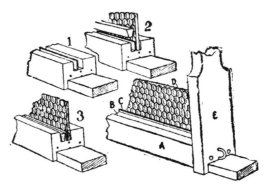

Fig. 124. — Montage de la cire dans le cadre Hoffman.

sans fil de fer ; il faut tourner doucement. On préparera aussi un certain nombre de cadres avec de simples bandes de cire gaufrée de 3 à 4 centimètres de haut ou de simples amorces constituées par des morceaux de rayons collés à la colle forte sous la traverse inférieure.

Peuplement des ruches à cadre. Achat des colonies. — Pour peupler les ruches à cadres, on peut s'adresser à des éleveurs qui font le commerce des essaims et qui les expédient dans de petites caisses à ouvertures grillagées. A l'arrivée, on mettra ces petites caisses dans une cave fraîche et obscure pour permettre aux abeilles de se calmer, et la mise en ruche s'opère facilement vers le soir, par l'ouverture de la boîte d'expédition après un léger enfumage et le balayage ou le secouage des abeilles sur quelques cadres garnis de cire gaufrée. Si on possède déjà des ruches, il est très bon d'y prélever un ou deux cadres contenant du miel et du couvain d'ouvrières operculé et de les donner au nouvel essaim qui est ainsi renforcé, nourri et fixé définitivement dans sa ruche. Par la suite, si la miellée ne donne pas, il sera indispensable de lui fournir artificiellement des provisions par les procédés que nous décrirons dans le chapitre suivant.

Ce procédé de peuplement est coûteux et parfois dangereux si l'on n'est pas certain que l'établissement où l'on achète est parfaitement exempt de maladies contagieuses, comme la

loque. Le prix des essaims est variable suivant leur poids
et l'époque de l'année. Voici une moyenne extraite des catalogues pour un essaim de 1 kilogramme :

	AVRIL.	MAI.	JUIN.	JUILLET.	AOUT.	SEPTEMBRE.	OCTOBRE.
	fr.	fr.	fr.	fr.	fr.	fr.	fr.
Abeilles communes.	16	14	11	10	8	7	6,50
— italiennes..	22	20	18	15	14	13	12

On ne doit jamais acheter des essaims de moins de 1 kilogramme et l'époque la meilleure est celle qui précède la grande
miellée.

Un autre moyen pour peupler les ruches est de retenir
chez les apiculteurs voisins des essaims naturels ; leur prix
varie, suivant les régions, de 3 à 10 francs ; en moyenne,
5 francs est le prix raisonnable auquel on peut les payer,
s'ils pèsent au moins 1 kilogramme. Il ne faut pas oublier que
les essaims primaires sont bien meilleurs que les essaims
secondaires, parce qu'ils possèdent une reine fécondée, et, si
les ruches d'où ils proviennent sont des ruches vulgaires
ordinaires, elles essaiment probablement tous les ans, et ces
reines sont jeunes et en pleine force de production : les essaims
secondaires sont plus faibles et conduits par des reines
vierges qui ont à courir tous les hasards du vol nuptial; ils
valent à peine la moitié des primaires.

D'après Hamet, un essaim de 2 kilogrammes remplit aux
trois quarts une ruche de 18 litres à une température
moyenne ; il la remplit entièrement s'il fait chaud et seulement à moitié s'il fait froid.

On peut aussi rechercher les colonies sauvages et les capturer
dans les endroits où elles ont recherché un refuge. Ces
colonies font souvent de très bonnes ruchées.

Mais, de tous les moyens de se procurer des abeilles pour
la formation du rucher, le meilleur est l'achat de ruches vulgaires, bien peuplées, aux apiculteurs fixistes des environs ;
on a ainsi des abeilles déjà acclimatées, un transport à courte
distance, et toutes les chances de réussite se trouvent ainsi
réunies. Le prix d'achat des colonies dans ces conditions est

très variable, suivant les régions; c'est dans les pays de montagne qu'elles sont généralement le moins coûteuses. Dans le département du Puy-de-Dôme, j'ai payé de 6 à 12 francs par ruche, à la condition de rendre les paniers vides dans le cours de l'année; dans d'autres régions, ces prix s'élèvent souvent à 15 ou 20 francs.

L'automne et le printemps sont les deux saisons pendant lesquelles on pratique de préférence l'achat et le transport des colonies logées en ruches à rayons fixes et qui sont destinées, par la suite, à peupler les ruches à cadres par transvasement ou essaimage artificiel.

Pour ma part, je préfère acheter au printemps, dans la dernière quinzaine d'avril et même dans les premiers jours de mai. A ce moment, la récolte n'est pas encore commencée : il y a cependant déjà quelques fleurs qui fournissent du miel et du pollen pour la consommation journalière, et les familles qui ont passé l'hiver sans accidents peuvent être considérées comme sauvées; les ruches ne sont pas encore lourdes, les populations pas trop fortes, le couvain pas trop abondant, et les nuits assez fraîches permettent le transport sur des voitures bien suspendues, sans craindre l'effondrement des rayons.

En faisant, au contraire, l'achat en automne, non seulement on se trouve en présence de colonies plus lourdes et dont le maniement est plus difficile à cause du miel qui s'y trouve pour les provisions d'hiver, mais on court tous les risques de l'hivernage, et quelques familles peuvent périr pendant la mauvaise saison, ce qui augmente d'autant le prix de celles qui restent. Il vaut mieux ne pas courir ces risques.

Les essaims secondaires de l'année précédente sont presque toujours les meilleurs, parce qu'ils possèdent des reines jeunes et au maximum de fécondité; il en est de même des ruches qui ont essaimé l'année précédente.

Les conditions principales à rechercher dans la colonie que l'on achète sont : une nombreuse population et un abondant couvain d'ouvrières disposé en plaques compactes. On reconnaît que la première condition est remplie en observant le va-et-vient des insectes devant le trou de vol; celui-ci doit donner passage à de nombreuses butineuses rapportant à leurs pattes postérieures des pelotes de pollen, ce qui est l'indice de la présence du couvain. Si la colonie est au repos, un léger choc de la main contre la paroi produira dans une ruche populeuse un son d'autant plus fort que la colonie sera plus puissante.

Un poids considérable est aussi une bonne recommandation. On le déterminera facilement avec l'aide du peson, de la romaine ordinaire ou du chevalet-bascule (fig. 109).

Collin a donné des renseignements, réunis dans le tableau suivant, et qui permettent de conclure, du poids brut d'une ruchée, ce qu'elle contient approximativement.

Évaluation de la composition d'une ruchée logée dans un panier de 25 à 30 litres de capacité.

	EN MARS.		EN OCTOBRE.	
	Essaim de l'année précédente.	Ruche à vieux gâteaux.	Essaim de l'année.	Ruche à vieux gâteaux.
	kil.	kil.	kil.	kil.
Poids brut.............	8,300	8,300	13,000	14,000
Poids de la ruche vide....	3,000	3,000	3,000	3,000
Abeilles...............	1,000	1,000	1,300	1,500
Rayons................	0,700	1,500	0,800	1,500
Couvain, environ........	0,300	0,300	Néant.	Néant.
Reste miel.............	3,300	2,500	8,000	8,000

Il est évident que si les ruches considérées cubent plus ou moins de 25 à 30 litres, on augmentera ou on diminuera proportionnellement le poids des gâteaux : ceux-ci sont du reste d'autant plus lourds qu'ils sont plus anciens : le poids du couvain va en augmentant depuis le début du printemps jusqu'au moment de l'essaimage où il pèse de 1^{kg},500 à 2 kilogrammes : dans un tel panier, en octobre, il n'y en a plus ; la population augmente aussi depuis 1 kilogramme en mai, ce qui représente une population satisfaisante au printemps pour une ruche vulgaire, jusqu'à 2^{kg},500 à 3 kilogrammes à son maximum, y compris les faux bourdons.

On remarque ainsi les ruchées les plus populeuses ; après les avoir enfumées par le trou de vol, on les retournera pour examiner leur intérieur ; ce déplacement permettra aussi de voir si elles sont lourdes ou légères. Le panier ainsi retourné, on écarte légèrement les rayons pour s'assurer de la présence et de l'état du couvain ; un excès de couvain de mâles est l'indice d'une ruche défectueuse dont la reine est vieille ou épuisée : on devra la rejeter ; au contraire, la colonie sera d'autant meilleure que ce couvain sera plus abondant et pondu en plaques plus compactes, même si la population semble un peu faible.

Les ruches choisies sont emballées de préférence le soir, après le coucher du soleil, lorsque toutes les abeilles sont rentrées ; on les place, pour cela, après les avoir légèrement enfumées, sur une toile d'emballage d'un mètre carré environ, à grandes mailles (fig. 125), dont on relie les bords et que l'on serre fortement autour de la ruche par une ficelle ou un fil

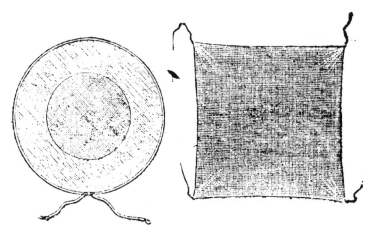

Fig. 125. — Toiles pour l'emballage des ruches vulgaires.

de fer, de manière à empêcher les insectes de sortir. Pour éviter que les rayons se brisent et se détachent par les cahots du chemin, il est recommandable d'enfoncer dans les bords inférieurs de la ruche deux baguettes en croix sur lesquelles les rayons reposent.

Les véhicules destinés au transport doivent être bien suspendus sur des ressorts doux : il est très important que les abeilles, qui s'agitent beaucoup pendant la marche, ne soient pas privées d'air : il leur en faut beaucoup pour ne pas périr par asphyxie. Le procédé le meilleur que j'aie trouvé consiste à les placer, dans leur sens habituel, sur les montants d'une échelle posée à plat au fond de la voiture ; l'air circule ainsi incessamment et se renouvelle à travers la toile d'emballage. Un chariot ordinaire reçoit facilement 20 ruches.

Il est prudent de dételer le véhicule et d'emmener les animaux assez loin pendant le chargement ; il peut arriver, en effet, qu'une ruche tombe ou s'ouvre par suite d'un faux mouvement, ce qui causerait de graves accidents.

On voyagera autant que possible de nuit et par un temps frais, à une allure lente. Aussitôt arrivé à destination, les ruches sont portées à la place qu'elles doivent occuper ;

on coupe la ficelle ou le fil de fer qui retient la toile dont on laisse simplement retomber les coins. Le lendemain, les abeilles étant calmées, on enlève définitivement les toiles.

L'opération du transport des ruches demande beaucoup de prudence et de soin ; on ne saurait faire l'emballage avec trop de précautions, la moindre ouverture pouvant donner passage aux abeilles furieuses. Si un pareil accident se produit, il faut dételer immédiatement le cheval, le conduire assez loin et chercher à maîtriser les abeilles, l'enfumoir devant toujours rester allumé pendant le transport.

Si le trajet doit être très long, il vaut mieux s'arrêter pendant la grande chaleur du jour dans un coin ombragé, descendre les ruches et rabattre les toiles en soulevant les paniers sur quelques petites pierres ; les abeilles sortiront, mais ne s'éloigneront pas, et l'on pourra repartir à la nuit, lorsqu'elles seront rentrées.

Si le transport doit avoir lieu par chemin de fer, il est bon de clouer quelques lattes sur l'ouverture pour consolider la toile. M. Maurice Bellot, qui a une grande pratique de ces achats, dit que les ruches entières peuvent voyager dans de très bonnes conditions, et rester huit jours en route, même par des gelées de 6° à 8°.

Les ruches achetées en automne seront mises en hivernage avec les précautions qui seront indiquées plus loin et disposées à la place qu'elles devront occuper définitivement par la suite (fig. 126).

Lorsqu'il s'agit de transporter une ruche à cadres, le trou de vol est soigneusement fermé, on découvre complètement la ruche et on remplace la toiture par un châssis tendu de toile métallique permettant le libre accès de l'air : ce châssis est maintenu à l'aide de quelques pointes ; on assure de même la fixité du fond et de la hausse si la densité de la population nécessite l'addition de cette dernière.

Pour le transport par chemin de fer, c'est le fond que l'on remplace par un châssis, le trou de vol est fermé et non tendu de toile métallique pour éviter l'accès de la lumière qui pousserait les abeilles à s'étouffer vers cette étroite ouverture ; les cadres sont fixés en haut à l'aide d'une petite pointe enfoncée à moitié ; enfin une indication, bien visible, fait savoir aux employés que la caisse contient des abeilles vivantes et ne doit être ni bousculée, ni renversée. Il vaut mieux faire l'expédition en grande vitesse, mais on peut cependant la faire en petite vitesse au commencement du printemps, en automne et en hiver, si le voyage ne doit pas durer plus de huit jours.

Dans toute ruche changée de place, un certain nombre d'abeilles risquent de se perdre ; il est par suite essentiel de les obliger à s'orienter de nouveau lors de leur première

Fig. 126. — Ruche vulgaire disposée pour l'hivernage.

sortie, et pour cela il convient de placer devant le trou de vol une planchette ou une tuile inclinée qui coupe leur vol de départ et leur indique que quelque chose d'insolite a eu lieu.

Dans la belle saison, deux ou trois jours après le transport, on procède au transvasement ; celui-ci doit être fait de suite si les rayons se sont effondrés et si le miel coule au dehors, engluant les abeilles.

Transvasement. — On donne le nom de *transvasement* à l'opération qui consiste à faire passer une colonie d'une ruche dans une autre (et en particulier d'une ruche à rayons fixes dans une ruche à cadres mobiles) avec son couvain, ses rayons et ses provisions. On peut opérer un transvasement plus ou moins complet par plusieurs méthodes ; par exemple :

1º Après avoir découvert complètement la ruche à cadres garnie d'un certain nombre de fondations en face du trou de vol, on place dessus la ruche en paille en fermant l'espace vide qui reste en haut par des planches et des toiles. Si la saison est assez mellifère, les abeilles arrivent à remplir de miel la ruche en paille, et la reine, faute de place, est obligée de descendre dans la ruche à cadres pour y déposer ses œufs; mais c'est souvent long.

2º Retourner la ruche en paille l'ouverture en haut, et placer dessus la ruche à cadres dont le fond est remplacé par une planche percée d'un trou emboîtant la ruche à transvaser. Ce procédé a, comme le précédent, l'inconvénient de demander un temps considérable : souvent la saison entière ne suffit pas pour obliger les abeilles à passer complètement dans l'habitation supérieure ; il est bien rare que l'on puisse enlever la ruche fixe avant juillet, août ou septembre. Le passage est d'autant plus rapide que la ruche vulgaire est plus petite ; on en découpera donc les parois et les rayons le plus possible jusqu'au niveau du couvain, de manière à en diminuer la capacité.

Ces superpositions doivent se faire de bonne heure, dès le commencement d'avril. De ces deux procédés, le premier est le meilleur parce que, si la ruche fixe essaime (ce qui est rare), il est tout indiqué de l'enlever vingt et un jours plus tard, puisque tout le couvain en est éclos; on a alors dans la ruche mobile une colonie plus faible, il est vrai, mais possédant une jeune reine.

Le deuxième procédé est le plus mauvais, parce que, la plupart du temps, les abeilles logent le miel dans la ruche mobile et la reine reste dans la ruche culbutée où la place ne lui manque pas pour sa ponte.

M. G. Collot a indiqué un perfectionnement qui rend ces deux modes de superposition et d'infraposition plus pratiques. La ruche fixe est tapotée (Voy. plus loin) avant d'être mise en place, et alors, vide d'abeilles, elle est placée dessus ou dessous la ruche à cadres, munie de cire gaufrée, mais en interposant entre les deux une planche percée d'une ouverture de 10 centimètres carrés recouverte de tôle perforée, ne laissant pas passer la reine, mais seulement les abeilles. On jette ensuite l'essaim formé dans la ruche à cadres; la reine est obligée d'y rester et d'y pondre, les abeilles peuvent aller soigner le couvain de la ruche fixe; vingt et un jours après, tout ce couvain est éclos et on peut l'enlever. Il est préférable, avec ce système, de placer la ruche à vider en dessous, parce que, dans cette position, la chaleur monte de la ruche inférieure et les abeilles n'ont pas la tentation d'emmagasiner du miel au-dessous du couvain, comme cela se produirait si l'on mettait la ruche fixe dessus.

3° Il est encore préférable et surtout plus rapide d'opérer directement le transvasement par le *tapotement*, en procédant comme il est indiqué ci-après.

Le tapotement d'une ruche à rayons fixes a pour effet d'obliger les abeilles à quitter les bâtisses sur lesquelles elles sont groupées pour les réunir à l'état d'essaim dans un panier vide. On possède de cette manière la colonie complètement nue ; il devient possible de la manipuler à loisir, de la transporter où l'on veut, d'y rechercher la reine, etc. Cette opération du tapotement est encore indispensable pour récolter le miel dans les ruches vulgaires sans blesser les mouches : la ruche, une fois débarrassée de ses habitantes, est taillée tout à l'aise, le miel enlevé, les provisions restantes évaluées à la quantité nécessaire pour un hivernage satisfaisant.

On donne quelquefois le nom de *chasse* ou *trévas* à la colonie ainsi délogée de son domicile primitif.

D'après ce que je viens de dire, il est facile de comprendre que toutes les personnes voulant faire de l'apiculture devront avant tout savoir faire une chasse. Au reste, cette opération est l'une des plus faciles, et l'on y est rarement piqué, malgré son apparente complication.

Le matériel est bien simple : d'abord l'enfumoir, un panier en paille vide et d'une capacité un peu moindre que la ruche à tapoter, une tige de fer pointue d'un bout et de 20 centimètres de long environ, deux chevilles de fer ou de bois dur de 12 à 15 centimètres de long façonnées en pointe aux deux extrémités, un tabouret ou un vieux tonneau défoncé, deux morceaux de bois de 60 centimètres. Tout cela n'est pas coûteux ni difficile à trouver. La ruche, débarrassée de son surtout d'hivernage, est enfumée assez fortement avant toute secousse, transportée un peu à l'écart, à l'ombre, et disposée la base en l'air entre les pieds du tabouret ou à la place du fond du tonneau (fig. 127). Un peu de fumée pour refouler les mouches qui déjà se montrent au bord des rayons, et aussitôt le panier vide placé dessus est fixé au panier inférieur par la cheville de fer enfoncée dans les deux bords. En plaçant la ruche habitée sur le tabouret, on voit tout de suite que les abeilles tendent à se masser de préférence vers un point des bords qui n'est pas toujours celui du trou de vol, pour effectuer leur montée ; c'est là qu'il faut enfoncer la cheville si l'on veut que l'opération marche vite. On fait ensuite basculer le panier supérieur autour de son point d'attache comme charnière et on le maintient à une inclinaison de 45 degrés environ à l'aide des deux chevilles de bois enfoncées dans les bords des deux paniers. L'opérateur, un bâton dans chaque main, commodément assis et le dos tourné au jour, frappe alors modé-

Fig. 127. — Le tapotement.

rément le fond du panier inférieur, puis à coups répétés et continus toute l'étendue des parois. Au bout d'un instant, un

bruissement très fort se fait entendre et les abeilles en
masses compactes, grimpant sur le dos les unes des autres,
émigrent dans le panier supérieur en choisissant comme chemin
le point d'attache des deux ruches. Calmées déjà et gorgées de
miel à la suite de l'enfumage, ahuries en quelque sorte par

Fig. 128. — Apiculteur faisant tomber les abeilles dans la ruche
à cadres.

le tapotement, les mouches, quittant rayons, miel et couvain,
sont bientôt toutes réunies sous forme d'essaim. Maintenant
alors sans secousse le récipient où elles se trouvent à son
inclinaison première, on enlève les chevilles et la tige de fer,
puis on le retourne doucement pour le transporter. Maître de
sa colonie, sans point d'appui où elle puisse se cramponner,
l'apiculteur jettera d'une brusque secousse l'essaim ainsi

formé dans la ruche (fig. 128) munie de quelques cadres avec
cire gaufrée, ou, le plaçant à l'ombre, pourra faire posément
la récolte de miel, quitte, dans ce dernier cas, à rendre
la colonie à la ruche d'où elle sort, le prélèvement une fois fait.

Au lieu de jeter l'essaim directement dans la ruche (ce que
je trouve meilleur et plus rapide), on peut le faire tomber sur
un drap pour rechercher la reine ; on refoule alors les
abeilles vers le trou de vol avec la brosse et un peu de fumée ;
elles rentrent assez vite, surtout lorsque la reine a passé dans
l'intérieur.

Pendant son séjour sur le drap (il faut alors choisir une
étoffe noire) la reine laisse tomber ses œufs qui tranchent sur
le fond par leur couleur blanche. M. de Layens s'est basé sur
ce fait pour déterminer, au moment du transvasement, si la
reine sera plus ou moins féconde et la colonie plus ou moins
productive ; il suffit, pour cela, de compter les œufs sur le
drap noir au bout d'un temps déterminé.

Inutile d'essayer un tapotement s'il fait froid ou si le temps
est orageux ; dans le premier cas, les abeilles sortiront difficilement et incomplètement ; dans le deuxième, on sera, de
plus, fortement piqué. Rien à craindre, au contraire, par un
temps chaud et une belle journée d'activité ; en dix ou quinze
minutes, tout sera fini.

Comme un certain nombre d'abeilles sont dehors occupées
à la récolte au moment où l'on transvase, il est bon de mettre,
pendant l'opération, un panier vide à la place qu'occupait celui
que l'on tapote : il recevra les butineuses qui rentrent au logis ;
on les réunira ensuite à l'essaim. Beaucoup de livres conseillent, pour faire la chasse, de placer les ruches l'une sur l'autre
et de rendre la fermeture encore plus hermétique en les entourant d'un linge ficelé sur les bords. Ce procédé est mauvais
parce qu'il ne permet pas de suivre la marche des abeilles et
de savoir quand le travail est terminé ; par le dispositif que je
décris, on sait au juste ce que l'on fait, on peut arrêter l'opération quand on le juge nécessaire, et souvent, avec un peu
d'attention, on voit passer la reine. Si l'on a à tapoter une
ruche à calotte ou à hausses, il faut opérer d'abord le corps de
ruche, ensuite la calotte ou les hausses, mises par terre, à
l'ombre, en attendant.

De suite après l'extraction des abeilles, on transporte la
ruche opérée dans une chambre close, puis on détache avec
précaution, en les coupant avec un couteau spécial à lame
courbe (fig. 127 et 128) les anciens rayons, et on les fixe avec
des fils de fer dans des cadres vides, en commençant par ceux
qui ont du couvain et en rejetant tous ceux qui sont construits

en cellules de mâles. Ces morceaux de rayons, que l'on coupera régulièrement, doivent être placés dans le même sens que dans la ruche, le miel en haut, le couvain en bas et au milieu. Les cadres sont préparés comme l'indique la figure 131,

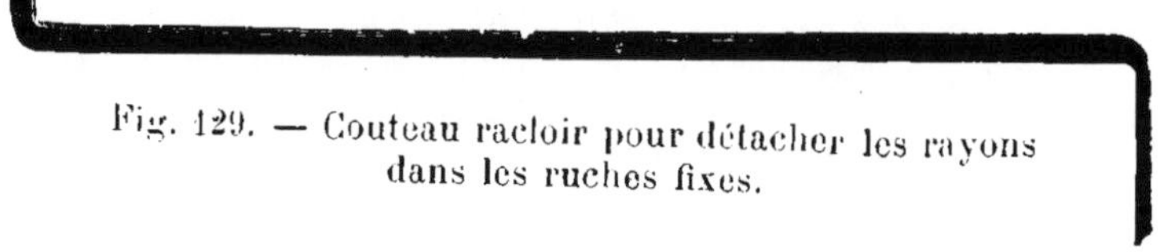

Fig. 129. — Couteau racloir pour détacher les rayons dans les ruches fixes.

c'est-à-dire que, l'une des faces étant tendue de fil de fer gal-

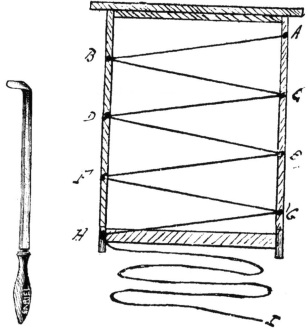

Fig. 130. — Couteau cératome pour détacher les rayons dans les ruches fixes.

Fig. 131. — Cadre préparé pour recevoir les morceaux de rayons.

vanisé assez fin, on pose dessus les anciens rayons et on tend les mêmes fils sur l'autre face pour les maintenir; on peut se contenter, si les morceaux sont assez grands, de les assujettir par trois fils de fer qui font le tour du cadre, deux sur les côtés et un au milieu, tordus sous la traverse inférieure : d'autres fois (fig. 132), on les fixe par des barrettes de bois.

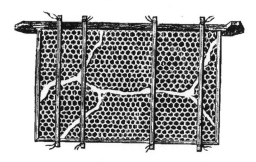

Fig. 132. — Cadre avec fragments de rayons.

On ne doit pas employer de ficelle pour ce travail, parce que les abeilles la rongent et la coupent souvent avant que l'ensemble ne soit bien recollé ; le rayon s'effondre alors et se brise. Les petits débris, contenant du miel, sont placés entre deux morceaux de toile métallique à grandes mailles cloués sur le cadre (fig. 133) et mis en place. Au bout de quelques temps, tous les morceaux sont recollés et, après enlèvement des fils de fer, on obtient des rayons assez solides et assez bons pour faire encore un long usage (fig. 134). Un panier vulgaire de taille ordinaire fournit assez de rayons pour remplir de trois à cinq cadres.

Ces cadres sont placés dans la ruche mobile dans l'ordre suivant : tout contre l'une des parois, un ou deux rayons contenant du miel, puis les cadres contenant le couvain ; à la suite, de nouveaux cadres pourvus de miel ; et enfin quatre ou cinq cadres avec cire gaufrée. Les cadres de couvain doivent toujours être placés devant le trou de vol.

La seule chose à craindre est la perte de la reine. Généralement, on la voit grimper dans la ruche supérieure sur le dos des ouvrières ; alors tout va bien. Dans le cas contraire, la mère est probablement restée dans le panier primitif : on la recherchera avec le plus grand soin sur tous les morceaux de rayons, au fur et à mesure que ceux-ci seront détachés, et dans tous les recoins du panier où elle se cache quelquefois. Il faudra la rendre aussitôt à la colonie transvasée en la saisissant par les ailes, jamais ailleurs ; elle ne pique jamais.

La ruche garnie est mise en place le soir, et le trou de vol
rétréci au passage d'une abeille pour éviter le pillage.

Si la quantité de miel trouvée est presque nulle, il est très
recommandable d'aider les abeilles en leur donnant du miel
ou du sirop.

Avec les ruches vulgaires de forme très basse, on peut, après

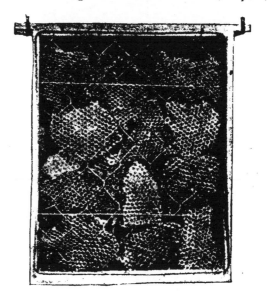

Fig. 133. — Morceaux de rayons contenant du miel entre
deux toiles métalliques.

un sérieux enfumage, ne pas faire de tapotement préalable et,
après avoir détaché les rayons couverts d'abeilles, les brosser
de suite dans la ruche à cadres.

L'époque la plus convenable pour effectuer les transvasements par tapotement va du 15 mars au 15 mai, parce qu'à ce
moment les rayons ne sont pas encore ramollis par la chaleur
et que le couvain et le miel sont moins abondants; plus tard
dans la saison, il vaut mieux opérer par l'essaimage artificiel,
comme nous l'indiquerons dans le chapitre suivant.

La ruche nouvellement formée doit être visitée une huitaine
de jours après, pour s'assurer de l'état de ses provisions et de
son couvain.

On a remarqué que les colonies transvasées montraient

après cette opération une activité extraordinaire : cela est dû sans doute à l'abondance de miel dans laquelle elles se trouvent à ce moment : elles s'en sont gorgées au moment du départ et les rayons découpés en laissent suinter de tous côtés. Cependant, dans cette première année, la ruchée n'atteint pas

Fig. 134. — Rayon réparé par les abeilles.

son développement maximum ; il semble que la reine, habituée à resserrer sa ponte sur une faible surface, ne puisse lui donner tout d'un coup toute son extension ; ce n'est guère qu'après son renouvellement naturel que l'on verra apparaître les pontes considérables dont nous avons parlé et les fortes récoltes qui sont la conséquence des grandes populations. A ce point de vue, on peut dire que les grandes ruches améliorent les qualités productives des abeilles.

Visite des ruches (fig. 135). — Pour visiter une ruche à cadres, l'opérateur se placera sur le côté ou derrière la ruche et non devant le trou de vol, pour ne pas porter le trouble parmi les butineuses qui entrent et qui sortent ; un aide muni de l'enfumoir se tient derrière et envoie un jet de fumée entre les rayons chaque fois que l'on découvre un cadre. Je ne conseille pas d'enfumer par le trou de vol avant d'ouvrir la ruche : ce

mode de procéder a l'inconvénient de faire monter les abeilles
vers le haut, de mettre toute la colonie à la fois en émoi et de
placer l'opérateur en présence d'une grande masse d'abeilles
au sommet des cadres; en enfumant par le haut, on a au contraire l'avantage de refouler la population vers le bas et les
porte-rayons se trouvent entièrement dégagés, ce qui permet
de les saisir facilement. Si la ruche est entièrement pleine de
cadres, on retire les deux premiers que l'on pose à terre en
les appuyant contre le support; les rayons suivants sont, après
avoir été examinés, reportés de deux rangs en arrière et les
deux mis de côté en commençant sont placés à l'autre extrémité. On commencera la visite par le côté opposé au couvain:
ce dernier se trouve toujours sur les rayons situés en face du
trou de vol.

Les cadres sortis de la ruche doivent être maintenus dans
un plan bien vertical ; si, en les retournant, on les couche plus
ou moins horizontalement et qu'ils soient alourdis par le
couvain ou le miel, ils risquent de se ployer et de s'effondrer,
surtout s'ils sont nouveaux et la cire peu résistante (fig. 74).

Dans l'espace d'une journée de neuf ou dix heures, on peut,
avec un aide, passer facilement en revue et en détail tous les
cadres de 50 ruches Layens; en opérant seul, on va beaucoup
moins vite et il est important de ne pas laisser une même
ruche ouverte trop longtemps ; l'odeur de miel et de cire qui
s'en dégage attire les pillardes qui rôdent aux alentours, la
colonie visitée se défend, s'irrite et devient agressive.

Cela se remarque surtout en automne, quand la miellée ne
donne plus : les butineuses très nombreuses sont alors inoc-
cupées et cherchent de tous côtés des matières sucrées pour
s'en emparer. Lorsque, au contraire, les fleurs donnent beaucoup
de nectar et que les abeilles sont très actives au travail, le
pillage n'est pas à craindre et il faut très peu de fumée pour
les maîtriser.

Dans un grand rucher, on est souvent obligé de travailler
toute la journée ; on doit cependant éviter de le faire par la
pluie ; mais le meilleur moment est le soir après 3 heures ;
si, par la suite, un peu de pillage commence à se produire, il ne
s'étend pas et cesse avec l'arrivée de la nuit ; si, par hasard, le
pillage vient à se généraliser et si l'excitation tend à gagner
tout le rucher, il faut s'arrêter, fermer avec soin les ruches et
rétrécir les trous de vol.

On a imaginé, pour éviter le pillage malgré la longueur de la
visite, une tente en tulle (fig. 136) avec armature pliante en
bois, qui se place au-dessus de la ruche ; elle a 1^m,50 dans
toutes ses dimensions et son poids est de 2^{kg},700.

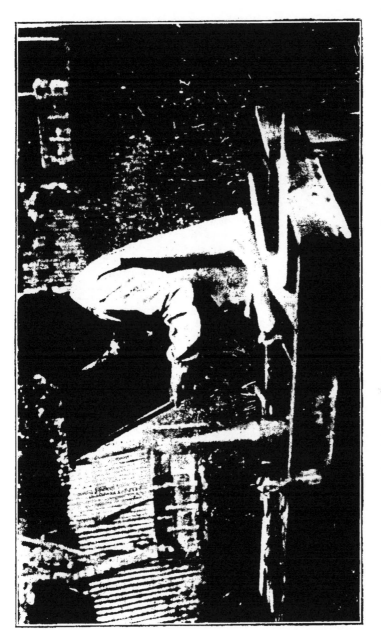

Fig. 135. — Visite d'une ruche et examen d'un cadre.

Les abeilles sont souvent très irascibles par les journées de temps lourd et orageux ; c'est par les belles journées de soleil et d'activité qu'elles sont le plus douces et le plus faciles à manipuler.

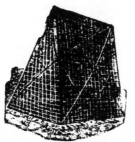

En outre de la brosse et de l'enfumoir, on se munira encore, pour les visites, d'un couteau à lame longue pour trancher les bâtisses parasites qui réunissent parfois plusieurs rayons ensemble ; un levier formé d'un vieux ciseau à bois ou d'une lame de couteau brisée est nécessaire pour décoller les cadres, souvent fixés à la feuillure par de la propolis. Tous ces outils seront réunis, avec le cahier de notes, dans un des côtés d'une petite caisse à deux compartiments ; de l'autre on mettra une provision de bois pourri préparé en morceaux de la grosseur d'un œuf, pour l'enfumoir.

Fig. 136. — Tente pour la visite des ruches.

II. — CONDUITE DU RUCHER.

Conduire un rucher, c'est lui donner les soins nécessaires pendant les différentes périodes de l'année. Les travaux à effectuer sur les ruches varient suivant que l'on a affaire à des ruches horizontales, à des ruches à hausses ou à des ruches à rayons fixes. Il y a cependant des principes généraux qui s'appliquent à toutes les ruches ; nous y insisterons d'une manière particulière en décrivant la manière de soigner les ruches horizontales.

A. — *Conduite des ruches horizontales.*

Ce sont les plus simples et les plus faciles à diriger ; elles nécessitent très peu de visites et conviennent particulièrement bien aux cultivateurs qui veulent faire de l'apiculture une distraction rémunératrice et auxquels le temps manque pour une surveillance constante.

Printemps. — Les travaux de printemps consistent en une visite attentive de la colonie, suivie d'un nettoyage général et du remplissage de la ruche avec les vingt cadres qu'elle comporte.

Lorsque l'hivernage a été bien fait, et que les provisions laissées à l'automne sont largement suffisantes, l'apiculteur n'a aucun avantage à visiter ses ruches de trop bonne heure au printemps. Les inconvénients des visites précoces sont multiples : la colonie, mise en émoi, élève par son agitation la température du nid, consomme plus de miel, et la reine étend sa ponte sur un plus grand nombre de rayons ; si, à ce moment, il survient des retours de froid, les abeilles, obligées de resserrer leur groupe, abandonnent le couvain qui périt ; on voit aussi certaines colonies, arrachées brusquement à leur repos hivernal, tuer leur reine et se rendre elles-mêmes orphelines.

Il n'est pas recommandable d'effectuer la première visite du printemps avant que les butineuses ne soient déjà sorties activement pendant une dizaine de jours en rapportant du pollen ; l'époque la plus favorable paraît être vers le 15 avril, ou même plus tard dans les pays froids et montagneux ou lorsque le temps n'a pas été beau jusque-là.

A ce moment, la ruche présente l'aspect représenté par la

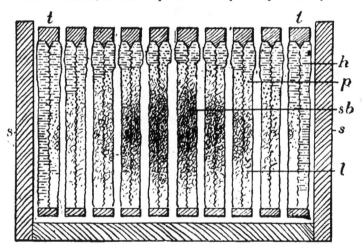

Fig. 137. — Coupe d'une ruche à trou de vol central. — s, s, parois de la ruche ; t, t, porte-rayons des cadres ; h, miel ; p, pollen ; l, larves et œufs ; sb, couvain operculé.

figure 137. On voit que le couvain forme au centre une masse compacte, entourée par le miel et le pollen.

C'est par l'examen des cadres de couvain que l'on pourra se

rendre compte de la manière dont la colonie se comportera pendant toute l'année et en déduire la série des opérations à effectuer.

Ces cadres de couvain présenteront l'un des aspects suivants :

1° Le couvain sera uniquement du couvain d'ouvrières (fig. 138) disposé en plaques compactes, montrant que la ponte

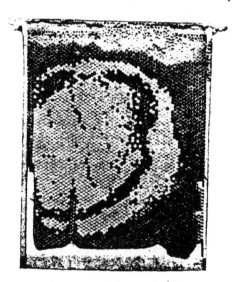

Fig. 138. — Type d'un cadre avec couvain d'ouvrières abondant et disposé en cercles réguliers et concentriques ; en haut, miel operculé. (Photographie de M. de Layens.)

a été abondante et disposée en cercles réguliers et concentriques. On peut en conclure que la reine est très féconde, jeune, et qu'elle donnera naissance à une forte population de butineuses ;

2° Les cadres de couvain renferment des plaques limitées de couvain d'ouvrières et des plaques étendues de couvain de mâles, facilement reconnaissable à la dimension des cellules où il est pondu et au bombement des opercules qui le recouvrent (fig. 139). Si cette disposition est générale dans tous les rayons du nid, c'est que la reine est vieille, que sa provision de spermatozoïdes diminue et qu'elle n'est plus apte à donner une forte population de butineuses.

Si, au contraire, quelques cadres seulement présentent cet

aspect et que les autres sont en couvain d'ouvrières normal et abondant, la faute en sera à l'apiculteur qui aura eu le tort d'oublier dans le nid à couvain des rayons à grandes cellules, au lieu de n'y mettre que des rayons à cellules d'ouvrières :

3° Tous les ca-
dres présentent
du couvain de mâ-
les et pas de cou-
vain d'ouvrières ;
la reine est alors
bourdonneuse ou
morte et rempla-
cée par des ou-
vrières pondeu-
ses. Une telle ru-
che ne vaut plus
rien ;

4° Il n'y a que
quelques rares cel-
lules contenant du
couvain (fig. 140) ;
celui-ci est dissé-
miné sans ordre,
et le rayon montre
de larges espaces
vides. Une ruche
qui présente ce
caractère doit être
considérée comme
suspecte. On y
recherchera les

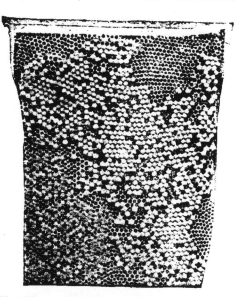

Fig. 139. — Rayon avec couvain de mâles en haut et à droite et couvain d'ouvrières en bas et à gauche. (Photographie de M. de Layens.)

caractères de la maladie appelée *loque* ; si on est sûr que la loque n'existe pas, c'est que la reine est vieille et épuisée ;

5° Il n'y a pas de couvain du tout. Dans ce cas la ruche est orpheline ou la reine n'a pas encore commencé à pondre : cela arrive quelquefois avec de très bonnes reines sans que l'on sache pourquoi.

On peut résumer dans le tableau suivant les opérations à effectuer dans ces différents cas ; les règles qui ont présidé à son établissement sont basées sur les principes suivants vérifiés par l'expérience :

1° Moins on dérange une bonne colonie, largement pourvue de provisions et de place pour le couvain et pour le miel, plus cette colonie prospère et donne une forte récolte ;

2° Une colonie est bonne, même si la population semble

faible, lorsqu'elle possède une reine féconde, ce qui se reconnaît à la présence d'un nombreux couvain d'ouvrières disposé en cercles réguliers et concentriques ;

3º Une colonie est défectueuse lorsqu'elle est orpheline ou possède une reine bourdonneuse, en même temps qu'une population faible ;

4º En général, une colonie forte dont la reine devient

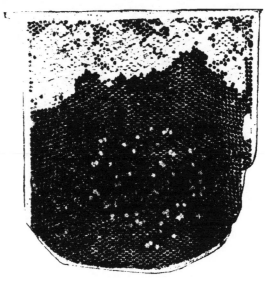

Fig. 140. — Rayon avec du couvain rare et disséminé ; en haut, du miel operculé. (Photographie de M. de Layens.)

défectueuse la remplace sans que l'apiculteur s'en aperçoive ;

5º Si une colonie orpheline est forte et bien pourvue de provisions, on peut tenter de la rétablir en lui donnant un rayon renfermant du couvain de tout âge ;

6º En principe, toutes les colonies défectueuses doivent être supprimées, parce que les efforts faits pour les rétablir seront souvent inutiles et toujours hors de proportion avec le résultat obtenu ; de plus, ces colonies désorganisées ne se défendent pas et sont une cause de pillage.

Tableau des opérations à effectuer sur les ruches à la première visite du printemps.

ASPECT DES RAYONS.		OPÉRATIONS A EFFECTUER.
A. — **La ruche présente du couvain :**		
D'OUVRIÈRES.		
1. *Abondant et en plaques compactes,* formant des cercles réguliers et concentriques. La reine est jeune et féconde, la colonie sera prospère.		Remplir la ruche de cadres.
Seul.... 2. *Rare et éparpillé.* Rechercher les caractères de la loque. Si on ne les trouve pas, visiter tous les 8 jours. Au bout de 15 jours la ruche présente :	Le même aspect ou pas de couvain du tout.	Colonie à supprimer.
	Un couvain d'ouvrières normal.	Comme n° 1.
	Des cellules royales operculées ou fraîchement écloses.	Renforcer par un ou deux cadres de couvain operculé et surveiller la colonie.
	Rien que du couvain de mâles.	La colonie est bourdonneuse. Comme elle est aussi faible, la supprimer.
3. *Le couvain d'ouvrières compact est important ou domine fortement.* L'apiculteur a oublié des rayons à cellules de mâles dans le nid à couvain. La ruche est bonne.		Comme n° 1. Mais auparavant désoperculer le couvain mâle et transporter hors du nid, à l'autre extrémité de la ruche, les rayons qui en contiennent exclusivement ; les remplacer par des rayons à cellules d'ouvrières. Les abeilles rejetteront ce couvain désoperculé. Laisser dans le nid les rayons mixtes, mais les reporter sur les bords.
Mélangé à du couvain de mâles. 4. *Le couvain de mâles domine beaucoup et le couvain d'ouvrières est rare et peu compact.* La reine est vieille ; généralement les abeilles la remplacent sans que l'apiculteur s'en aperçoive.		Désoperculer tout le couvain mâle, repousser hors du nid, à l'extrémité de la ruche, les rayons qui en contiennent exclusivement, et les remplacer par des rayons à petites cellules. Laisser les rayons mixtes sur les bords du nid, mais pas au centre. Visiter tous les 8 jours.
Quinze jours après :	La situation est la même.	Colonie à supprimer.
	Le couvain d'ouvrières est devenu prédominant.	Comme n° 1.
	Il y a des cellules royales operculées ou fraîchement écloses.	Renforcer par un ou deux rayons de couvain operculé pris à une ruche forte, et surveiller la colonie.

	OPÉRATIONS A EFFECTUER.
DE MALES SEUL.	
5. La ruche possède une mère bourdonneuse ou des ouvrières pondeuses.	Colonie à supprimer.
B. — **La ruche n'a pas de couvain du tout.** — Cet état de choses peut provenir de ce que la ruche est orpheline ou de ce que la reine n'a pas encore commencé à pondre. Le cas d'orphelinage est le plus fréquent.	Donner à la ruche un rayon de couvain de tout âge et la visiter au bout d'une dizaine de jours.
Après ces dix jours la ruche présente :	
Plus ou moins abondant, mais compact. La colonie ira bien.	Ajouter des cadres quand la colonie risquera de manquer de place.
6. Du couvain d'ouvrières. / *Rare et éparpillé.* / *Pas de cellule royale operculée.* La ruche est défectueuse et ne se refera pas.	Rechercher la loque et supprimer la colonie.
Une ou plusieurs cellules royales operculées. La colonie se refait une reine.	Comme au n° 8, ci-après.
7. Du couvain de mâles. *Pas de cellule royale operculée.* La ruche est orpheline à ouvrières pondeuses et ne se refera pas.	Colonie à supprimer.
Une ou plusieurs cellules royales operculées.	Comme au n° 8, ci-après.
Pas de couvain. 8. *Mais une ou plusieurs cellules royales operculées.* La colonie se refait une reine et aura probablement des œufs pondus 14 jours et du couvain operculé 23 jours après, au plus tard.	La visiter à ces diverses époques et veiller, par la suite, à ce qu'elle ne manque pas de place. Si, aux époques ci-dessus, il n'y a ni œufs ni couvain, l'élevage royal a manqué et la colonie est à supprimer.
Et pas de cellule royale operculée. La ruche est orpheline et ne se refera pas.	Colonie à supprimer.

Une ruche défectueuse peut être supprimée de deux manières : soit par sa réunion avec une autre colonie pourvue d'une reine soit par la dispersion de ses habitantes. Pour arriver à ce dernier résultat, qui est le plus rapide et le meilleur, si le temps est beau et les abeilles actives, il suffit de détacher la ruche de son plateau, de la poser par terre, de sortir les cadres les uns après les autres et de balayer les abeilles qui se trouvent dessus sur le plateau placé au soleil ; celles-ci, qui se seront gorgées de miel, iront se réfugier dans les ruches voisines où elles seront généralement bien accueillies. La ruche vide et les rayons sont rentrés au laboratoire pour servir ultérieurement.

Une opération indispensable et consécutive à la visite de

la ruche consiste à la nettoyer ; après l'avoir détachée de son plateau et posée sur un autre fond de rechange placé à côté, on enlève toutes les impuretés, débris de cire et de pollen, cadavres tombés sous les rayons, à l'aide de la brosse et du racloir (fig. 141).

La ruche est alors remise en place, et après avoir reçu, si elle va bien, tous les rayons qu'elle comporte, il n'y a généralement plus à s'en occuper

Fig. 141. — Racloir pour nettoyer les ruches.

jusqu'au moment de la récolte. Il n'y aura lieu de visiter jusqu'à ce moment, et cela le plus rapidement possible, que les colonies qui donnent de l'inquiétude et celles dans lesquelles on aura constaté, à l'allure extérieure, une diminution d'activité particulière non en rapport avec la saison.

En se référant aux expériences de M. de Layens, rapportées à la page 243, il conviendra de disposer les rayons de la manière suivante, en se rappelant que la ruche a deux trous de vol. Tout à fait contre la paroi, deux cadres bâtis en cellules

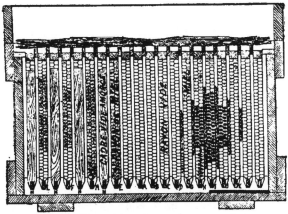

Fig. 142. — Disposition des cadres au printemps.

d'ouvrières et dont les cellules seront vides (fig. 142, à droite du dessin), à la suite un cadre semblable, mais contenant du miel à sa partie supérieure, puis les cadres de couvain, dans l'ordre même où ils ont été trouvés (sauf ceux entièrement en mâles, qui seront repoussés hors du nid), ensuite un cadre

contenant du miel et d'autres en cellules d'ouvrières et entièrement bâtis, au total douze. Le treizième rayon et tous les
impairs suivants seront entièrement bâtis et renfermeront un
peu de miel ; ils alterneront avec les cadres pairs ne contenant
aucune construction, mais simplement amorcés par des bandes
étroites de cire gaufrée ou de vieux rayons fixés par de la
colle forte à la traverse supérieure. Il résulte de ce dispositif
que les abeilles auront la possibilité de fabriquer de la cire quand
elles voudront et dans les conditions qu'elles jugeront elles-
mêmes les plus favorables ; les rayons obtenus seront toujours
réguliers parce que leur construction sera guidée par les bâtisses
entières placées de chaque côté, et les butineuses seront attirées
dans cette partie de la ruche par le miel qui y sera laissé. La
reine ne manquera jamais de place pour la ponte, ni les
ouvrières pour emmagasiner le miel, grâce aux treize premiers
rayons entièrement prêts et qui ne seront jamais remplis avant
que la construction des autres ne soit assez avancée. Si, par
suite de l'existence d'un seul trou de vol, le nid à couvain se
trouvait placé au milieu, le principe resterait le même, les
rayons bâtis et vides se trouvant disposés par moitié à droite
et à gauche du nid, et ensuite les cadres amorcés alternant avec
des bâtisses entières, en même nombre que plus haut.

Il peut arriver que dans certaines colonies, dans lesquelles la
ponte a commencé tardivement ou qui ont renouvelé naturellement leur reine, le couvain soit en faible quantité ; il est
alors recommandable de leur venir en aide en y introduisant,
à l'endroit voulu, deux ou trois cadres de couvain operculé,
pris dans autant de ruches les plus fortes du rucher. On
égalise ainsi la force des colonies et on leur donne la
possibilité d'atteindre un développement suffisant pour leur
permettre de profiter toutes ensemble de la miellée dès son
début. Il faut cependant avoir soin de proportionner cet
apport de couvain avec l'importance de la population qui le
reçoit, de manière qu'il puisse être bien couvert et n'ait
pas à souffrir des variations de température qui sont à
craindre à cette époque.

Le seul travail à effectuer par la suite au printemps
est l'essaimage artificiel dont nous parlerons au chapitre
suivant.

Été. — Lorsque le rucher ne possède plus que d'excellentes
colonies, pourvues de tous les cadres nécessaires à leur
extension et au dépôt des provisions, il n'y a aucun travail
de quelque importance à effectuer. Plus les colonies seront
tranquilles, moins on y fera de visites, mieux elles travail-
leront et plus elles accumuleront de miel. Du reste, avec

l'observation des phénomènes qui se passent à l'extérieur et l'aspect des abeilles au trou de vol il sera facile à l'apiculteur de venir en aide, par une visite, aux familles qui paraîtraient avoir besoin de secours.

Récolte. — La récolte peut se faire soit immédiatement à la fin de la miellée principale, soit en même temps que la mise en hivernage, c'est-à-dire à la fin du mois de septembre. Quelques apiculteurs ont même l'habitude de ne prélever la récolte qu'au printemps suivant : c'est là une très mauvaise pratique, parce que le miel qui a passé l'hiver dans les ruches a perdu de sa qualité et souvent même a granulé dans les rayons, ce qui en rend l'extraction impossible ou tout du moins difficile et incomplète.

Dans les pays à miellée unique ou à plusieurs miellées de bonne qualité, il est préférable, à mon avis, de retarder la récolte jusqu'en septembre; cela n'enlève rien à la qualité du produit et la conduite se trouve simplifiée, puisqu'on fait en même temps la mise en hivernage, avec une certitude plus complète de la quantité de nourriture laissée pour l'hiver. Au contraire, dans les régions où, à une miellée de printemps de bonne qualité, en succèdent d'autres, inférieures par le goût et la couleur, comme celles de la bruyère, du sarrasin et surtout du châtaignier, il est nécessaire de mettre à l'abri le premier produit et de prendre l'autre à l'arrière-saison, en constituant aussi avec lui les provisions d'hiver.

La récolte des ruches horizontales s'effectue par les mêmes procédés qu'une visite ordinaire, en commençant par les cadres les plus éloignés du couvain ; il faudra cependant un peu plus de fumée peut-être et opérer le plus rapidement possible, parce qu'en cette saison le pillage s'établit rapidement. Les rayons de miel que l'on veut enlever sont débarrassés des abeilles qui se tiennent dessus et que

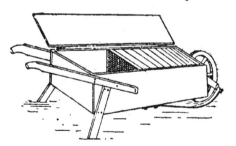

Fig. 143. — Brouette pour le transport des cadres.

l'on balaye dans la ruche ou devant l'entrée; ils sont aussitôt placés dans une petite caisse munie d'une poignée en forme d'anse, suspendus par leur porte-rayon comme dans la ruche, et la caisse hermétiquement fermée par un bon couvercle, dès leur introduction. Il ne faut pas faire de caisse plus grande que pour huit ou dix cadres, à cause du poids à transporter. Une bonne disposition est une brouette-caisse comme celle représentée par la figure 143.

On ne doit pas récolter les ruches trop à fond, mais y laisser toujours la quantité de miel largement suffisante pour les besoins de la colonie pendant la mauvaise saison ; nous verrons que cette quantité s'élève à 18 ou 20 kilogrammes. En tous les cas on s'arrêtera au premier cadre précédant le couvain, s'il en existe encore.

Rien n'est plus simple que d'apprécier le poids des provisions laissées lorsque l'on fait usage du cadre de 12 décimètres carrés, en se rappelant que, plein de miel, il en contient 4 kilogrammes. Il est facile dès lors, en examinant les derniers cadres un à un, d'estimer la quantité de miel contenu dans chacun d'eux, suivant qu'ils sont pleins entièrement, à moitié ou au quart seulement, d'en laisser le nombre qu'il faut et de retirer le surplus sans crainte d'erreur.

Les cadres récoltés sont transportés au laboratoire et mis à l'abri dans les armoires où nous les retrouverons en parlant de l'extraction.

C'est surtout au moment de la récolte que l'adoption de deux trous de vol latéraux, dont un seul doit rester ouvert, au lieu d'un seul médian, devient évidente. Avec la disposition de l'ouverture au milieu, si l'on commence la récolte par la droite par exemple, on est amené à refouler, au fur et à mesure que l'on avance, les abeilles vers la gauche à l'aide de la fumée ; le travail terminé d'un côté, il faut le recommencer de l'autre et l'on se trouve alors en présence de toute la colonie qui, chassée par l'enfumoir, s'est massée sur les rayons extrêmes ; on comprend qu'il devienne moins facile de la maîtriser à son gré. Au contraire, lorsque l'entrée est latérale, à gauche par exemple, le nid à couvain commence tout près de la paroi de ce côté et les cadres contenant du miel sont tous situés sur sa droite. En chassant les abeilles par la fumée, celles-ci se massent sur le couvain et ne sont nullement gênantes, puisqu'il n'est pas du tout utile de déplacer ces derniers rayons pour faire la récolte.

Avant d'étudier la pratique de l'hivernage, il est utile d'examiner l'influence des variations de la température sur les ruches.

Influence des variations de la température. — Ces variations ont une action très considérable sur le mode de groupement de la colonie, son activité, la consommation des provisions, en un mot sur sa manière d'être.

A la température de + 8° C., l'abeille devient incapable de

mouvement; à + 6° ou + 7°, elle meurt rapidement, si elle est isolée. Au début du printemps, la butineuse ne sort de la ruche que si elle y est absolument forcée par le manque d'eau et de pollen, nécessaire à l'élevage du couvain, si la température extérieure ne s'élève pas au moins à +10° C. pendant le jour. Lorsque cette dernière condition se trouve réalisée pendant quelques jours, la chaleur minima est de 13° à 14° dans la ruche; la colonie quitte alors l'état d'hivernage et la reine commence à déposer quelques œufs au centre du nid, là où il fait le plus chaud. La chaleur nécessaire à l'éclosion de l'œuf de l'abeille étant de 27°, c'est cette température qui doit exister nécessairement, comme un minimum, à l'endroit où les premiers œufs sont déposés. La grande ponte ne commence que quand la chaleur interne minima de la ruche atteint 20° pendant le jour et 15° pendant la nuit; elle bat son plein quand, le temps étant devenu assez favorable, les abeilles ont pu sortir et butiner et que, par le fait de ce mouvement et de la chaleur solaire, la température du nid s'est élevée à 24° ou 25° pendant la nuit et à 30° pendant le jour.

Ce n'est guère qu'à partir de + 12° au dehors pendant le jour, et s'il fait du soleil, que les abeilles sortent; mais elles s'éloignent peu tant que la chaleur ne se maintient pas au minimum au-dessus de +10° pendant la nuit, pour atteindre 20° pendant le jour.

Les premières manifestations de l'activité renaissante apparaissent sous la forme d'une sortie générale, à l'heure la plus chaude d'une belle journée de soleil, accompagnée d'un bourdonnement intense : la plus grande partie de la colonie décrit autour de la ruche, et sans s'en éloigner, des cercles et des évolutions qui constituent ce que les apiculteurs nomment le *soleil d'artifice* ; les ouvrières, recluses durant de longues semaines, profitent de ce mouvement pour vider leurs intestins où les résidus de la digestion se sont accumulés pendant l'hivernage; en même temps, elles procèdent au nettoyage de l'habitation et rejettent au dehors les cadavres et les débris de cire tombés sur le plateau et qui s'y sont accumulés depuis le commencement des froids. Au fur et à mesure que la population augmente et que la saison s'avance, la ponte se développe de plus en plus; la température du nid oscille alors, dans les conditions normales, entre 30° et 36°, mais elle peut atteindre 39° et même 40°, — la température peut monter jusqu'à 39° au centre du nid; elle peut atteindre 40° si la colonie se trouve prise de la fièvre d'essaimage.

C'est lorsque cette température de 30° à 36°, entre les rayons, se trouve réalisée que l'abeille donne son maximum de rendement, quand la miellée s'y prête et qu'il fait 25° à 30° à l'extérieur. Au delà, et dès 37°,5 dans les ruches, elle devient indolente, ne travaille plus, et la colonie se groupe en masse inactive devant la ruche ; on dit que les abeilles *font la barbe*. Vers 60°, l'insecte est tué en quelques instants et une chaleur de + 20° C. est le minimum auquel une ouvrière isolée puisse se livrer au travail pendant un certain temps sans s'épuiser rapidement par une lutte trop active contre le froid.

Le travail se ralentit dès la fin du mois de juillet avec la cessation de la miellée, la température baisse dans la ruche et, en automne, la colonie se prépare à l'hivernage.

Pour lutter contre le froid, l'abeille emploie trois procédés : 1° le mouvement qui, en accélérant les fonctions respiratoires, active la combustion des aliments ; 2° la consommation de substances sucrées, et en particulier du miel ; 3° le groupement en masse d'autant plus compacte que la température est plus basse. Lorsque, vers le mois de septembre ou d'octobre, la chaleur moyenne quotidienne de l'intérieur des ruches descend à + 12° C., les abeilles commencent à se rassembler et quittent les rayons extrêmes ; à + 8° la masse devient plus compacte, et à + 4° la concentration est complète et tout mouvement général a disparu, le bruissement est imperceptible ; il reprend plus ou moins fortement si le froid devient extrêmement vif, le mouvement ainsi produit ayant pour but d'élever la température.

C'est au centre de cette grappe que la température atteint son maximum. D'après Sylviac, elle est normalement de 22° C. pendant l'hiver pour une colonie de force moyenne, de 20° pour une faible et de 24° pour une très forte ; la chaleur diminue dans le groupe à mesure qu'on s'éloigne du centre pour se rapprocher des bords latéraux. L'auteur russe Tseselsky avait dit que la température au centre du groupe se maintient en hiver entre 10° et 12° et qu'elle peut s'élever dans certains cas à 30°. Cowan avait conclu d'expériences faites en 1898 que la température dans l'intérieur du groupe d'abeilles pendant l'hiver variait entre 15°,5 et 21° C. Bien antérieurement, Newport affirmait que la température y descendait parfois au-dessous de zéro ; cette opinion est manifestement erronée, les abeilles ne pouvant pas vivre lorsque le froid arrive à ce degré.

Le groupement hivernal des abeilles se fait toujours, pour une bonne colonie, sur la partie vide des bâtisses ; l'emplacement où elle doit stationner ne reçoit aucune provision, ou le peu qui s'y trouve est consommé avant les froids. Dans les cadres plus hauts que larges (Layens), les provisions sont surtout disposées à la partie supérieure du rayon et un peu en descendant, en forme de demi-cercle à droite et à gauche ; dans les cadres bas (Dadant), au contraire, les provisions sont surtout réparties sur les côtés, en avant et en arrière ; il n'y en a que très peu ou pas du tout à la partie supérieure. Dans les cadres du type Layens, les colonies hivernent au centre du rayon : dans les cadres plus bas, la hauteur du groupe central d'abeilles oscille entre 18 et 22 centimètres à partir de la base du cadre, et l'emplacement habituellement choisi se reconnaît facilement à la teinte plus noire de la cire à cet endroit.

La colonie est alors disposée entre les ruelles limitées par les rayons et fractionnée en lames qui restent indépendantes dans le cas de cadres hauts ou quand les abeilles montent sur les rayons ; mais, dans le cas de cadres bas, ces lames sont reliées par une bande latérale d'abeilles, de largeur variable, qui leur est perpendiculaire.

L'ensemble de ces fractionnements constitue, en comprenant la partie des rayons sur lesquels ils se projettent, une grappe de forme demi-ellipsoïde ou pyramidale avec la base tournée vers le trou de vol, grappe qui s'élargit ou se resserre suivant que l'air est plus chaud ou plus glacial.

Hivernage. — On donne le nom d'*hivernage* à l'ensemble des opérations que l'on effectue pour permettre aux colonies de passer dans les conditions les plus favorables la mauvaise saison ; l'état des ruchées au printemps et, par suite, la récolte de l'année dépendent de la manière dont l'hivernage aura été fait.

Ce sont toujours les colonies les plus fortes qui hivernent le mieux et dépensent proportionnellement le moins de nourriture. Une famille doit peser au moins 500 grammes, c'est-à-dire posséder 5 000 abeilles environ, pour pouvoir résister avec certitude aux rigueurs de la mauvaise saison ; une population de 1500 à 1600 abeilles, formant un volume sphérique de 15 centimètres de diamètre, est le minimum de population que l'on puisse hiverner, d'après Sylviac, à la condition de lui fournir un abri très chaud, que l'hiver soit doux et qu'elle possède de bonnes provisions. Dès qu'un essaim atteint 500 grammes, son hivernage peut être assuré avec les soins voulus, et il est inutile de le réunir à un autre, ce qui diminue les colonies sans aucun avantage; au printemps, cet essaim se développera très bien s'il possède une reine jeune et féconde.

C'est à la fin du mois de septembre ou dans la première quinzaine d'octobre qu'il convient de procéder à la mise en hivernage : il fait encore assez chaud à cette époque pour que les abeilles puissent organiser à leur guise le dépôt du miel dans leurs rayons et que l'apiculteur puisse aussi compléter artificiellement leurs provisions, s'il est nécessaire. Elles se massent alors peu à peu à l'endroit qu'elles ont choisi et leur concentration s'effectue normalement et régulièrement. Un hivernage trop tardif les dérange alors que, cette concentration déjà commencée, le groupement ultérieur et l'organisation des provisions sont souvent défectueux. Il est presque aussi mauvais de faire un hivernage trop tardif que de ne pas en faire du tout.

Pour que la saison d'hiver se passe aussi bien que possible trois conditions doivent être remplies : provisions suffisantes, aération convenable et repos absolu.

La quantité de nourriture absorbée du 1er octobre au 15 février, période pendant laquelle le froid rend l'activité des abeilles presque nulle, est d'environ 600 grammes par mois, soit en totalité, et en chiffre rond, 3 kilogrammes. La consommation peut être plus forte si la douceur de l'hiver ou un abaissement extraordinaire de la température pendant longtemps favorise les sorties et les mouvements des abeilles ou les oblige à consommer plus pour conserver la chaleur du nid ; adoptons donc le chiffre de 5 kilogrammes comme consommation possible, dans les plus mauvaises conditions, du 1er octobre au 15 février.

A partir de cette date, c'est l'élevage du couvain qui se développe, et alors les dépenses de la colonie deviennent incomparablement plus fortes. C'est ainsi que, dans la mauvaise année 1879, M. de Layens a constaté, sur trois colonies fortes, des pertes journalières de 370 à 850 grammes et une dépense moyenne de plus de 10 kilogrammes par ruche en mai et juin. Pour évaluer d'une manière approximative la consommation à partir de cette période, supposons une ponte débutant à 500 œufs par jour environ pour arriver à 2 500 le 1er mai, par une gradation régulière ; cela nous donne un total de 100 000 larves environ, dont l'alimentation aura nécessité par tête 0gr,4 de nourriture, soit 40 kilogrammes, dont le tiers (13 kilogrammes) est du miel, le reste du pollen et de l'eau.

Cela donne 18 à 20 kilogrammes comme provisions nécessaires pour l'hivernage d'une forte ruche à cadres. Souvent, la consommation sera inférieure à ce chiffre, si toutes les circonstances sont favorables, mais elle pourra aussi être supérieure et il

n'est pas toujours vrai, comme on l'affirme, qu'à partir du
1er mai les butineuses trouvent sur les fleurs tout ce qui est
nécessaire à la subsistance de la famille. Lorsque cela n'a pas
lieu et que les provisions sont insuffisantes, la ponte cesse
et la colonie risque de périr.

La manière dont ces provisions sont réparties dans la ruche
n'est pas indifférente et les abeilles n'hivernent jamais sans
en souffrir en formant leur groupe sur du miel operculé dont
le contact est froid, mais toujours elles se massent sur la
partie vide des rayons, avec du miel au-dessus d'elles. C'est
cette disposition que l'apiculteur devra chercher à réaliser, et
les rayons pourront être disposés de la manière suivante : tout
contre la paroi (si la ruche est à entrée latérale), un rayon
plein de miel : puis un nombre de cadres suffisant pour
recevoir le groupement de la colonie, 5 ou 6 pour une forte
population, et ne contenant qu'une bande de 7 à 10 centimètres
de miel au maximum en haut et vides au milieu et en bas ; à
la suite, le reste des provisions dans des rayons qui pourront être plus ou moins remplis. Dans les ruches à entrée
médiane, les rayons d'hivernage seront placés en face du
trou de vol et flanqués de rayons de miel, formant écrans sur
les côtés.

Lorsque la colonie n'a pas récolté de provisions suffisantes,
il faut sans hésiter lui venir en aide, en lui donnant, au
moment même de la mise en hivernage, toute la quantité de
nourriture qui lui sera nécessaire ; c'est une erreur que de
compter sur la possibilité de l'alimenter par doses fractionnées
au cours de la mauvaise saison : ce serait courir le risque de la
troubler au détriment de son existence par une ouverture
prématurée des ruches ou une excitation hors de saison.

La meilleure manière de compléter les provisions consiste à
emprunter à d'autres ruches, abondamment pourvues, les
rayons qu'elles possèdent en surabondance ; lorsque cette
ressource manque, on est obligé d'avoir recours au nourrissement artificiel dont nous exposerons les règles dans le chapitre suivant.

Sylviac dit que, quand la nourriture est épuisée, les abeilles
de la périphérie du groupe succombent les premières, et la
présence d'une grande quantité d'abeilles mortes jonchant
le plateau est l'indice d'une pénurie de vivres ; en même
temps le bruissement cesse. Le centre de la colonie ne périt
que lentement, à mesure que le froid le gagne, en raison de
la déperdition de chaleur par les ruelles, qui n'est plus
arrêtée par rien. En hiver, une colonie totalement privée de
nourriture et installée dans une ruche à minces parois met

cinq jours à mourir; passé ce délai, toute tentative pour la sauver est inutile.

L'humidité est nuisible dans les ruches pendant l'hiver parce qu'elle s'oppose à la conservation et à la production de la chaleur en gênant la respiration trachéenne et la transpiration de l'abeille; elle produit aussi sur les colonies la dysenterie et fait apparaître de la moisissure sur les rayons. En même temps qu'il se dégage une quantité de vapeur d'eau, qui n'est pas inférieure à 45 ou 50 grammes, pendant les grands froids, la digestion des matières sucrées et la respiration produisent aussi de l'acide carbonique et des résidus divers qui doivent être éliminés. C'est par une *aération* abondante et bien établie que l'on y parvient. Un double courant d'air doit se produire, l'un en bas d'avant en arrière et l'autre de bas en haut. Le courant du bas, qui enlève les produits lourds, s'établit par le trou de vol; on l'assure encore mieux en perçant en face de celui-ci, à l'arrière et tout en bas de la ruche, un trou de la grandeur d'une pièce de 2 francs et muni d'une toile métallique galvanisée fine.

Toute ruche qui présente une trace de moisissure au bas des rayons a manqué d'air; la consommation dans ces colonies est plus forte parce que l'obligation de renouveler l'air par la ventilation impose aux abeilles un travail qui nécessite une dépense alimentaire plus grande. Poussées par le besoin de respirer un air pur, les ouvrières sortent par une température très basse (+ 4° au soleil), ce qui en fait périr beaucoup; tandis que les abeilles des ruches bien aérées ne sortent que par une température de + 8° à + 10° au soleil pour se vider et ne renouvellent pas leur sortie.

Loin de calfeutrer hermétiquement les ruches, on laissera

donc le trou de vol largement ouvert en largeur, mais sa hauteur ne devra pas dépasser 8 millimètres, pour éviter l'introduction des souris ou autres animaux nuisibles; il sera même très prudent de griller cette ouverture, en fai-

Fig. 144. — Grille d'hiver pour l'entrée des ruches (Robert-Aubert).

sant glisser sous la plaque de fermeture une lame de zinc dentée permettant aux abeilles de sortir (fig. 144).

Il n'y a pas d'inconvénient à ce que le courant d'air du bas soit actif; par contre, celui qui s'établit de bas en haut doit être très faible et presque insensible, parce que, traversant le groupe des abeilles en hivernage, il ne doit pas les refroidir. Il doit cependant exister: c'est lui qui enlève la vapeur d'eau et, si on l'arrête complètement en disposant au-dessus des cadres une couverture absolument imperméable, comme une toile cirée, celle-ci ne tarde pas à ruisseler d'eau qui s'écoule partout et tous les inconvénients d'une humidité surabondante se produisent. Le dessus des cadres doit être bien recouvert pour éviter un courant trop fort, mais la couverture sera perméable, poreuse et absorbante. On emploie avec avantage des matelas de mousse, de balles d'avoine, de tourbe, enfermés dans une enveloppe de toile grossière, de vieux tapis ou plus simplement un épais paillasson de jardin semblable à celui qui garnit les parois de la ruche.

Dans ces conditions, l'hivernage se fera certainement très bien, à condition de ne pas troubler le repos des colonies : le plus léger choc peut mettre les abeilles en émoi et augmenter de suite la consommation; un heurt plus violent rompra le groupe et les abeilles isolées, impuissantes à maintenir leur corps au degré voulu, périssent de froid. Le seul fait de balayer près de la ruche, dit Sylviac, sans la toucher, une couche de neige de 10 millimètres d'épaisseur a suffi pour maintenir la colonie en grande agitation de 10 heures du matin à 4 heures du soir. La pose ou le retrait d'un thermomètre, aussi doucement que possible, produit toujours une agitation marquée et un bruissement durant plus d'une demi-heure.

Si, malgré l'état d'hibernation dans le reste du rucher, une colonie montre une agitation anormale, c'est qu'un fait accidentel s'y est produit. Le plus souvent l'émoi est causé par l'introduction d'une souris, la perte de la reine ou le manque d'air.

L'accumulation d'une grande quantité de neige au-dessus des ruches n'est en rien nuisible; la neige non comprimée est poreuse, laisse parfaitement passer l'air et constitue une excellente protection contre le froid (fig. 145). Les colonies hivernées ainsi dans les hautes régions des Alpes se sont trouvées en parfait état au printemps, quoique l'épaisseur de la neige fût telle qu'on ne distinguait plus les emplacements qu'à une légère ondulation de cette couverture au-dessus des toits.

Le soleil d'hiver sur les ruches, et en particulier sur le trou de vol, est nuisible : il échauffe les parois avant que l'air extérieur le soit assez, incite les abeilles à sortir, et celles-ci, saisies par le froid, meurent en grand nombre. Il est recommandable, pour cette raison, de placer devant les entrées une petite planche ou une tuile inclinée ; cela arrête aussi l'intro-

duction directe de la bise pour les ruches exposées au nord,
orientation du reste la meilleure.

Dans les pays les plus froids, c'est en plein air que les
ruches hivernent le mieux. Dadant dit que les abeilles placées
bien au *sec* peuvent endurer un froid de 30° à 35° C., tandis
qu'elles meurent à une température bien plus élevée si elles
sont dans un milieu humide. Un apiculteur russe, Mme Levas-
choff, constata que des ruches en plein air supportaient admi-

Fig. 145. — Un rucher dans la neige.

rablement des températures de — 25° à — 30° C. bien mieux que
celles logées dans des locaux chauffés. De son côté, le savant
écrivain apicole américain Doolittle affirme qu'une forte
colonie, bien pourvue de provisions dans une bonne ruche,
ne peut pas mourir de froid. Il fit l'expérience suivante par
une nuit où la température fut de — 26° C. : le soir, une ruche
fut suspendue en l'air et dépouillée de son plateau, de sa
toiture et de toute couverture au-dessus des cadres ; la colonie
se trouva ainsi comme en plein air, et le lendemain matin les
abeilles furent trouvées en parfait état, sauf que le groupe
s'était contracté à peu près de moitié. Il est certain qu'après
un temps plus ou moins long une colonie aurait fini par
périr, dans une pareille situation, après épuisement de ses
provisions ; mais elle serait alors morte de faim et non de
froid.

B. — *Conduite des ruches à hausses.*

La conduite des ruches à hausses est plus compliquée
que celle des ruches horizontales, du moins à partir
du moment où la récolte du nectar commence et nécessite
le placement des magasins, jusqu'à l'époque de la mise
en hivernage. Le seul avantage que ces ruches présentent
consiste dans un enlèvement plus rapide de la récolte,
surtout depuis l'invention des chasse-abeilles. Elles ne
conviennent nullement à l'agriculteur qui n'a que peu de
loisirs à consacrer à ses abeilles, et ne sont à conseiller
que pour le gros producteur qui peut donner tout son
temps à l'exploitation de ses ruchers ; elles sont aussi indis-
pensables lorsqu'on se propose d'obtenir du miel en sections, les ruches horizontales se prêtant mal à ce mode
de production.

Printemps. — A la sortie de l'hiver, les ruches verticales
n'ayant point de magasins superposés, le corps de ruche qui
abrite les abeilles pendant la mauvaise saison se traite absolument de la même manière que les ruches horizontales.
Tout ce que nous avons dit précédemment s'applique ici, au
point de vue de la date des visites, de la manière de les
effectuer et des directions à suivre après l'examen du
couvain ; la seule différence est qu'il ne convient pas de
mettre dans le corps de ruche des cadres simplement amorcés ; le corps de ruche jouant ici tout entier le rôle de nid à
couvain, il faut des bâtisses entières ou tout au moins des
cires gaufrées complètes.

Été. — C'est en été que le mode de conduite devient tout
autre, et pour nous l'été apicole commence avec l'ouverture de
la grande miellée. Les travaux à effectuer pendant cette
saison consistent dans le placement des hausses au moment
propice.

On peut se demander tout de suite si, par raison d'économie,
il ne serait pas avantageux d'y placer seulement des cadres
amorcés, ou au moins une partie, en les intercalant avec des
bâtisses entières. Au moment de la grande miellée, ce serait
une faute que de ne pas donner des hausses entièrement
garnies de rayons, sous prétexte qu'à cette époque la cire ne
coûte rien aux abeilles. S'il est vrai qu'elle leur coûte à ce
moment peu de miel, le manque de bâtisses leur en ferait perdre
énormément, faute de place pour l'entreposer, particulièremen
dans les régions à fortes et courtes miellées ; il peut n'en être
pas tout à fait de même dans les pays à miellées longues et

faibles. Mais, même avec des hausses entièrement bâties, les
jeunes abeilles, toujours gorgées du nectar qu'elles mettent
en place, peuvent utiliser la sécrétion cireuse qu'elles produisent naturellement ; elles l'emploient à la réfection de la
partie du rayon enlevée par le désoperculage précédent et à
la fabrication des opercules. M. Devauchelle estime cette production de cire à 1 p. 100 du miel emmagasiné. Il faut
observer aussi qu'avec des hausses sans bâtisses, ou même
bâties seulement en partie, l'essaimage peut se produire. En
principe, la première hausse doit être placée quelques jours
avant la grande miellée si la colonie est assez forte pour la
recevoir ; cette condition implique de la part de l'apiculteur
une grande habileté et une connaissance parfaite de la région
qu'il habite. On ne doit en outre placer des hausses que sur
les colonies qui garnissent presque entièrement les cadres du
corps de ruche ; Sylviac dit que ce moment est arrivé quand
les alvéoles du dernier rayon du corps de ruche seront
presque terminés, et au plus tard quand ceux du haut commenceront à se remplir de miel. On reconnaît que les rayons
extrêmes du nid sont atteints quand quelques cellules du haut
de ces cadres sont blanchies par de la cire neuve. Comme
toutes les colonies ne se développent pas de la même façon,
on comprend qu'il faille une surveillance incessante, toutes les
hausses ne pouvant évidemment pas se placer en même
temps ; certaines colonies faibles ne se développeront même
pas assez tôt pour profiter de la grande miellée. Si on place
les hausses trop tôt, ou s'il survient des retours de froid, les
abeilles sont obligées de resserrer leur groupe et de dépenser
beaucoup de miel pour maintenir la température voulue dans
la ruche dont la capacité a été brusquement augmentée. Si
on place les hausses trop tard, on ne profite pas de toute la
miellée et la colonie, trop à l'étroit, essaime ; on sait dans
quelle mesure la récolte s'en trouvera diminuée.

Il n'est pas indifférent de placer les hausses dans un sens
quelconque, et nous avons à ce sujet des expériences intéressantes d'un apiculteur de Bohême. M. W. Kovàr (1). Ce dernier
a montré que le facteur qui influe le plus sur la rapidité de
remplissage des magasins à miel était la facilité de leur
accès et leur rapprochement du trou de vol ; dès lors, il conseille de croiser toujours les cadres des hausses entre eux et
avec ceux du corps de ruche. C'est pour pouvoir le faire facilement que la ruche verticale, dont nous avons indiqué précédemment la construction, est à surface exactement carrée,

(1) *Bull. d'apic. de la Suisse romande*, 1882, p. 62.

de manière à pouvoir placer la hausse dans un sens quelconque. La première devra donc être posée avec ses rayons parallèles au trou de vol, puisque ceux du corps de ruche sont à bâtisses froides, c'est-à-dire perpendiculaires à la paroi antérieure.

On ne doit placer une deuxième hausse que lorsque la première est aux deux tiers pleine; ce moment n'arrive pas non plus en même temps pour toutes les ruches; il faut être toujours là pour saisir l'instant favorable. La deuxième hausse se pose non pas sur la première, mais dessous, entre cette première hausse et le corps de ruche, et toujours en croisant les cadres entre eux. On peut ajouter ainsi des hausses successives tant que la miellée donne, mais toujours la hausse vide se mettra sous les autres et directement sur le corps de ruche, de manière à la rapprocher du trou de vol et à en faciliter l'accès aux butineuses; elle se remplira ainsi plus vite.

Lorsque les hausses sont garnies seulement de feuilles gaufrées, au lieu de rayons entièrement bâtis, et même dans ce cas, les abeilles hésitent souvent à y monter. M. Gubler propose, pour les y contraindre, de remplacer un ou deux cadres du corps de ruche par les planches de partition: étant plus serrées, les ouvrières se logeraient plus volontiers dans le haut; mais je crois aussi que cela peut déterminer la fièvre d'essaimage. Si les rayons du milieu de la hausse sont bâtis et remplis, on les échange avec ceux des extrémités, les abeilles travaillant plus vite au-dessus du centre de la ruche parce qu'il y fait plus chaud. Le meilleur moyen de faire monter vite les abeilles dans les hausses, c'est d'y mettre des bâtisses extraites de l'année précédente et non léchées; les abeilles prennent alors immédiatement possession de la hausse, et si, après son placement, il survient un temps d'arrêt dans la récolte, les abeilles ont toujours une certaine provision et ne se découragent pas.

Pour parvenir au même résultat, M. Bourgeois, au moment de la miellée et vers le soir, ferme provisoirement le trou de vol et en crée un dans la hausse; cette pratique, en concordance avec les théories de Kovàr, fait que les magasins se remplissent plus vite et empêche l'essaimage en mettant la colonie à même de mieux constater que la place ne manque pas dans la ruche. Mais on peut risquer de provoquer la ponte dans les hausses, les abeilles élevant toujours le couvain dans la partie la plus aérée de leur habitation. Il ne me paraît du reste pas y avoir d'inconvénient, d'après plusieurs expériences, à laisser le trou de vol d'en bas ouvert en même temps que la nouvelle ouverture créée dans la hausse, pendant la miellée. Du reste, cette disposition d'un trou de vol à la partie supérieure avait déjà été proposée par M. Siegwart en 1882; elle se trouve dans beaucoup de ruches allemandes et de ruches vulgaires de nos campagnes.

Ponte dans les hausses. — Un des plus gros ennuis qui puissent arriver au possesseur de ruches verticales est l'émigration de la reine dans les magasins; elle y dépose ses œufs et les remplit de couvain, très souvent du couvain de faux bourdons, les cirières ayant une grande tendance à construire les rayons à miel en cellules de mâles. Au moment de la récolte, l'extraction de ce miel mélangé de couvain apporte une grosse complication et, en enlevant les hausses, on court le risque d'emporter aussi la reine qui n'en est pas descendue et de rendre orphelines les colonies qui ont précisément les reines les plus fécondes.

On peut parer dans une certaine mesure aux inconvénients de la présence du couvain en effectuant la récolte tardivement, alors que la ponte est très réduite en automne et qu'il n'y a pour ainsi dire plus de couvain. Aux premiers froids, les abeilles redescendent et se massent de nouveau dans le corps de ruche.

On a conseillé d'interposer entre le corps de ruche et la première hausse une feuille de tôle perforée laissant passer les ouvrières et arrêtant la reine. Ce procédé est très employé; il est déplorable parce que, comme Kovàr l'a montré, il diminue beaucoup la récolte en gênant les ouvrières; de plus, le passage dans ces trous étroits les blesse et leur abîme les ailes. En tous les cas, les tôles dont il convient de faire usage dans ce but sont celles dont les ouvertures à angles arrondis ont 4^{mm},19 de largeur (fig. 146).

Une des raisons qui incitent les reines à pondre des mâles dans les hausses est l'absence totale de grandes cellules dans le nid à couvain; il est bon qu'il y en ait quelques-unes dans les rayons pour satisfaire à ce désir d'élevage naturel aux meilleures colonies.

On espacera les rayons des hausses à 45 millimètres au moins de milieu à milieu, de manière à obtenir des rayons très épais dont la reine ne peut pas atteindre le fond avec la pointe de son abdomen et dans lesquels, par conséquent, elle ne pond pas. On évitera aussi la ponte dans la mesure la plus grande possible en ne mettant les hausses qu'au moment précis où la grande miellée commence; de cette manière, les abeilles en prennent possession de suite et les remplissent assez vite pour que la reine ne puisse y monter; si l'on est amené à placer des magasins pour recevoir les apports des

petites miellées qui précèdent la grande, il faudra les garnir
entièrement avec des rayons à petites cellules.

Je ne signale que pour mémoire des procédés qui consistent
à enlever complètement la reine et à rendre la ruche orphe-

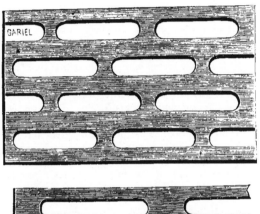

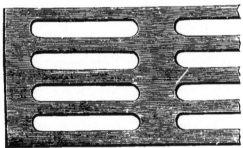

Fig. 146. — Tôle perforée.

line pendant tout le temps de la présence des hausses, ou à
l'enfermer dans une cage laissée dans la ruche. Ce sont des
systèmes bien violents et, à mon sens, peu pratiques.

La répugnance des abeilles à monter dans les hausses se
manifeste aussi quelquefois par l'essaimage; en dehors des
moyens déjà indiqués dans le chapitre précédent et de l'ouverture d'un trou de vol supplémentaire à la partie supérieure de
la ruche pour le prévenir, M. Pincot propose d'enlever, au
moment même où la miellée commence, trois ou quatre cadres de
couvain aux colonies qui en sont fortement pourvues (celles
qui en ont huit ou neuf par exemple) et de les remplacer par des
cadres avec bâtisses vides. Ces rayons de couvain peuvent

servir à renforcer des colonies faibles ou à faire des essaims artificiels.

Récolte. — L'époque à laquelle doit se faire la récolte des ruches à hausses se détermine d'après les mêmes règles que celles tracées pour les ruches horizontales. Il y a un inconvénient à les enlever de trop bonne heure, parce qu'il arrive que, même en septembre, les ruches essaiment si, par la réduction brusque de la capacité de leur habitation, la place vient à leur manquer. Sylviac est même d'avis que c'est une faute d'enlever les magasins avant que la colonie ne les ait totalement quittés, et cela pour deux raisons : parce qu'on doit lui laisser le temps nécessaire pour redescendre des provisions pour garnir de miel, en quantité la plus complète possible, les parties supérieures et latérales des rayons au bas desquels elle hivernera, parties qui peuvent encore être occupées en grande proportion par du couvain si on récolte en août, ensuite parce que l'on ne perd ainsi aucune abeille, ce qui a toujours lieu quand on importe les hausses à domicile pour en laisser partir les mouches.

C'est là un mode d'opérer dont nous sommes entièrement partisan ; il cadre avec notre conseil de faire coïncider le moment de la récolte avec celui de la mise en hivernage et simplifie le travail.

Pour enlever les hausses, après avoir découvert la ruche on enfume fortement par le haut pour chasser les abeilles autant que possible ; on décolle les récipients après s'être assuré qu'ils ne renferment pas de couvain, et on les emporte dans un local clos, obscur et frais, éclairé seulement par une faible ouverture ; ces hausses sont posées sur de petites cales et recouvertes d'un linge : les abeilles éloignées de leur ruche ne tardent pas à les quitter en volant vers la petite ouverture que l'on ouvre de temps en temps pour les faire sortir. Les hausses que les abeilles refusent d'abandonner renferment probablement la reine : on doit les visiter avec soin et regarder si les abeilles sont agitées au trou de vol de la ruche dont elles proviennent ; pour cette raison, il est recommandable de numéroter les hausses de manière à toujours connaître leur origine.

Toute hausse renfermant du couvain doit être laissée en place sur la ruche jusqu'à l'éclosion de ce couvain. Les rayons, débarrassés des abeilles, sont ensuite retirés des hausses et le miel extrait comme nous le dirons plus loin.

L'apiculteur ne doit jamais prendre de miel dans le corps de ruche ; le contenu des hausses seul représente sa part : le

reste est indispensable pour la nourriture des abeilles, et ce
reste n'est pas toujours suffisant.

Il y a quelques années, on a imaginé des appareils très pratiques et peu coûteux, les *chasse-abeilles*, qui permettent d'effectuer l'enlèvement des hausses et de les débarrasser des abeilles
avec une grande facilité. Le chasse-abeilles de Porter (fig. 147)

Fig. 147. — Chasse-abeilles de Porter.

se compose de deux plaques formant couloir, la supérieure
percée d'un trou rond pour l'entrée des abeilles; le couloir est

Fig. 148. — Chasse-abeilles de Hastings.

ermé par deux lames très flexibles, formant ressort, que
l'insecte peut pousser devant lui pour sortir et qui ne permet
pas la rentrée. On fait des chasse-abeilles doubles, comme
celui de Hastings (fig. 148).

On encastre un ou plusieurs de ces appareils dans une
planchette de 10 à 12 millimètres d'épaisseur pouvant
couvrir exactement le dessus du corps de ruche et former
séparation complète entre lui et les hausses. La veille du jour
de la récolte et le soir, on glisse cette planchette (prendre
garde de ne pas la mettre à l'envers) sous les hausses;
pendant la nuit, les abeilles qui s'y trouvent, attirées par le
bruit de leurs compagnes, passent à travers le couloir pour

se rendre dans le corps de ruche, et le lendemain les hausses
sont vides et faciles à emporter.

On a reproché à l'emploi des chasse-abeilles de refouler
brusquement les abeilles dans la chambre à couvain et d'y
causer un encombrement qui, durant douze heures, pourrait
bien faire naître la fièvre d'essaimage. Il est facile d'obvier à
cet inconvénient en intercalant une nouvelle hausse vide
entre le nid à couvain et celle qu'on désire enlever.

Hivernage. — Les hausses enlevées, il faut songer à prendre
les dispositions d'hivernage ; toutes les règles indiquées pour
l'hivernage des ruches horizontales s'appliquent encore ici,
tant au point de vue de l'époque qu'à ceux de la quantité et
de la disposition des provisions, de l'aération et de la tranquillité.

Mais le cadre que ces ruches comportent est généralement
trop bas pour que les provisions d'hivernage puissent se
trouver placées, comme il convient, à la partie supérieure ;
elles se trouvent sur les côtés du cadre, c'est-à-dire dans la
ruche, en avant et en arrière.

Un des graves inconvénients des ruches verticales est que,
dans les années peu mellifères et dans les pays pauvres, la
hausse contient parfois assez de miel, tandis que le corps de
ruche en contient trop peu pour l'hivernage ; on est donc
obligé de nourrir artificiellement, puisque les cadres des
hausses, étant moins grands que ceux du corps de ruche, ne
peuvent pas y prendre place pour compléter les provisions.

La récolte tardive, que conseille M. Sylviac, est un moyen
de parer en partie à cette mauvaise disposition. Un apiculteur
propose aussi de mettre, pendant la miellée, une première
hausse à demi-cadres, puis, lorsque cette hausse est en partie
remplie, les six demi-cadres du milieu sont sortis et mis
sur les côtés d'une deuxième hausse. Celle-ci, placée sur la
première, permet de mettre au milieu six grands cadres, et
ces cadres ne passent à l'extracteur que si les ruches n'ont
pas besoin de provisions hivernales. M. Devauchelle, tout en
trouvant ce procédé très pratique, le considère comme compliqué ; considérant que les essaims dont les bâtisses sont
incomplètes passent parfaitement l'hiver, pourvu que les provisions soient abondantes, il pense qu'un, deux ou trois cadres
de hausse, bien garnis de miel et placés à l'extrémité de la
ruche, à côté de la population, compléteraient les provisions
sans inconvénients. Ces provisions étant données en septembre, à l'époque où la température est encore bonne, les
abeilles puiseront dans ces rayons le nécessaire pour le porter
au milieu de leur groupement.

C. — *Conduite des ruches à rayons fixes.*

Les ruches fixes ne peuvent pas être visitées comme les ruches mobiles ; il faut, pour se rendre compte à peu près de leur état, les retourner et écarter les rayons ; cela permet de juger très sommairement de l'état du couvain et de la population.

Les travaux de printemps sont les mêmes que ceux indiqués précédemment ; ils consistent en une visite aussi complète que possible de la colonie et son nettoyage.

Pour les ruches d'une seule pièce, il n'y a rien à faire au moment de la miellée, qu'à les laisser se remplir ; recueillir les essaims qui en sortiront naturellement ou, mieux, en tirer des essaims artificiels, si, comme je l'ai proposé, on ne garde ces ruches que comme une pépinière pour renouveler ou augmenter le nombre des colonies du rucher.

Si, au contraire, on veut transformer ces ruches au cours de la saison, on pourra les tapoter ou, au commencement de la miellée, les placer, en guise de hausse, sur un corps de ruche dont nous avons décrit la construction.

Pour les ruches à calotte ou à hausses, on effectuera la pose des magasins avec les mêmes précautions que pour les ruches verticales à cadres mobiles ; mais ici on ne pourra plus fournir de bâtisses entières ni de cire gaufrée, mais seulement guider les abeilles dans la direction de leurs rayons à l'aide d'amorces collées sous les traverses.

Récolte. — La récolte des ruches fixes et à hausses se fait également par l'enlèvement de ces récipients après enfumage ; mais ici les rayons en sont généralement soudés aux porte-rayons du récipient inférieur. Il faut alors faire au préalable la section des gâteaux au point de séparation ; pour y parvenir, un aide maintient la hausse légèrement soulevée pendant que l'opérateur passe un fil de fer dans le bas de celle-ci et le tire à lui en tranchant ainsi les rayons dans le sens de la longueur. La ruche est aussitôt refermée et les hausses emportées pour en laisser partir les abeilles. Les calottes s'enlèvent de la même manière, puis on les place, soulevées par une petite cale, à 1 ou 2 mètres en face de la ruche dont elles proviennent. Au bout de peu de temps, les abeilles restées dans la calotte l'abandonnent pour retourner dans la ruche mère ; si cela n'a pas lieu au bout de quinze à vingt minutes, c'est que la reine est restée ; il faudrait l'extraire par tapotement et la rendre de suite à sa colonie en la plaçant devant le trou de vol.

Les ruches à rayons fixes d'une seule pièce sont les plus difficiles et les plus longues à récolter; on peut toujours craindre de tuer la reine, de détruire une partie des abeilles et du couvain.

Le moyen le plus long, mais le plus sûr, consiste à retourner la ruche après l'avoir enfumée et à la maintenir dans cette position entre les pieds d'un tabouret renversé; on en extrait alors toute la population par un tapotement complet: l'opération a lieu en plein air, à quelques pas de l'emplacement de la ruche. Aussitôt que toutes les abeilles ont passé, on met la ruche qui les contient maintenant à la place qu'occupait la première; celle-ci est emportée dans une chambre bien close. A l'aide d'un couteau à lame courbe, on coupe les rayons de miel que l'on veut enlever en ayant bien soin de respecter le couvain, toujours placé au centre, et de laisser 8 kilogrammes de matière sucrée au moins pour les provisions d'hiver.

La ruche est immédiatement reportée à son ancienne place et, devant son entrée, on dispose une planchette sur laquelle on secoue le panier qui avait momentanément reçu la colonie; nos butineuses regagneront pédestrement leur domicile.

Pour aller plus vite on peut, après avoir emporté la ruche au laboratoire et en avoir mis une vide en attendant à sa place, se contenter de recouvrir d'une tuile creuse la partie de la ruche où se trouve le couvain et, à l'aide de la fumée et de légers coups sur la paroi extérieure de la ruche, on chasse les abeilles des rayons de miel et elles se réfugient sous la tuile. Puis, à l'aide du couteau courbe, on coupe les gâteaux rendus libres et on les met à l'abri. La ruche récoltée est remise immédiatement à sa place. Il faudra prendre garde, en découpant les rayons, de blesser le moins d'abeilles possible et surtout de ne pas endommager la reine; pour cela, diriger de temps en temps un jet de fumée sur le trajet de la lame.

Hivernage. — Avec les ruches à rayons fixes, l'évaluation des provisions est beaucoup plus difficile qu'avec les ruches à cadres mobiles ou, pour mieux dire, impossible, puisque les rayons ne sont accessibles à la vue que sur une faible profondeur. C'est probablement pour cela que l'on n'effectue qu'au printemps le plus souvent la récolte des ruches vulgaires; il faut une très grande habitude pour se rendre compte à peu près des provisions qu'elles renferment.

Collin estime que la population d'une ruche vulgaire de 25 à 30 litres de capacité consomme, du 1er octobre au 1er mai, 7 à 8 kilogrammes de miel; il faut en compter au moins

15 à 18 dans les grandes ruches fixes de 40 litres pour le nid
à couvain dont j'ai donné la description.

Voici un tableau, donné par cet apiculteur, qui permet de
se rendre compte, d'une manière approximative, de la quantité de miel contenue dans une ruche fixe au mois d'octobre,
époque à laquelle il n'y a généralement plus de couvain. Ces
chiffres se rapportent à une ruche vulgaire en paille de
25 à 30 litres de capacité ; on les fera varier suivant que les
ruches considérées seront plus ou moins grandes, plus ou
moins lourdes, que la population sera plus forte et les rayons
en plus grande quantité.

	POPULATION très forte sur bâtisses anciennes.	POPULATION très forte sur bâtisses nouvelles.
	kil.	kil.
Ruche vide............	3,000	3,000
Rayons................	1,500	0,800
Abeilles...............	1,600	1,600
Pollen	0,300	0,300
	6,400	5,700

La différence entre le poids de la ruche et l'un ou l'autre
de ces deux totaux, suivant le cas, représente à peu près le
poids du miel qui y est contenu. Dans une ruche plus grande,
le poids du pollen peut atteindre 400 à 500 grammes.

Cette évaluation faite et les provisions complétées, comme
nous l'indiquerons, s'il y a lieu, il n'y a plus qu'à se préoc-
cuper d'une bonne aération. Pour cela les précautions à
prendre sont les mêmes que pour les ruches à cadres, en ce
qui concerne le modèle en bois indiqué. Les petits paniers
vulgaires seront soulevés sur des cales d'environ 5 millimètres
de hauteur pour que l'air puisse passer librement par-dessous :
puis, afin de préserver les abeilles des attaques des rongeurs,
on entoure le bas de la ruche d'une bande de toile métallique
qui l'enveloppe tout entier, sauf au point où est percé le trou
de vol. Cette entrée est munie d'une plaque de tôle perforée
qui laisse aux abeilles la liberté d'entrer ou de sortir. On
couvre enfin la ruche d'un bon surtout de paille, maintenu
par des cercles (fig. 149).

Frais d'établissement d'un rucher. — Si le débutant commence son installation avec trois ruches, les frais de premier

établissement ne seront pas très élevés; ils peuvent s'évaluer de la manière suivante :

Achat de trois ruches à cadres à 15 francs l'une.	45 fr.
Achat de trois essaims à 10 francs l'un........	30 fr.
Six kilos de cire gaufrée à 4 fr. 50 le kilo.....	27 fr.
Enfumoir Bingham........................	5 fr.
Éperon Voiblet...........................	2 fr. 50
250 grammes de fil de fer étamé fin..........	0 fr. 75
Brosse à abeilles.........................	1 fr. 25
Voile noir...............................	1 fr. 50
Divers...................................	2 fr.
	115 fr.

On peut réduire notablement ce chiffre en construisant soi-même les ruches et une partie des instruments. J'en ai donné les moyens. On peut même, comme j'en ai suggéré l'idée depuis longtemps, établir très économiquement des ruches ana-logues à la Layens, avec des vieilles caisses doublées de

Fig. 149. — Ruches vulgaires avec leur surtout.

paillassons, et des liteaux de plâtrier pour faire les cadres. Les caisses de chocolat Menier de 100 kilogrammes conviennent très bien. Une telle ruche ne revient pas à plus de 3 francs; le matériel n'est pas brillant, mais est susceptible de donner de bons résultats et, avec le bénéfice qu'on en retirera, on s'outillera d'une manière plus convenable et plus complète.

Rendement des ruches. — Le produit d'un rucher est essen-tiellement variable avec la localité, l'année, la ruche employée et aussi suivant les soins que l'apiculteur donne à ses abeilles. Il est donc impossible de fixer des chiffres absolument précis.

Il ne faut pas s'attendre, avec les petites ruches communes, à récolter plus de 2 à 3 kilogrammes de miel et un peu de cire, pour la moyenne de plusieurs années. Avec les ruches à calotte et à hausses, la récolte sera plus forte.

On a signalé, avec les grandes ruches à cadres mobiles, des récoltes énormes s'élevant à plus de 200 kilogrammes dans une seule année ; ce sont là des rendements tellement exceptionnels qu'il faut bien se garder de les prendre pour base. Du reste, l'emmagasinement de 100 kilogrammes de miel operculé nécessite un apport de 250 kilogrammes de nectar ou 10 kilogrammes par jour pendant vingt-cinq jours ; cela se présente bien rarement de rencontrer des miellées aussi fortes et d'aussi longue durée. Une récolte de 45 à 50 kilogrammes par colonie doit être considérée comme un rapport rarement atteint. Je pense qu'un rendement de 15 à 20 kilogrammes de miel par ruche et par an peut être considéré comme une moyenne ordinaire, si la contrée et l'année sont quelque peu favorables.

Dans son rucher de Louye (Eure), en pays peu mellifère, M. de Layens a obtenu de trente colonies une récolte totale de 10 540 livres de miel en seize années consécutives, avec un capital de 1 000 francs ayant servi à l'établissement du rucher et environ treize journées de travail par an ; le prix de ces journées de travail a été à peu près compensé par la production de la cire. Cela donne une moyenne annuelle de 22 livres par ruche et par an.

De son côté, M. Baffer, à Vienne (Isère), a récolté, dans un pays meilleur, 14 005 livres de miel en neuf ans avec une moyenne de 50 ruches, soit 31 livres par ruche et par an.

En tous les cas, on peut assurer que la culture des abeilles par les procédés perfectionnés est largement rémunératrice.

Un bon praticien, M. Hamet, qui cultivait la ruche à rayons fixes, estimait que, sur quatre années, les abeilles font une récolte très bonne, deux ordinaires et une médiocre ; la très bonne récolte donne 150 p. 100 de bénéfice, les deux ordinaires 50 p. 100 et la médiocre 5 p. 100, tous frais d'exploitation couverts.

M. Beuve, dont le nom fait autorité, a cultivé comparativement les ruches horizontales et les ruches verticales et est arrivé aux conclusions suivantes : le produit net en miel, pendant dix années, de 12 ruches horizontales, mises en expérimentation, s'est élevé à 1 699 kilogrammes, soit une moyenne par ruche et par année de 14kg,158; celui de 12 ruches verticales à 1647 kilogrammes, soit une moyenne par ruche et par année de 13kg,725. Différence annuelle en faveur des ruches horizontales, 0kg,433.

Apiculture pastorale. — L'apiculture pastorale consiste, la miellée étant terminée dans les plaines, à conduire tout le rucher dans des lieux élevés à proximité des bois, des bruyères ou du sarrasin, en un mot de plantes qui, par suite d'une différence d'altitude ou d'exposition, fleurissent plus tard et peuvent ainsi donner une seconde récolte. Nous savons que le transport des ruches est une opération délicate et difficile, surtout en cette saison chaude; elle cause souvent bien des mécomptes. Le point le plus important consiste à bien emballer les habitations de manière qu'aucune abeille ne puisse sortir et à ne pas les laisser manquer d'air; on suivra pour cela les indications données plus haut pour le transport des ruches vulgaires et des ruches à cadres.

Il est bien entendu qu'au préalable on aura enlevé les hausses, si la ruche en comporte, pour ne les replacer qu'à l'arrivée; il ne faut aussi laisser en fait de miel que le strict nécessaire, à la fois pour alléger la ruche et éviter l'effrondrement de rayons trop lourds.

Il est indispensable de voyager de nuit et très doucement, autant que possible sans arrêts; les voitures doivent être suspendues sur de bons ressorts et jonchées d'une épaisse couche de paille pour amortir encore les chocs.

Il est prudent de n'atteler le cheval qu'au dernier moment après s'être assuré qu'aucune abeille ne rôde aux alentours.

A l'arrivée, on dételle de suite, les ruches sont mises en place, les trous de vol ouverts aussi tôt que possible avec une planchette ou une tuile inclinée devant l'entrée.

Le retour s'effectue de la même manière et avec les mêmes précautions.

Dans certaines régions, en Savoie notamment, on obtient ainsi deux récoltes et le produit du rucher se trouve presque doublé.

Mais, je le répète, le transport des ruches en juillet-août est toujours une opération délicate, dangereuse et aléatoire; on ne saurait l'effectuer avec assez de prudence, en ayant en tous les cas et sans cesse sous la main un enfumoir énergique prêt à fonctionner. C'est une opération qui n'est pas faite pour les débutants; il faut un bon praticien pour y réussir.

VII

CONDUITE DU RUCHER
LES OPÉRATIONS ACCESSOIRES

I. — L'ESSAIMAGE NATUREL.

Lorsque, par l'éclosion d'une ponte abondante et continue, la colonie a vu sa population s'accroître et que les circonstances sont favorables, elle se divise, elle *essaime*. Une partie de la famille quitte la ruche, accompagnée de la reine, et part pour fonder une cité nouvelle. Ainsi se trouve constitué l'*essaim primaire*.

Il arrive parfois que la division de la colonie primitive ne s'arrête pas là : de nouveaux essaims peuvent encore en sortir par la suite ; on les nomme *essaims secondaire, tertiaire*, etc., suivant leur ordre de sortie.

La ruchée qui donne naissance à un ou plusieurs essaims ou *jetons* a reçu le nom de *ruche mère* ou *souche*. Ce mode de multiplication constitue l'*essaimage naturel* parce qu'il se produit pour ainsi dire spontanément et sans l'intervention de l'homme, par opposition à l'*essaimage artificiel* dans lequel l'apiculteur est forcé d'intervenir pour obliger la colonie à se diviser et assurer ensuite la réussite de l'opération.

Causes et conditions de l'essaimage naturel. — La cause principale de l'essaimage naturel paraît être le défaut de place dans l'habitation, le manque de cellules disponibles pour la ponte ou le dépôt du nectar, et la chaleur qu'y produit l'entassement d'un trop grand nombre d'abeilles dans un espace restreint. L'expérience prouve en effet que ce sont les ruches les plus petites et celles dont la forme concentre le mieux la chaleur, comme les ruches en paille en forme de cloche, qui essaiment le plus régulièrement, le plus abondamment. Celles qui sont placées en plein soleil, ou qui sont situées à proximité des bois ou dans des sites où d'abondantes récoltes de pollen poussent à une facile alimentation du couvain, se divisent aussi plus fréquemment que les colonies logées dans de grandes ruches à cadres mobiles et installées au frais et à l'ombre. Ainsi les ruches fixes de 35 à 40 litres donnent 60 à 70 p. 100 d'essaims, les ruches à cadres de 50 à 60 litres 25 à 30 p. 100, et les grandes ruches à cadres d'environ 80 litres 5 p. 100 seulement, et souvent moins ou pas du tout. On a prétendu aussi que la proximité d'une nappe ou d'un cours d'eau favorisait l'essaimage naturel.

À ces causes il faut ajouter l'instinct même de l'abeille qui la pousse à employer le seul moyen qu'elle possède de propager son espèce lorsqu'elle vit à l'état sauvage : domestiquée, cet instinct s'atténue d'autant plus que les conditions où on la place s'éloignent plus complètement de celles de la vie libre.

Un fait général, c'est qu'au temps de la miellée jamais un essaim ne se produit quand la souche ne contient pas de mâles adultes ou au berceau. Mais l'essaim se produit aussi bien quand les mâles sont rares que quand ils sont nombreux.

La marche de la miellée exerce sur l'essaimage une influence considérable, et les apiculteurs disent communément qu'une année riche en miel est pauvre en essaims et qu'une année pauvre en miel est riche en essaims.

D'une manière générale, cela est vrai, mais le contraire peut aussi se produire. Par exemple, dans les années où le nectar abonde, les rayons sont rapidement remplis de miel ; si cette récolte se produit de très bonne heure, avant que la reine ait eu le temps d'étendre fortement sa ponte, il lui devient impossible de le faire par la suite, la population reste faible, l'essaimage ne peut pas se produire et, à la fin de la saison, les ruches les plus lourdes sont les moins peuplées : si, au contraire, une telle miellée est un peu tardive, le nid à couvain est déjà considérable, la lutte entre la reine et les butineuses pour la possession des cellules amène une gêne et un trouble qui produisent l'essaimage d'autant plus sûrement que les éclosions sont plus nombreuses.

Si la récolte est modérée et qu'elle se prolonge, les abeilles peuvent loger le nectar récolté chaque jour sans trop gêner la ponte de la reine ; celle-ci se trouve cependant réduite insensiblement, la population reste ordinaire, et comme, d'autre part, la mortalité des butineuses est dans ce cas considérable, l'essaimage n'a pas lieu et les ruches se trouvent finalement bien pourvues de provisions.

Dans les années très pauvres en miel, la reine pond modérément, quoique la place ne lui manque pas, parce que la disette des apports restreint toujours l'élevage du couvain ; la population et la récolte restent faibles et l'essaimage ne se produit pas. Si, au contraire, la miellée est seulement médiocre mais continue, les apports quotidiens, quoique faibles, constituent un stimulant pour la ponte, celle-ci s'étend énormément, les populations deviennent considérables, et on constate un peu tardivement le départ d'essaims généralement forts et pendant une période plus longue que d'habitude.

Dans les années pluvieuses et humides, il se produit aussi plus d'essaims, toutes choses égales d'ailleurs, que dans les années chaudes et sèches. Les apports d'un nectar très aqueux nécessitant sa dissémination dans un nombre considérable d'alvéoles, les cellules disponibles peuvent venir à manquer; mais, si le temps reste beau et sec, le nectar est peu aqueux, mûrit plus vite, sans demander une dissémination aussi grande, et il arrive que, dans ces années très favorables à de fortes récoltes, il y a beaucoup de miel et peu d'essaims.

On a remarqué aussi qu'après les hivers longs et rigoureux il se produisait beaucoup d'essaims, tandis qu'ils manquent au contraire quand l'hiver est doux et la bonne saison précoce. Dans ce dernier cas, la ponte des reines se fera de bonne heure, et si cette ponte est accélérée, au point qu'en février et mars naissent les faux bourdons (qui ne devraient naître qu'en avril-mai), alors la saison étant encore trop froide pour la sortie des essaims, les reines mères ont le loisir de détruire toutes les jeunes reines encore au berceau et, dès lors, les essaims doivent manquer.

La quantité de miel contenue dans la ruche est de faible importance et l'essaimage peut se produire avec des provisions de miel peu abondantes ou fortes.

Il y a cependant un cas où l'absence totale de provisions provoque le départ de la colonie : au début du printemps (mars-avril) : il arrive en effet quelquefois qu'une colonie tout entière abandonne sa ruche; ce n'est plus là alors un véritable essaimage, mais une *désertion*. Elle est due à ce que la famille se trouve mal dans son logis, soit par suite d'un hivernage défectueux, d'un excès d'humidité qui moisit les rayons, soit à cause d'un manque de miel ou de pollen, ou encore parce que la ruchée est orpheline ou malade. On donne aux colonies qui désertent ainsi le nom d'*essaims de Pâques*. On peut le plus souvent les retenir en leur fournissant à temps ce qui leur manque et en les plaçant dans des conditions hygiéniques convenables.

Nous savons que certaines races, comme les carnioliennes, par exemple, ont une tendance remarquablement exagérée pour l'essaimage ; mais M. Thibault a observé aussi que, dans une même race, certaines familles essaiment beaucoup plus que d'autres, et cela d'une manière continue pendant la suite des années ; d'autres, au contraire, ne se divisent jamais ou très peu, toutes choses égales d'ailleurs, et disparaissent, ainsi que leur descendance tout entière.

L'âge avancé de la mère n'a aucune influence sur la production des essaims : ce n'est ni le désir, ni la nécessité de renouveler la reine qui les incite à se diviser : en effet, 78 p. 100 des essaims primaires sortent avec des mères de trois ans au moins et, sur ce nombre, 43 p. 100 avec des reines d'un an, 20 p. 100 avec des reines de deux ans et 15 p. 100 avec des reines de trois ans.

Essaim primaire et essaims secondaires. — Le premier essaim qui quitte la ruche est toujours accompagné de la vieille mère : mais, avant le départ, toutes les précautions ont été prises pour assurer l'avenir et la perpétuité de la portion de famille qui va rester dans la souche. Plusieurs cellules royales ont été édifiées et la reine y a pondu ; l'essaim primaire ne prend son vol que neuf ou dix jours environ après cette ponte, c'est-à-dire le même jour ou le lendemain du jour où les nouvelles cellules royales sont operculées, et sept jours après la première est prête à éclore. Généralement les cellules maternelles ne sont pas toutes de même âge, mais échelonnées sur une période assez longue, de sorte que la naissance des mères peut différer de un à six et même quelquefois de un à dix jours.

Le calme est en partie revenu, mais de nouvelles éclosions se produisent sans cesse et, si les circonstances extérieures sont favorables, un nouvel essaim, dit *secondaire*, peut partir à son tour. Ce nouvel exode a lieu neuf ou dix jours après le premier, rarement plus tôt ; le fait se produit cependant quand la sortie de l'essaim primaire a été retardée par le mauvais temps, l'évolution des nymphes royales ayant suivi son cours ; les deux essaims primaire et secondaire peuvent alors sortir le même jour ou à un faible intervalle. Jamais l'essaim secondaire ne tarde plus de seize jours après le premier et seulement lorsque l'état de l'atmosphère est particulièrement mauvais. Toutes les cellules royales édifiées n'éclosent pas en même temps : dès que la première reine est née, son instinct la pousse à détruire ses semblables encore encloses dans les berceaux. Les ouvrières lui en laissent le loisir et se chargent même, en partie, de ce travail de destruction si la population trop faible ou l'insuffisance de la miellée leur fait perdre le désir de se multiplier encore ; dans le cas contraire, elles l'en empêchent et un essaim *troisième* sort trois ou quatre jours après le second, un *quatrième* un à trois jours après le précédent, suivi parfois d'un *cinquième* le même jour ou le lendemain. En tous les cas, vingt à vingt-quatre jours au plus après l'essaim primaire, il n'y a plus aucune sortie à attendre de la ruche considérée.

En règle générale, les ouvrières gardent les jeunes reines prisonnières dans leurs cellules de manière que les éclosions n'aient lieu que successivement, et après le départ de l'essaim précédent; cependant il arrive que, dans le tumulte et le désordre produits par la sortie, plusieurs reines naissent à la fois : elles suivent alors l'essaim qui part et celui-ci se trouve pourvu de plusieurs femelles complètes : cela arrive surtout quand le mauvais temps a retardé la sortie. Dadant en a compté 8 dans un seul essaim. Cet état n'est que transitoire : tantôt l'essaim reste groupé et tue toutes les reines en excès pour n'en garder qu'une, tantôt il se divise en plusieurs masses distinctes pourvues chacune d'une reine ou temporairement de plusieurs. Ces subdivisions sont très faibles, n'ont aucune chance de prospérité, et il convient de les réunir comme nous l'expliquerons plus loin.

La manière dont les cellules royales de surplus sont détruites lorsque l'essaimage ne doit plus se produire a été observée par M. Ch. Wilke et leur aspect fournit des renseignements intéressants (1) (fig. 150). Lorsque la reine née la première veut détruire une de ses rivales, elle se place sur la cellule qui la renferme, et après y avoir, à l'aide de ses mandibules, percé un trou vers le fond et sur le côté, elle introduit le bout de son abdomen dans l'ouverture, pique l'insecte et le tue: son cadavre est ensuite arraché par les ouvrières et jeté dehors. Les ouvrières opèrent différemment : elles attaquent l'alvéole royal non sur le côté, mais sur le front, et, après l'extraction du cadavre, la cellule reste ouverte au bout par une ouverture à bords irréguliers et en zigzag. Quand, au contraire, les reines mûres quittent leurs cellules librement, elles ouvrent elles-mêmes leur prison, mais alors elles coupent, avec leurs mâchoires, un cercle régulier autour de la pointe de la cellule. Cependant, très souvent elles ne tournent pas entièrement la tête ; il reste alors, sur une petite étendue, un morceau d'attache entre la cellule et le couvercle, tout juste comme une charnière de boîte. Là où une cellule royale a été ouverte de la sorte, on peut être certain qu'une reine bien portante a quitté librement

---

(1) *L'Apiculteur*, 1903, p. 265.

son berceau et que la colonie s'est livrée fructueusement
à l'élevage royal.

Contrairement à ce qui a lieu pour les essaims primaires
dont la reine est fécondée, les essaims secondaires et les
suivants ne possèdent que des reines vierges; ils sont par

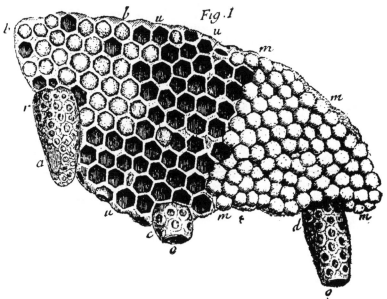

Fig. 150. — Portion de rayon montrant trois cellules royales
vides : *r*, cellule dont la reine a été tuée par sa rivale et tirée
par la déchirure *a*: *co*, cellule royale inachevée et qui n'a
pas contenu de larve: *d*, cellule royale dont la reine est
sortie librement par l'ouverture *o*.

suite moins avantageux, non seulement parce qu'ils sont plus
faibles, mais surtout parce que leur avenir dépend de la
réussite du vol nuptial et que la ponte s'y produira plus
tardivement que dans les premiers.

Les essaims sont d'autant meilleurs qu'ils sont plus forts et
plus lourds. Leur population et leur poids sont, jusqu'à une
certaine limite. proportionnels à la grandeur de la ruche
qui les a fournis. Les essaims secondaires sont plus faibles
que les primaires et leur importance va en diminuant au fur
et à mesure que leur numéro de sortie est plus élevé.

D'après M. de Layens :

Les ruches de 30 à 35 litres donnent des essaims du poids de 2 à 3 kilos.
—   40 à 60   —   —   3 à 4 —
—   80 et au-dessus   —   —   5 à 6 —

Par suite, pour qu'un essaim soit maximum, c'est-à-dire aussi bon que possible, la ruche qui le fournit doit avoir au moins 80 litres de capacité; il faut ajouter que de pareilles ruches n'essaiment presque jamais.

Les essaims secondaires pèsent rarement plus de $1^{kg},5$, souvent beaucoup moins (800 grammes à 1 kilogramme); les troisièmes $0^{kg},5$, puis de moins en moins.

Il arrive quelquefois que plusieurs essaims sortis en même temps de ruches différentes se réunissent en un seul. Comme il est toujours avantageux d'avoir des essaims forts, on se gardera de les diviser; la plupart du temps les ouvrières tuent les reines de surplus, mais M. Devauchelle a cité le cas d'un essaim double qui, mis dans une ruche, s'y était divisé spontanément, s'organisant pour chaque groupe, avec sa reine particulière, une vie propre, avec la même entrée, pendant toute une saison.

Dans les années où, par suite d'une récolte médiocre mais prolongée, l'essaimage est favorisé et dure longtemps, il peut se faire qu'un essaim précoce donne lui-même un essaim. Les essaims d'essaims sont appelés par les Allemands *essaims de vierge* et en France *réparons*; ils sont toujours tardifs et faibles et condamnés à mourir de faim, ainsi que la souche qui leur a donné naissance. Leur entretien bien hasardeux coûterait plus cher qu'ils ne valent; il faut les éviter par les procédés de prévention que nous exposerons plus loin ou, si l'on arrive trop tard, les rendre à l'essaim d'où ils sortent.

Indices de l'essaimage. — Chant des reines. — Aucun indice certain ne permet de prévoir la sortie des essaims primaires; on peut cependant les attendre, si, en même temps que les mâles font des excursions bruyantes au dehors vers le milieu du jour, on voit les butineuses se grouper en masse inactive et pendre en grappe devant l'entrée; on dit alors qu'elles *font la barbe*. Beaucoup de ruches présentant ces caractères n'essaiment pas, soit parce que le temps leur a semblé mauvais ou menaçant, soit pour toute autre cause que nous ignorons; en tous les cas, huit jours d'arrêt absolu dans les apports de nectar suffisent généralement à arrêter complètement la fièvre d'essaimage.

Cependant, Langstroth dit que si, au temps de l'essaimage, on remarque une colonie forte n'envoyant que peu d'abeilles aux champs, quoique le temps soit propice, tandis que les autres ruches sont en plein travail, on peut attendre de cette ruche un essaim, si le temps ne devient pas mauvais.

Collin donne aussi comme l'indice d'un essaimage dans les quatre ou cinq jours le fait que de nombreuses abeilles, venues de l'intérieur, s'avancent rapidement hors du trou de vol, séjournent un instant sur le plateau et rentrent avec le même empressement.

Les essaims secondaires et suivants sont, au contraire, toujours annoncés par un bruit particulier auquel on a donné le nom de *chant des reines*. Environ vingt à vingt-quatre heures après sa naissance, la jeune reine éclose la première fait entendre un son accentué, clair et plaintif, assez difficile à rendre par des lettres, mais qui peut cependant s'exprimer approximativement par *tuh! tuh! tuh!*, d'abord prolongé, puis de plus en plus court. Il exprime l'impatience et la colère de la jeune reine lorsqu'elle est empêchée de tuer ses rivales encore au berceau; lorsqu'on l'entend, on peut avoir la certitude de voir sortir un essaim secondaire le lendemain ou le surlendemain si le temps ne se met pas à la pluie. Les reines encore enfermées dans les cellules, bien qu'arrivées à terme, y répondent par un son plus sourd, étouffé, caverneux, que l'on peut rendre par *toua! toua!* ou *quak! quak!*; on n'entend ce dernier bruit que si, par suite du retard dans la sortie de l'essaim secondaire, les reines au berceau ont eu le temps d'arriver à leur terme complet avant le départ de celle née la première. Si donc on n'entend qu'un seul chant *tuh!*, c'est que l'essaim n'est pas retardé, et si le chant *toua!* lui répond, c'est que la sortie a été empêchée pendant quelque temps. Dès que l'essaim secondaire est parti avec la reine au chant *tuh!*, la reine la plus âgée au chant *toua!* quitte sa cellule; les ouvrières laissent presque toujours à cette dernière la liberté de tuer ses rivales ; dans le cas contraire, elle fait entendre, comme sa devancière, le chant *tuh!*, auquel il est répondu par le chant *toua!*, et un essaim tertiaire se produit. Tant que le chant continuera, des essaims se produiront, sauf si l'état de l'atmosphère est mauvais. Le premier chant *tuh!* se fait rarement entendre avant le sixième ou le septième jour après l'essaim primaire, sauf si la sortie a été retardée, rarement aussi au delà du douzième jour.

On a quelquefois nié le chant des reines ; il ne se perçoit guère en effet au milieu des bruits et du mouvement du rucher, dans la journée ; mais le soir, la nuit et le matin, il s'entend fort bien, surtout par un temps calme et à plus d'un mètre de distance souvent. Il n'est pas produit par la vibration des ailes, vibration qui serait impossible dans les cellules étroites où sont enfermées les jeunes reines au chant *toua!*; du reste, le Dr Donhoff a montré que les reines sur lesquelles on pratiquait l'ablation des ailes le faisaient entendre encore; il est plus probable que cette émission de son a lieu par le passage de l'air entre les stigmates.

Essaim primaire de chant. — Si, par accident ou autrement, une colonie devient orpheline dans la saison de l'essaimage (par exemple lorsque la mère meurt d'épuisement après la grande ponte d'avril-mai ou que les abeilles la renouvellent à cause de son grand âge), cette colonie édifiera plusieurs cellules royales sur les œufs ou les larves jeunes dont elle dispose. Elle pourra alors jeter un essaim, qui sera primaire par le fait, mais en réalité pourvu seulement d'une reine vierge comme un essaim secondaire. Avant de partir, la jeune reine fera entendre son chant *tuh! tuh!*; c'est pour cette raison que les essaims de cette nature sont appelés *essaims primaires de chant.* Ils peuvent encore se produire quand un essaim primaire, après être sorti, rentre dans la souche après avoir perdu sa mère; s'il sort, quelques jours après, un nouvel essaim, celui-ci est un primaire de chant. Il est facile, après la mise en ruche, de distinguer les essaims primaires vrais des primaires de chant : dans les premiers, qui possèdent une reine fécondée depuis longtemps, la ponte commence presque tout de suite, dès que les premières cellules sont ébauchées ou nettoyées; dans les primaires de chant, au contraire, comme dans les essaims secondaires ou tertiaires, la ponte ne commence que huit ou dix jours plus tard, lorsque la jeune reine vierge a été fécondée.

Depart des essaims. — Quelque temps avant le départ de l'essaim, les ouvrières suspendent l'alimentation de la reine et la ponte cesse presque complètement : la colonie tout entière s'agite, la température s'élève jusqu'à 40° dans le nid et l'on dit que la ruche est prise de la *fièvre d'essaimage.* Bientôt les mouches qui doivent former l'essaim se précipitent en masse vers la sortie et, après avoir tourbillonné pendant un instant dans l'air, se réunissent et vont se poser plus ou moins loin de la ruche.

Chaque essaim se compose d'abeilles de tout âge, de manière qu'il y ait, dans la nouvelle colonie, des butineuses, des cirières, des nourrices, etc., et que tous les genres de travaux y soient exécutés le plus facilement possible; la reine sort d'habitude avec le dernier tiers des émigrantes.

M. Thibault a étudié, à l'aide de renseignements recueillis

dans un grand nombre de ruchers, l'influence de diverses conditions sur l'essaimage naturel (1). Il résulte de ces observations les conclusions suivantes qui s'appliquent surtout au nord-est de la France.

Presque toujours, la saison des essaims naturels s'ouvre de quatre à treize jours, en moyenne sept jours après le commencement de la miellée principale. L'essaimage primaire débute en moyenne le 28 mai et finit le 20 juin, en ayant varié, pour le début, du 17 mai au 13 juin, et, pour la fin, du 6 juin au 4 juillet. La durée moyenne est de vingt-quatre jours. La période où l'essaimage se produit de la manière la plus intense va du 25 mai au 20 juin, avec le maximum dans la première semaine de juin. Ces dates sont évidemment variables suivant les années, mais l'observation prolongée montre que, sur 20 saisons, 3 sont plus ou moins précoces, 10 normales, 5 plus ou moins tardives et 2 irrégulières.

Quant à l'heure de la sortie des essaims, les extrêmes, rarement atteints du reste, sont 8 heures un quart du matin et 4 heures du soir. Si l'on groupe les essaims par heure de sortie, on en compte : 5 p. 100 avant 10 heures, 22 p. 100 de 10 heures à midi, 56 p. 100 de midi à 2 heures, 15 p. 100 de 2 à 3 heures et 2 p. 100 seulement après 3 heures. On voit que le moment où les essaims sortent le plus activement est entre midi et 2 heures ; c'est pendant ce temps, et particulièrement dans la première semaine de juin, que la surveillance de l'apiculteur devra être la plus active. Les circonstances météorologiques exercent aussi une grande influence sur le phénomène qui nous occupe. Ainsi il ne se produit en général aucune sortie lorsque la pression barométrique est inférieure à 750 millimètres, le nombre de sorties s'élève à 15 p. 100 au-dessous de 760 millimètres, et il arrive à 85 p. 100 quand le mercure s'élève à 760 millimètres ou plus.

Le temps calme, sans vent violent, est favorable à l'essaimage, de même qu'une température extérieure comprise entre 20° et 25° à l'ombre ; au-dessous de 16° l'essaimage ne se produit pas. L'action du soleil sur les trous de vol paraît très marquée : c'est ainsi que 86 p. 100 des essaims sortent lorsque les rayons viennent frapper l'ouverture ; on peut en conclure que le fait de placer les ruches bien à l'ombre ou d'incliner une tuile devant l'entrée et à l'exposition du nord est favorable à la prévention de l'essaimage.

Les essaims ne paraissent pas suivre dans leur vol une direction déterminée par la position du soleil au-dessus de

_____

(1) *L'Apiculteur*, août à décembre 1904.

l'horizon ou par tout autre point de sa trajectoire : ils ne se
dirigent pas plus vers le levant ou le couchant que vers le
nord ou le sud. Cette direction paraît dépendre tout simplement du hasard ou d'un sens qui nous est inconnu. Un fait
certain, c'est que lorsqu'un endroit quelconque, arbre ou vieux
mur, a déjà reçu la visite d'un essaim, d'autres vont le plus
souvent s'y attacher. L'envoi d'ouvrières à l'avance pour
choisir le futur logis, avant le départ de la souche, paraît être
un fait tout à fait exceptionnel, et la plupart des essaims partent sans savoir où ils logeront : ils ne s'en préoccupent qu'après
que l'exode est effectué et que le groupe s'est constitué à son
premier point d'arrêt.

On reconnaît qu'une ruche vient de jeter un essaim à ce
qu'elle est moins populeuse et moins active qu'auparavant.
Mais si plusieurs colonies se sont divisées dans la même
journée, ce caractère est de nulle valeur pour retrouver la
ruche qui a fourni un essaim déterminé ; il est cependant
quelquefois indispensable de posséder ce renseignement, si
l'on veut rendre par exemple l'essaim à sa souche, ou
s'abstenir de pratiquer un essaim artificiel sur une ruche qui
s'est déjà divisée naturellement. Pour y parvenir, il faut
prendre 40 à 50 abeilles de l'essaim, les emporter à une centaines de mètres de leur nouveau domicile et leur donner la
liberté après les avoir saupoudrées d'une matière colorante
(farine, ocre rouge). Il est alors facile de les suivre des yeux :
quelques-unes retourneront à l'essaim, mais le plus grand
nombre à la ruche mère ; un aide les voit arriver sur la
planche de vol. Ce procédé ne réussit avec certitude que dans
les vingt-quatre heures qui suivent la sortie de l'essaim : plus
tard, on n'obtient aucun résultat précis, les abeilles retournant
à leur nouvel emplacement, de préférence à l'ancien dont
elles ont perdu la mémoire.

Pose des essaims. — Les essaims primaires ne s'éloignent
jamais beaucoup ; la vieille reine qui les suit, alourdie par les
œufs dont son abdomen est gonflé, est incapable de s'envoler
à une grande distance ; ils se reposent d'habitude sur les
branches d'un arbre voisin. C'est pourquoi il est toujours très
avantageux de tenir à proximité du rucher des arbrisseaux ou
des arbres à branches basses qui puissent leur offrir un abri
où il soit facile à l'apiculteur de les atteindre et de les
ramasser. Dans ces conditions, le terme de leur course ne
dépasse pas 50 à 60 mètres pour la première étape du voyage.
Là elles se mettent en grappe et, seulement alors, envoient
des éclaireurs à la recherche d'un logement convenable. S'il
n'en est point trouvé, l'essaim reprend son vol et s'éloigne à

une distance souvent assez grande, puis se remet de nouveau en grappe et lance de nouvelles exploratrices jusqu'à ce que le gîte définitif soit trouvé. S'il survient quelques jours de pluie tandis que l'essaim est en grappe sur une branche, la colonie construit un rayon, et s'il fait chaud et qu'il y ait dans le voisinage un champ de plantes mellifères, les abeilles, quand le temps se remet au beau, cessent quelquefois de chercher un abri et fixent leur résidence sur cette branche, y élèvent du couvain et y amassent du miel, comme si elles étaient dans une ruche ou une cavité close. Dans nos climats, ces colonies périssent de froid et de misère pendant la mauvaise saison ; dans les pays plus chauds même elles finissent par devenir la proie d'une multitude d'ennemis.

Les essaims secondaires et les suivants, de même que les primaires de chant, conduits par des reines vierges non chargées d'œufs, franchissent souvent du premier coup plusieurs kilomètres et se perdent ; on leur donne le nom d'*essaims volages* ; par contre, les *essaims adventices* sont ceux qui arrivent, par hasard, dans un rucher dont ils ne sont point issus. Il arrive donc que les essaims, volages pour un apiculteur, sont adventices pour un autre. C'est ainsi que se peuplent les cavités des arbres et des murs, les cheminées et tous les espaces creux que les émigrantes rencontrent sur leur route. On a indiqué plusieurs moyens pour arrêter les essaims en fuite et les obliger à se poser. Je ne rappelle que pour mémoire l'usage des campagnes qui consiste à frapper sur des chaudrons ou à tirer des coups de fusil : tout ce charivari est sans aucun effet ; si un coup de tonnerre arrête en effet les essaims et les fait se poser immédiatement, cela est dû, non pas au bruit, mais sans doute soit à l'ébranlement de l'air, soit à un état particulier de l'atmosphère au moment des orages électriques. Des procédés simples et efficaces consistent à asperger l'essaim, qui s'élève, avec de l'eau, pour simuler la pluie, ou à lui jeter du sable ou de la terre ; un autre moyen, sanctionné par la pratique, est de diriger, avec un petit miroir de poche, un rayon de soleil sur lui.

Pour empêcher les reines de voler et obvier ainsi à la fuite lointaine des essaims, on peut leur couper, avec des ciseaux effilés, les deux ailes d'un même côté à 3 ou 4 millimètres de la base. Il faut pour cela saisir la reine par les ailes, puis par le corselet ou le thorax, entre le pouce et l'index de la main gauche ; on ne doit jamais la prendre par l'abdomen, ni par les pattes qui sont fragiles. Cette opération ne la gêne en rien par la suite. Certains apiculteurs, pour reconnaître l'âge des reines, leur coupent une aile tous les ans.

Tout cela est, en général, superflu lorsque, comme nous l'avons recommandé, le rucher est entouré d'arbres : les essaims vont s'y reposer d'eux-mêmes.

Il arrive parfois, mais rarement, que l'essaim, après être sorti, rentre dans la souche.

Les causes de cette rentrée sont sans doute des changements atmosphériques subits que l'essaim reconnaît ou prévoit, la perte de la reine ou sa rentrée, ou toute autre cause contraire à un établissement séparé. Un essaim qui a perdu sa reine regagne directement la ruche d'où il provient. Le plus souvent ces essaims ressortent le même jour ou les jours suivants ; lorsqu'ils ne le font pas, c'est que la reine a été tuée dans la souche où elle est rentrée, ou a disparu au dehors, ou encore que les conditions météorologiques sont restées longtemps défavorables. Ces essaims qui ressortent ainsi sont le plus souvent des primaires de chant.

La forme affectée par l'essaim qui se pose est variable ; généralement c'est une grappe suspendue, d'autres fois un amas le long d'un tronc ou d'une grosse branche, plus rarement d'une nappe étalée sur le sol, sur un mur ou sur une surface plane quelconque.

La reine n'occupe pas dans le groupe une place fixe et déterminée ; d'après les observations de M. A. Gaille, tantôt elle se tient à l'intérieur de la masse en un point quelconque, tantôt on la voit se déplacer à sa surface. Il ne suffit donc pas de s'emparer d'une portion, toujours la même, de la grappe pour être certain de la posséder ; c'est l'essaim entier qu'il faut prendre et souvent la mère reste la dernière, contre la branche ou réfugiée dans un recoin de la cavité qui l'abrite.

Ramassage des essaims et capture des colonies sauvages. — Lorsque l'essaim s'est réuni et que toutes les abeilles se sont groupées, il faut le recueillir le plus tôt possible ou au moins l'abriter avec une toile, de peur qu'il ne reparte. S'il forme une grappe pendante sous une branche, à bonne hauteur, le ramassage est aussi simple que possible ; une ruche en paille ou une petite caisse est présentée dessous, et d'une secousse on le fait tomber dedans (fig. 151). Si la branche est petite, on la coupe pour la transporter où l'on veut avec les abeilles qui y sont suspendues.

Les abeilles en essaim ne sont pas agressives et l'on ne court guère le risque d'être piqué en les ramassant, sauf si des abeilles étrangères viennent s'y mêler.

Il arrive parfois que la branche est trop haute pour que l'on puisse y accéder facilement : on peut alors frapper avec une longue perche un fort coup sur la branche où il repose ; si elle est flexible, il tombe en grande partie et vient se poser plus bas. On peut aussi faire usage de l'*attrape-essaims* du système Manum (fig. 152), constitué par un filet en toile métallique avec un couvercle se refermant par-dessus : monté sur sa perche, il peut prendre un essaim suspendu à 6 mètres au-dessus du sol.

Lorsque l'essaim tombe par terre (ce qui arrive avec les primaires dont les reines ont les ailes avariées), on pose dessus un panier soulevé légèrement d'un côté : les abeilles ne tardent pas à s'y suspendre. On opère de même si l'essaim s'est étalé le long des branches. Lorsqu'il est en nappe sur une surface verticale, comme un mur, le plus simple est de le balayer par terre et de s'en emparer comme il vient d'être dit.

Quelques praticiens, parmi lesquels M. E. Root, conseillent de rogner les ailes aux reines pour faciliter le ramassage des essaims primaires.

Quand l'essaim sort de la ruche, M. E. Root fait entrer la reine (facile à prendre, puisqu'elle ne peut pas voler et ne pique pas) dans une cage *ad hoc*, puis il enlève la ruche qui a essaimé, la pose ailleurs et met à sa place une ruche vide dans laquelle il met la cage à reine près de la porte. L'essaim s'aperçoit bientôt qu'il n'a pas de mère et, retournant à son ancien logement, il retrouve la reine dans la nouvelle ruche dont il s'empresse de prendre possession. Il suffit alors de rendre la liberté à la reine, qui rejoint aussitôt sa famille. La meilleure saison pour couper les ailes aux reines, c'est l'époque de la floraison des arbres fruitiers ; la reine, étant alors fort occupée à pondre, est plus facile à prendre.

Malgré toutes les précautions prises, certains essaims vont se loger dans des endroits très difficilement accessibles. Il ne faut pas se dissimuler que leur ramassage est le plus souvent extrêmement difficile et compliqué. Les circonstances qui peuvent se présenter sont même tellement variables qu'il est impossible de tracer une marche à suivre pour tous les cas ; ce sera à l'apiculteur à s'ingénier de manière à tirer le meilleur parti possible de ce qu'il aura en sa présence.

Inconvénients de l'essaimage. — L'essaimage naturel, étant donnée l'époque à laquelle il se produit habituellement, c'est-à-dire en pleine miellée principale, exerce une influence néfaste sur la récolte, à cause de la disparition brusque d'un grand nombre de butineuses. Presque toutes sont parties et il ne reste plus dans la souche que de jeunes abeilles qui ne deviendront butineuses à leur tour que douze ou quinze jours après ; pendant ce temps, la miellée se passe. D'autre part, la jeune reine vierge qui reste ne commence généralement à

Fig. 151. — Ramassage d'un essaim dans une ruche à cadres.

pondre que treize à dix-sept jours environ après le départ de l'essaim primaire ; les premières éclosions n'auront lieu qu'au bout de trente-trois à trente-huit jours, et ce n'est qu'après quarante-huit à cinquante-trois jours que de nouvelles butineuses, issues de cette ponte, pourront recommencer le travail de la récolte. Il sera généralement trop tard à ce moment et la ruche n'amassera rien.

Quand, par surcroît, il se produit des essaims secondaires successifs, la souche s'affaiblit de plus en plus, son existence

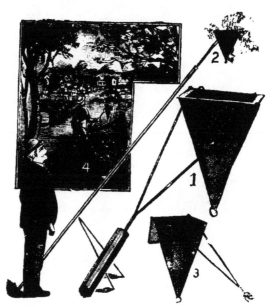

Fig. 152. — Attrape-essaims Manum (Bondonneau).

se trouve compromise, de même que celle des essaims trop faibles ou trop tardifs pour récolter leurs provisions d'hiver.

M. Devauchelle fait cependant remarquer, avec raison, que, dans le cas particulier d'une grande ruche à cadres, bien conduite pour éviter l'essaimage, celui-ci n'arrive généralement qu'à la fin de la grande miellée et non pas au commencement. Ces ruches ont été les plus fortes du rucher pendant toute la durée de la récolte, et, au moment de leur division, elles ont déjà amassé plus de miel que les autres.

Mais c'est là une exception, et même les ruches qui essaiment ainsi tardivement donnent des essaims qui absorbent pour leur approvisionnement le surplus de la récolte de la souche qui les a produits et même au delà. Dans le cas d'une seconde miellée, elles se trouveront affaiblies et en profiteront mal.

Prévention de l'essaimage. — C'est donc avec raison que les meilleurs apiculteurs ont toujours cherché à prévenir le plus possible l'apparition des essaims et surtout des essaims secondaires. Les premières précautions à prendre consistent à éviter tout ce qui peut favoriser ce phénomène : on logera les colonies dans de grandes ruches, celles-ci seront placées à l'ombre et au frais, les trous de vol seront entièrement ouverts et les ruches soulevées même au besoin sur des cales. Il est important de ne pas attendre que la fièvre d'essaimage se soit déclarée pour agrandir le nid à couvain, dans le cas particulier de ruches à cadres ou à hausses ; à ce moment, il est déjà trop tard, et c'est là une des raisons pour lesquelles je suis partisan de la suppression des *planches de partition*. On se rappellera aussi que l'agrandissement par l'adjonction de cadres simplement amorcés ou de feuilles gaufrées est un palliatif insuffisant pour prévenir l'essaimage ; souvent même il le provoque, parce que les abeilles, en pleine miellée, édifient sur ces bases des cellules de mâles, dans lesquelles la reine vient étendre sa ponte ; cet état de choses incite à la construction des cellules royales et la colonie est prise de la fièvre d'essaimage. Vers l'époque de l'essaimage naturel, qui est celle de la grande miellée, l'agrandissement du nid à couvain, pour être efficace, doit se faire avec des bâtisses complètes, ou tout au moins de cire gaufrée dont les rudiments d'alvéoles d'ouvrières ont déjà été allongés l'année précédente.

C'est un mauvais moyen que de tenter de prévenir l'essaimage en grillant les trous de vol avec de la tôle perforée, pour empêcher la reine de sortir. Les abeilles s'agiteront beaucoup et finiront presque toujours par tuer leur mère.

Lorsque, malgré tout, une ruche donne des signes d'une division primaire prochaine, on peut, avec une assez grande certitude de réussite, l'arrêter, en la portant à la place d'une ruche très faible, et celle-ci à l'endroit qu'occupait la première.

Cette permutation a pour effet d'égaliser la population des deux colonies : la plus forte, perdant ses butineuses au profit de la plus faible, se trouvera dégarnie et, les apports de nectar s'y trouvant diminués, elle n'essaimera pas. Il n'y a aucun danger de bataille à craindre entre les deux ruches, à cause de l'époque à laquelle l'opération a lieu ; rentrant le jabot garni, les ouvrières sont bien reçues dans la ruche où elles arrivent ; en temps de disette, au contraire, une telle permutation donnerait lieu à un massacre général.

Mais ce sont les essaims secondaires qui sont les plus nuisibles et aussi les plus difficiles à prévenir. Voici quelques-uns des procédés les plus recommandés.

La méthode par déplacement est la plus simple et celle qui donne les meilleurs résultats. Elle consiste, lorsqu'on redoute un essaim secondaire et après avoir entendu le chant des reines, à déplacer la ruche de 7 à 8 mètres au moins et à mettre l'essaim primaire qui en est sorti à sa place. Les butineuses qui rentrent des champs augmentent la population de cet essaim, tandis que celle de la souche est diminuée de telle façon qu'elle n'essaime plus.

Cette diminution est moins considérable et progressive, ce qui est très important parce que le couvain de la ruche mère en souffre moins que si la division avait eu lieu tout d'un coup.

L'auteur américain Doolittle opère de la manière suivante : Dans la matinée du huitième jour, après le départ de l'essaim primaire, il ouvre la ruche et examine avec soin tous les rayons pour voir s'il existe une cellule royale fraîchement ouverte d'où la jeune reine vient de sortir. Si une semblable cellule est trouvée, on détruit toutes les autres ; dans le cas contraire, on les détruit toutes, moins une, encore fermée, que l'on choisit la plus volumineuse et la plus régulière. On comprend qu'en opérant ainsi la colonie, n'ayant qu'une seule reine, encore vierge, sera dans l'impossibilité d'essaimer.

Il est à remarquer que ce procédé, qui semble parfait au premier abord, est dans la pratique dangereux, compliqué et souvent inefficace. Il demande une grande habitude, et si une seule cellule, même très petite, échappe aux investigations de l'apiculteur, l'essaimage se produira presque certainement. Du reste, Doolittle a reconnu lui-même, par la suite, qu'il arrive très souvent que les ouvrières, après cet enlèvement, se hâtent d'édifier de nouvelles cellules royales sur les larves jeunes qu'elles possèdent encore, puis, quand ces reines sont assez âgées, la colonie jette un essaim accompagné de la reine, éclose de la cellule laissée pour prévenir l'orphelinage. D'autre part, il peut se faire que la cellule épargnée ne contienne qu'une nymphe mal venue, ne donnant qu'une mère défectueuse et incapable de remplir convenablement ses fonctions ; c'est pour obvier à ce danger que les ouvrières en élèvent toujours cinq à dix fois plus qu'il n'en faut : leur instinct leur permet de choisir parmi elles celle qui conviendra le mieux. L'inconvénient de la destruction des cellules royales est moins grave, mais l'effet pas plus certain lorsqu'on l'emploie pour éviter l'essaimage primaire ; on devra visiter les ruches pour les supprimer du 10 au 20 mai, en admettant que la grande miellée commence du 20 au 25 mai, dans les régions tempérées des plaines, puisque le dépôt des œufs fécondés, dans les cellules maternelles, s'effectue une dizaine de jours avant la sortie de l'essaim.

Si, malgré toutes les précautions prises, la ruche donne un essaim, ce qu'il y a de mieux à faire est de le lui rendre.

Dans le cas d'un essaim primaire, le soir de son départ on e secoue sur un drap, on recherche la reine et on s'en empare pour la tuer si elle est vieille, ou la conserver pour un usage quelconque si elle est encore bonne ; la souche est alors placée sur le drap, soulevée sur des cales, et les abeilles y rentrent sans difficulté.

Il est probable cependant que, quelques jours après, cette même ruche donnera un essaim primaire de chant. Ceux-ci se rendent à la souche, comme les essaims secondaires, de la manière indiquée ci-dessus, mais, au lieu d'opérer la réunion le jour même de leur sortie, on ne l'effectue que le lendemain soir, afin que les abeilles aient eu le temps de détruire tous les alvéoles maternels après avoir laissé éclore une reine ; sans cela, un essaim pourrait repartir le lendemain ou les jours suivants. Pendant l'intervalle de temps, l'essaim recueilli dans un panier vide est enveloppé dans une toile d'emballage et placé à la cave, pour que les abeilles se calment et, ne faisant aucune sortie, ne soient pas désorientées.

L'essaim ne repart généralement pas.

Un bon moyen de prévention de l'essaimage pour les ruches en forme de cloche consiste à les culbuter, la base en haut, et à les coiffer d'une ruche semblable vide.

On reconnaît qu'une ruche a abandonné tout désir d'essaimage à ce fait que les abeilles enlèvent les larves de mâles et les rejettent dehors ou qu'elles tuent les mâles adultes et que le matin on aperçoit, près du trou de vol, des fragments de cellules maternelles, en forme de petites calottes de 4 millimètres de diamètre, blanchâtres à l'intérieur et jaunâtres à l'extérieur, ou des cadavres de mères. C'est un signe que les ouvrières ont détruit les reines au berceau et qu'elles renoncent à l'essaimage. D'après Baffert, quand la grande récolte commence à baisser, toute ruche qui fait un soleil d'artifice n'essaimera pas.

Soins à donner aux essaims. Leur avenir. — L'essaim ramassé, comme nous l'avons dit, dans une ruche vulgaire ou dans une petite caisse, est mis en place tel quel ou introduit dans une ruche à cadres. Cette introduction a lieu, soit en faisant tomber d'un coup sec l'essaim dans la ruche découverte par le haut, soit en le secouant sur un drap étendu devant le trou de vol ; on y dirige les abeilles à l'aide d'une plume d'oie et d'un peu de fumée ; bientôt on les voit battre le rappel et pénétrer à flots pressés vers leur nouveau logis.

Pour les essaims secondaires, tertiaires et primaires de chant surtout, c'est le soir, de préférence, qu'il convient de les mettre en place ; on les entreposera, en attendant, dans une pièce obscure et fraîche, le récipient qui les contient emballé dans une toile à tissu clair ; installés pendant le jour, s'il fait très chaud, ils risquent de repartir et d'être perdus. Ces essaims décampent même quelquefois lorsque, après deux ou trois jours, on croit qu'ils ont définitivement pris possession de leur habitation : cela est dû, soit à l'impureté de la cire gaufrée dans laquelle la reine refuse de pondre, soit à ce que la colonie, craignant de perdre sa reine, l'accompagne dans son vol nuptial, soit enfin à ce que, l'essaim possédant plusieurs reines, celles-ci se soient toutes entre-tuées dans la lutte qui se livre pour qu'il n'en reste qu'une seule : l'essaim, devenu orphelin, se disperse ou retourne à la souche. On évite presque sûrement ces exodes en suspendant dans la ruche un cadre, contenant du couvain non operculé, prélevé dans n'importe quelle colonie du rucher et débarrassé, bien entendu, des abeilles qui le couvraient.

Les essaims naturels peuvent être placés n'importe où ; les abeilles ne retournent jamais à leur souche, même si elles sont établies tout à fait à proximité : dès leur première sortie, et pendant quelques jours, elles ne s'éloignent pas sans avoir au préalable décrit dans l'air, et la tête tournée vers la ruche, des cercles de reconnaissance destinés à graver dans leur cerveau la mémoire des lieux.

Il est bien rare que les reines vierges des essaims secondaires partent pour le vol nuptial avant que la famille ne se soit établie définitivement dans sa nouvelle demeure, ce qui n'arrive pas, dans l'état naturel, avant que toutes les reines en excès ne soient tuées. C'est généralement un à quatre jours après, par un bel après-midi, que la sortie de fécondation se produit. Doolittle a cependant cité le cas d'un essaim secondaire possédant une reine unique qui fut fécondée pendant que l'essaim était encore dehors, mais l'essaim en question avait été retenu plusieurs jours dehors par le mauvais temps.

Les ouvrières qui vont essaimer se gorgent de miel et emportent toujours dans leur estomac le plus de provisions possible ; Réaumur, Collin et d'autres observateurs évaluent cette quantité à 0gr,017. M. de Layens a constaté qu'un essaim enfermé, puis descendu à la cave et laissé en repos, pouvait vivre huit jours avec la nourriture qu'il emporte ; mais, dans les conditions ordinaires, le mouvement qu'elles se donnent en plein air et dans la ruche abrège cette durée. Nous avons vu plus haut que la consommation sera de 6 milligrammes par tête et par jour si la température se rafraîchit par la pluie qui empêche les butineuses de sortir ; si le mauvais temps persiste et que le renouvellement des provisions au dehors soit impossible, on voit que l'essaim, réduisant sa consommation au minimum, sera entièrement à court de vivres et réduit à mourir de faim au bout de trois ou quatre jours. Cette durée pourra même se trouver notablement abrégée si l'essaim a commencé à sécréter de la cire et à bâtir, et par suite augmente sa dépense. Il convient donc d'alimenter les essaims, si la pluie ou le froid les empêche de sortir après leur mise en ruche ; les appareils et les procédés qu'il convient d'employer pour y parvenir sont décrits à la page 488.

Dans les premiers jours de leur installation, les essaims naturels travaillent beaucoup et amassent si l'on a eu soin de leur donner quelques bâtisses entières ; mais au bout d'une semaine environ, cette activité se ralentit par la mort successive des vieilles butineuses. Ce n'est que vingt et un jours en effet après la mise en ruche que les premiers œufs, pondus par la reine d'un essaim primaire, commencent à éclore, et ce n'est qu'au bout de trente-cinq à trente-six jours que de nouvelles butineuses sont prêtes pour le travail ; pendant tout ce temps, la population diminue et se trouve pendant près d'un mois dans un état de faiblesse relative, c'est-à-dire dans de mauvaises conditions pour la récolte.

Les essaims primaires de chant et surtout les secondaires et les tertiaires sont dans des conditions plus mauvaises encore, ces derniers parce qu'ils sont plus faibles en population et plus tardifs. Tous ne possèdent que des reines vierges dont la ponte ne commence que quatre à huit jours et les premières ouvrières n'éclosent que vingt-cinq à vingt-neuf jours après la mise en ruche, pour devenir butineuses seulement au bout de quarante à quarante-quatre jours. On comprend combien la population doit s'être réduite et combien peu ces essaims profiteront de la miellée.

Pour profiter de l'activité de la colonie au début de son installation, au moment où sa population est maxima et que la miellée donne, il est recommandable de lui fournir un certain nombre de bâtisses entièrement construites pour lui permettre, sans aucune perte de temps, d'entreposer le nectar,

et à la reine de déposer ses œufs. Un essaim ainsi pourvu de
bâtisses fera au moins ses provisions d'hiver, pour peu que la
saison soit favorable, tandis qu'un autre, logé à la même
époque en ruche nue ou même sur cire gaufrée, usera son
activité à bâtir et ne ramassera presque rien. Nous savons
cependant que les ouvrières des essaims ont une grande aptitude à sécréter de la cire et qu'elles bâtissent de préférence
en cellules d'ouvrières ; il faut profiter de cet avantage et ne
donner des rayons entièrement bâtis qu'en quantité restreinte,
quatre ou cinq, par exemple, dans une ruche à cadres, ou, à
leur défaut, des feuilles gaufrées entières, pour parer aux premiers besoins, puis y ajouter des cadres successivement
amorcés par des bandes de vieux rayons ou de cire gaufrée ;
ces rayons alterneront avec les premiers. Si quelques-uns sont
établis avec trop de cellules de mâles, on en est quitte, au
printemps suivant, pour les sortir du nid à couvain et les
repousser dans le magasin à miel en les remplaçant par
d'autres en petites cellules.

On peut résumer dans le tableau suivant les différents phénomènes de l'essaimage naturel et le temps qui se passe pour
leur accomplissement :

Âge de la larve maternelle, la plus mûre, quand part *Jours.*
l'essaim naturel primaire (depuis la ponte de l'œuf)... 9 à 10

			Jours.	
		L'éclosion de la nouvelle reine......	6 à 7	
La sortie de l'essaim primaire et : (la ponte est suspendue pendant 12 à 17 jours)	Le vol de fécondation de la nouvelle reine........	10 à 13	Dans la souche.
	La ponte de la nouvelle reine......	12 à 17	
	Les premières cellules operculées de son couvain....................	21 à 26	
	La naissance des premières ouvrières qui en proviennent........	33 à 38	
	Le moment où sortent de la ruche les nouvelles butineuses........	48 à 53	

L'installation de l'essaim et :	L'apparition des premières cellules operculées.....................	9	Dans l'essaim primaire.
	La naissance des premières ouvrières.	21	
	La sortie des nouvelles butineuses..	36	
	La fécondation de la jeune reine....	2 à 6	Dans les essaims se- condaires. tertiaires et primaires de chant.
	Le dépôt des premiers œufs........	4 à 8	
	L'operculation des premières larves.	13 à 17	
	La naissance des premières ouvrières.	25 à 29	
	La première sortie des nouvelles bu- tineuses....................	40 à 44	

(left vertical label : Nombre de jours qui s'écoulent entre :)

L'essaim primaire et l'essaim secondaire..........	9 à 10
— secondaire — tertiaire............	3 à 4
— tertiaire — quaternaire.........	1 à 3

Transport et expédition des essaims. — Les essaims naturels s'utilisent très bien pour peupler les ruchers en voie de formation; si la distance à franchir est courte, ils se transportent facilement dans une ruche vulgaire ou dans une petite caisse quelconque, dont l'ouverture a été fermée par une toile d'emballage ou un autre tissu solide à mailles claires pour permettre l'aération; il n'y a à prendre aucune précaution de nourriture ou autre.

Pour les expéditions au loin, il est nécessaire de prendre quelques soins supplémentaires.

Il est établi par l'expérience qu'un essaim bien emballé et dans des conditions convenables peut supporter, sans en souffrir, de très longs parcours. C'est ainsi que des abeilles ont été expédiées, avec succès, de France en Cochinchine, en Amérique, etc. A plus forte raison n'y a-t-il pour ainsi dire aucun risque à courir pour les trajets qui ne dépassent pas les limites du territoire, trajets dont la durée ne se prolonge jamais au delà de trois ou quatre jours, l'expédition pouvant se faire par colis postal.

La boîte destinée au logement est représentée dans les figures 153 à 155. C'est une petite caisse d'environ 30 centimètres de côté, qu'il est facile de se procurer chez le premier épicier venu, pour une somme minime; les planches qui la composent auront environ 1 centimètre d'épaisseur au maximum, seront exemptes de nœuds et de fentes qui risqueraient de s'ouvrir en route et de livrer passage aux abeilles.

Dans le fond, on découpera une ouverture rectangulaire, aussi grande qu'il sera possible, sans compromettre la solidité, et par-dessus on clouera une toile métallique galvanisée fixe TM. Sur chacune des faces latérales, en A, A, on percera des trous de la grandeur d'une pièce de cinq francs et on les fermera également par un morceau de toile métallique. Il sera même prudent de mettre deux toiles, une à l'extérieur, et l'autre à l'intérieur.

Sous le fond, en S, S, seront clouées deux traverses de 2 centimètres et demi à 3 centimètres de hauteur, de telle manière que l'accès de l'air soit assuré lorsque la caisse repose sur son fond. La disposition que j'indique permet une ventilation constante et abondante, ce qui est indispensable, les abeilles qui voyagent s'agitant beaucoup; il n'est pas bon, comme on le recommande quelquefois, de pratiquer la grande ouverture TM dans le couvercle : on donne ainsi trop de lumière à l'essaim; ce dernier reste beaucoup plus calme lorsqu'il est maintenu dans l'obscurité.

Les essaims, au moment de leur départ de la ruche,

emportent toujours, dans leur premier estomac, une provision
de miel suffisante pour deux ou trois jours ; il leur faut donc
très peu de nourriture supplémentaire si le voyage ne dépasse
pas une semaine. Cette nourriture sera constituée exclusivement par des morceaux de rayons partiellement garnis de miel
operculé ; le miel non operculé, le sirop, en un mot toutes les
provisions liquides doivent être absolument écartés ; l'eau
surtout, distribuée par aspersion ou autrement, engendre

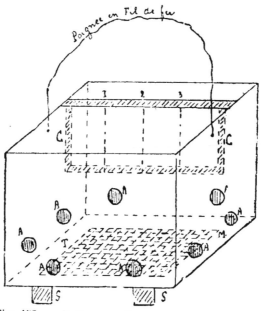

Fig. 153. — Boîte pour l'expédition des essaims.

presque fatalement la dysenterie et cause une mortalité con
sidérable. C'est une erreur de croire que les abeilles qui
voyagent ont besoin de boire. Si le voyage devait durer
plusieurs semaines, on choisirait des rayons contenant, en sus
du miel, un peu de pollen, de manière à assurer l'élevage du
couvain que la reine pourrait commencer à pondre dans les
rayons. C'est dans ce dernier cas seulement qu'il conviendrait
de fournir de temps en temps de l'eau aux abeilles, non pas en
les aspergeant, mais en plaçant contre le grillage du fond une
éponge imbibée d'eau. Les voyageuses ne prendraient ainsi que
le nécessaire aux besoins de l'élevage.

A défaut de rayons operculés, on pourrait assurer l'alimentation par du sucre en pâte renfermé dans un sac en toile

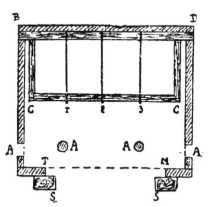

Fig. 154. — Coupe de la boîte parallèlement à la face antérieure.

métallique. Le sucre en pâte se prépare comme il est indiqué à la page 491.

Un apiculteur qui expédie beaucoup d'essaims, M. Maurice

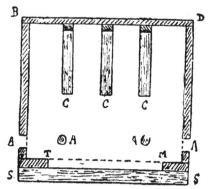

Fig. 155. — Coupe de la boîte parallèlement à la face latérale.

Bellot, de Chaource (Aube) (1), compte, pour les essaims de 1kg,750 qu'il expédie par une température élevée, une dépense de 500 à 600 grammes de miel pour la première jour-

(1) *Revue internat. d'apic.*, 1902, p. 9.

née et un peu moins pour les autres. Les essaims, qui sont des essaims artificiels, sont ordinairement faits entre 10 heures du matin et midi, puis encaissés peu de temps après et placés dans une pièce fraîche et obscure en attendant le départ, qui a lieu à 5 heures du soir. Or, malgré cette bonne précaution, les abeilles sont bientôt en mouvement; elles cherchent à sortir à travers les grilles de la caisse; il arrive souvent que, pendant ces quelques heures, l'essaim a perdu 150 et même 200 grammes. Les essaims faits le soir et expédiés le lendemain matin consomment beaucoup moins; c'est que, sous l'influence de la nuit, les abeilles sont restées calmes. Pour les expéditions faites par une température fraiche, comme en avril et octobre, la dépense est plus faible; cela tient à ce que, sous l'effet de la température peu élevée, les abeilles restent calmes. Un essaim de 2 kilogrammes expédié de Chaource à Mascara (Algérie) le 11 octobre, et resté onze jours en route, diminua de 1^{kg},750 seulement et ne présenta que 170 abeilles mortes; un autre essaim de 1^{kg},750 expédié le 31 octobre, de Chaource à Mascara (Algérie), et resté huit jours en route, a perdu 1^{kg},250 et 200 abeilles. La différence de dépense ne fut que de 110 grammes. Cela prouve que dans les derniers jours du voyage, surtout quand il est long, les abeilles finissent par s'accoutumer à leur prison et restent calmes.

Les rayons renfermant la nourriture seront solidement fixés dans des cadres, faits avec de simples lattes de plâtrier et d'une hauteur moitié moindre que la caisse, à l'aide de trois fils de fer, 1, 2, 3, noués sous la traverse inférieure. Si l'on avait à faire de fréquentes expéditions d'essaims, il serait préférable de faire bâtir d'avance ces rayons sur de la cire gaufrée, avec fils de fer noyés dans la masse.

Il ne faut visser les cadres ni aux parois, ni au couvercle de la caisse; il est plus rapide et plus simple de les faire reposer, par les bouts de leur porte-rayon, dans des coches pratiquées dans la tranche supérieure des parois, le couvercle fermant par-dessus. De la sorte il suffira d'une pointe traversant le couvercle et le porte-rayon et pénétrant dans la paroi pour maintenir les cadres C, C, C et les empêcher de balancer dans la ruchette. Le nombre des cadres sera variable suivant la force de l'essaim et la longueur du voyage : un cadre pourra suffire pour un court trajet et un essaim d'un kilogramme; il pourra en être mis trois ou quatre pour une population forte et un parcours de longue durée. Il sera bon de les espacer un peu plus que d'habitude, c'est-à-dire qu'ils devront être placés à 42 ou 45 millimètres les uns des autres, de centre en centre, au moins.

Enfin, il est prudent de munir la caisse 'une poignée en fil de

fer et de coller sur le couvercle une étiquette portant la mention :
« Abeilles vivantes; ne pas bousculer ni retourner la caisse. »

Avec ces précautions, les voyageuses arriveront à bon port.
Si une partie du voyage doit se faire par mer, on demandera
à placer les ruchettes dans les chambres froides (pas dans les
chambres frigorifiques glacées), la température qui convient le
mieux aux abeilles en voyage étant de + 6° à + 10° centigrades.

Dès sa réception au lieu de destination, la ruchette sera
descendue à la cave et laissée dans l'obscurité et au repos ; là,
les abeilles se calmeront, et c'est le lendemain seulement, et
de préférence vers 5 ou 6 heures du soir, que l'on procédera à
la mise en ruches.

II. — ESSAIMAGE ARTIFICIEL.

L'essaimage artificiel est celui qui est pratiqué à la volonté de
l'apiculteur au moment et sur les ruches choisis par lui. Il a
sur l'essaimage naturel plusieurs avantages : être fait plus tôt,
assez à temps avant la grande miellée pour que les essaims et
les souches puissent en profiter aussi bien que possible; ne se
pratiquer que sur les colonies les plus fortes et éviter toute la
surveillance et les recherches que nécessitent l'arrêt et la
récolte des essaims naturels.

L'essaimage artificiel, basé sur les théories de Schirach
(p. 139), s'emploie avec avantage pour multiplier les colonies
d'un rucher et constitue aussi le meilleur moyen de peupler
les ruches à cadres avec des ruches vulgaires, lorsque, la saison
étant trop avancée, le transvasement par tapotement en devient
difficile par suite de la force des populations, de l'extension
du couvain et de la température qui rend les rayons mous et
fragiles.

Nous indiquons les procédés à employer dans le cas où
l'apiculteur possède une ou plusieurs ruches vulgaires dont il
veut se servir pour peupler des ruches à cadres mobiles.

Essaimage artificiel simple. — C'est le procédé à employer
lorsqu'on ne possède qu'une seule ruche à rayons fixes. On
devra, par le tapotement, extraire de la ruche à rayons fixes
les trois quarts au moins des abeilles qui s'y trouvent, y compris la reine; jeter l'essaim ainsi formé dans la ruche à cadres
placée à une certaine distance avec quelques cires gaufrées,
et remettre immédiatement la souche opérée à l'endroit qu'elle
occupait. Cette dernière se repeuplera par l'éclosion de son
couvain et les butineuses de retour des champs; en même
temps elle se refera une reine.

La reine monte généralement avec l'essaim formé : on comprend que, si elle ne s'y trouvait pas, l'opération serait manquée et il faudrait recommencer le lendemain après avoir secoué les abeilles dans la souche pour remettre les choses en l'état primitif.

Quatorze jours après l'essaimage, la souche, qui était orpheline, aura des reines prêtes à éclore et l'on pourra craindre d'en voir sortir un essaim secondaire ; cette nouvelle division l'affaiblirait énormément et pourrait causer sa ruine : l'essaim, pendant ce temps, est devenu très faible. On permute alors les deux colonies, c'est-à-dire qu'on met l'une à la place de l'autre ; de cette manière, on empêche la souche de jeter un essaim secondaire, et l'essaim artificiel se fortifie en recevant les butineuses de la souche.

Le procédé que je viens d'indiquer donne souvent de bons résultats, lorsque l'année est favorable et la ruche forte ; mais, la première année, les deux colonies restent parfois très faibles et n'arrivent pas toujours à récolter leurs provisions d'hiver ; on se trouve alors dans l'obligation de les nourrir artificiellement.

Le procédé suivant, qui nécessite l'emploi de deux ruches, est bien meilleur.

Essaimage artificiel par permutation. — On choisit, par une journée de forte miellée, et pendant les heures où les abeilles sortent très activement, deux ruches vulgaires très populeuses ; je désigne ces ruches par A et B. L'une d'elles, A par exemple, est tapotée à fond, c'est-à-dire qu'on en extrait, autant que possible, toutes les abeilles avec la reine ; l'essaim ainsi formé est jeté dans la ruche à cadres, préalablement garnie d'un certain nombre de cires gaufrées et placée à l'endroit qu'occupait la ruche A. Pour cette ruche à cadres qui contient maintenant une colonie complète, le travail est terminé, elle marchera seule. Reste à s'occuper des paniers A et B.

Le panier B, auquel on n'a pas encore touché, est enfumé et placé n'importe où, assez loin de l'endroit qu'il occupait, et le panier A mis à sa place. Que va-t-il se passer ?

La ruche A, ne contenant pour ainsi dire plus d'abeilles, mais du miel et un couvain abondant, reçoit toutes les mouches de la ruche B qui reviennent des champs et se préparent à faire une reine. Au bout de vingt-sept jours au maximum, la jeune mère recommence à pondre, et l'essaim est de nouveau complet ; mais, pendant ces vingt-sept jours, tout le couvain de la ruche est éclos, et si, après ce laps de temps, nous tapotons de nouveau à fond, nous reformons un nouvel essaim que nous jetterons dans une deuxième ruche à cadres comme le premier.

Le panier A ne contient plus alors que du miel, qui sera récolté. Nous n'aurons rien perdu, ni couvain, ni miel, ni abeilles.

La ruche B perd toutes ses butineuses au profit de la ruche A, met ses mâles dehors et les abeilles, occupées à couvrir le couvain, ne sortent presque plus pendant quatre ou cinq jours. Mais la reine continue à pondre, la colonie redevient forte, et, si l'opération a été faite par une journée propice, dix jours environ avant la grande récolte, les provisions seront largement suffisantes pour l'hivernage. Si cette ruche redevient rapidement populeuse et si l'on se trouve dans un pays à miellées tardives (sarrasin, bruyère), on peut recommencer l'opération avec cette même ruche B et une autre C également forte.

Il est rare que le panier A essaime dans les vingt-sept jours qui suivent le premier tapotement. Si, par extraordinaire, le fait se produit, on ramasse l'essaim dans un panier et on le descend à la cave emballé ; quarante-huit heures après, on le rend à la souche dont il sort ; il ne repartira pas. Le lendemain ou le surlendemain, on opérera comme s'il n'était pas sorti d'essaim, c'est-à-dire qu'on fera un tapotement pour peupler une ruche à cadres, si on le désire.

La ruche B, épuisée par la perte de ses butineuses, n'essaimera pas.

En résumé, par ces quelques opérations très simples, non seulement nous évitons la manipulation désagréable des rayons pleins de couvain et de miel, mais encore nous peuplons avec deux paniers vulgaires deux ruches à cadres, tout en conservant toute une colonie sur rayons fixes qui hivernera très bien et nous permettra l'année suivante de continuer la transformation de notre rucher.

L'essaimage artificiel doit se pratiquer une dizaine de jours avant la grande miellée, et ce moment correspond à l'apparition des premiers boutons floraux de la plante mellifère principale.

Plus tard, lorsque le rucher sera entièrement constitué, l'essaimage artificiel sera encore employé pour augmenter le nombre des ruches. Il se fera alors avec des ruches à cadres mobiles ; les principes sont absolument les mêmes, mais le mode opératoire se simplifie, parce que, au lieu d'être obligé d'extraire l'essaim par tapotement, on l'obtient par un simple brossage des rayons, et sa fixation dans la ruche est assurée si l'on a soin de lui donner un rayon de couvain en même temps que les cires gaufrées sur lesquelles il établira ses constructions.

Observations sur l'essaimage artificiel. — D'après les indications qui ont été données sur la durée de l'évolution des œufs, des larves et des nymphes, on peut conclure que toute souche d'essaim artificiel, orpheline après l'opération, devra présenter des œufs dans les rayons vingt-sept jours au plus tard et vingt jours au plus tôt après l'opération ; le neuvième jour après l'une ou l'autre de ces deux dates, c'est-à-dire le trente-sixième ou le vingt-neuvième jour, on devra trouver du couvain d'ouvrières operculé. Si ces phénomènes se présentaient plus tôt — ce qui peut arriver, — cela prouverait que, au moment où l'essaim artificiel a été fait, la souche opérée se préparait à essaimer naturellement et possédait une jeune reine prête à éclore.

Les souches d'essaims artificiels peuvent, comme les souches d'essaims naturels, donner des essaims secondaires et tertiaires, mais ces derniers sont plus tardifs, parce qu'il n'y a pas d'élevage maternel préparé d'avance, et ils ne sortent que du treizième au vingtième jour après l'essaim artificiel ; ils sont également annoncés par le chant des reines.

Dès 1894, M. de Layens avait prouvé par des expériences précises que, loin d'être nuisible au rendement, l'essaimage artificiel par permutation permet de récolter plus de miel que si la ruchée n'avait pas été divisée. A la suite d'études ultérieures, M. Dufour a montré que l'essaimage artificiel crée en quelque sorte un état spécial de la ruche, état qui subsiste un certain temps et qui se caractérise par une diminution de la ponte dans une énorme proportion, par suite de l'arrêt presque complet des apports de miel pendant quelques jours, arrêt causé par la disparition de la plupart des butineuses enlevées avec l'essaim. Cet état devient peu après éminemment favorable à la récolte du miel, car il n'y a presque pas de couvain à soigner et un plus grand nombre de butineuses sont disponibles pour aller aux champs.

Malgré les avantages qu'il présente, l'essaimage artificiel demande à être pratiqué avec prudence et ménagement. S'il donne de bons résultats dans les années bonnes et moyennes, il peut devenir désastreux dans les mauvaises qui n'offrent pas de ressources mellifères suffisantes pour la réfection des colonies ; de plus, s'il est appliqué avec excès et par des mains inexpérimentées, il peut affaiblir les colonies et les mettre dans des conditions favorables de réceptivité pour les maladies contagieuses, comme la loque.

III. — RÉUNIONS.

On donne le nom de *réunion* à l'opération qui consiste à joindre ensemble, dans une même ruche, deux ou plusieurs colonies d'abeilles; si deux ou plusieurs reines se trouvent ainsi mises en présence, une seule finit par subsister, les autres étant détruites au bout d'un temps plus ou moins long.

Les réunions se font sans lutte, si l'on prend quelques précautions préalables qui consistent à donner aux deux colonies la même odeur, en les aspergeant à l'aide d'un sirop parfumé, à les obliger à se gorger de nourriture sous l'influence de la fumée ou en les plaçant toutes deux dans un état de trouble semblable.

On réunit à d'autres, bien conditionnées, les colonies défectueuses, mais encore assez fortes, qui par exemple sont orphelines à une époque ou dans des conditions où il leur est impossible de se refaire une reine fécondée; celles aussi qui à l'entrée de l'hiver n'ont pas assez de miel et sont trop faibles pour être nourries. On réunit également ensemble plusieurs essaims, lorsque ceux-ci ne sont pas assez populeux, ou on les joint à des colonies anciennes pour les renforcer.

On ne doit faire les réunions que sur des ruches tout à fait voisines ou que l'on a rapprochées peu à peu, pour éviter que les butineuses ne se perdent; le soir est le moment le plus favorable.

Les ruches à cadres mobiles peuvent se joindre de la manière suivante indiquée par M. Bertrand, directeur de la *Revue internationale d'apiculture* : les abeilles des deux colonies sont enfumées au préalable pour leur faire absorber du miel et, par surcroît de précaution, on les asperge d'eau sucrée aromatisée, en écartant les rayons; on peut se servir pour cela d'une burette, contenant environ deux verres de liquide, ou mieux d'un petit pulvérisateur de toilette. On espace les rayons de la ruchée qui recevra l'autre, et dans chaque vide on intercale les rayons de cette dernière avec les abeilles qu'ils portent. Les abeilles restant dans la ruche vidée sont balayées ou secouées dans l'autre, puis on envoie de nouveau de la fumée et on referme. Il faut avoir soin de grouper, en face du trou de vol, les rayons contenant du couvain. Si tous les cadres ne trouvent pas place dans la ruche, on emporte naturellement les moins garnis d'abeilles après les avoir balayés.

C'est toujours la colonie en bon état qui doit recevoir les rayons de la colonie défectueuse, orpheline, bourdonneuse, faible ou dépourvue de provisions.

Pour les ruches à rayons fixes, on peut employer le procédé suivant : la ruche la moins bonne est enfumée et mise en état de bruissement, puis renversée le fond en l'air et maintenue solidement dans cette position. L'autre ruche est placée par-dessus, dans sa position naturelle, et la circonférence de contact est calfeutrée avec soin, soit avec du plâtre, soit avec du pourget (mélange d'argile et de bouse de vache), de manière à ne laisser aux deux ruches qu'un seul trou de vol commun. Il est bien entendu qu'on devra, avant la superposition, répandre sur les abeilles et les rayons des deux ruches de l'eau sucrée parfumée ou de la farine. La réunion se fait généralement dans la ruche du haut ; l'autre est, plus tard, vidée et enlevée.

Les essaims qui viennent de se poser se réunissent très facilement ; il suffit de les recueillir suivant les procédés ordinaires, de les faire tomber tous ensemble, sur un même linge, et de les recouvrir d'un panier soulevé par de petites cales, les abeilles en prennent possession en commun et les reines de surplus sont tuées.

IV. — NOURRISSEMENT.

Le nourrissement est l'opération par laquelle on fournit artificiellement de la nourriture à une colonie.

On distingue deux sortes de nourrissement : 1º le *nourrissement d'approvisionnement*, qui a simplement pour but de donner aux abeilles le complément de provisions qui leur est nécessaire pour vivre ; il se fait surtout au printemps et en automne ; et 2º le *nourrissement stimulant* ou *spéculatif* par lequel l'apiculteur, cherchant à remplacer la miellée naturelle, distribue aux colonies des liquides sucrés dans l'intention d'exciter à la ponte et de développer l'élevage du couvain. Le nourrissement stimulant a surtout lieu au printemps.

Le seul aliment convenable, en dehors du miel, est le sirop de sucre pur ; les glucoses, cassonades, mélasses, sucres de fruits, etc., laissent dans l'intestin des résidus trop considérables et donnent la dysenterie.

Pour préparer un bon sirop propre au nourrissement d'automne, on fait fondre, sur un feu modéré, 10 kilogrammes de sucre blanc cristallisé dans 6 litres d'eau ; après la fusion, on ajoute une cuillerée de sel de cuisine et quatre cuillerées de vinaigre, pour empêcher la cristallisation. Le sirop refroidi est mis dans des bouteilles bien bouchées.

On distribue ce sirop à l'aide d'appareils appelés *nourrisseurs* ; l'un des plus simples est le nourrisseur Hill, constitué par une boîte cylindrique en fer-blanc, d'une capacité de un litre ou un demi-litre, dont le fond est percé de petits trous ou remplacé par une toile assez fine ; la boîte, pleine de

sirop et fermée par un couvercle, est installée directement au-
dessus des cadres : les abeilles s'emparent de la nourriture qui
suinte à la partie inférieure. Ce petit appareil convient très bien
pour être mis à la partie supérieure des ruches vulgaires, à
hausses ou à calotte. Lorsque ces dernières sont d'une seule
pièce, on les soulève sur trois cales et on glisse dessous une
assiette pleine de sirop jonché de brin de paille ou de débris
de bouchons, afin que les abeilles ne se noient pas.

Pour les ruches à cadres, M. Bertrand conseille de creuser
dans le plateau une petite auge de 6 millimètres de profondeur,
ou de construire ces mêmes auges en forme de petit plateau
de fer-blanc, que l'on glisse sous les cadres. On renverse dessus
une ou plusieurs bouteilles pleines de sirop, maintenues très
légèrement inclinées ; le liquide s'échappe graduellement au
fur et à mesure que les abeilles s'en emparent.

La figure 156 représente un bon petit nourrisseur, particu-

Fig. 156. — Nourrisseur pour ruches en paille (Robert-Aubert).

lièrement bon pour les ruches vulgaires. La partie saillante,
dont les bords forment ressorts, reçoit le goulot d'un litre
renversé plein de sirop qui s'écoule dans les rainures de la
partie plate ; celle-ci est glissée par le trou de vol à l'intérieur,
et la bouteille attachée à la paroi.

Le *nourrisseur Simplex*, en forme d'auget, occupe peu de
place et peut se mettre dans l'intérieur de la ruche entre les
cadres (fig. 157).

Fig. 157. — Nourrisseur Simplex (Bondonneau).

Le *nourrisseur Doolittle* a la forme d'un grand cadre fermé
d'un panneau de bois sur les deux faces ; il s'introduit dans la
ruche comme une partition (fig. 158).

Le *nourrisseur Miller* est de très grande capacité, et permet de donner de 4 à 12 kilogrammes de nourriture à la fois : il se

Fig. 158. — Nourrisseur Doolittle (Bondonneau).

place sous le toit et repose directement sur les cadres. Il est formé par deux compartiments à sirop : les abeilles pénètrent par le couloir du milieu sous la petite couverture médiane et puisent la nourriture dans les deux chambres qui longent ce couloir (fig. 159).

Fig. 159. — Nourrisseur Miller (Bondonneau).

Il existe un nombre considérable de ces appareils ; on peut encore citer comme un des meilleurs le *nourrisseur Delaigues*, qui permet de varier à volonté le nombre des abeilles qui accèdent au sirop et, par suite, de nourrir lentement ou rapidement.

Quel que soit le modèle adopté, la ruche devra être tenue chaudement et, si le nourrisseur est placé en haut, il convient de l'encastrer exactement dans le matelas d'hivernage, et de le recouvrir de manière à éviter la déperdition de la chaleur.

On ne saurait prendre trop de précautions pour pratiquer le nourrissement artificiel et éviter le pillage qui en est souvent la conséquence. La nourriture devra toujours être donnée le soir, à l'intérieur de la ruche, jamais à l'extérieur, et retirée pendant la journée. C'est en septembre ou au commencement d'octobre au plus tard qu'il convient de pourvoir ainsi aux

besoins des familles nécessiteuses, de manière à leur donner
tout le nécessaire jusqu'à la saison suivante, et cela aussi
rapidement que possible. Si le temps a manqué en automne
pour le faire, on attendra, pour recommencer le nourrissement,
une belle journée de la première quinzaine de mars, et à ce
moment les provisions devront de préférence être fournies à
l'état solide pour éviter une excitation et des sorties préma-
turées.

Un procédé très simple et très expéditif consiste à scier
dans un pain de sucre des rondelles de 3 à 4 centimètres
d'épaisseur, humectées d'un peu d'eau tiède et que l'on place
au-dessus des cadres d'hivernage, en recouvrant le tout de
couvertures. On obtient aussi de bons résultats en remplaçant
cette rondelle par une boîte de sucre en morceaux, telle qu'on
en trouve chez tous les épiciers, dont le fond est remplacé
par un morceau de toile métallique. Pour les ruches vulgaires
d'une seule pièce, on peut se contenter de glisser sous la
ruche, soulevée sur des cales, une assiette remplie de morceaux de sucre humectés d'eau tiède.

Une très bonne préparation, dont il est souvent fait usage
pour nourrir au printemps, est le *sucre en pâte*, qui se prépare
en pétrissant environ 4 kilogrammes à 4^{kg},5 de sucre en poudre
fine, en l'ajoutant successivement à 1 kilogramme de miel
chaud, de manière à en faire une pâte très épaisse, que l'on
étend au rouleau en forme de galette ; on peut y ajouter quelques cuillerées de farine pour remplacer le pollen.

Le sucre en pâte se place à plat sur les porte-rayons des
cadres, en les recouvrant ensuite d'une couverture chaude.

Le *nourrissement stimulant*, très séduisant en théorie, donne
très souvent des mécomptes dans la pratique, lorsque de
brusques retours de froid obligent les abeilles à resserrer leur
groupe et à abandonner le couvain qui a pris, sous l'influence
de cette alimentation artificielle, une extension hors de proportion avec l'importance de la population et la rigueur de la
température. Ce couvain périt et la putréfaction qui en résulte
offre un terrain des plus favorable à l'apparition des maladies microbiennes telles que la loque.

Quoi qu'il en soit, c'est six ou sept semaines environ avant
le commencement de la miellée principale qu'il faut commencer le nourrissement spéculatif, de manière que les butineuses
qui en sont issues soient prêtes à en profiter. Il devra être pro-
gressif, en commençant par exemple avec 50 grammes tous
les deux jours et en augmentant peu à peu ; il devra aussi
être continu, parce qu'une interruption provoquerait la mort
par la faim de tout le couvain ; enfin la densité du sirop dis-

tribué devra se rapprocher de la teneur en eau du nectar. Il pourra être composé avec 5 kilogrammes de sucre, 4 litres d'eau et 25 grammes de sel de cuisine. On n'oubliera pas de mettre à la disposition des colonies stimulées du pollen ou de la farine pour compléter la bouillie alimentaire des larves.

V. — OPÉRATIONS SUR LES REINES.

Élevage des reines. — Il est parfois intéressant d'élever soi-même des reines de choix, en s'attachant à les améliorer au point de vue de la fécondité et aussi de la rusticité et de l'activité des ouvrières qui en sont issues.

Les reines destinées à fournir les larves, de même que les mâles réservés pour la fécondation, ne devront être choisis que dans des ruchées de choix, reconnaissables à leur couvain compact et très abondant, et qui seront connues pour fournir des récoltes en miel plus abondantes que les autres.

Les abeilles édifient spontanément des cellules royales pour s'adonner à l'élevage des mères dans trois cas : soit lorsqu'elles se préparent à l'essaimage, ou lorsque, la reine étant défectueuse, elles se proposent de la remplacer, soit enfin lorsque la colonie est orpheline et possède des œufs ou des larves de moins de trois jours. On a reconnu que l'édification des alvéoles royaux a lieu plutôt sur des larves que sur des œufs.

Pour que l'élevage ait lieu aussi bien que possible et pour obtenir des reines vigoureuses, il est indispensable que la ruche d'élevage dispose de beaucoup de nourriture liquide, soit par le fait de la miellée naturelle, soit par le nourrissement artificiel, et qu'elle possède aussi de jeunes abeilles spécialement aptes à élaborer la bouillie alimentaire.

Lorsque ces conditions sont remplies, il paraît établi que la grandeur de l'alvéole n'a aucune influence sur la taille et les qualités de la reine qui en sortira ; au moment de sa naissance, en effet, la reine est loin de remplir son berceau, dont une grande partie est occupée par la bouillie alimentaire, qui est toujours donnée en grand excès par les ouvrières.

La ruche choisie pour l'élevage est alimentée au printemps, à l'aide de sirop stimulant, dès que la belle saison est définitivement arrivée, et qu'il y a du couvain mâle ; dans ces conditions la ponte prend un développement considérable, et, dès que le couvain s'est étendu sur huit à dix cadres bien garnis et que la population est très forte, la colonie est rendue orpheline par l'enlèvement de sa reine qui est déposée à part dans

une boîte à expédition de Benton (fig. 160) avec une douzaine
d'ouvrières et la nourriture suffisante (sucre en pâte) pour la
durée de son emprisonnement; placée dans une pièce assez
chaude, elle peut rester ainsi un temps assez long sans en
souffrir. On continue à nourrir la ruche, si la miellée n'est pas
favorable. Sitôt après leur orphelinage, les ouvrières édifient
des alvéoles royaux en nombre variable de 4 à 20, et, douze

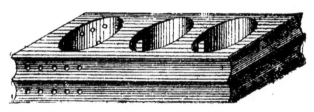

Fig. 160. — Boîte Benton pour expédition des reines (Maigre).

jours plus tard, ces alvéoles sont operculés et proches du moment de leur éclosion, qui aura lieu du treizième au seizième
jour après l'enlèvement de la reine. On reconnaît, du reste,
la maturité d'une cellule royale à ce fait qu'elle commence
à être rongée au bout, ce qui donne à la pointe une couleur
brunâtre et transparente; mise en face du soleil, on voit la
reine se remuer et l'on constate aussi ses mouvements en
tàtant la cellule avec les doigts ; en approchant la cellule de
l'oreille, on entend distinctement la reine ronger l'opercule.

A ce moment on enlève toutes les cellules royales operculées, en les détachant des rayons qui les portent avec un
canif, et en laissant tout autour une plaque de cire formant
talon ; ces alvéoles sont rangés dans une boite, sur du coton,
et maintenus, dans l'espace de temps que l'on met à s'en servir, à une température de 25° à 30°. La reine précédemment
enlevée est rendue enduite de miel à sa colonie, fortement
enfumée auparavant ; cette colonie n'aura ainsi perdu que peu
de journées de ponte et ne s'affaiblit guère.

Les cellules royales operculées sont ensuite réparties, pour
terminer l'éclosion, l'élevage et la fécondation, dans de petites
colonies orphelines en ruchettes spécialement organisées pour
les recevoir, et que l'on appelle des *nuclei*. Pour préparer les
nuclei, la méthode suivante est bonne et assez simple : on
prépare, avec des liteaux de 25 millimètres de large, de petits
cadres de dimensions telles qu'il puisse en entrer quatre,
juxtaposés côte à côte, dans un cadre Layens ou Dadant,
suivant le système de ruche que l'on emploie.

R. HOMMELL. — *Apiculture.*   28

On fait aussi, pour recevoir trois de ces cadres, avec les espacements convenables, de petites ruchettes constituées par des caisses en bois blanc de 1 centimètre d'épaisseur, avec un bon couvercle fermant bien et un petit trou de vol. Pour les peupler, on introduit dans une ou plusieurs bonnes ruches, et dans le nid à couvain, des cadres garnis de ces petits rayons, et on renforce ces ruches en leur donnant des rayons de couvain pris à d'autres familles. Huit jours après, la colonie ainsi traitée contiendra une grande quantité de jeunes abeilles, et, lorsque les petits cadres seront garnis de miel et de couvain operculé, on les introduira, vers le milieu de la journée, dans les ruchettes, avec les jeunes abeilles qui sont dessus. Chaque ruchette devra contenir un cadre de couvain au centre, et de chaque côté un cadre avec du miel et, si possible, un peu de pollen; pour renforcer la population, on brosse dans la ruchette les abeilles d'un rayon de couvain. Le trou de vol est aussitôt fermé par une toile métallique et laissé ainsi pendant quarante-huit heures, de manière que les abeilles, ayant bien reconnu leur orphelinage, acceptent facilement l'alvéole royal qu'on va leur donner. Après ce laps de temps, on introduit dans chaque ruchette une des cellules royales operculées que l'on vient de prélever dans la ruche d'élevage; la cellule est fixée et maintenue, pointe en bas, par le serrage de son talon entre deux rayons ou placée dans une cage protectrice (fig. 161).

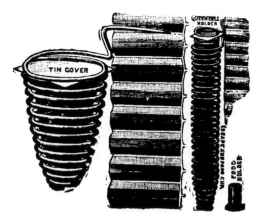

Fig. 161. — Protecteur pour alvéoles de reines (Bondonneau).

C'est le soir seulement qu'on ouvre les trous de vol, en inclinant devant l'entrée une tuile ou une planchette pour forcer les butineuses à s'orienter de nouveau et à revenir au nucleus.

Si la population venait à faiblir par suite des désertions, on brosserait à plusieurs reprises devant l'entrée les abeilles couvrant un rayon de couvain pris dans une ruche quelconque. Un à quatre jours après la formation des nuclei, les jeunes reines devront être sorties de leurs cellules; elles feront leur sortie de fécondation et la ponte commencera huit ou dix jours plus tard, soit environ vingt-deux à vingt-quatre jours après la ponte de l'œuf. Dès qu'une reine a pondu, elle peut être employée pour rétablir une colonie orpheline ou une souche d'essaim artificiel, ou une ruche dont la mère est défectueuse ou vendue; on peut la remplacer dans la ruchette par un nouvel alvéole royal operculé et continuer l'opération. Mais il faut alors renforcer la ruchette et il est toujours bon de le faire dès l'éclosion de la reine, par un cadre de couvain operculé.

Pour avoir toujours de ces petits cadres dans l'état convenable, il est prudent de placer, dans quelques ruches, plusieurs grands cadres qui en sont pourvus à demeure, dès le printemps, dans le nid à couvain, lorsqu'on veut se livrer à l'élevage d'une manière un peu suivie. Quand on veut démonter les ruchettes, il suffit d'intercaler les petits rayons qui s'y trouvent dans un grand cadre, et de placer celui-ci dans la ruche d'où il provient.

Avec les précautions indiquées, les alvéoles royaux sont généralement acceptés par les abeilles des ruchettes; il faut s'en assurer par une visite en temps opportun, et les remplacer si on les trouve déchirés irrégulièrement (p. 462): quelquefois aussi la reine se perd dans son vol de fécondation. On s'assure de l'état des ruchettes par des inspections fréquentes; elles devront être placées à l'ombre et les trous de vol orientés dans des directions différentes.

Le prix moyen des reines italiennes pures fécondées, fournies en France par le commerce, est de 8 francs en avril, 6 francs à 6 fr. 50 en juin et 4 francs à 4 fr. 50 d'août à octobre; les reines communes sont moins chères et leur prix varie depuis 5 à 6 francs en avril, jusqu'à 2 et 3 francs en septembre et octobre. Les reines carnioliennes ou chypriotes sont à peu près du même prix que les italiennes.

Renouvellement des reines. — On recommande souvent de renouveler les reines des ruches productrices de miel tous les deux ans, sous prétexte qu'avec les procédés intensifs actuels leur fécondité diminue rapidement à partir de cette époque. En opérant ainsi, on n'aurait toujours que des reines jeunes et très bonnes pondeuses, par suite des colonies très puissantes et donnant de fortes récoltes. Beaucoup d'expériences et la pratique d'excellents apiculteurs prouvent qu'il est tout à fait inutile et même dangereux d'effectuer régulièrement ce renouvellement; on risque fort, en effet, de remplacer une reine jugée médiocre par une autre plus mauvaise encore. Il est établi que les abeilles se chargent d'effectuer naturellement ce renouvellement dès qu'elles ont reconnu que la fécondité de leur mère diminue, et cela sans que l'apiculteur s'en aperçoive par un retard dans la ponte ou une diminution dans l'apport du miel. On trouve souvent dans une même ruche la vieille reine et la jeune qui vient de naître, vivant ensemble pendant quelque temps ; cela prouve que la ponte n'est généralement pas interrompue, et qu'il est bien préférable de s'en rapporter à l'instinct des ouvrières elles-mêmes, qui savent mieux que l'apiculteur le plus avisé ce qui leur convient à cet égard.

Introduction des reines. — Il y a cependant des cas où, une ruche devenant orpheline, ou dans laquelle on désire faire un changement de race, il devient nécessaire d'y introduire une reine. Cette introduction n'est pas une opération aussi simple que l'on serait tenté de le croire, et, si la reine est placée dans la ruche sans précautions spéciales, elle sera généralement tuée par les ouvrières auxquelles elle est inconnue. On attribue l'attaque des reines par les abeilles à ce qu'elles possèdent une odeur particulière différente de celle de la ruche, et à l'effroi et à l'agitation qu'elles montrent en se trouvant brusquement au milieu d'une population étrangère. Pour qu'une mère ait les plus grandes chances d'être acceptée, il faut que la ruche ne contienne ni reine, ni ouvrière pondeuse, ni alvéole royal, que l'odeur de la nouvelle reine soit la même que celle de la ruchée, et que les ouvrières qui vont la recevoir soient gorgées de miel, et mises dans un état d'agitation qui les empêche de remarquer celui de leur nouvelle mère. C'est à l'automne, et en tout temps le soir, quand tout est calme au rucher, que l'acceptation a lieu avec le plus de certitude. On ne doit pas non plus tenter d'introduire une reine avant que la ruche ne soit orpheline depuis deux ou trois jours, afin que la colonie ait eu le temps de bien se rendre compte de sa perte.

En se basant sur ce qui précède, le procédé d'introduction le plus simple, le plus rapide et qui donne des résultats presque certains a été recommandé par M. Froissard. Il consiste à sortir du centre de la ruche, après l'avoir enfumée, deux ou trois rayons couverts d'abeilles : on les brosse sur la planchette de vol, en leur lançant de l'eau sucrée aromatisée à l'aide d'un pulvérisateur; on mouille du même liquide la reine et les ouvrières qui l'ont accompagnée dans son voyage, et on les dépose près de l'entrée au milieu de la masse grouillante des abeilles qui rentrent hâtivement au logis. La reine et ses compagnes mêlées à cette troupe affolée entrent dans la ruche et y sont bien acceptées.

On peut aussi enfermer la reine dans une cage de fil de fer, la placer dans la ruche en fixant la cage contre un rayon, et la laisser ainsi jusqu'à ce qu'elle ait pris l'odeur de la ruche, et que les abeilles aient manifesté qu'elles l'acceptent en lui donnant de la nourriture. On peut faire usage pour cela de la cage représentée par la figure 162 ; cette cage renfermant la

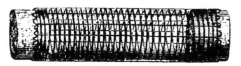

Fig. 162. — Cage cylindrique pour l'introduction des reines (Maigre, à Mâcon).

reine est placée, aussitôt que la reine à détruire a été enlevée si c'est un renouvellement que l'on veut faire, afin qu'il n'y ait pas d'édification de cellules royales commencée, et entre deux rayons au-dessus du couvain, contre le miel, pour que la reine puisse au besoin s'alimenter elle-même. La cage est naturellement fermée par ses deux bouchons ; quarante-huit heures après, on ouvre la ruche avec très peu de fumée. Si les abeilles sont très agitées et se montrent agressives envers la reine, il faut refermer la ruche et revenir le lendemain, après avoir enduit la cage avec du miel liquide ; lorsque les abeilles seront calmes et manifesteront leurs bonnes dispositions en passant leur langue à travers les parois de l'étui pour nourrir la prisonnière, on enlève un des bouchons et on le remplace par un morceau de sucre en pâte ; les ouvrières ne tardent pas à le ronger et à mettre la reine en liberté. Il est prudent ensuite de ne plus ouvrir la ruche pendant trois ou

Fig. 163. — Cage à mère ronde (Robert-Aubert).

quatre jours pour ne pas effrayer la nouvelle reine qui pourrait alors être massacrée.

Les figures 163 et 164 représentent d'autres modèles de cages à introduction.

28.

M. Halleux se contente de présenter la cage renfermant la reine devant le trou de vol au milieu d'un groupe d'abeilles en détresse, cinq à six heures après l'orphelinage : si les ouvrières s'empressent amicalement autour d'elle, on met simplement la reine en liberté devant l'entrée.

Fig. 164. — Cage plate, modèle Dadant, pour l'introduction des reines (Maigre, à Mâcon).

Les mères de race étrangère sont acceptées plus difficilement, mais ce sont surtout les colonies à ouvrières pondeuses qui se montrent les plus rétives à recevoir une nouvelle reine : cela tient certainement à ce que la présence des ouvrières pondeuses leur fait illusion sur leur état d'orphelinage. Pour avoir plus de chances de succès, il faudra donner à la colonie, huit ou dix jours avant l'introduction, un ou deux rayons de couvain d'ouvrières operculé ; les jeunes abeilles qui en sortiront se montreront plus disposées à accepter la reine et à la protéger.

VIII

EXTRACTION ET UTILISATION
DES PRODUITS

A. — MIEL.

En terminant le chapitre VII, nous avons laissé le miel récolté au laboratoire, tel qu'il est sorti des ruches, c'est-à-dire encore enfermé dans les cellules du rayon de cire et recouvert de ses opercules. On peut le vendre sous cette forme, mais on perd ainsi la matière cireuse, le transport du produit est plus difficile à cause de sa fragilité, le miel coule des rayons découpés et l'aspect n'en est plus très attrayant après les secousses et les heurts d'un voyage, si l'on ne prend pas des précautions particulières d'emballage. La production du miel en rayons, ou plutôt en *sections*, demande des soins spéciaux que nous indiquerons par la suite.

Miel coulé. — Le plus souvent le miel est extrait des rayons et séparé de la cire; on lui donne alors le nom de *miel coulé*.

Le miel coulé s'obtient de trois manières différentes :

1º Par broyage et écoulement spontané ;

2º Par écoulement sous l'influence de la chaleur :

3º A l'aide d'un mélo-extracteur centrifuge.

1º *Extraction par broyage et écoulement spontané*. — C'est ce procédé que l'on emploie pour les rayons sortis des ruches fixes ; ceux-ci sont jetés sur un tamis fin ou sur une claie et broyés à la main. Si l'on a soin d'opérer de suite après la récolte, le miel est encore chaud et s'écoule spontanément très vite ; on le recueille dans des vases de terre ou de tôle étamée ; la tôle galvanisée, le zinc, le cuivre ne valent rien : le miel les attaque en perdant de sa qualité. Si l'on veut obtenir un produit de première qualité, on aura soin de faire couler à part les gâteaux les plus beaux et les plus blancs; on donne communément le nom de *miel vierge* à celui qui s'écoule ainsi. Les gâteaux plus foncés sont extraits à part; on a également soin de couper et de mettre de côté ceux qui renferment du couvain et du pollen; la présence de ce dernier nuit à la qualité du miel, et peut même y produire des fermentations.

Si le temps a manqué pour faire l'extraction de suite après la récolte et que les rayons soient devenus froids, on opérera dans une pièce suffisamment chauffée.

2° *Extraction par la chaleur.* — Les débris qui restent sur les claies ou sur les tamis renferment encore du miel; d'autre part certains miels, comme celui de bruyère, sont tellement épais et visqueux qu'ils ne s'écoulent pas sous l'influence d'une chaleur modérée. Ces rayons ou ces débris peuvent être exposés au soleil dans un large récipient formé de deux parties : la partie supérieure, s'emboîtant dans l'inférieure, a le fond formé d'une toile métallique; la partie inférieure possède un tuyau de vidange pour l'écoulement du liquide; comme couvercle, une lame de verre épais pour concentrer les rayons du soleil et empêcher les abeilles de venir piller.

On peut employer aussi la chaleur du four; quelques heures après la sortie du pain, on y introduit de grandes terrines sur lesquelles reposent les tamis contenant les débris de rayons; la chaleur est assez forte pour fondre la cire, le tout s'égoutte dans la terrine et se sépare par le refroidissement. Le miel obtenu ainsi est de qualité inférieure.

3° *Extraction par la force centrifuge.* — L'invention du mélo-extracteur centrifuge est due au major italien Hruschka qui imagina, en 1865, de faire tourner rapidement des rayons désoperculés pour en faire couler le miel liquide. L'application

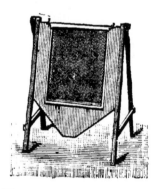

Fig. 165. — Chevalet à désoperculer (Moret).

du principe de l'essoreuse donna un grand essor à l'apiculture mobiliste, en ajoutant aux avantages de la mobilité du cadre celui de se servir pour ainsi dire indéfiniment des mêmes rayons et de fournir aux abeilles des bâtisses toutes préparées; le miel s'extrait complètement et rapidement sans manipulations désagréables, il conserve tout son arome et la cire reste intacte.

Le passage des rayons au mélo-extracteur doit être précédé de l'enlèvement des opercules qui recouvrent les cellules pleines. Le rayon est placé sur un chevalet (fig. 165) et, à l'aide d'un couteau spécial chauffé, on rase la surface du rayon, de manière à enlever la mince couche de cire formée par l'ensemble des opercules. La figure 166 représente un

Fig. 166. — Apiculteur désoperculant un cadre.

grand chevalet à désoperculer, que j'ai fait construire pour mon usage : il est plus solide que ceux que l'on trouve d'habitude dans le commerce ; de la hauteur d'une échelle ordinaire double, il présente plus de stabilité et se pose sur le sol au lieu d'être mis sur une table, comme on est obligé de le faire pour les modèles courants. Le cadre, maintenu par l'extrémité des porte-rayons, s'appuie sur une plaque en fer-blanc, pour ne pas céder sous l'effort du couteau, et cette plaque, découpée en forme de triangle à la partie inférieure, permet l'écoulement des opercules chargés de miel dans un récipient placé dessous la *cuve à opercules* (fig. 167). Celle-ci

Fig. 167. — Cuve à opercules (Maigre).

se compose de deux parties : un récipient supérieur, portant en travers une barre métallique posée de champ, sur laquelle on peut racler les couteaux pour les nettoyer, et en dessous un deuxième bassin, dans lequel le premier s'emboîte et où le miel des opercules vient s'égoutter ; il est muni à la partie inférieure d'un robinet à clapet. Le vase supérieur a son fond formé par une toile métallique. Il est bon que la cuve soit assez grande pour contenir tous les opercules d'une journée de travail ; on laisse l'égouttement se faire toute la nuit, dans un local chaud, et le lendemain matin, à la reprise de l'opération, on effectue la vidange de l'appareil.

Les couteaux à désoperculer sont de deux modèles : les

Fig. 168. — Couteau à désoperculer Bingham large (Gariel).

Fig. 169. — Couteau à désoperculer Bingham étroit (Gariel).

uns, comme le Bingham (fig. 168 et 169), sont à lame biseautée, large ou étroite ; d'autres, comme le couteau Joly (fig. 170), sont à deux mains, et ressemblent à une plane de charpentier dont la lame large serait convexe ou biseautée en

Fig. 170. — Couteau à désoperculer Joly (Robert-Aubert).

dessous, sur la face qui touchera le rayon. La longueur de la lame du couteau à deux mains ne doit pas être moindre que la largeur du rayon.

Dans un petit rucher, le couteau Bingham suffit parfaitement; mais, dans une grande exploitation, il est préférable d'opérer avec deux couteaux Joly et un couteau Bingham. Le travail demande deux personnes et pourra s'organiser de la manière suivante. Un manœuvre sera chargé de la mise en mouvement de l'extracteur, et l'apiculteur se livrera lui-même au travail plus délicat du désoperculage. Avec un peu d'habitude on arrive facilement à désoperculer assez de rayons pour fournir à la marche, sans arrêt, d'un extracteur à quatre et même à six cadres.

Pour opérer vite et bien, il est indispensable que les couteaux soient chauds : ils glissent mieux dans la cire, et enlèvent une pellicule plus mince. On peut chauffer les couteaux sur un fourneau à pétrole, mais il arrive alors que le miel se caramélise et brûle en même temps que les lames se détrempent; je préfère employer l'eau bouillante. Pour cela, je fais usage d'un grand pot à lait, aussi haut qu'un couteau Joly; ce vase, placé sur un fourneau, à proximité du chevalet, est rempli d'eau très chaude; deux couteaux Joly et un Bingham y sont plongés, dépassant seulement par les poignées. Avec un des couteaux à deux mains, je rase d'un seul coup toute la première face d'un cadre, et j'achève de désoperculer les creux avec le Bingham; le cadre est retourné et l'autre face désoperculée de même, avec l'autre couteau qui s'est bien chauffé pendant ce temps. On opère toujours ainsi avec des couteaux très propres, et il n'y a pas à craindre d'introduire de l'eau dans le miel, celle-ci est assez chaude pour s'évaporer immédiatement sur la lame. L'eau du pot à lait est assez fortement sucrée au bout de la journée, et peut être mêlée aux autres déchets, eau de lavage des opercules, débris divers, pour faire de l'hydromel. J'en prépare ainsi tous les ans un fût qui ne me coûte rien.

L'emploi du couteau à deux mains a non seulement l'avan

tage d'opérer rapidement, mais il fait aussi des rayons très
beaux et très réguliers; ceux qui ont ainsi passé une ou deux
fois sous son action deviennent absolument droits, comme
des planches bien dressées. Un apiculteur a imaginé de rem
placer le couteau Joly par un morceau de fil de fer très mince
(celui qui sert à fixer la cire gaufrée dans les cadres) muni
d'un petit morceau de bois à chaque bout; il paraît que ce
dispositif économique, analogue au fil à couper le beurre,
donne de bons résultats. Il suffit de terminer l'opération avec
le couteau Bingham, pour désoperculer les parties creuses
du cadre.

Les cadres ainsi désoperculés sur les deux faces sont introduits dans le mélo-extracteur centrifuge (fig. 171). En prin-

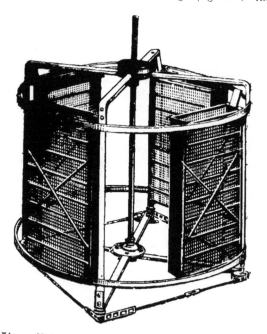

Fig. 171. — Extracteur à cages pivotantes (Bondonneau).

cipe, l'appareil se compose d'une cage à deux, quatre ou six faces
tendues de toile métallique galvanisée; cette cage peut, par
l'intermédiaire d'une manivelle et d'engrenages, être animée
d'un rapide mouvement de rotation, dans l'intérieur d'un

cylindre de fer-blanc muni à sa partie inférieure d'un robinet à clapet. Le modèle le plus courant comporte quatre faces : ceux pour deux cadres ne sont pas très avantageux : leur prix n'est pas beaucoup moins élevé et ils travaillent deux fois moins vite ; les extracteurs à six cadres sont encombrants et lourds : ils ne conviennent que dans les très grands ruchers : on en établit même marchant avec des petits moteurs à explosion.

On peut établir soi-même un extracteur économique, à l'aide des pièces détachées que vendent à un prix peu élevé les marchands d'articles apicoles. La cuve sera faite par le premier ferblantier venu ; on trouve aussi maintenant dans le commerce, à un prix très bas, des fûts parfaitement cylindriques en bois déroulé d'une seule pièce ; ces fûts sont très solides, et ne jouent pas comme ceux constitués par des douves assemblées par des cercles : ils font d'excellentes cuves d'extracteurs, et conviennent aussi très bien pour l'épuration et le transport du miel, à cause de leur étanchéité et de leur solidité. J'emploie, pour l'épuration, un de ces fûts, muni d'un couvercle et pouvant contenir 600 kilogrammes de miel : il m'a donné, depuis plusieurs années, toute satisfaction, et son prix est bien inférieur aux récipients métalliques de même capacité.

Il est indispensable que l'appareil soit fixé d'une manière inébranlable sur un solide bâti de bois, de pierres ou de briques, pour éviter les soubresauts qui se produiraient pendant la marche et qui briseraient les organes de la machine. Il faut aussi, pour la marche régulière, ne mettre en face l'un de l'autre que des rayons ayant à peu près le même poids, ce qui évite des ébranlements et un déséquilibrage de la cage.

Au début, il faut tourner doucement, surtout avec des bâtisses nouvelles et encore peu solides, sous peine de les voir se fendre et se briser. On ne tarde pas à entendre comme un bruit de pluie ; ce sont les gouttelettes de miel qui sont, par l'action de la force centrifuge, lancées avec force contre les parois de l'extracteur, d'où elles coulent sur le fond. Le liquide est recueilli dans un seau muni d'un tamis, et, de là, versé dans les tonneaux pour l'expédition, ou dans l'*épurateur*.

Le cadre, vidé sur une face, est sorti et retourné pour que l'autre face soit vidée à son tour. La toile métallique, à mailles d'environ 6 millimètres, doit être fortement tendue et aussi rigide que possible ; le milieu bombe cependant quelquefois et le rayon, épousant la forme de son support, se fend, puis se brise lorsqu'on veut le sortir pour le retourner. On a imaginé des dispositifs pour remédier à ce fâcheux accident: le cadre, au lieu d'être simplement appliqué contre la paroi, est introduit dans une cage, laquelle est retournée, sans difficulté, quand un des côtés est vide; il en résulte que le rayon désopérculé, n'étant manipulé qu'une fois, court moins de risques d'être brisé. Dans des modèles encore plus perfectionnés (fig. 171), les cages pivotent autour d'une de leurs arêtes verticales, sans qu'il soit nécessaire de les sortir. Les cages ont des dimensions telles que l'on y peut introduire facilement un cadre Layens ou un Dadant, ou deux cadres de hausses placés verticalement côte à côte. Les cadres Layens sont placés dans la même position que dans la ruche; les Dadant sur un de leurs petits côtés, en observant que le porte-rayon se trouve en arrière du mouvement de la cage, à cause de l'inclinaison des cellules. On peut même extraire le miel des rayons des ruches vulgaires à l'aide du mélo-extracteur centrifuge. Il suffit pour cela de placer ces derniers dans des cadres et de les y maintenir par des toiles métalliques à larges mailles. On vend aussi pour ce même usage des porte-rayons articulés qui se mettent dans les cages de l'extracteur (fig. 172).

Fig. 172. — Porte-rayon articulé pour extraire le miel des ruches vulgaires dans le mélo-extracteur (Moret, à Tonnerre).

Dans un bon extracteur, le fond doit avoir une assez forte pente du côté du robinet, de manière à se vider spontanément et complètement; dans beaucoup d'appareils, cette condition est fort mal remplie et il reste dans le fond de la cuve une quantité assez grande de miel, qu'il est très difficile de sortir, l'extracteur fixé sur son bâti ne pouvant s'incliner.

À sa sortie de l'extracteur, le miel présente de nombreuses bulles constituées par de l'air qui s'est mélangé à la matière dans le mouvement centrifuge, lorsqu'elle est lancée hors des cellules. Même dans les alvéoles operculés, on trouve parfois des bulles de gaz en grande quantité; ce gaz serait de l'oxygène, d'après M. Astor, ou de l'acide carbonique d'après Dadant; ce dernier proviendrait de la fermentation du nectar operculé avant maturité complète, lorsque la miellée est très abondante. La présence de ces gaz peut contribuer à donner au miel un aspect trouble et forme par le repos une écume blanchâtre à la surface des épurateurs, ou même du miel en pots lorsqu'il n'a pas séjourné assez longtemps dans ces récipients.

En dehors de l'air et des gaz, le miel, à sa sortie de l'extracteur, renferme en outre quelques autres impuretés telles que débris de pollen ou d'opercules, etc. Il faut donc faire reposer toute la masse pendant quelques jours dans de grands récipients cylindriques, les *épurateurs*, beaucoup plus hauts que larges. Par suite de la différence de densité, les matières étrangères et les gaz remontent à la surface en formant une écume. On soutire pour la vente, lorsque la limpidité est parfaite, dans des tonneaux ou des récipients variés.

Pour les grosses livraisons, le miel est vendu dans des fûts en métal ou en bois. Le métal vaut mieux, car il est plus solide, ne coule pas, tandis qu'en outre dans le bois il se produit parfois de la fermentation. Toutes les essences de bois ne sont pas bonnes pour le miel : le chêne colore les miels blancs, le pin et le sapin lui donnent un goût résineux, le hêtre est très bon. Parmi les métaux, le cuivre et le zinc s'altèrent en présence du miel; on devra employer le fer-blanc. Des bocaux de verre ou des vases de grès à large ouverture, d'une contenance de 250 grammes à 1 kilogramme, sont ce qu'il y a de mieux pour les petites ventes au détail. Si l'on expédie le miel dans des fûts de bois cerclé, ceux-ci devront être bien secs, les cercles resserrés et fixés aux douves par des pointes, parce que la viscosité du miel qui peut suinter les fait glisser très facilement; on conseille en outre d'enduire ces fûts extérieurement de colle ou de gélatine ou de les peindre avec des couleurs à l'huile.

Robinets pour le miel. — Le miel, étant très visqueux, nécessite, pour couler convenablement des vases où on le conserve ou des extracteurs, des robinets à large conduit de 35 millimètres de diamètre au minimum. Les robinets à clapets sont le plus généralement employés; certains modèles se vissent sur les récipients en bois, d'autres se soudent sur ceux en métal.

Cristallisation du miel. — A sa sortie de l'extracteur, le miel se présente sous l'aspect d'un liquide visqueux et épais; au bout d'un temps plus ou moins long, suivant les circonstances et la plante qui l'a fourni, il se solidifie en une masse compacte formée de cristaux plus ou moins gros; on dit que le miel a *cristallisé* ou *granulé*.

Les miels de crucifères cristallisent très vite et en grains assez gros; ceux d'arbres fruitiers, et en particulier de cerisier, durcissent aussi rapidement. D'autres, tels que ceux de l'acacia, des labiées, du tilleul, les miellats de sapin et les miels de sucre, restent plus longtemps liquides ou même ne granulent pas du tout. Les miels récoltés par les abeilles provenant le plus souvent de beaucoup de plantes différentes, ils constituent des mélanges dont la cristallisation varie à l'infini, tant au point de vue de la rapidité que de la grosseur du grain. La granulation est plus rapide dans les récipients de grande capacité que dans les petits, dans ceux en bois que dans les vases métalliques. On peut hâter la granulation en mélangeant à la masse un peu de vieux miel déjà cristallisé.

Conservation du miel. — Le miel cristallisé est une substance pour ainsi dire inaltérable, si elle est entreposée dans un local frais et sec, traversé par un courant d'air. Un grenier convient très bien pour cet usage, tandis qu'une cave est tout ce qu'il y a de plus mauvais. Le miel est, en effet, très hygrométrique et peut absorber jusqu'à 48 p. 100 d'eau ; il se liquéfie alors, fermente rapidement, prend un goût aigre et devient impropre à la consommation.

En rayons, il est aussi sujet à cette altération, et on voit le liquide suinter à travers les opercules qui arrivent même à se rompre sous la pression des gaz ; le miel coule alors et le rayon devient malpropre et invendable. L'opercule est en effet poreux et laisse passer l'humidité.

Miel en sections. — On donne le nom de *sections* à de petits rayons construits par les abeilles dans des cadres en bois mince ; ces rayons sont très séduisants et leur vente est facile, mais leur production assez aléatoire n'est recommandable que dans des situations particulières.

Les bois qui forment les encadrements sont vendus à plat (fig. 173), et, pour leur donner la forme convenable, on passe à l'aide d'un pinceau un peu d'eau tiède sur les lignes de pliage : on peut alors les fermer et les maintenir ainsi par la réunion des tenons d'une extrémité avec les mortaises de l'autre. Pour un travail régulier, les sections doivent être au moins amorcées par une petite bande de cire gaufrée, ou mieux, entièrement garnies de cette même cire ; on choisit la cire blanche la plus fine que le fabricant puisse fournir parce que, devant être mise dans la bouche avec le miel, elle ne doit pas laisser l'impression d'une masse collante et désagréable. Il est bien entendu qu'aucun fil de fer n'est noyé dans la feuille ; celle-ci est simplement adaptée dans les rainures médianes de la section et fixée sur deux côtés par quelques gouttes de cire, versées à l'aide de la burette à bain-marie ; les deux autres côtés sont laissés libres pour la dilatation de la cire.

Les sections sont ensuite rangées côte à côte dans des hausses (fig. 174) et supportées en bas par des petits T en fer-blanc.

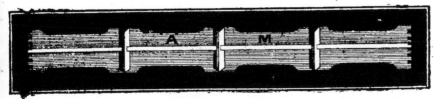

Section ouverte.

Section pliée.

Fig. 173. — Cadres en bois pour sections (Maigre, à Mâcon).

est recommandé d'intercaler entre les sections des *sépa-*

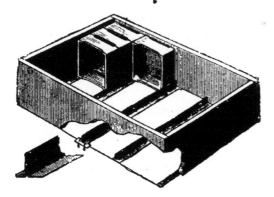

Fig. 174. — Casier à sections pour ruche à hausses
(Maigre, à Mâcon).

rateurs (fig. 175), constitués par des lamelles de bois ou de fer-
blanc de 1/2 millimètre d'épaisseur, et grâce à la présence

desquelles les surfaces de ces petits rayons sont plus régulières, sans creux ni bosses qui les déprécient et en rendent l'emballage plus difficile.

Les sections doivent être bien serrées les unes contre les autres pour éviter que les bois ne soient salis par la propolis;

Séparateurs pour sections
(Robert-Aubert, à Saint-Just-en-Chaussée).

Casier à sections pour ruche horizontale (Robert-Aubert).

Fig. 175.

quand la hausse est garnie, on obtient le serrage par l'introduction d'une planchette occupant toute la largeur de la hausse et faisant pression par deux ou trois coins de bois ou un ressort.

Les ruches verticales sont celles qui conviennent le mieux pour l'obtention du miel en section; on peut cependant en avoir aussi dans les ruches horizontales, à l'aide de casiers spéciaux représentés par la figure 175; mais la production est

beaucoup moins bonne, tant au point de vue du rendement
que de la perfection du travail.

Les sections les plus courantes sont celles qui donnent,
quand elles sont pleines, un poids de 500 grammes à 1 kilogramme. Leurs dimensions dépendent des hausses ou des
casiers dans lesquels on doit les introduire ; la largeur des bois
est de 42 millimètres : une hauteur de 130 millimètres sur
105 millimètres de large donne, bois compris, environ
500 grammes.

Les abeilles montrent une répugnance beaucoup plus grande
encore à monter dans les hausses à sections, surtout quand il
s'y trouve des séparateurs, que dans les hausses à cadres, et
très souvent ces ruches essaiment. Il est bon, pour y attirer
les abeilles, de mettre d'abord sur le corps de ruche une hausse
ordinaire à cadres et de n'intercaler la hausse à sections, par-
dessous, que lorsque la première commence à se remplir.

Il faut récolter les sections le plus rapidement possible après
qu'elles ont été remplies, parce que le passage incessant des
butineuses sur leur surface les salit ; on récolte les hausses à
sections comme les hausses à cadres ordinaires, à l'aide des
chasse-abeilles de Porter ou de Hastings. Ces petits cadres
doivent être ensuite détachés avec précaution et les encadrements raclés avec soin, pour détacher les traces de cire ou de
propolis qui pourraient les souiller ; puis on les enferme
dans des boîtes spéciales en carton ou en fer-blanc, avec ou
sans vitre, et on les emballe dans les caissettes d'expédition.

Il est impossible de donner aucun renseignement sur le rendement en sections que l'on peut obtenir des ruches : rien n'est
plus variable. Un fait est cependant établi : c'est que l'on
n'obtient des résultats convenables qu'avec des populations
riches en butineuses et des miellées abondantes et prolongées.
Les miellées faibles et intermittentes ne fournissent que des
sections inachevées et sans valeur ; il est à remarquer, en
effet, que, lorsque la sécrétion du nectar est interrompue
pendant quelque temps pour reprendre après, les ouvrières
n'achèvent pas toujours les sections commencées ; elles les
abandonnent pour porter leur activité ailleurs. Pour être belle
et de première qualité, une section doit être commencée et
achevée dans un temps très court et sans arrêt.

Les sections non finies sont d'invendables non-valeurs, et
c'est là précisément une des principales causes qui rendent ce
mode d'obtention du miel si coûteux et si peu recommandable
dans un rucher de produit. De plus, le rendement est beaucoup
plus faible qu'en miel coulé, malgré un matériel plus encombrant et un travail plus considérable. La fragilité de ces petits

rayons et les surprises désagréables que procure leur expédition au loin viennent s'ajouter aux ennuis précédents.

En résumé, la section est un article de luxe et, tout compte fait, on n'en retire que rarement un prix assez élevé pour que le bénéfice soit aussi rémunérateur que celui obtenu avec les mêmes ruches produisant du miel coulé. L'expérience m'a appris que le miel coulé bien présenté dans de jolis pots avec une étiquette artistique attire presque tout autant le consommateur.

Sur le conseil de M. de Layens, j'ai essayé de fabriquer des sections en découpant à l'emporte-pièce ou au couteau, dans les plus beaux rayons de mes ruches, des morceaux rectangulaires d'environ 500 grammes ; ces morceaux, enveloppés dans du papier parcheminé, sont ensuite introduits dans des boîtes de fer-blanc et peuvent voyager au loin et arriver en bon état, malgré une petite quantité de liquide qui s'écoule sur les bords. Les apiculteurs qui voudront absolument vendre ou consommer du miel en rayon pourront opérer comme je viens de le dire.

B. — CIRE.

La cire contenue dans les rayons vieux et secs porte le nom de *cire en branches*; on appelle au contraire *cire grasse* celle qui constitue les gâteaux d'où l'on a extrait le miel depuis peu de temps et qui sont encore enduits d'une petite quantité de cette substance. Dans cet état, la cire est inutilisable; il est indispensable, pour la livrer au commerce, ou pour l'employer aux différents usages auxquels elle est propre, de la débarrasser des nombreuses impuretés qui y sont contenues, telles que débris de pollen, cadavres de larves, cocons de chrysalides, poussières diverses, qui la colorent, lui donnent un aspect malpropre et lui enlèvent une partie de ses propriétés.

Il existe différents procédés qui permettent d'obtenir de la cire en pains exempte d'impuretés; tous sont basés sur ce fait que la cire pure d'abeilles fond à une température de 62° à 64° C., et qu'elle se sépare alors spontanément des substances étrangères qu'elle contient par suite de sa densité plus faible, densité qui oscille entre 0,9625 et 0,9675. La fusion peut être opérée, soit par l'action des rayons solaires, soit par la chaleur d'un four ou par macération dans l'eau portée au degré voulu, ou encore par l'action de presses spéciales. Il convient d'observer que le produit obtenu sera d'autant plus beau et plus parfumé que cette fusion aura été faite à une température plus rapprochée du point de solidification. A sec, dans le four, il arrive souvent que, la chaleur étant trop forte, la cire brûle, se volatilise en partie, prend une teinte brune et une odeur moins agréable dont il est difficile de la débarrasser et qui en diminue énormément la valeur.

A ce point de vue, le procédé de fusion dans l'eau est plus recommandable, à la fois parce qu'il est le moins dangereux et le plus rapide. Il permet de purifier parfaitement les cires les plus impures, tandis qu'avec le cérificateur solaire on ne peut traiter avec succès que les cires en branches relativement propres. Lorsque ces dernières sont trop souillées, le cérificateur solaire ne donne que des résultats incomplets, la plus grande partie de la matière ne s'écoulant pas et étant retenue par les impuretés ; ces mêmes cires, placées dans le four, ne donnent aussi qu'un rendement très faible et, si on active le feu un peu trop, elles brûlent et tout est perdu.

Quoi qu'il en soit, que la matière à traiter soit en branches ou grasse, il faut, avant toute autre opération, briser les rayons en menus fragments pour dégager autant que possible les cocons de chrysalides et les débris divers, et faire plonger le tout dans l'eau pendant deux ou trois jours. De cette manière, le miel encore adhérent se dissout, les matières étrangères s'imbibent d'eau, ce qui les empêche ensuite de se gorger de cire fondue.

Étudions maintenant les divers procédés :

1° *Fusion par la chaleur solaire.* — J'ai dit plus haut que ce procédé était inapplicable dans le cas de rayons vieux et trop sales ; lorsqu'il s'agit, au contraire, de rayons assez nouveaux et assez propres, la cire fondue de cette manière est la plus belle et la plus parfumée.

L'appareil employé porte le nom de *cérificateur* ou *céro-extracteur solaire* (fig. 176) ; tout rucher bien tenu devrait en posséder un. En principe, il se compose d'une caisse en bois dont le fond est horizontal et a comme dimensions 65 × 50 centimètres ; la paroi verticale d'arrière a une hauteur de 32 centimètres, celle du devant 6 centimètres seulement ; il en résulte que le couvercle de la caisse a une pente assez considérable de l'arrière à l'avant. Ce couvercle est constitué par un cadre vitré fixé à la paroi d'arrière par deux charnières qui permettent de le soulever et à la paroi d'avant par un crochet qui en assure la fermeture. A l'intérieur existe un double fond mobile en fort fer-blanc de 62 × 41 centimètres, supporté par des tasseaux cloués contre les parois latérales et inclinés d'arrière en avant avec une pente d'environ 10 centimètres par mètre ; trois des bords de cette feuille sont repliés en haut de 4 centimètres, celui d'avant seul est replié en bas. A 2 centimètres au-dessus de ce double fond, est placé un cadre de même surface que lui et tendu de toile métallique. Les dimensions de la

Fig. 176. — Céro-extracteur solaire (Gariel).

feuille de fer-blanc sont telles qu'entre elle et la paroi antérieure peut se placer une petite auge, en fer-blanc également, de même longueur que la caisse.

On augmente notablement l'action du cérificateur solaire en peignant l'intérieur en noir, en ajoutant une seconde vitre par-dessus la première, choisie déjà en verre épais, en disposant enfin l'appareil mobile sur un pied, de manière à lui permettre de pivoter sur ce support pour suivre le soleil dans sa marche, afin d'en recevoir toujours normalement les rayons.

Les expériences du Dr Bianchetti ont montré comment la température peut s'élever dans cet appareil. Ainsi, le 28 juillet, le thermomètre marquant 21° à l'ombre à midi, la température à l'intérieur du céro-extracteur solaire fut de :

> 60°,5 à 9 heures du matin.
> 78°,1 à 11   —
> 86°,4 à midi.
> 74°,0 à 4 heures du soir.

D'après le Dr Dubini (de Milan), la cire commence à fondre quand la température atteint 64° à 65° dans l'appareil, et vers 72° à 88° elle coule librement.

Les débris de cire sont jetés sur la toile métallique, le couvercle soigneusement fermé et la caisse placée bien au soleil; la matière entre bientôt en fusion, tombe à travers la toile métallique sur la plaque en fer-blanc et s'écoule dans l'auge où elle se moule en pains réguliers. Dans son trajet, la cire abandonne ses impuretés et arrive au bas de sa course absolument pure. Dans une journée favorable, il est possible d'obtenir plusieurs briques de cire.

Un céro-extracteur solaire coûte de 14 à 16 francs, mais, avec les indications que je viens de donner, chaque apiculteur pourra le construire lui-même sans difficulté et à un prix encore plus modique.

2° *Fusion au four.* — Le four ne doit pas être trop chaud : une température convenable est celle qui existe après la sortie du pain. Les rayons, réduits en menus fragments, sont disposés sur une toile métallique ou une claie d'osier maintenue par quatre pieds à la hauteur convenable : au-dessous, un récipient de dimensions appropriées et contenant un peu d'eau : la cire y tombe et se solidifie en galette après le refroidissement du four.

Lorsque l'on n'a qu'une très petite quantité de cire à fondre, on peut simplifier ce procédé de la manière suivante : les fragments de rayons sont mis dans une passoire ordinaire et celle-ci est maintenue, à l'aide de ses deux oreilles, au-dessus d'un vase contenant de l'eau (4 à 5 centimètres) ; le tout est placé dans le four du fourneau de la cuisine. La fonte terminée, on laisse refroidir lentement et sans remuer le vase, de manière à permettre aux impuretés qui ont pu traverser la passoire de se déposer au fond.

3° *Fusion dans l'eau.* — Les procédés précédents ne permettent pas de traiter à la fois de grandes quantités de rayons ; pour celles-ci, c'est le procédé de fusion dans l'eau qu'il faudra employer.

On prendra un récipient métallique assez grand, une cuve de lessiveuse par exemple, et à sa partie inférieure on fera souder un tuyau fermé par un robinet. Le récipient est rempli d'eau propre aux deux tiers environ et portée à l'ébullition ; on y jette alors les fragments à purifier et on remue jusqu'à ce que la fusion soit complète. Il faut avoir soin de ne pas remplir tout à fait la chaudière, de crainte qu'elle ne déborde par l'ébullition et que le feu ne se communique à toute la masse très inflammable.

On plonge alors dans le vase une passoire à manche ou un tamis obtenu en roulant en forme de cornet une toile métallique. La cire pure filtre à travers les mailles et est recueillie à l'aide d'une cuiller, puis versée dans un autre récipient contenant de l'eau bouillante. Ce récipient, une fois plein, est entouré de couvertures de laine ou placé dans la sciure de bois, de manière que le refroidissement de la masse soit aussi lent que possible. Les impuretés qui restent se déposent au fond et la cire est d'autant plus propre que la solidification aura été plus longue à se faire.

On continue à opérer de cette manière, en ajoutant de nouveaux morceaux de rayons dans la chaudière qui est sur le feu, jusqu'à ce que les matières étrangères y soient en si grande quantité que la cire ne filtre plus dans la passoire. A ce moment, se servant de cette passoire comme d'une louche, on la plonge dans la chaudière et on la retire pleine de résidus sur lesquels on verse, à l'aide d'un arrosoir, de l'eau bouillante écoulée par le robinet du vase même où la fonte a lieu. Une assez grande quantité d'eau entraîne toute la cire dans la chaudière ; il ne reste plus sur la passoire que des débris que l'on rejette.

On opère ainsi jusqu'à ce que le stock de rayons à purifier soit épuisé. Cette méthode est simple, rapide et exige très peu d'eau, par suite une faible dépense de combustible.

Le travail terminé, la chaudière est mise à refroidir lentement avec les précautions indiquées plus haut.

D'autres apiculteurs enferment les débris de cire dans des sacs de forte toile grossière et les mettent dans le fond de la chaudière remplie à moitié d'eau et dont le fond est garni de lattes de bois pour empêcher la matière de brûler. On empile dans le récipient autant de sacs qu'il peut en entrer, recouverts d'eau, et on les maintient à l'aide d'une planche portant un lourd poids en fer, de manière à exercer une pression continue et énergique. Au fur et à mesure que la cire fond, elle filtre à travers les sacs, surnage à la surface presque propre : on la recueille avec l'eau chaude pour la laisser se prendre en bloc.

On peut aussi faire usage d'une chaudière spéciale divisée en deux parties par un disque en toile métallique fine, assujetti sur un cercle de fer. On commence par mettre des rayons et à remplir la chaudière d'eau à moitié ; on chauffe et, quand la masse est fondue, on place le disque par-dessus et on ajoute de l'eau jusqu'aux trois quarts de la capacité ; la cire purifiée monte à la surface.

La *chaudière Bourgeois* permet de fondre à la vapeur de petites quantités de cire. Elle se compose d'un récipient cylindrique en fer-blanc dont le fond, en forme d'entonnoir, donne naissance à sa partie inférieure à un tuyau communiquant avec l'extérieur ; sur ce premier fond et un peu au-dessus, en existe un autre percé de petits trous. Ce vase se trouve fixé au milieu d'une enveloppe cylindrique de même métal, susceptible de se fermer par un couvercle maintenu serré contre le bourrelet du bord de la chaudière, par une barre transversale

fixée à l'aide d'un écrou. Pour l'usage, on remplit de débris
de rayons et d'eau le récipient intérieur et on met de l'eau à
peu près jusqu'à mi-hauteur dans l'espace compris entre ce
récipient et son enveloppe ; le couvercle est placé et assujetti.
La chaudière est alors mise sur un bon feu, l'eau entre en
ébullition et la vapeur, n'ayant pas d'autre issue que le tuyau
qui part du fond du vase intérieur, presse sur la cire, la dissout et l'entraîne au dehors avec l'eau chaude qui l'imbibe.

Le *cérificateur Dietrich* constitue un perfectionnement de la
chaudière Bourgeois ; le principe est le même, mais le couvercle est traversé par une vis munie en bas d'un plateau à
l'aide duquel on peut exercer sur la masse en fusion une
pression énergique.

La *presse-extracteur à vapeur du système Root* (fig. 177) est

Fig. 177. — Presse-extracteur de cire à vapeur système Root (1).

plus puissante et permet de traiter à la fois une plus grande
masse de résidus.

Le même fabricant construit aussi un extracteur dans lequel

(1) Bondonneau, agent général de A. I. Root.

l'action de la presse est remplacée par l'effet de la force centrifuge. L'appareil ressemble au précédent, mais la cage cylindrique intérieure à claire-voie peut être animée, à l'aide d'une manivelle et d'engrenages, d'un rapide mouvement de rotation. La chaudière, fermée par son couvercle, est mise sur le feu, avec la quantité d'eau nécessaire et le panier intérieur garni des débris à fondre. Quand l'eau a bouilli et que la vapeur se dégageant fait fondre la cire, on tourne rapidement la manivelle, et la cire fondue, lancée hors de la cage, se trouve séparée des matières étrangères. Cet extracteur paraît donner des résultats supérieurs aux presses, parce que l'opération est plus rapide et plus complète; il reste moins de cire dans les marcs.

Épuration et moulage de la cire. — La cire ainsi fondue doit être laissée en repos dans des récipients maintenus au chaud de manière que les impuretés de faibles dimensions puissent se déposer au fond; elles forment sous le bloc, lorsque le refroidissement et la solidification sont complets, une couche plus ou moins épaisse que l'on appelle le *pied de cire*. Celui-ci est raclé, le pain de cire refondu jusqu'à ce que la pureté soit absolue.

Les ciriers de profession vident la cire et l'eau chaude, à la sortie de la chaudière, dans un *épurateur*, sorte de tonneau en bois, beaucoup plus haut que large, à parois épaisses de 10 centimètres et fermé par un couvercle.

L'épurateur possède plusieurs trous espacés à différentes hauteurs; ces orifices fermés par des chevilles permettent de soutirer à volonté soit l'eau du bas, soit la cire qui surnage. Un thermomètre traversant le couvercle plonge dans le liquide. La cire se maintient très longtemps liquide dans cet épurateur, s'il est placé dans une chambre chauffée à 25° au moins. Au bout de cinq à six heures au moins, lorsque la température de la masse atteint 69°, on coule la cire dans les moules en commençant le soutirage par les trous supérieurs.

Les moules dont on fait usage ont la forme d'une pyramide tronquée et renversée; ils sont en terre vernie, en fer-blanc ou en tôle étamée. La dimension la plus usuelle comporte 40×9 centimètres pour la surface de la plus grande base et 38×7 centimètres pour la plus petite, sur une hauteur de 8 centimètres; les pains de cette dimension pèsent environ 2 kilogrammes. Pour qu'une *brique* de cire soit belle, elle doit être légèrement bombée en dessus; un bombement trop prononcé, des gerçures ou des lignes parallèles sur les côtés indiquent que la cire a été versée trop froide; si, au contraire, la cire a été versée trop chaude, la face supérieure est creuse.

On trouve aussi des pains dont le dessous est foncé, terne ; cela provient de ce que la cire, insuffisamment épurée, a constitué un pied. Au moment de la mise en moules, ceux-ci doivent être graissés au préalable avec de l'huile et chauffés avant d'y verser la cire ; la solidification doit se faire lentement dans une pièce fortement chauffée.

On ne doit jamais fondre la cire dans un récipient en fonte ou en fer non étamé, sous peine de lui donner une couleur brune qui en déprécie la valeur ; les eaux riches en fer produisent le même effet.

Pour nettoyer les vases qui ont servi à la fusion de la cire, le meilleur moyen consiste à en frotter les parois, pendant qu'elles sont encore chaudes, avec de la sciure de bois ; pour faire disparaître les dernières traces de cire, on y fait bouillir une solution de cristaux de soude avec de la sciure de bois.

Coloration de la cire. — La coloration des cires purifiées est très variable, depuis le jaune pâle jusqu'au jaune orangé et au brun. M. de Layens a émis le premier l'idée que cette coloration était due au pollen toujours consommé par les abeilles lorsqu'elles font de la cire ; la teinte du miel n'a, au contraire, aucune influence, et l'on constate d'une manière générale que les plantes qui donnent les miels les plus foncés fournissent en même temps les cires les plus claires et inversement : ainsi, par exemple, le miel très foncé de la bruyère correspond à une cire presque blanche, tandis que le miel de sainfoin, qui est blanc, donne une cire d'un rouge orangé. Or, le pollen de la bruyère est blanc, celui du sainfoin est rouge orangé.

Cette influence dominante du pollen sur la couleur des cires a été mise très nettement en évidence par le Dr A. Planta, dans un travail publié en 1885 dans la *Revue internationale d'Apiculture.*

Blanchiment de la cire. — Certaines industries exigeant des cires entièrement blanches, on parvient à les débarrasser de leur coloration par des traitements chimiques ou par des moyens naturels. Il faut remarquer d'abord que certaines cires se blanchissent facilement et pour ainsi dire spontanément, comme la cire de bruyère, tandis que d'autres, comme les cires de sainfoin, sont très difficiles à décolorer.

Le procédé de blanchiment qui donne les meilleurs résultats consiste à faire fondre la cire, purifiée et mélangée d'eau, dans de grandes chaudières en cuivre étamé, en l'agitant constamment avec une spatule en bois. On traite environ 500 kilogrammes de cire à la fois. Lorsque la fusion est complète, on ajoute 250 grammes de crème de tartre par quintal de cire et on mélange intimement. La chaudière est alors vidée dans une cuve remplie d'eau que l'on maintient à 80°, et où elle achève de se purifier.

Elle passe de là dans un récipient en métal d'où elle s'échappe par le fond percé de trous et tombe en filets déliés sur un cylindre de bois, à moitié plongé dans une cuve d'eau froide et auquel on imprime un mouvement de rotation assez rapide. C'est l'opération du *grêlage* à la suite de laquelle la cire se trouve réduite en longs rubans que l'on expose aux rayons du soleil et à la rosée des nuits sur de grands châssis de toile de 100 mètres carrés placés à 0^m,65 du sol. Au bout de huit ou dix jours, les bonnes cires sont notablement blanchies. On enferme alors la cire dans des sacs et on la garde pendant quarante jours dans un magasin, et là elle subit une sorte de fermentation, se tasse et durcit. On la soumet de nouveau à une nouvelle fonte, à un nouveau grêlage suivi de fermentation jusqu'à ce que la décoloration complète soit obtenue. Deux opérations sont nécessaires pour les cires qui se blanchissent le plus facilement. Le blanchiment est beaucoup plus lent par les temps humides et, placées ainsi en sacs, elles prennent une teinte grisâtre difficile à enlever.

Les procédés chimiques de blanchiment le plus ordinairement employés sont le procédé Rolly et celui au chlorure de chaux.

Le premier consiste à agiter la cire à blanchir avec une petite quantité d'acide sulfurique étendu de deux parties d'eau et quelques fragments d'azotate de soude. La quantité d'acide nitrique mise en liberté est suffisante pour détruire le principe colorant.

Le blanchiment au chlorure de chaux s'effectue très rapidement, mais il a l'inconvénient de rendre la cire sèche et très friable et de donner naissance à des produits chlorés solides, qui dégagent de l'acide chlorhydrique pendant la combustion des bougies.

On rend aux cires blanchies le liant qu'elles ont perdu en y ajoutant un peu de suif.

Les procédés chimiques de blanchiment enlèvent complètement à la cire son agréable parfum de miel et les abeilles l'acceptent plus difficilement lorsqu'elle leur est fournie sous forme de rayons gaufrés.

IX

ACCIDENTS. — MALADIES ET ENNEMIS DES ABEILLES

A. — ACCIDENTS.

Le pillage. — Le pillage est un accident qui se manifeste par l'effervescence d'abeilles étrangères autour d'une ou plusieurs ruches qu'elles envahissent pour s'emparer du miel qu'elles contiennent. D'abord faible et se bornant à quelques ouvrières isolées, le pillage peut s'étendre à tout le rucher, les colonies attaquées se défendent et, si l'apiculteur n'intervient pas rapidement, l'air devient noir d'abeilles en fureur qui tourbillonnent en nuages épais et, ivres de miel, se battent et s'entre-tuent ; les cadavres jonchent le sol, et la lutte ne cesse que lorsque les colonies les plus faibles sont complètement dévalisées et anéanties. C'est là un moment où il ne fait pas très agréable dans le rucher ou aux environs. Presque toujours le pillage est causé par une imprudence de l'apiculteur qui aura laissé des débris de miel ou de cire aux alentours des ruches ou visité trop longuement une colonie. L'odeur du miel se répandra et quelque butineuse attirée, après s'être remplie le jabot, reviendra avec des compagnes ; elles rôderont partout, cherchant à s'introduire dans les ruches, et, si une colonie faible ou orpheline se défend mal, le pillage s'organise et se développe avec toutes ses conséquences : accidents aux voisins, perte de miel, ruine de plusieurs ruchées, affaiblissement des populations.

Lorsqu'il y a beaucoup de nectar dans les fleurs et que les butineuses sont très affairées par la récolte, le pillage est peu à craindre, et l'on peut souvent sans inconvénient manipuler des rayons en plein air : il s'organise au contraire avec une très grande rapidité au printemps, et surtout à la fin de l'été et de l'automne, lorsque les apports naturels ont cessé. Dans leur désir d'accumuler les provisions, les ouvrières recherchent de tous côtés pour en trouver. C'est pourquoi le nourrissement artificiel, qui s'effectue en dehors de la miellée, est une opération si pleine de dangers et qui demande une surveillance attentive et de grandes précautions, dont la principale est de ne jamais distribuer de sirop pendant le jour ni en dehors des ruches.

Le pillage se reconnaît facilement à son début : s'il commence pendant que l'on visite une ruche, on est prévenu par une abondance inusitée de piqûres que distribuent les abeilles attaquées à l'opérateur.

Les pillardes se reconnaissent aussi à leur allure hésitante ; elles errent aux environs du trou de vol sans y pénétrer directement, explorent les ruches pour y trouver une fissure qui leur permette de s'y glisser, sans avoir à franchir le cordon des gardiennes. On voit de temps en temps une ou deux d'entre elles se précipiter sur la pillarde, la bousculer et la rejeter au dehors. Si la défense est assez énergique, le pillage pourra s'arrêter de lui-même.

A ce point de vue, les italiennes et les chypriotes, très pillardes elles-mêmes, se défendent admirablement, les communes assez bien et les carnioliennes très mal.

Les colonies orphelines se laissent envahir et piller sans lutte : pour cette raison, elles constituent un danger constant ; le pillage latent qui s'y organise peut, à un moment donné, se généraliser.

Le pillage est difficile à arrêter s'il s'est un peu étendu ; la première chose à faire est de supprimer les causes qui l'ont produit et de rétrécir ou même de fermer complètement les entrées ; les abeilles s'accumulent devant les portes que l'on ouvre de temps en temps, les habitantes entrent et les pillardes sortent à flots pressés pour retourner chez elles. On peut en outre allumer des feux de paille mouillée pour produire beaucoup de fumée, asperger les abeilles avec de l'eau, badigeonner les entrées et les planches de vol avec de l'eau phéniquée ou du pétrole. Si cela ne suffit pas, il faudra enlever les ruches pillées et les mettre à la cave ou dans un lieu clos, ou les transporter le soir à une certaine distance en les remplaçant par une autre ruche plus forte et se défendant bien. Un apiculteur dit avoir obtenu un bon résultat en inclinant devant l'entrée rétrécie une lame de verre (une plaque photographique 13 × 18 dépouillée de sa gélatine) ; les pillardes se heurtent contre cet obstacle et se découragent, tandis que les autres abeilles le contournent pour rentrer chez elles. Le résultat serait encore meilleur avec un fragment de miroir.

On peut également recouvrir toute la ruche et surtout le devant d'un linge ou d'un papier blanc.

Quand le pillage n'est pas encore généralisé, on reconnaît facilement de quelles ruches viennent les voleuses : il suffit pour cela de saupoudrer de farine les abeilles qui se pressent au trou de vol de la ruche pillée et de voir où elles se rendent : on arrête alors immédiatement le pillage en permutant les deux ruches, c'est-à-dire en mettant la ruche qui pille à la place de la ruche pillée.

Colonies orphelines. — L'orphelinage est l'état d'une colonie qui a perdu sa mère et qui, de ce fait, est vouée à une rapide disparition, si l'accident n'est pas réparé promptement (p. 153).

L'orphelinage se manifeste par les signes suivants : peu de temps après la mort de la reine, les abeilles montrent une agitation intense et courent çà et là, sans but, sur la planche de vol ; les ouvrières chargées de pollen ressortent sans déposer leur fardeau ; cette agitation persiste pendant plus ou moins longtemps.

Elle a lieu en toute saison, mais pendant l'hiver elle n'est apparente qu'au premier jour de sortie et dure pendant plusieurs jours ; pendant la miellée, l'activité des butineuses masque ces signes d'inquiétude qui ne se manifestent nettement que le soir ; leur durée ne se prolonge du reste pas plus de vingt-quatre à quarante-huit heures à cette époque, s'il existe du couvain permettant un élevage royal.

Une ruche orpheline, sous un léger choc, fait entendre un bruissement aigu, strident, d'abord faible, dont l'intensité augmente peu à peu, et se prolonge comme une plainte ; les ruches normales, au contraire, produisent un son grave, tout d'un coup très fort, bien franc et cessant rapidement. On trouve parfois aux environs du trou de vol le cadavre de la mère, si l'on examine les ruches de grand matin. Les colonies qui se laissent piller ou attaquer par la fausse teigne sans se défendre sont suspectes d'orphelinage ; il en est de même de celles qui ne chassent pas leurs mâles à la fin de la miellée.

Une ruchée qui présente extérieurement ces caractères doit être visitée avec soin. Dès l'ouverture de la ruche et sous l'influence des premières bouffées de fumée, les abeilles font entendre le gémissement plaintif que nous avons signalé ; de nombreux cadavres, surtout lors de la première visite du printemps, se montrent accumulés devant l'entrée ; la colonie, au lieu d'être groupée, est disséminée sur un grand nombre de rayons.

Une colonie orpheline a toujours une tendance a se livrer à l'élevage royal et cela le plus rapidement possible ; vingt-quatre à quarante-huit heures après la disparition de la mère, on trouve déjà des grandes cellules ébauchées contenant du couvain ; des ébauches imparfaites et vides sont même édifiées quelquefois dans les colonies sans couvain.

Les colonies orphelines peuvent être rétablies dans leur intégrité, soit par l'introduction d'une reine vierge ou féconde, d'une cellule maternelle operculée, ou d'un rayon de couvain jeune. L'introduction d'une reine féconde est évidemment le procédé le meilleur, parce que c'est celui qui interrompt la ponte pendant le moins de temps; on l'opère avec précautions. Quant aux alvéoles maternels operculés, on les greffe sur un des rayons de la ruche orpheline ou on les fixe sur ce rayon à l'aide d'un protecteur. Quand on ne possède aucune de ces ressources, le don d'un rayon de couvain jeune peut suffire, si la colonie n'en possède pas naturellement; d'après le principe de Schirach, les ouvrières élèveront une reine avec un œuf ou une larve de moins de trois jours.

Il faut cependant observer que cet élevage restera sans utilité en dehors de la période où il existe des mâles pour la fécondation, période qui comprend seulement l'époque de la miellée. Parconséquent, de septembre à mars, et souvent en deçà et au delà de ces mois, c'est une pure illusion que d'espérer reconstituer une ruchée orpheline en lui donnant du couvain jeune; le mieux que l'on puisse obtenir sera une reine bourdonneuse, inapte même à être fécondée par ses propres fils, à cause du temps trop long qui se sera écoulé entre le commencement de sa ponte et l'arrivée de ceux-ci à l'état adulte. C'est à partir de la fin d'avril seulement que l'on peut avec succès laisser faire de l'élevage maternel aux orphelines. De la fin d'août au mois d'avril, c'est par l'introduction de reines fécondes seulement qu'il sera convenable d'agir, et encore ne conviendra-t-il de faire ce don que si la population est assez forte pour couvrir au moins trois cadres. Hors de là, pour les ruchées faibles, la seule chose pratique sera de réunir l'orpheline à une ruche voisine.

Vertige et narcotisme. — Nous avons déjà parlé de ces accidents en signalant, dans la flore mellifère (p. 331), les plantes susceptibles de les produire. Ce sont, par exemple, le tilleul argenté, le safran, la tulipe des jardins dont les fleurs produisent ces effets dans les journées les plus chaudes de l'année. Dans le vertige, les insectes meurent après avoir tournoyé quelque temps sur eux-mêmes; dans le narcotisme, ils tombent sur place. Une sorte de vertige et des convulsions sont aussi provoqués chez les abeilles lorsqu'elles sont attaquées par les *triongulins* ou larves des méloés, dont nous parlerons plus loin.

B. — MALADIES MICROBIENNES ET AFFECTIONS DIVERSES.

Loque. — Parmi toutes les affections qui attaquent les abeilles, la loque, appelée aussi *pourriture du couvain,* à cause de la manifestation qui la caractérise immédiatement, est la plus redoutable, tant à cause de sa rapide propagation que par ses effets désastreux et sa ténacité. Connue depuis très longtemps, elle a été signalée par Aristote et Pline ; on sait aujourd'hui qu'elle est due à un microbe, le *Bacillus alvei,* découvert par Cheshire en 1884. Ce bacille se présente sous la forme de bâtonnets minces, allongés, avec des points clairs, très petits, et ne mesurant qu'un millième de millimètre de diamètre sur 3 à 5 de longueur : lorsque les conditions de son existence deviennent défavorables, il émet des spores à coque épaisse, très résistantes et qui affectent la forme naviculaire.

On reconnaît aux caractères suivants qu'une ruchée est atteinte de la loque. Lorsqu'au début du printemps on rencontre une colonie qui ne se fortifie pas et présente peu d'activité, si, en outre, une visite sommaire des cadres montre un couvain éparpillé au lieu d'être groupé en cercles compacts, c'est un mauvais signe et il conviendra de pousser l'examen plus avant.

Les opercules qui recouvrent le couvain, de couleur plus foncée que ceux du couvain sain, deviennent bossués ou enfoncés et plus tard sont percés de trous irréguliers.

Tandis que les larves saines sont d'une couleur blanc-perle et couchées en rond au fond de la cellule, reposant sur leur face latérale, les larves attaquées prennent au début une teinte *jaunâtre* ; en même temps elles s'allongent horizontalement au fond de l'alvéole et fréquemment se retournent sur leur face ventrale de manière à présenter leur face dorsale à l'observateur.

Atteinte tout à fait au début de son éclosion, la larve n'est, en général, pas operculée ; elle meurt rapidement dans la première phase que nous venons de décrire ; sa couleur passe du jaune au *brun* en même temps que les téguments se ramollissent, deviennent visqueux et perdent toute forme déterminée ; finalement le cadavre se dessèche et il ne reste plus qu'une écaille brune adhérente à la paroi. Habituellement ces dernières manifestations de pourriture s'accompagnent d'une énergique ventilation au trou de vol, et, si la maladie s'est étendue, la ruche répand une affreuse odeur de putréfaction. Il convient de remarquer que, si l'attaque est soudaine et violente, l'odeur ne se perçoit qu'après une extension déjà considérable; ce caractère est donc loin de permettre un diagnostic précoce.

Au bout d'un temps plus ou moins long, suivant la saison, la masse loqueuse se dessèche, diminue beaucoup de volume en prenant une teinte brun noirâtre. Dans une ruche saine, les ouvrières jettent aussitôt hors de la ruche le couvain défectueux ou mort par accident; elles se gardent, au contraire, d'expulser celui qui est atteint par la loque, et c'est encore là un caractère assez certain de l'affection, à tel point que parfois elles emplissent de miel les alvéoles au fond desquels se trouvent encore les débris noirâtres des larves desséchées après putréfaction.

Lorsque la maladie se manifeste sur des larves à un âge plus avancé, celles-ci sont normalement operculées, mais ne tardent pas à périr, deviennent brunes, se décomposent, et l'opercule qui les recouvre s'affaisse en se perçant au centre d'un trou irrégulier. Les cadavres des larves et des chrysalides se dessèchent en une pâte *brun foncé* très adhérente au fond de la cellule, et qu'on peut en détacher en longs filaments semblables à de la glu desséchée.

On confond souvent avec la loque véritable un accident non contagieux, causé par la mort du couvain par refroidissement. Ce couvain mort fermente et se putréfie en devenant d'abord *gris*, puis de plus en plus foncé, et dans les dernières périodes de décomposition il est *noir*. Jamais il ne devient visqueux et filant comme le produit de décomposition dû à la vraie loque.

Les recherches de Cheshire ont montré que la loque n'atteint pas seulement le couvain, à tous les états de son développement, mais aussi les abeilles à l'état adulte. Il est certain que des reines sont souvent infectées, et, dans ce cas précisément, la maladie présente une ténacité beaucoup plus grande; les œufs étant contaminés dans l'ovaire même, les jeunes succombent avant d'être devenus des insectes parfaits. Il semble que les ouvrières s'en aperçoivent, car, dans beaucoup de cas, elles s'occupent alors activement de l'édification de nouvelles cellules royales et de l'élevage des mâles.

Une colonie loqueuse voit sa population diminuer rapidement, non seulement par suite de la pourriture du couvain, mais aussi par la mort des abeilles elles-mêmes en grande quantité.

Les causes d'apparition de la loque dans un rucher sont assez nombreuses; il faut citer, en première ligne, l'introduction de reines ou de colonies infectées, venues du dehors; c'est pourquoi on ne saurait être trop prudent dans l'achat de colonies ou de reines étrangères. On peut encore être contaminé par la visite d'un apiculteur souillé par le contact d'abeilles ou de ruches infectées, par des rayons ou du miel provenant de ruches loqueuses, par le voisinage d'une ruche malade, par le contact dans les expositions et même parfois par de la cire gaufrée préparée avec de la cire provenant de familles atteintes de cette affection.

Lorsque, par l'un des processus que nous venons d'indiquer, la loque a atteint les adultes, elle se transmet rapidement au couvain, même si la reine est restée indemne. La transmission se produit, soit, comme le prétend Cheshire, par les antennes, les pattes ou les poils des ouvrières en contact avec les jeunes, soit, d'après le Dr Lortet, par la bouillie alimentaire des larves élaborée au préalable dans l'estomac des nourrices.

Il ne faut pas songer à guérir les larves atteintes : elles sont fatalement tuées ; on ne peut agir que sur les adultes, dans le but d'obtenir par la suite une progéniture saine.

Les modes de traitement recommandés sont innombrables : ceux mêmes qui sont fondés sur des données scientifiques sérieuses ont donné dans de nombreux cas des résultats incertains ; c'est une raison de plus pour s'attacher aux moyens prophylactiques les plus sévères.

Nous ne nous attarderons pas à les décrire tous, et nous nous bornerons à rapporter ceux qui ont fourni les meilleurs résultats et sont en même temps les plus commodes à employer.

Au point de vue de la *température* d'abord, l'optimum pour un développement rapide est de 37°,5, précisément réalisé dans le nid à couvain d'une ruche ; au-dessous de 16°, la croissance n'a pas lieu ; elle cesse également au-dessus de 47°. Il paraît prouvé que le maintien d'une chaleur de 90° à 100° pendant au moins trois heures est nécessaire pour tuer les germes de la loque ; une température de 50° pendant vingt-quatre heures est sans action. La *lumière* a aussi une influence destructive et, d'après de nombreuses expériences, la longueur moyenne d'insolation nécessaire pour tuer les spores, variant comme âge de quelques jours à un mois, a été de cinq heures en septembre.

Parmi les agents chimiques, les expériences de Harrison montrent que les plus actifs pour la destruction des spores sont : l'acide salicylique, le mélange d'acide phénique et de goudron, la créoline ou phényle, le naphtol β, l'acide formique. Par contre, l'acide phénique seul, le camphre, le thym ou le thymol, la naphtaline et l'essence d'eucalyptus ne possèdent contre la loque qu'un pouvoir microbicide très faible ou nul. L'essence d'eucalyptus a de plus l'inconvénient, par son odeur, de provoquer le pillage.

L'acide formique paraît être aujourd'hui le remède considéré comme le plus efficace. M. Bertrand l'emploie de la manière suivante : il prépare par dose une solution de 40 grammes d'acide formique à 25 p. 100, avec 40 grammes d'eau et 20 grammes d'alcool pour activer l'évaporation. Cette quantité est mise dans une petite auge à rebords de 6 millimètres, posée sur le plateau de la ruche sous les cadres. Si l'auge est en fer-blanc, elle doit être au préalable vernie au copal. La dose est renouvelée chaque semaine jusqu'à la guérison, qui a généralement lieu après deux ou trois traitements. Si la maladie dure plus longtemps, c'est signe que la reine est infectée et il faut la remplacer.

J'ai aussi employé, sans que les abeilles en souffrent, l'acide formique produit par l'évaporation de pastilles de formaline à l'aide du formolateur Hélios. L'appareil allumé est placé dans la ruche qui est refermée.

A cette désinfection par évaporation, il est bon de joindre l'absorption d'une substance médicamenteuse dans du sirop. Hilbert distribue tous les deux soirs, à l'aide d'un nourrisseur, 1/6 de litre d'un sirop de sucre contenant par litre 200 gouttes d'une solution de 1 gramme d'acide salicylique précipité très pur dans 8 grammes d'alcool. Le Dr Lortet propose de faire absorber, en aussi grande quantité que possible, un sirop fait avec de l'eau additionnée d'un gramme d'alcool pour faciliter la dissolution de 0^{gr},33 de naphtol β qu'on y introduit.

Dans le début des études sur la loque, alors que l'on ne possédait aucun moyen de traitement efficace, quelques apiculteurs recommandaient de détruire immédiatement par le feu et complètement toutes les colonies malades, ruches, rayons et abeilles. Outre que ce traitement est beaucoup trop radical, il est à remarquer qu'il ne sera efficace que si aucune abeille n'échappe ; sans cela celles qui se sauveront iront se réfugier dans les ruches voisines et y propageront la maladie.

Si la maladie vient à se déclarer, je suis d'avis, dès la première constatation du mal, de réduire les colonies attaquées à l'état d'essaim, en les transvasant dans des ruches saines, ne contenant pas de bâtisses, mais simplement des cires gaufrées ou des cadres amorcés, et de subvenir à leur alimentation en leur fournissant un sirop médicamenteux et en particulier le sirop au naphtol β du Dr Lortet. En même temps introduire sous les cadres des ruches malades ou suspectes une auge renfermant la solution Bertrand à l'acide formique. Les cadres, les rayons, le miel et le couvain des ruches attaquées seront brûlés, les ruches désinfectées par un badigeonnage soigneux avec une solution saturée de permanganate de potasse.

Si la maladie réapparaît, on la traitera par l'évaporation de la solution formique dès le début et l'attaque est généralement plus bénigne. Les manifestations subséquentes de la loque sont dues probablement à la persistance des spores sur lesquelles les désinfectants restent sans action à cause de leur double enveloppe épaisse : les antiseptiques ne produisant d'effet sur elles qu'au moment de leur germination, on comprend pourquoi le traitement doit avoir une certaine durée.

Dysenterie. — Dans l'état normal, les abeilles ne se débarrassent jamais de leurs excréments dans la ruche, mais vont toujours les rejeter au dehors. Pendant la durée de l'hivernage, les sorties sont impossibles et les matières s'accumulent dans les intestins ; lorsque la colonie consomme de bon miel ou des sirops épais faits avec du sucre très pur, les résidus de la digestion sont presque nuls et la réclusion peut être assez prolongée sans que les abeilles s'en trouvent incommodées. Au contraire, si, obligé de les alimenter artificiellement, par suite de l'insuffisance des provisions à la fin de l'été, l'apiculteur a distribué le surplus de nourriture sous forme de sirop de sucres roux, de cassonade, de mélasse, en un mot de substances plus ou moins impures, la maladie peut apparaître. La ruche, les rayons, les abeilles elles-mêmes, salis par des déjections noires et gluantes, répandent une odeur infecte et la colonie est en danger de périr.

Le manque d'air, l'humidité prédisposent les familles à la dysenterie et rendent l'affection plus grave. Certains miels, tels que celui de bruyère, les miellats d'arbres et de pucerons donnent aussi la diarrhée aux abeilles, d'après quelques observateurs.

La dysenterie apparaît aux époques de l'année où les conditions nécessaires à son éclosion sont réunies, c'est-à-dire en automne et surtout vers la fin de l'hiver.

Si le beau temps se maintient au début du printemps, les abeilles sortent activement, peuvent récolter un peu de nectar et la maladie disparaît d'elle-même, surtout si l'on a le soin de faciliter le renouvellement de l'air et l'assainissement de l'habitation, en la soulevant sur de petites cales au-dessus de son plateau.

Il n'existe pas de moyens curatifs certains, mais seulement des précautions préventives. On se gardera donc de donner aux abeilles autre chose que du bon miel ou du sirop de sucre blanc comme provisions d'hiver ; les ruches seront toujours fortement aérées par le bas, de manière à les maintenir sèches et saines pendant la mauvaise saison ; si le nourrissement artificiel était nécessaire, le sirop devrait toujours être très épais et donné assez tôt pour que l'évaporation de l'excès d'eau puisse être faite pendant que les insectes ont encore une certaine activité.

M. de Layens dit que les abeilles italiennes et les croisées italiennes sont plus sujettes à la dysenterie que les abeilles noires communes.

Mal de mai ou constipation. — Paralysie. — Les Allemands donnent le nom de *mal de mai* (*Maïkrankheit*) à une affection qui apparaît surtout au printemps, à la fin d'avril et en mai, lorsque, après quelques jours de beau temps, des froids humides se font de nouveau sentir. Elle est très anciennement connue en France où elle a fréquemment causé de grands ravages. Elle se caractérise, d'après M. Bertrand, par ce fait que les abeilles, incapables de voler, se traînent péniblement hors de la ruche, tombent sur le sol en tournoyant quelques instants et meurent au bout de peu d'heures dans des convulsions. On constate que les mouches, fortement gonflées, sont beaucoup plus grosses que celles demeurées saines; un examen plus attentif montre que l'abdomen est rempli d'excréments dont la couleur jaune brun passe ensuite rapidement au noir. Le mal atteindrait les abeilles de tous âges, mais ne semble pas affecter le couvain. Il meurt ainsi des milliers de butineuses et la ruche s'affaiblit énormément; cependant la colonie n'est pas complètement détruite et refait peu à peu sa population à l'état de santé.

Cette maladie semble à M. Bertrand la forme bénigne de celle que les Américains nomment *paralysie*. Un apiculteur de Tennessee la décrit (*Bee Keeper's Review*, septembre 1894) en disant que le corps des abeilles atteintes devient noir et luisant, comme poli ; en même temps, elles sont comme indolentes et à moitié paralysées; les abeilles saines les pourchassent et les expulsent. D'après le même observateur, la paralysie sévirait surtout sur les vieilles abeilles qui ont passé l'hiver ; les jeunes qui naissent ensuite sont de moins en moins malades et l'affection paraît s'éteindre d'elle-même. En réalité, il n'en serait rien, et si les jeunes ne semblent pas souffrir pendant l'été, c'est que leur vie, abrégée par les fatigues des travaux de la récolte, est trop courte pour que la paralysie ait le temps de se manifester chez elles ; après l'hiver suivant, il y a autant d'abeilles noires et luisantes que l'année précédente.

On voit, en comparant ces deux descriptions, que des diffé-

rences très grandes se manifestent dans les caractères cons-
tatés ; cela ferait plutôt croire que les affections sont distinctes.

Les Américains considèrent la paralysie comme grave et
contagieuse et l'attribuent au microbe décrit par Cheshire
sous le nom de *Bacillus Gaytoni*. L'origine microbienne du
mal expliquerait sa transmission d'une année à l'autre. Le
remède employé en Amérique consiste en aspersions répétées
et journalières jusqu'à la guérison complète, qui a lieu au
bout de trois à quatre jours, avec une solution d'acide salicylique et de borax dans de l'eau sucrée (une cuillerée à café de
chaque substance par litre).

On ne connaît pas la cause de la constipation ou mal de
mai, constatée en Europe : les uns l'attribuent à l'action
néfaste du froid sur le pollen et le nectar, recueilli par les
abeilles sur certaines fleurs après une gelée ; d'autres en rendent responsables l'absorption d'un miel altéré et devenu trop
liquide dans les rayons, l'humidité de la ruche et les retours
de brouillards et de pluies après les printemps hâtifs. Si cette
dernière opinion était exacte, le meilleur remède serait une
aération abondante des habitations. Peut-être y a-t-il là aussi
un bacille particulier ?

C. — INSECTES NUISIBLES.

Fausse teigne. — La fausse teigne est, dans nos climats,
le seul insecte qui cause dans les ruches de sérieux dégâts.
On réunit sous ce nom des lépidoptères nocturnes de la
famille des tordeuses qui appartiennent à deux espèces de
taille et d'habitat différents. La *Galleria mellonella* (Linn.) ou
cerella (Fabr.) (grande fausse teigne) est surtout répandue
dans les régions septentrionales ou tempérées, mais ne
dépasse pas une altitude de 1200 mètres. Le papillon mâle a
les ailes supérieures grises et tachées de noir, les inférieures
sont de même couleur. La femelle en diffère par une coloration
plus claire des ailes ; la chenille est blanchâtre ou grisâtre ;
sa tête et la partie supérieure de son premier anneau sont
brun marron ; les autres anneaux sont surmontés de petites
verrucosités jaunâtres ; sa longueur varie entre 20 et 25 millimètres. La chrysalide se file un cocon de soie grossière dans
lequel elle s'enferme. La *Galleria grisella* (Fabr.) ou *alvearia*
(Dup.) (petite fausse teigne) est surtout répandue dans les
régions méridionales. Le papillon, plus petit, n'atteint que
18 millimètres de long ; les deux premières ailes sont d'un

gris roussâtre luisant, les secondes sont plus claires ; la tête,
de couleur fauve, porte deux yeux rouges brillants ; la
chenille est semblable à celle de la *G. cerella*, mais plus
petite, et ne mesure que 18 millimètres de long. Les mœurs
de ces deux papillons sont semblables, ainsi que leurs dégâts :
seulement la *G. alvearia* est plus agile et, par suite de sa
petite taille, sa chenille se dissimule mieux dans les moindres
recoins.

Dès le mois de mai, les femelles déposent leurs œufs sur les
rayons ou même, comme on le prétend, sur les fleurs d'où
les butineuses les rapportent entre les poils ou mélangés au
pollen. Les papillons échappent facilement aux piqûres par
leur agilité et grâce à l'enveloppe écailleuse de leur corps ; ils
meurent après la ponte.

Quelques jours après, l'éclosion a lieu, et les chenilles à seize
pattes, très agiles, s'enfoncent dans les cellules, en dévorent
la cire ; elles y creusent des galeries en forme de longs
tuyaux irréguliers qui s'étendent d'un rayon à l'autre, en
les tapissant d'un tissu de fils lâches ; tout le long de leur
route, elles répandent leurs excréments sous forme de petits

Fig. 178. — Rayon attaqué par la fausse teigne.

grains noirs qui décèlent leur présence. Au bout de peu de temps
les rayons sont entièrement déchiquetés et dévorés, et ne
constituent plus qu'une masse informe de débris reliés entre
eux par des fils blanchâtres et souillés d'excréments (fig. 178).

C'est surtout pendant la nuit que la larve de fausse teigne montre le plus d'activité.

En été, l'évolution de cette chenille ne dure que trois semaines ; à ce moment, sa croissance étant terminée, elle s'entoure d'un cocon blanc, s'y transforme en chrysalide en quatre semaines, et dix-huit jours plus tard l'insecte parfait apparaît. L'accouplement a lieu et la ponte recommence ; il y a ainsi plusieurs générations chaque année. Les chenilles de la dernière génération passent l'hiver à l'état de chrysalides. cachées dans un cocon couleur de cire ; là elles résistent à des températures très basses, et n'en sortent à l'état de papillon qu'au mois de mai, parfois plus tôt, si le printemps est précoce.

Les cocons se trouvent pressés les uns contre les autres en masse innombrable ; parfois le bois des ruches et des cadres est creusé par les chenilles, et le cocon s'y trouve entièrement enfermé. Six à huit semaines suffisent pour détruire toutes les bâtisses d'une grande ruche.

Pour s'en préserver, on conseille de capturer les papillons à l'aide de pièges lumineux disposés au milieu de récipients pleins d'eau recouverte d'huile, où ils se brûlent les ailes et se noient. Il faut écraser les chenilles lors des visites et, si le mal s'étend, nettoyer avec soin les rayons attaqués. On recommande aussi de disposer dans les ruches quelques boules de naphtaline.

Il est à remarquer que les colonies faibles ou celles désorganisées par l'orphelinage sont seules rapidement envahies et détruites par la *Galleria* ; au contraire, les ruchées fortes savent très bien s'en défendre, percent les galeries et tuent les chenilles pour les jeter ensuite au dehors.

La fausse teigne ne s'attaque pas seulement aux rayons contenus dans les ruches, mais encore à ceux qui sont conservés dans le laboratoire. On s'en préserve facilement en brûlant dans les armoires, toutes les trois ou quatre semaines, une mèche soufrée, ou en y disposant des assiettes remplies de sulfure de carbone. Les mèches soufrées et les récipients de sulfure doivent être placés au-dessus des cadres et non au-dessous, parce que ces vapeurs, étant plus lourdes que l'air, tendent à descendre. Le sulfure de carbone, qui doit être manipulé avec précautions, car il est inflammable et détonant. est meilleur que l'acide sulfureux, car il détruit non seulement les larves, mais aussi les œufs que la vapeur de soufre laisse intacts.

On a remarqué que la fausse teigne craint beaucoup les courants d'air ; les papillons évitent donc de venir pondre sur les rayons maintenus espacés, suspendus dans un endroit sec et exposés à un courant d'air continuel.

Sphinx atropos. — Le *sphinx atropos* ou papillon tête de mort (*Acherontia atropos*) est un énorme lépidoptère originaire d'Amérique, de 10 à 11 centimètres d'envergure, pourvu d'une trompe épaisse, très courte et recourbée. Il est facilement reconnaissable à sa taille et à une plaque située en arrière de la tête, plaque de couleur blanchâtre avec deux points noirs simulant assez bien une tête de mort, d'où son nom. Lorsqu'il est inquiété, il fait entendre une sorte de cri aigu et plaintif. De mœurs nocturnes, il se dissimule et dort pendant le jour, et, le crépuscule venu, s'envole et cherche à pénétrer dans les ruches. Il est en effet très friand de miel et peut en absorber des quantités énormes. Huber, disséquant un de ces papillons, lui trouva le jabot tellement distendu par le miel qu'il en contenait une grande cuiller à soupe ; Brocchi dit que cette quantité peut aller jusqu'à 50 grammes. On conçoit qu'avec une telle voracité la ruche soit vidée de toutes ses provisions, d'autant plus que, grâce à son épaisse toison, le sphinx brave l'aiguillon des abeilles. On le rencontre en France en mai et en septembre, en Allemagne principalement en automne ; il est surtout commun dans les pays méridionaux ; sa chenille, de couleur jaune verdâtre, paraît en juillet et en août ; on la trouve de préférence dans les champs de pommes de terre.

Dans les pays où les papillons sont communs, les abeilles savent s'en défendre en fermant partiellement les entrées par des constructions formées de cire et de propolis. L'apiculteur fera bien de les aider dans ce travail en grillant les trous de vol, vers l'époque où ils apparaissent.

Triongulins des méloés. — Les méloés sont des coléoptères cantharidiens dont deux espèces sont nuisibles aux abeilles : le *M. bigarré* (*Meloe variegatus*) et le *M. proscarabé* (*Meloe proscarabeus*), non à l'état d'insectes parfaits, mais sous la forme de la première larve qui sort de l'œuf. Cette larve, appelée *triongulin*, est pourvue de six pattes armées de griffes puissantes ; elle s'insinue entre les arceaux du corps de la butineuse qui la rencontre sur les fleurs, et, là, irrite si fortement les téguments et les organes délicats qui s'y trouvent que les abeilles expirent au milieu d'effroyables convulsions. Le seul moyen de lutte consiste à détruire les adultes, chaque femelle pouvant donner naissance à environ 5 000 larves.

Clairon des ruches (*Clerus apiarius*). — C'est un coléoptère très velu, de couleur générale bleu foncé, avec les élytres rouges traversées par deux bandes bleues et tachées de bleu aux extrémités ; sa longueur est de 12 millimètres. La larve, de couleur rosée, à tête noire et appelée *ver rouge* par les apiculteurs, est accusée par quelques auteurs de perforer les cellules et de dévorer le couvain ; par contre, d'après Hamelt et Brocchi, elle ne se rencontre qu'au milieu des gâteaux altérés par l'humidité ou des cadavres d'abeilles en putréfaction, et n'attaquerait ni les abeilles vivantes, ni le miel sain.

Cétoine du chardon (Cetonia cardui). — Ce coléoptère s'introduit parfois dans les ruches pour se gorger de miel ; lorsqu'il est en nombreuse compagnie, [il peut réduire les abeilles à la famine, mais cela est extrêmement rare.

Dermeste du lard (Dermestes lardarius). — C'est un coléoptère pentamère de la famille des clavicornes qui n'est pas nuisible à l'état adulte, mais dont la larve, de 10 à 12 millimètres de long, dévore la cire, non dans les ruches, mais lorsque cette substance est laissée dans des locaux obscurs et malpropres. Sa présence s'accuse par des excréments noirs ressemblant à des grains de poudre.

L'insecte parfait est noir avec une large bande grise à la base des élytres ; la larve, armée de fortes mandibules, est couverte de longs poils rougeâtres qui forment comme une couronne autour de ses anneaux d'un brun rouge ; munie de pattes courtes, elle ne se déplace que lentement, mais sa voracité est extraordinaire. On s'en débarrasse, comme de la fausse teigne, par la mèche soufrée ou le sulfure de carbone.

Philante apivore (Philantus apivorus). — Hyménoptère fouisseur qui occasionne parfois d'assez grands ravages. L'insecte parfait a l'aspect général d'une guêpe de 10 à 16 millimètres de long ; la tête est noire avec des marques blanches, le corselet également noir avec des taches jaunes plus ou moins nombreuses. Le philante attaque les abeilles au vol, jamais les faux bourdons, et, après les avoir anesthésiées de son venin, les emporte retournées, ventre contre ventre, dans son trou creusé en terre, pour les donner en pâture à ses larves.

D'après les observations de Fabre et de M. Picard, le philante s'empare aussi des butineuses pour ses besoins personnels ; après avoir saisi une d'elles dans ses pattes, il la presse fortement par les mouvements convulsifs de son abdomen et s'empare avec avidité du miel qu'elle dégorge. Le philante pond une quinzaine d'œufs, approvisionnés chacun de cinq abeilles en moyenne : s'il peut en consommer trois fois plus pour lui-même, ce qui n'est pas au-dessus de la réalité, on voit qu'un seul philante détruit 300 abeilles dans sa vie d'une saison. Dans les lieux sablonneux, où il est fort commun, il peut décimer la population des ruches.

Asyle frelon (*Asylus crabroniformis*). — Diptère brachocère de la famille des Asylides dont la longueur varie de 15 à 25 millimètres ; il ressemble assez à une grosse guêpe. Cet insecte apivore se jette sur les butineuses, au moment où elles se posent sur les fleurs pour récolter le miel et le pollen, et les dévore en les maintenant captives entre ses pattes antérieures.

Du reste, toutes les *guêpes* et les *frelons* sont des ennemis, souvent redoutables, des abeilles, par leur force et leur nombre. Non seulement ils attaquent les butineuses, mais ils s'introduisent dans les ruches pour y dévorer le miel. Il faut donc les détruire avec soin, soit à l'aide de pièges pour les insectes parfaits, soit en les asphyxiant dans leurs nids.

On a aussi signalé, parmi les ennemis des abeilles, le *taon* (*Tabanus bovinus*) qui saisit les abeilles en se posant sur leur dos et les emporte au loin.

Fourmis. — Les fourmis sont fréquemment rencontrées dans les ruches. Les grosses espèces peuvent causer des dégâts sérieux, mais la petite fourmi noire ne produit pas grand dommage et paraît vivre en bonne intelligence avec les abeilles. Il convient néanmoins de s'en débarrasser, leur présence étant l'indice d'un rucher malpropre et mal tenu ; quelques boules de naphtaline déposées aux endroits où elles séjournent les font disparaître.

Pou des abeilles (*Braula cœca*). — C'est un diptère pupipare privé d'ailes et regardé comme aveugle. Gros comme une tête d'épingle et de couleur rougeâtre, luisant, il est pourvu de six pattes à l'aide desquelles il se cramponne solidement sur le corselet des ouvrières ou des reines, tantôt près du cou, tantôt près de la base des ailes ou des pattes. Les abeilles ne paraissent pas s'en soucier beaucoup, non plus que les reines, bien qu'elles en soient parfois couvertes, et vaquent à leurs occupations habituelles. On les trouve dans les meilleures ruches, mais elles semblent surtout communes dans celles qui sont vieilles et affaiblies. Ces poux se nourrissent de miel et, lorsque les ouvrières nourrissent la reine, on les voit s'élancer vivement vers sa bouche pour sucer quelques gouttes de nourriture et retourner ensuite à leur ancienne place. On indique le dépôt de naphtaline dans les ruchers pour les faire disparaître ; un chiffon imbibé d'essence de térébenthine et placé sur le plateau pendant une nuit serait un moyen très efficace.

Aux insectes nuisibles on peut rattacher un acarien et les araignées.

Trichodactyle (*Trichodactylus*). — Cet acarien, beaucoup plus petit que le *Braula*, vit en parasite dans les ruches, accroché aux abeilles par ses ongles énormes. Les butineuses s'en chargent en visitant diverses fleurs et en particulier celles du grand soleil. Elles ne paraissent pas en souffrir.

Araignées. — Les araignées, et surtout l'*épeire*, sont nuisibles aux abeilles qui sont retenues prisonnières dans leurs toiles. Une autre espèce, la *Misumena varia*, à abdomen développé de couleur jaune plus ou moins foncé et orné de points et de lignes roses, ne tisse pas de toile et se tient blottie dans les fleurs. Là elle se jette sur les butineuses, se cramponne sous l'abdomen, enfonce ses mâchoires près du corselet et tue les insectes pendant leur travail.

D. — VERTÉBRÉS NUISIBLES.

Les abeilles sont aussi la proie d'un certain nombre de vertébrés : reptiles, batraciens, oiseaux et mammifères.

Reptiles. — Les *lézards* sont très friands d'abeilles et en mangent de grandes quantités. On peut les prendre en plaçant des hameçons très fins, amorcés d'une araignée ou d'une mouche et attachés à un crin près de l'entrée des ruches.

Batraciens. — Les *grenouilles* dévorent aussi les abeilles, surtout dans les ruchers à proximité des mares ; il en est de même des *crapauds*.

Oiseaux. — D'une manière générale, tous les oiseaux insectivores s'attaquent aux abeilles et les mangent. Les *rouges-gorges*, les *hirondelles*, les *mésanges* et les *pics* sont les plus nuisibles dans nos pays. Dans les régions chaudes, le *guêpier commun* (*Merops apiaster*), assez abondant dans les îles de l'Archipel et parfois dans le midi de l'Europe et de la France, où on l'appelle *abeillerole*, happe les butineuses au vol et fait sa nourriture presque exclusive de diverses espèces d'hyménoptères. Même les poules les absorbent quand elles sont affamées; elles sont aussi très friandes des nymphes et des larves rejetées des ruches.

Lorsqu'on ne possède que peu de ruches, on peut les entourer d'un filet, chasser les oiseaux par des épouvantails. M. Baffert, qui a eu à souffrir de ces insectivores, conseille de visiter souvent les plateaux et de balayer avec une plume les quelques cadavres que les abeilles rejettent et qui attirent ces oiseaux.

Mammifères. — Je ne signale que pour mémoire les *ours* qui, dans les pays du Nord, renversent facilement les ruches pour les dévaster ; il en est de même des *blaireaux* en France. On ne peut les détruire que par le poison, les pièges ou le fusil, les piqûres des abeilles ne les incommodant en rien.

Les *hérissons* doivent aussi être considérés comme des ennemis ; on les a vus, installés devant l'entrée des ruches, dévorant les abeilles vivantes et les mâles sans s'inquiéter des piqûres.

De tous les mammifères qui s'attaquent aux ruches, dans nos pays, les plus nuisibles sont certainement les *musaraignes* et les *souris* qui, grâce à leur petite taille, peuvent se glisser, à l'arrière-saison, dans les ruches, où elles trouvent des vivres et une température agréable. Elles se logent entre les rayons où elles établissent un nid bien chaud, troublent l'hivernage et dévorent les abeilles, le miel et les rayons, ce qui se manifeste par des débris de cire et des cadavres déchiquetés devant le trou de vol. Le meilleur moyen de s'en préserver est de griller les entrées dès l'automne et pendant tout l'hiver à l'aide d'une porte spéciale (fig. 144) laissant libre passage aux abeilles.

FIN.

TABLE DES MATIÈRES

I. — ANATOMIE ET PHYSIOLOGIE DE L'ABEILLE.

II. — BIOLOGIE DES HABITANTS DE LA RUCHE.

III. — LA CIRE ET LES CONSTRUCTIONS DES ABEILLES.

IV. — LE NECTAR ET LE MIEL. — LES PLANTES MELLIFÈRES.

V. — LES RUCHES. — L'ORGANISATION DU RUCHER.

VI. — PEUPLEMENT ET CONDUITE DU RUCHER. LES OPÉRATIONS FONDAMENTALES.

R. HOMMELL. — *Apiculture.*

VII. — CONDUITE DU RUCHER. — LES OPÉRATIONS ACCESSOIRES.

VIII. — EXTRACTION ET UTILISATION DES PRODUITS.

IX. — ACCIDENTS. — MALADIES ET ENNEMIS DES ABEILLES.

FIN DE LA TABLE DES MATIÈRES.

4668-05. — CORBEIL. Imprimerie ÉD. CRÉTÉ

Les Merveilles A.-E. BREHM

de la NATURE

L'HOMME ET LES ANIMAUX

Description populaire des Races Humaines et du Règne Animal

Caractères. Mœurs, Instincts,
Habitudes et Régime, Chasses, Combats, Captivité, Domesticité,
Acclimatation, Usages et produits.

10 VOLUMES — — **10 VOLUMES**

Les Races Humaines

Par R. VERNEAU

1 vol. grand in-8, avec 600 figures.

Les Mammifères

Édition française par Z. GERBE

2 vol. gr. in-8, avec 770 fig. et 40 planches.

Les Oiseaux

Édition française, par Z. GERBE

2 vol. gr. in-8, avec 500 fig. et 40 planches.

Les Reptiles et les Batraciens

Édition française, par E. SAUVAGE

1 vol. gr. in-8, avec 600 fig. et 20 planches.

Les Poissons et les Crustacés

Édition française, par E. SAUVAGE
et J. KUNCKEL D'HERCULAIS

1 vol. gr. in-8, avec 524 fig. et 20 pl.

Les Insectes

Édition française
Par J. KUNCKEL D'HERCULAIS

2 vol. gr. in-8, avec 2060 fig. et 36 planches.

Les Vers, les Mollusques

Les Échinodermes, les Zoophytes.
les Protozoaires et les animaux des
grandes profondeurs

Édit. française, par A. T. de ROCHEBRUNE

1 vol. gr. in-8, avec 1200 fig. et 20 planches.

INSECTES — CRUSTACÉS

ACLOQUE (A.). — *Faune entomologique de France*, contenant la description de toutes les espèces indigènes disposées en tableaux analytiques, et illustrées de figures représentant les types caractéristiques des genres et des sous-genres, Préface de Ed. PERRIER, membre de l'Institut, professeur de zoologie au Muséum. 1896-1897, 2 vol. in-18 de 982 p., avec 2287 fig. . . . . 18 fr.

I. — *Coléoptères*, 1 vol in-18 de 466 p., avec 1052 fig. . . . . 8 fr.

II. — *Orthoptères, Névroptères, Hyménoptères, Lépidoptères, Hémiptères, Diptères, Aphaniptères, Thysanoptères, Rhipiptères*. 1 vol. in-18 de 516 p., avec 1235 fig. . . . . 10 fr.

Myriapodes, Arachnides, Crustacés, Vers, Mollusques, Spongiaires, Protozoaires. 1 vol. in-18 de 500 pages, avec 1664 fig. . . . . 10 fr.

AMYOT. — *Entomologie française.* Rhynchotes. 1848, 1 vol. in-8 de 500 p., avec 5 pl. (8 fr.)..................................... 6 fr.

AMYOT et SERVILLE. — *Hémiptères* (Cigales, Punaises, Cochenilles, etc.). 1 vol. in-8, avec 5 pl.............................. 10 fr.

ANDRÉ (Ed.). — *Species des Hyménoptères d'Europe et d'Algérie.* Livr. I à XLIX, 1879-1893, gr. in-8, avec pl. noires et col. (165 fr.).. 125 fr.

AUDINET-SERVILLE. — *Orthoptères* (Grillons, Criquets, Sauterelles). 1 vol. in-8 avec 14 pl. noires........................... 10 fr.
Le même, planches coloriées.................................. 17 fr.

AUDOUIN (A.) et BRULLÉ. — *Description des Espèces nouvelles ou peu connues de la Famille des Cicindelètes.* 1839, in-4, 28 p. (sans pl.). 1 fr. 50

AURIVILLIUS. — *Recensio critica Lepidopterorum Musæi Ludovicæ Ulricæ.* 1882, in-4, 188 p., 1 pl. col...................... 10 fr.

BEAUREGARD (H.). — *Les Insectes vésicants.* 1890, 1 vol. in-8 avec fig. et 34 pl....................................... 25 fr.

BEDEL (L). — *Révision des Brachycérides du bassin de la Méditerranée.* 1874, in-8, 94 p., 1 pl............................... 3 fr. 50

BELLEVOYE (A.). — *Étude sur les Mœurs des Xyleborus Dispar Fabr. et Saxeseni Ratz.* 1899, in-8, 16 p. avec fig................. 1 fr.

BELLEVOYE (A.) et LAURENT. — *Les Plantations de Pins dans la Marne et les Parasites qui les attaquent.* 1897, in-8, 112 p............ 2 fr.

BENDERITTER. — *Genera des Cicindélides.* 1895, in-8, 21 p..... 1 fr.

BERCE. — *Faune entomologique française.* Lépidoptères. 6 vol. in-18 avec 74 pl. color. (55 fr.)............................ 50 fr.

BERGE et DE JOANNIS. — *Atlas colorié des Papillons d'Europe.* Édition française par J. DE JOANNIS, membre de la Société entomologique de France. 1900, 1 vol. in-4 de 50 pl. coloriées avec texte explicatif et descriptif, cart.. 30 fr.

Berliner entomologische Zeitschrift. Années 1870 à 1872, 3 vol. in-8. — *Deutsche entomologische Zeitschrift.* Années 1879 à 1884, 1885 I, 1886 I, 1887, 9 vol. in-8................................. 60 fr.

BLANCHARD (Emile). — *Les Métamorphoses, les Mœurs et les Instincts des Insectes.* 1877, 1 vol. in-8, avec fig. et pl................. 25 fr.

BLANCHARD (R.). — *Les Coccidés utiles.* 1883, gr. in-8, 117 p. avec 26 fig.. 3 fr.

BOISDUVAL. — *Lépidoptères de Californie.* 1869, gr. in-8, 98 p.. 4 fr.

BOISDUVAL et GUÉNÉE. — *Insectes Lépidoptères Diurnes.* 1 vol. in-8 avec pl. noires.. 14 fr.
— *Insectes Lépidoptères Nocturnes.* 7 vol. in-8 avec pl. noires. 70 fr.
— Le même, avec pl. coloriées............................. 109 fr.

BONNET (G.). — *La Puce pénétrante ou Chique.* 1867, in-8, 102 p., 22 pl... 2 fr. 50

BONVOULOIR (H. DE). — *Monographie de la famille des Eucnémides.* 1870, 1 vol. in-8 de 908 p., avec 42 pl.................. 18 fr.

BOURGUIGNON (H.). — *Traité entomologique et pathologique de la Gale de l'homme.* 1854, 1 vol. in-4 de 168 p., avec 10 pl. col. (20 fr.).. 16 fr.

BREHM (A.-E.). — *Les Insectes, les Myriapodes et les Arachnides.* Edition française par J. KUNCKEL D'HERCULAÏS. 2 vol. gr. in-8 de 1522 p. avec 2068 fig. et 36 pl............................... 24 fr.

BREMER et GREY. — *Schmetterlings Fauna der Nordlichen China.* 1853, gr. in-8, 23 p... 2 fr.

BRONGNIART (Ch.). — *Recherches pour servir à l'histoire des Insectes fossiles des temps primaires,* précédées d'une étude sur la nervation des ailes des insectes. 1893, 1 vol. in-4 de 500 p., et 1 atlas in-4 de 37 pl. doubles.. 80 fr.

CAMÉRON. — *Hymenoptera Orientalia.* 1889-1890, 2 mémoires in-8, 108 p.. avec 2 pl.. 4 fr.

CAPIOMONT. — *Revision de la Tribu des Hypérides.* 1868, 1 vol. in-8 de 368 p., avec 6 pl.. 6 fr.

CASTELNAU, BLANCHARD et LUCAS. — *Histoire naturelle des Animaux articulés.* T. I à III (*Insectes*), avec 155 pl. col. T. IV (*Crustacés, Arachnides et Myriapodes*), avec 46 pl. noires. Ensemble.. 150 fr.
— Le même, avec 201 pl. noires........................... 100 fr.

CHAPUIS (F.). — *Monographie des Platipides.* 1866, 1 vol. gr. in-8, avec 24 pl... 12 fr.

CHATIN (Joannès). — *La Mâchoire des Insectes.* Détermination de la pièce directrice. 1897, 1 vol. in-8, 203 p., avec fig............... 5 fr.
— *La Chromatopsie chez les Batraciens, les Crustacés et les Insectes.* 1881, gr. in-8, 112 p... 3 fr. 50
— *Structure et Développement des Bâtonnets antennaires chez la Vanesse paon-de-jour.* 1883, in-4, 20 p., avec 2 pl.............. 1 fr. 50
— *Morphologie comparée des Pièces maxillaires, mandibulaires et labiales chez les Insectes broyeurs.* 1884, in-8, 217 p., avec 8 pl........ 8 fr.
— *Recherches morphologiques sur les Pièces mandibulaires, maxillaires et labiales des Hyménoptères.* 1887, in-8, 40 p., avec 2 pl..... 2 fr.

CHEVALIER (E.). — *Insectes nuisibles et utiles* de la Savoie. 1872, in-8, 71 p.. 2 fr. 50

COQUEBERT. — *Illustratio iconographica Insectorum,* quæ in Musæis Parisianis observavit et in lucem edidit J.-C. Fabricius. 1799, in-4, 142 p., avec 30 pl. col............................... 30 fr.
— Le même, pl. noires................................... 15 fr.

COSTA (A.). — *Fauna del Regno di Napoli. Lepidotteri.* 1832-1836, 2 parties in-4°, avec 36 pl. col.................................. 70 fr.

COUPIN (H.). — *L'Amateur de Coléoptères.* Guide pour la chasse, la préparation et la conservation, par H. COUPIN, préparateur à la Faculté des sciences de Paris. 1894, 1 vol. in-18 de 352 p., avec 217 fig., cart.. 4 fr.
— *L'Amateur des Papillons.* Guide pour la chasse, la préparation et la conservation. 1895, 1 vol. in-18 de 336 p., avec 246 fig., cart. 4 fr.

DEJEAN, BOISDUVAL et AUBE. — *Iconographie et Histoire naturelle des Coléoptères d'Europe.* 1832-1837, 5 vol. in-8, avec 269 pl. col. 200 fr.

DONNADIEU (A.-L.). — *Origine de la Question phylloxérique.* 1887, in-8, 16 p.. 1 fr.

DOURS. — *Catalogue synonymique des Hyménoptères* de France. 1874, 1 vol. in-8 de 230 p.. 3 fr. 50

DROUET (H.). — *Coléoptères Açoréens.* 1859, in-4, 22 p........ 1 fr. 50

DUBOIS ,— *Catalogues des Hémiptères de la Somme.* 1888, in-8, 82 p.. 3 fr.

Entomologisk Tidskrift, par SPANGBERG. Stockholm, 1880-1884. 5 vol. in-8, avec pl.. 50 fr.

ERNST et ENGRAMELLE. — *Papillons d'Europe,* peints d'après nature.
1779-1793, 8 t. en 5 vol. in-4, avec 350 pl. col., rel. (complet). 800 fr.
Séparément : livr. 1 à 26 (Manquent les livr. 27, 28, 29 ou t. VIII, p.
43 à fin et pl. 316 à fin).................................... 200 fr.

FABRE (J.-H.). — *Insectes Coléoptères observés aux environs d'Avignon.*
1870, in-8, 162 p .... 4 fr.
— *Souvenirs entomologiques.* 7 volumes in-18.................. 24 fr.

FABRICIUS (J.-C.). — *Entomologia systematica,* cum supplemento et
indicibus. 1778-1798, 4 t. en 6 vol. et suppl. Ens. 7 vol. in-8. 40 fr.

FINOT (A.). — *Insectes Orthoptères.* Thysanoures et Orthoptères proprement dits. 1889, 1 vol. gr. in-8 de 322 p., avec fig. et 13 pl. 15 fr.

FISCHER DE WALDHEIM (G.). — *Entomographie de la Russie.* Texte
français et latin. 1820-1851, 6 part. en 5 vol. in-4 avec 138 pl. col. 250 fr.

GAUBIL. — *Catalogue synonymique des Coléoptères d'Europe et d'Algérie.*
1849, 1 vol. in-8, de 596 p. (6 fr.).................... 4 fr.

GAVOY (L.). — *Liste méthodique des espèces de Diptères, Hémiptères et
Hyménoptères* recueillies dans le département de l'Aude et principalement aux environs de Carcassonne. 1892, in-8, 44 p..... 2 fr. 50
— *Faunule Coléoptérologique du Mont-Alaric* (Aude). 1893, gr. in-8,
17 p.. 2 fr. 50

GÉHIN (J.-B.). — *Nouvelles lettres pour servir à l'histoire des Carabides,*
1879, in-8, 24 p..... 1 fr.
— *Catalogue des Coléoptères carabiques de la tribu des Carabides.* 1876,
in-8, 72 p.. 2 fr. 50

GIRARD (Maurice). — *Les Insectes. Traité élémentaire d'Entomologie,*
comprenant l'histoire des espèces utiles et de leurs produits, des
espèces nuisibles et des moyens de les détruire, l'étude des métamorphoses et des mœurs, les procédés de chasse et de conservation,
par Maurice Girard, président de la Société entomologique de France,
1873-1885, 3 vol. in-8 de 900 p. chacun et 1 atlas de 118 pl. gravées
en taille-douce, cart. Fig. noires........................... 100 fr.
Le même, fig. col .... 170 fr.

Séparément :

Tome II : *Orthoptères, Névroptères, Hyménoptères porte-aiguillons.* 1 vol.
in-8 et atlas de 15 pl. Fig. noires........................... 20 fr.
— Fig. col... 30 fr.
Tome III. 1re partie : *Hyménoptères térébrants, Lépidoptères.* 1 vol.
in-8, et atlas de 23 pl. Fig. noires........................... 20 fr.
— Fig. col... 40 fr.
Tome III, 2e partie : *Hémiptères, Diptères et ordres, Satellites.* 1 vol.
in-8, avec atlas de 22 pl. Fig. noires........................ 30 fr.
— Fig. col... 40 fr.
— *Manuel d'Apiculture.* Organes et fonctions des abeilles, éducation
et produits, miel et cire. 3e édition, 1896, 1 vol. in-18, 320 p., avec
84 fig., cart... 4 fr.
— *Les Auxiliaires du Ver à soie.* 1864, gr. in-8, 30 p......... 1 fr. 25

GODARD et DUPONCHEL. — *Histoire naturelle des Lépidoptères ou
Papillons de France,* avec supplément et catalogue méthodique. 1820
à 1846, 18 vol. in-8, avec 546 pl. col. — *Iconographie et Histoire naturelle des Chenilles.* 1849, 2 vol. in-8, avec 91 pl., col. — Ens. 20 vol.
in-8, cart.. 700 fr.

GORY et PERCHERON. — *Monographie des Cétoines*. 1832-1836, 1 vol. in-8 de 410 p., avec 77 pl... 30 fr.

GRAVENHORST. — *Ichneumonologia Europæa*. 1829, 3 vol. in-8. 20 fr.

GUERIN-MENEVILLE. — *Magasin de Zoologie. Insectes*. 1831-1838, 8 vol. in-8 contenant 168 pl. n. et col., avec texte explicatif.. 90 fr.

— *Travaux entrepris pour introduire le Ver à soie de l'Ailante en France*. 1860, gr. in-8, 100 p... 2 fr.

— *Progrès de la Culture de l'Ailante et de l'Éducation du Ver à soie*. 1862, gr. in-8, 104 p., avec pl... 2 fr.

— *Revue de Sériciculture comparée*. 1862-1866, 4 vol. in-8, ens. 1280 p. (40 fr.)... 20 fr.

GUERIN-MENEVILLE et PERCHERON. — *Genera des Insectes*, ou exposition détaillée de tous les caractères propres à chacun des genres de cette classe d'animaux. 1835-1838, 1 vol. in-8, avec 60 pl. cart. 20 fr.

GUIART (J.). — *Les Moustiques*. 1900, in-8, 86 p., avec 25 fig . 1 fr. 50

GYLLENHAL (L.). — *Insecta Suecica : Coleoptera*. 1808-1827, 4 vol. in-8... 40 fr.

HENRY (E.). — *Atlas d'Entomologie* forestière. 1893, gr. in-8, 48 pl., avec texte explicatif... 10 fr.

HOULBERT (C.). — *Faune analytique des Coléoptères français les plus communs*. 1892, in-18, 78 p............................. 2 fr.

JACQUELIN DU VAL et FAIRMAIRE (L.). — *Manuel entomologique. Genera des Coléoptères d'Europe*, comprenant leur classification en familles naturelles, la description de tous les genres. 1859-1868, 4 vol. gr. in-8, avec 303 pl. col., rel .... 250 fr.

JEANNEL (J.). — *Régénération des Vers à soie* par l'éducation en plein air. 1860, in-32, 28 p.. 50 c.

JOURDHEUILLE (C.). — *Catalogue des Lépidoptères du département de l'Aube*. 1883, gr. in-8 de 298 p............................. 5 fr.

KUNCKEL D'HERCULAIS. — *Les Sauterelles et leurs Invasions*. 1888, gr. in-8, 49 p., avec 42 fig.. 2 fr.

— *Recherches sur l'Organisation et le Développement des Diptères* et en particulier des Volucelles de la famille des Syrphides. 1875-1881, 2 vol. in-4 avec 27 pl.................................... 60 fr.

LACORDAIRE (Th.). — *Monographie des Coléoptères subpentamères de la famille des Phytophages*. 1845-1848, 2 vol. in-8, ens. 1630 p., rel... 15 fr.

LACORDAIRE (Th.) et CHAPUIS. — *Histoire naturelle des Insectes coléoptères*. 1854-1865, 14 vol. in-8 avec 135 pl. noires............ 140 fr.

LA HAYRIE. — *Notice sur le Puceron lanigère*. 1900, in-8...... 1 fr.

LANQUETIN (E.). — *La Gale et l'Animalcule qui la produit*. 1859, gr. in-8. 96 p., avec pl... 2 fr. 50

LEFEUVRE (Ch.). — *La Contraction musculaire chez l'Insecte*. 1900, gr. in-8, 112 p., avec fig. et 12 pl. graphiques....................... 6 fr.

LE PELLETIER DE SAINT-FARGEAU. — *Monographia Tenthredinetarum*. 1828, in-8, 176 p.................................... 3 fr.

LEPELLETIER DE SAINT-FARGEAU et BRULLÉ. — *Hyménoptères*. 4 vol. in-8, avec 48 pl. noires.............................. 40 fr.

Le même, avec 48 pl. col...................................... 68 fr.

LICHTENSTEIN. — *Sur la Génération des Pucerons* (Homoptères monoïdes). 1878, gr. in-8, 16 p., avec 2 pl. . . . . 2 fr.

LUCAS (H.). — *Exploration scientifique de l'Algérie :* histoire naturelle des animaux articulés. 1849, 3 vol. in-4, avec atlas de 122 pl. col. rel. (440 fr.) . . . . 350 fr.

Séparément : T. I. *Crustacés, Arachnides, Myriapodes, Hexapodes,* avec 35 pl. col. (complet) . . . . 75 fr.

LYONET (L.). — *Anatomie et Métamorphoses des Insectes.* 1832, 2 vol. in-4, avec 54 pl. . . . . 15 fr.

MACQUART. — *Diptères.* 1834-1835, 2 vol. in-8, avec 24 pl. . . . . . . 20 fr.

MARSEUL (S.-A. de). — *Essai monographique sur la famille des Histérides.* 1853-1862, 2 vol. in-8 et supplément, avec 38 pl. . . . . 60 fr.

MASSALONGO (C.-B.). — *Le Galle nella Flora Italica* (Entomocecidii). 1893, 1 vol. gr. in-8 de 301 p., avec 40 pl. . . . . 20 fr.

MILNE-EDWARDS (H.), BLANCHARD (Em.) et LUCAS. — *Catalogue de la Collection des Coléoptères du Muséum d'Histoire naturelle de Paris.* 1850, 2 fascicules in-8, 240 p. . . . . 6 fr.

MINA-PALUMBO. — *Fauna lepidotterologica della Sicilia.* 1889, 1 vol. gr. in-8, 148 p. . . . . '5 fr.

MINGAUD (G.). — *Le Brucus Irresectus Fabr.* Insecte coléoptère parasite des haricots cultivés. 1900, gr. in-8 . . . . 50 c.

MOCQUARD (F.). — *Recherches anatomiques sur l'Estomac des Crustacés podophtalmaires.* 1884, 1 vol. gr. in-8, de 311 p., avec 11 pl. . . . 10 fr.

MONTILLOT. — *Les Insectes nuisibles.* Histoire et législation, les forêts, les céréales et la grande culture, la vigne, le verger et le jardin fruitier, le potager, le jardin d'ornement à la maison, par L. Montillot, membre de la Société entomologique de France. 1891, 1 vol. in-18 de 306 p., avec 156 fig., cart. . . . . 4 fr.

— *L'Amateur d'Insectes.* Caractères et Mœurs des Insectes. Description des espèces, chasse, préparation et conservation des collections. Préface par le professeur Laboulbène. 1 vol. in-18 de 352 p., avec 197 fig., cart. . . . . 4 fr.

MORRIS (F.-O.). — *A History of British Butterflies.* 1860, 1 vol. gr. in-8, avec 71 pl. col. . . . . 28 fr.

MULSANT. — *Histoire naturelle des Punaises de France : Scutellérides.* 1865, 112 p., 1 pl. — *Pentatomides.* 1686, 371 p., 2 pl. — *Coréides, Alytides, Bérytides, Stenocéphalides.* 1870, 250 p., 2 pl. — *Réduvides, Enésides.* 1873, 180-18 p., 2 pl. — *Lygéides, Pyrrhocoriens, Lygéens.* 1879, 59 p. — Ensemble 5 vol. gr. in-8 . . . . 50 fr.

— *Opuscules entomologiques.* 16 cahiers . . . . 90 fr.

MULSANT et REY. — *Histoire naturelle des Coléoptères de France.* 1842-1878, 31 vol. in-8 avec pl. . . . . 300 fr.

NICOLET. — *Histoire naturelle des Acariens qui se trouvent aux environs de Paris.* 1854-1855, in-4, 100 p., avec 10 pl. col. . . . . 12 fr.

NUNEZ. — *Étude médicale sur le Venin de la Tarentule.* 1866, 1 vol. in-8 de 268 p., avec fig. . . . . 4 fr.

OLIVIER (E.). — *Faune des Coléoptères de l'Allier*. 1890, 1 vol. gr. in-8, de 375 p. .... 5 fr.

OLIVIER, LATREILLE et GUÉRIN. — *Histoire naturelle des Crustacés, des Arachnides et des Insectes*. 1789-1830, 7 vol. in-4 avec 2 atlas contenant 397 pl. .... 100 fr.

OZANAM. — *Le Venin des Arachnides*. 1856, in-8, 88 p. .... 2 fr. 50

PAVESI (P.). — *Studi sugli Aracnidi Africani*. — I. *Aracnidi di Tunisia*, 112 p. — II. *Aracnidi d'Inhambane*, 27 p. — III. *Aracnidi del Regno di Schioa*, 195 p. — 1880-1883, 3 br. gr. in-8 .... 10 fr.

PERCHERON (A.). — *Monographie des Passales et des Genres qui en ont été séparés*. 1835, gr. in-8, 107 p., avec 7 pl. .... 5 fr.

PICTET (A.-E). — *Synopsis des Névroptères d'Espagne*. 1865, in-8, 124 p., avec 14 pl. col. .... 25 fr.

PLAGNIOL (E. de). — *Embryologie de l'Œuf du Ver à soie*. 1885-1887, 2 part., in-8 .... 3 fr.

RAMBUR. — *Névroptères*. 1 vol. in-8, avec 12 pl. .... 10 fr.

RÉAUMUR. — *Mémoires pour servir à l'Histoire des Insectes*. Paris, 1734-1742, 6 vol. in-4, avec fig. .... 45 fr.

— *Concordance systématique de Vallot*, servant de table des matières à l'ouvrage de Réaumur intitulé : *Mémoires pour servir à l'histoire des Insectes*. 1802, 1 vol. in-4, 198 p. (20 fr.) .... 10 fr.

REICHE (L.). — *Catalogue des Coléoptères d'Algérie*. 1872, in-4, 44 p. .... 2 fr. 50

Revue d'Entomologie, publiée par FAUVEL. 1882-1892, T. I à X et nos 1 à 6 du t. XI. in-8 (132 fr) .... 100 fr.

SAY (Th.). — *The complete Writings on the Entomology of North America*. 1859, 2 vol. in-8, avec 54 pl. col. cart. .... 80 fr.

SCHÆFFER (J.-C.). — *Icones Insectorum circa Ratisbonam indigenorum*. 1766-1779. T. II et III, avec les pl. 101 à 280, 2 vol. in-4, avec 180 pl. col. .... 50 fr.

Schweizerischen entomologischen Gesellschaft (Mittheilungen der). Bulletin de la Société entomologique suisse. T. I à VII, et VIII, nos 1 à 5. 1862-1890, in-8 .... 75 fr.

SEGUNZA (G.). — *Ricerche paleontologiche intorno ai Cirripidi terziari della provincia di Messina*. 1874, in-4, 102 p., avec 7 pl. .... 15 fr.

SERIZIAT. — *Table alphabétique de classement des Coléoptères*, d'après DE MARSEUL. 1893, in-8, 31 p. .... 1 fr. 50

SIMON (E.). — *Les Arachnides de France*. T. I à V et VII, 1878-1884, 6 t. en 8 vol. in-8 avec pl. (96 fr.) .... 90 fr.

Société entomologique de Belgique (Annales de la). — Collection de 1857-1893, 37 vol. gr. in-8 .... 350 fr.
— Collection de 1857-1877, 21 vol. gr. in-8 .... 200 fr.

Société entomologique de France (Annales de la). — Collection de 1848-1895, 54 vol. in-8, reliés. .... 900 fr.

Collection de 1851-1891, 44 vol. in-8, reliés.................... 700 fr.
Collection de 1854-1894, 41 vol. in-8........................ 675 fr.
SPINOLA (M.). — *Insectes hémiptères, Rhynchotes ou Hétéroptères.* 1840,
   1 vol. in-8 de 384 p., et 5 tabl. syn...................... 7 fr.
STOLL (C.). — *Représentation exactement, coloriée d'après, nature des
   Cigales et des Punaises dans les quatre parties du monde.* 1788, 2 vol.
   in-8, avec 70 pl. col... 75 fr.
   — Le même : avec 70 pl. noires........................... 30 fr.
STRAUCH (A.). — *Catalogue systématique de tous les Coléoptères*
   décrits dans les *Annales de la Société entomologique.* 1861, in-8,
   160 p.. 5 fr, 50
STURM (J.). — *Deutschlands Fauna. Die Insekten.* 1805-1851, 22 t. en
   10 vol. in-12, 375 pl. col............................... 150 fr.
THOMSON (J.). — *Archives entomologiques* ou Recueil contenant des
   illustrations d'insectes nouveaux ou rares. 1857. 2 vol. gr. in-8 de
   500 p. chacun, avec 35 pl. gravées sur acier. Fig. noires (60 fr.). 15 fr.
   Le même, fig. coloriées (75 fr.)......................... 30 fr.
   — *Monographie des Cicindélides,* ou exposé méthodique et critique des
   tribus, genres et espèces de cette famille. 1859, in-4, avec 10 pl.
   (24 fr.)... 8 fr.
   — *Arcana naturæ ou Recueil d'Histoire naturelle.* 1849, 1 vol. in-folio avec
   12 pl., fig. noires (60 fr.)................................ 20 fr.
   Le même, fig. col. (75 fr.)................................ 35 fr.
   — *Classification de la famille des Cérambycides.* 1861, gr. in-8, 396 p.,
   8 pl. (30 fr.)... 8 fr.
   — *Histoire naturelle des Insectes recueillis au Gabon.* 1858, 1 vol. in-4 de
   467 p., avec 15 pl. col. (160 fr.)........................ 100 fr.
THORELL (T.). — *Studi sul Ragni Malesi e Papuani.* 1877-1892, 4 part.,
   en 5 vol. gr. in-8....................................... 60 fr.
VALLOT (J.-N.). — *Concordance systématique* servant de table des
   matières à l'ouvrage de Réaumur intitulé : *Mémoires pour servir à
   l'Histoire des Insectes.* 1802, in-4, 198 p. (20 fr).............. 10 fr.
VIGNON. — *La Soie au point de vue scientifique et industriel,* par L. VIGNON,
   maître de conférences à la Faculté des sciences de Lyon. 1890, 1 vol.
   in-18 de 360 p., avec 81 fig., cart....................... 4 fr.
VILLA (A.). — *Catalogo dei Coleopteri della Lombardia.* 1844, gr. in-8,
   77 p.. 3 fr.
VOET (J.-M.). — *Catalogus systematicus Coleopterorum* (latin-français).
   1806, 2 t. en 1 vol. in-4, avec 105 pl. col., cart............. 45 fr.
WALCKENAER et GERVAIS. — *Aptères.* 4 vol. in-8 avec 60 pl.. 45 fr.
WENCKER (J.) et SILBERMANN (G.). — *Catalogue des Coléoptères de
   l'Alsace et des Vosges.* 1866, gr. in-8, 143 p.................. 4 fr.
WOOD (W.). *Index Entomologicus;* illustrated Catalogue of the Lepi-
   dopterous Insects of Great Britain. 1839, gr. in-8, avec 54 pl. coloriées
   (1944 fig.) cart... 90 fr.

Librairie J.-B. BAILLIÈRE et FILS, 19, rue Hautefeuille, PARIS

ENCYCLOPÉDIE
Technologique et Commerciale

PAR

E. D'HUBERT	H. PÉCHEUX	A.-L. GIRARD
Professeur	Professeur	Directeur
à l'École supérieure	à l'École d'arts et métiers	de l'École de commerce
de Commerce de Paris	d'Aix-en-Provence	de Narbonne

Collection nouvelle en 24 vol. in-16 de 100 p. avec fig., cart. à 1 fr. 50

I. — LES MATÉRIAUX DE CONSTRUCTION ET D'ORNEMENTATION.

1. — Le bois et le liège.
2. — Les pierres, les marbres, les ardoises, le plâtre.
3. — Les chaux et ciments, les produits céramiques.
4. — Les verres et cristaux, le diamant et les gemmes.

II. — LA MÉTALLURGIE.

5. — Les minerais, les métaux, les alliages.
6. — Les fers, fontes et aciers.
7. — Les métaux usuels (cuivre, zinc, étain, plomb, nickel, aluminium).
8. — Les métaux précieux (mercure, argent, or, platine).

III. — LA GRANDE INDUSTRIE CHIMIQUE.

9. — Les matières premières (eau, glace, combustibles).
10. — Les matières éclairantes (pétrole, gaz d'éclairage, acétylène).
11. — Le sel, les potasses, les soudes.
12. — Les acides chlorhydrique, azotique, sulfurique.

IV. — LES PRODUITS CHIMIQUES.

13. — L'oxygène, l'ozone, l'ammoniaque, les vitriols, les aluns.
14. — Le salpêtre, les explosifs, les phosphates et les engrais, le phosphore et les allumettes.
15. — Les couleurs, les matières colorantes, la teinturerie.
16. — Les parfums, les médicaments, les produits photographiques.

V. — LES PRODUITS INDUSTRIELS ANIMAUX ET VÉGÉTAUX.

17. — Les corps gras, savons et bougies.
18. — Le cuir, les os, l'ivoire, l'écaille, les perles.
19. — Les textiles, les tissus, le papier.
20. — Le caoutchouc, la gutta, le celluloïd, les résines et les vernis.

VI. — LES PRODUITS ALIMENTAIRES.

21. — Les aliments animaux (viande, œufs, lait, fromages).
22. — Les aliments végétaux (herbages, fruits, fécules, pain).
23. — Les boissons (vin, bière, vinaigre, alcools, liqueurs).
24. — Les sucres, le cacao, le café, le thé.

Les fascicules de I à XV, XVII, XXIII. ont paru en 1906. Il paraît un fascicule tous les mois.

LIBRAIRIE J.-B. BAILLIÈRE ET FILS

Rue Hautefeuille, 19, près du Boulevard Saint-Germain, PARIS

Bibliothèque des Connaissances Utiles

à 4 francs le volume cartonné

Collection de volumes in-16 illustrés d'environ 400 pages

ENVOI FRANCO CONTRE UN MANDAT POSTAL